教科書ガイド

啓林館版

未来へひろがる数学　準拠

中学数学 1年

編集発行
新興出版社

もくじ

未来へひろがる
数学1
みんなで学ぼう編
啓林館

本書の特長と使い方

本書の特長

1 教科書にぴったりなので，予習・復習に役立つ

「教科書ガイド」は，あなたが使っている数学の教科書にぴったり合わせてつくられていますので，予習・復習やテスト前の勉強に役立ちます。

2 教科書の内容がよくわかる

教科書のすべての問題や，問いかけに，わかりやすいガイドと解答がついていますので，授業の内容，教科書の内容を十分に理解することができます。

3 テストの得点がアップする

教科書のポイントや注意点をわかりやすく示していますので，定期テスト前に，本書で教科書のポイントや問題の解答をチェックしておくだけで，得点アップが期待できます。

内容と使い方

学習のねらい	各項で何を学習するのかを示しています。 学習をはじめる前に読んで，しっかり頭に入れておきましょう。
教科書のまとめ / テスト前にチェック	ポイントとなる内容について，わかりやすくまとめています。 テスト前にもう一度目をとおし，理解できているかどうか，チェックしましょう。
ガイド	問題を解くための着眼点やヒントを示しています。解き方がわからないときなどに参考にしましょう。
解 答 / 解答例	模範となる解答をのせています。問題の答え合わせに，また，解答の書き方の手本として活用しましょう。
参 考	学習に役立つことがらです。目をとおして，理解を深めましょう。
ミスに注意	まちがいやすい内容を確認できます。テストで同じまちがいをしないよう，注意しましょう。
テストに よく出る	定期テストによく出る問題です。定期テスト直前にもチェックしましょう。

1章 正の数・負の数

❶節 正の数・負の数

どんな数があるかな？

けいたさんとかりんさんは，次のような日本一を見つけました。(2019年3月現在)

日本一高い富士山
3776m

日本一高い場所にある郵便ポスト
3712m

日本一低い場所にある郵便ポスト
−10m

日本一面積が広い琵琶湖
670.25km²

駅

日本一高い場所にある千畳敷駅
2611.5m

日本一低い場所にある体験坑道駅
−140m

気温

埼玉県熊谷市
観測史上1位の最高気温
41.1℃

北海道旭川市
観測史上1位の最低気温
−41.0℃

話しあおう

教科書 p.11

この2ページ(教科書 p.10〜11)には，どんな数が使われていますか。
また，その中の「−」のついた数には，どんな意味があるでしょうか。

解答例

〈小学校で学習した整数〉

- 富士山(ふじさん)の高さ「3776 m」
- 日本一高い場所にある郵便ポスト「3712 m」

〈分数〉

- 琵琶湖(びわこ)の面積は，滋賀県全体の面積の約「$\frac{1}{6}$」

〈小数〉

- 琵琶湖の面積「670.25 km^2」
- 日本一高い場所にある駅「2611.5 m」(千畳敷駅(せんじょうじき))
- 観測史上1位の最高気温「41.1 °C」(埼玉県熊谷市(くまがや))

〈「−」のついた数〉

- 日本一低い場所にある郵便ポスト「−10 m」(枯木灘(かれきなだ)海岸海底ポスト)
- 日本一低い場所にある駅「−140 m」(体験坑道(こうどう)駅)
- 観測史上1位の最低気温「−41.0 °C」(北海道旭川(あさひかわ)市)

「−」のついた数は，**0より小さい数を表している。**

1 0より小さい数

学習のねらい

小学校では，0と0より大きい数について学習してきましたが，この項では，0より小さい数について，そのいろいろな性質や意味を学習します。

教科書のまとめ　テスト前にチェック

□正の数
▶0より大きい数を**正の数**といいます。 例　5，0.5，$\frac{3}{4}$，……

正の数は「＋」をつけて，5を＋5，0.5を＋0.5，$\frac{3}{4}$を$+\frac{3}{4}$と表すことがあります。「＋」を**正の符号**といいます。
（「＋」→プラスと読む。）

□負の数
▶0より小さい数を**負の数**といいます。 例　−3，−3.5，$-\frac{1}{2}$，……

負の数は，いつも「−」をつけて表します。「−」を**負の符号**といいます。
（「−」→マイナスと読む。）

□0
▶0は，正の数でも負の数でもない数です。

□整数
▶整数には，正の整数，0，負の整数があります。

整数
……，−3，−2，−1，0，1，2，3，……
（……，−3，−2，−1：**負の整数**　1，2，3，……：**正の整数**）

正の整数1，2，3，……を，**自然数**ともいいます。

□数直線
▶数直線では，正の数は0より右の方に，負の数は0より左の方に表されます。
数直線上では，数は右へいくほど大きく，左へいくほど小さくなります。

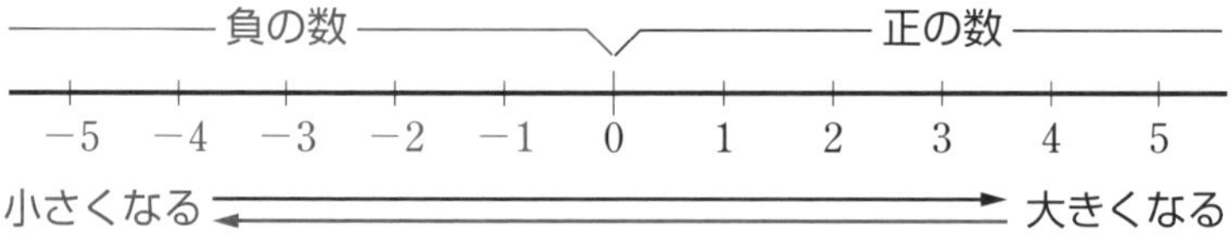

0より小さい数について学びましょう。

右の温度計は，ある日の東京と旭川の気温を示しています。
これらの温度を，0℃とくらべると，どんなことがいえるでしょうか。

教科書 p.12

ガイド 気温は，0℃を基準にして，それより低い温度を零下または氷点下といい，−（マイナス）で表します。例えば，0℃より5℃低い温度を−5℃と表します。

解答例 **東京の温度6℃は0℃より6℃高い気温，旭川の温度−6℃は0℃より6℃低い気温を表している。**

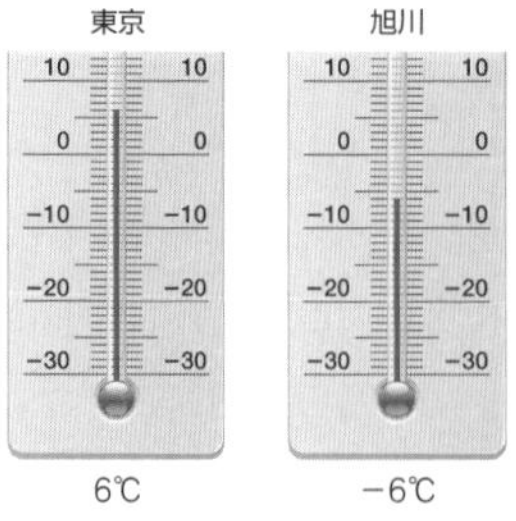

問 1 次の温度を，− をつけて表しなさい。 教科書 p.12

(1) 0°C より 3°C 低い温度　　(2) 0°C より 2.5°C 低い温度

ガイド 0°C より低い温度は，−（マイナス）をつけて表します。小数でも同じです。

解答 (1) **−3°C**　(2) **−2.5°C**

問 2 右の図は，ある日の午前 6 時の各地の気温を示しています。 教科書 p.12

気温が，0°C より低い所をすべて選びなさい。

また，その気温をいいなさい。

ガイド −（マイナス）がついている所を見つけます。気温は °C をつけて表します。

解答 （北から）**旭川 −4.8°C，札幌 −4.3°C，釧路 −4°C，青森 −1°C**

問 3 次の数を，正の符号，負の符号をつけて表しなさい。 教科書 p.13

(1) 0 より 12 小さい数　　(2) 0 より 9 大きい数

(3) 0 より 1.5 大きい数　　(4) 0 より $\frac{2}{3}$ 小さい数

ガイド 0 より大きい数には正の符号 ＋ を，0 より小さい数には負の符号 − を，数の前につけて表します。小数や分数でも同じようにします。

（＋ → プラスと読む。　− → マイナスと読む。）

解答 (1) **−12**　(2) **+9**　(3) **+1.5**　(4) $-\frac{2}{3}$

問 4 次の数の中から，整数をすべて選びなさい。 教科書 p.13

また，自然数をすべて選びなさい。

0.3，　−5，　−6，　4，　−0.7，　$\frac{1}{7}$，　0，　$-\frac{1}{3}$，　+12

ガイド 整数には，+1，+2，+3，…… のような正の整数のほかに，−1，−2，−3，…… のような負の整数もあります。

正の整数を，自然数ともいいます。

解答 **整数…−5，−6，4，0，+12**　　**自然数…4，+12**

参考 小数…0.3，−0.7　　分数…$\frac{1}{7}$，$-\frac{1}{3}$

教科書 p.14

数直線上に，＋2 を表す点を示しましょう。
また，－2 を表す点を示すには，どうすればよいでしょうか。

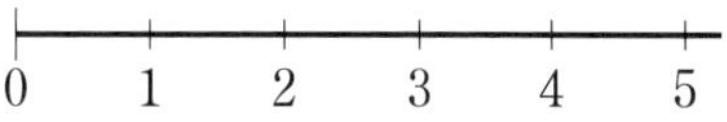

ガイド 数直線では，0 より大きい数（正の数）は，0 より右の方に表されます。
－2 は，0 より小さい数であり，数直線を 0 より左の方にのばすことで，表すことができます。

解答 数直線を 0 より左の方にのばして，－1，－2，……と目もりをとればよい。

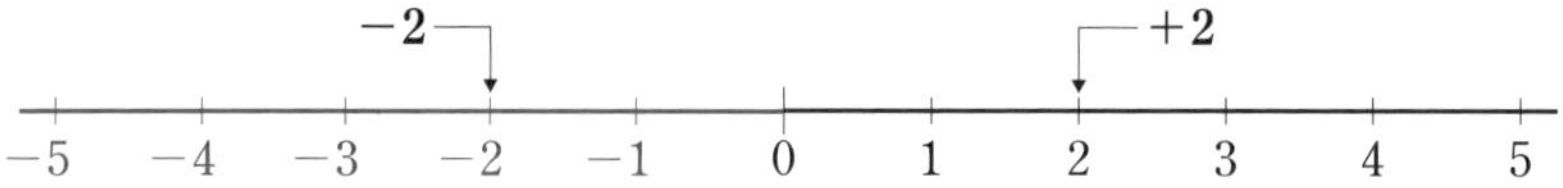

問 5

教科書 p.14

下の数直線上で，A，B，C にあたる数をいいなさい。

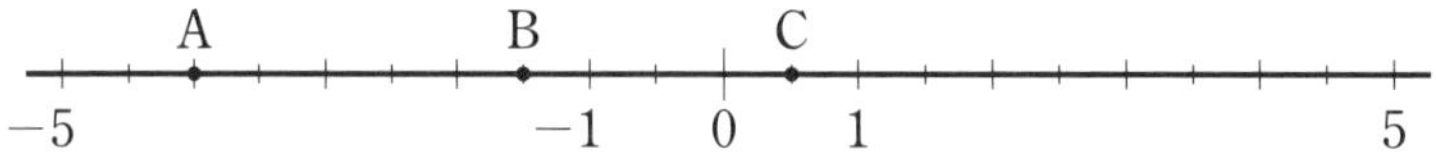

ガイド まず，数直線上の基準の点である 0 がどこにあるのかを確かめます。次に，A～C の点が 0 からどちらへどれだけの目もり分のところにあるかに注目します。
負の数は左へいくほど小さくなります。
C の正の符号＋は，つけなくても誤りではありません。

解答 A…**－4**　B…**－1.5**　C…**＋0.5**（または **0.5**）

参考 B，C は，それぞれ$-\frac{3}{2}$，$\frac{1}{2}$ のように分数で表すこともできます。

問 6

教科書 p.14

次の数を，下の数直線上に表しなさい。

$-3,\ \frac{7}{2},\ +4.5,\ -2.5$

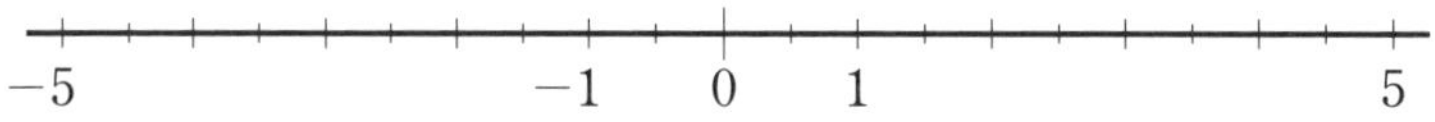

ガイド 数直線上の長い線の 1 目もり分は 1 で，間にある短い線の 1 目もり分は 0.5 です。
＋，－ のついていない数は，正の数です。
分数で大きさがわかりにくいものは，小数になおすとわかりやすくなります。

解答

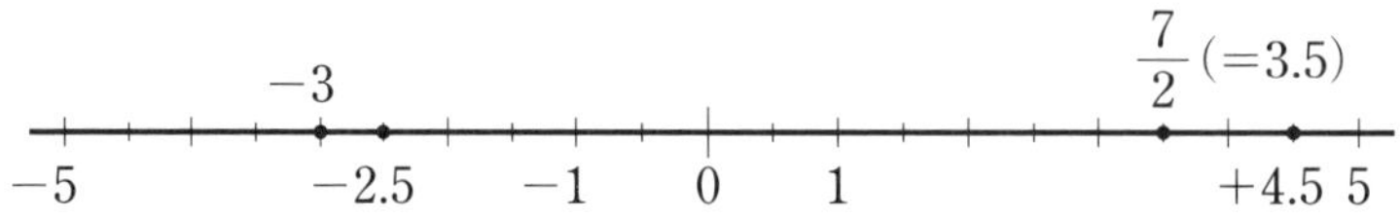

練習問題　　1 0より小さい数　p.14

1 次の数を，正の符号，負の符号をつけて表しなさい。

(1)　0より18大きい数　　(2)　0より36小さい数

(3)　0より$\frac{1}{3}$大きい数　　(4)　0より0.8小さい数

ガイド 0より大きいか，小さいかに注目します。
0より大きい数には正の符号＋を，0より小さい数には負の符号－を，数の前につけて表します。
分数や小数でも同じようにします。

解答 (1)　$+18$　(2)　-36　(3)　$+\frac{1}{3}$　(4)　-0.8

2 次の数の中から，負の数をすべて選びなさい。
また，自然数をすべて選びなさい。

$-3.2,\quad 0,\quad \frac{2}{3},\quad -10,\quad -\frac{5}{6},\quad 0.2,\quad -1,\quad +9,\quad 6,\quad -0.1$

ガイド 数の前に負の符号－がついている数が，負の数です。0以外で，＋，－がついていない数は，正の数と考えます。
また，0は正の数でも負の数でもありません。
正の整数1，2，3，……を，自然数ともいいます。＋がついている整数も自然数です。

解答 負の数…$-3.2,\ -10,\ -\frac{5}{6},\ -1,\ -0.1$

自然数…$+9,\ 6$

数の分類

これまでに学習した数を分類してみると，次のようになります。

	整数	分数	小数
正の数	•**正の整数** 1，2，…（自然数ともいう。）	•**正の分数** $\frac{1}{2}$，$\frac{1}{3}$，…	•**正の小数** 0.1，1.2，…
	•0（正の整数でも負の整数でもない。）		
負の数	•**負の整数** -1，-2，…	•**負の分数** $-\frac{1}{2}$，$-\frac{1}{3}$，…	•**負の小数** -0.1，-1.2，…

1章　正の数・負の数

2 正の数・負の数で量を表すこと

学習のねらい

たがいに反対の性質をもつと考えられる量を，正の数，負の数で表すことができるようにします。また，ある量について基準を定め，それからの増減や過不足を，正の数，負の数で表すことができるようにします。

教科書のまとめ　テスト前にチェック

□正の数・負の数で量を表す

▶① たがいに反対の性質をもつ量（収入と支出，高いと低いなど）は，一方を正の数，他方を負の数を使って表すことができます。
→どちらを正の数で表すのか，あらかじめ決めておく。

② ある量を考えるとき，基準を決めて，それからの増減や過不足などを，正の数，負の数で表すこともあります。

反対の性質をもつ量や基準を決めたときの量の表し方を考えましょう。

教科書 p.15

右の図で，「富士山 3776 m」は，海面から頂上までの高さを表しています。
「伊豆（いず）・小笠原海溝（おがさわらかいこう） −9780 m」は，どんなことを表しているでしょうか。

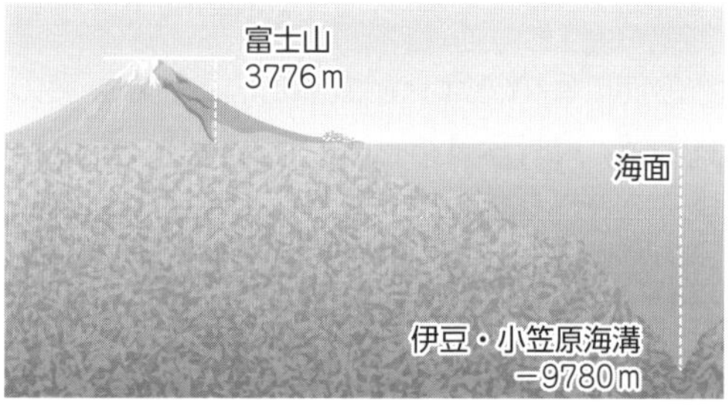

ガイド 山の高さは，正の数になっています。これは海面を「0」と考えたとき，それよりどれだけ「高い」のかを示しています。このことから，負の数で表されたときは，正の数と反対の量と考えられます。

解答例 海面からの山の高さが正の数で表されているので，**−9780 m は，海面から海底までの深さが 9780 m であることを表している。**

問 1 1000 円の利益を，+1000 円と表すとき，500 円の損失はどのように表すことができますか。

教科書 p.15

ガイド 「利益」を正の数で表しているので，反対の性質をもつ「損失」は，負の数を使って表すことができます。

解答 500 円の損失は，**−500 円**と表すことができる。

参考 「高い」と「低い」…「2°C 高い」を +2°C で表すとき，「3°C 低い」は −3°C と表されます。
「前」と「後」… 6 秒後を +6 秒で表すとき，8 秒前は −8 秒と表されます。
「北」と「南」… 250 m 北を +250 m で表すとき，400 m 南は −400 m と表されます。

問2 教科書 p.15

いまから20分後を，＋20分と表すとき，
いまから50分前はどのように表すことができますか。

ガイド 「○○分後」を正の数で表しているので，反対の性質をもつ「○○分前」は，負の数を使って表すことができます。

解答 50分前は，**−50分**と表すことができる。

問3 教科書 p.16

ある中学校の図書委員会では，読書週間に1日あたり130冊の本を貸し出すことを目標にしています。
読書週間に，図書室で実際に貸し出した本の冊数を調べたところ，下の表のようになりました。この表の空欄（くうらん）をうめなさい。

	月	火	水	木	金
貸し出した本の冊数（冊）	135	112	118	133	157
目標（130冊）との違い	+5	−18			

ガイド この場合，目標の130冊が基準であり，その基準との違いを考えます。
例えば，月曜日であれば，貸し出した本の冊数135は，目標130とくらべて5多いから，その違いを＋5と表しています。

解答 水曜日の冊数118は，目標130との違いが **−12**
木曜日の冊数133は，目標130との違いが **＋3**
金曜日の冊数157は，目標130との違いが **＋27**

基準より，多いか少ないかを，＋や−を使って表すんだね

問4 教科書 p.16

〔 〕内のことばを使って，次のことを表しなさい。

(1) 4個少ない 〔多い〕 (2) 6 cm 短い 〔長い〕
(3) 3 kg 軽い 〔重い〕 (4) 10円たりない 〔余る〕

❓「−5 kg 減る」を〔増える〕を使って表すとどうなるかな。

ガイド 反対の性質をもつことばでいいかえるときは，符号を逆にします。
この問題では，すべて正の数であるから，反対のことばにするときは負の数で表します。

ことばを変えないで符号を逆にすると，反対の意味になるよ

解答
(1) 4個少ないは，〔多い〕を使うと，**−4個多い**
(2) 6 cm 短いは，〔長い〕を使うと，**−6 cm 長い**
(3) 3 kg 軽いは，〔重い〕を使うと，**−3 kg 重い**
(4) 10円たりないは，〔余る〕を使うと，**−10円余る**
❓ −5 kg 減るは，〔増える〕を使うと，**5 kg 増える**。

3 絶対値と数の大小

学習のねらい

絶対値(ぜったいち)や正の数・負の数の大小について調べます。また，数の大小と数直線上の位置関係を考えて，ある数より大きい数や小さい数を，数直線を使って求めます。

教科書のまとめ　テスト前にチェック

□符号を変える　▶$+3$ に対して -3，また，-4 に対して $+4$ のように，$+$，$-$の符号をとりかえた数をつくることを，**符号を変える**といいます。

□絶対値　▶数直線上で，0 からある数までの距離(きょり)を，その数の**絶対値**(ぜったいち)といいます。これは，正の数・負の数から符号をとりさった数とみることもできます。
0 の絶対値は 0 です。
例　$+3$ の絶対値は，3　　　-4 の絶対値は，4

□数の大小　▶正の数は負の数より大きい。
正の数は 0 より大きく，絶対値が大きいほど大きい。
負の数は 0 より小さく，絶対値が大きいほど小さい。

絶対値について学びましょう。

次の数を，下の数直線上に表しましょう。　**教科書 p.17**

3，　-3，　-4，　4，　-1.5，　1.5

数字の部分が同じ 2 数について，どんなことがいえるでしょうか。(図は省略)

ガイド　正の数は 0 より右側に，負の数は左側に表します。
数直線上では，数は右へいくほど大きくなり，左へいくほど小さくなります。

解答例

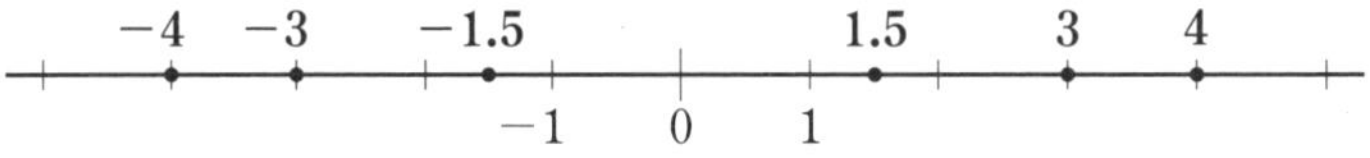

数字の部分が同じ 2 数は，数直線上では，0 からの距離が等しくなっている。

問 1　次の数の絶対値をいいなさい。また，次の数の符号を変えた数をいいなさい。　**教科書 p.17**

(1)　-5　　(2)　$+8$　　(3)　-3.5　　(4)　$\frac{3}{4}$

❓ 絶対値が 7 である数はいくつあるかな。

ガイド　絶対値は符号をとりさった数と考えます。

解答　絶対値…(1)　**5**　(2)　**8**　(3)　**3.5**　(4)　$\mathbf{\frac{3}{4}}$

符号を変えた数…(1)　**$+5$**　(2)　**-8**　(3)　**$+3.5$**　(4)　$\mathbf{-\frac{3}{4}}$

❓ $+7$ と -7 の **2 つある。**

数の大小について考えましょう。

問 2 次の 2 数のうち，大きい数はどちらですか。
また，絶対値が大きい数はどちらですか。

教科書 p.18

(1) -4 と 3　　　　(2) -5 と -2

ガイド 数の大小は，くらべる数を数直線上に表したとき，右の方にあるものほど大きいと考えます。
また，絶対値の大小は，0 からの距離で考えます。

解答 (1) 

だから，**3 の方が大きい。**

絶対値は，−4 の方が大きい。

(2) 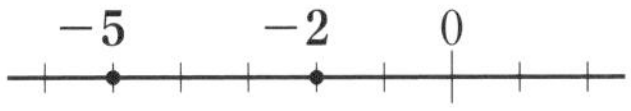

だから，**−2 の方が大きい。**

絶対値は，−5 の方が大きい。

参考 絶対値の大小は，符号をとりさった数でくらべてもよいです。

問 3 次の□に不等号を書き入れて，2 数の大小を表しなさい。

教科書 p.18

(1) 4 □ 5　　　　(2) -3 □ -7

(3) -1.6 □ -0.6　　　　(4) $-\frac{3}{8}$ □ $-\frac{5}{8}$

ガイド 正の数と正の数では，絶対値の大きい方が大きい。
負の数と負の数では，絶対値の大きい方が小さい。
負の数について，絶対値の大小をくらべると，(2) $3<7$　(3) $1.6>0.6$　(4) $\frac{3}{8}<\frac{5}{8}$

解答 (1) $4 \boxed{<} 5$　(2) $-3 \boxed{>} -7$　(3) $-1.6 \boxed{<} -0.6$　(4) $-\frac{3}{8} \boxed{>} -\frac{5}{8}$

数直線を使って，いろいろな数を求めましょう。

問 4 上の数直線を使って，-4 より 5 大きい数を求めなさい。(図は省略)

教科書 p.19

ガイド −4 より 5 大きい数は，数直線で，
　　−4 より右に 5 進んだ点
として表されます。

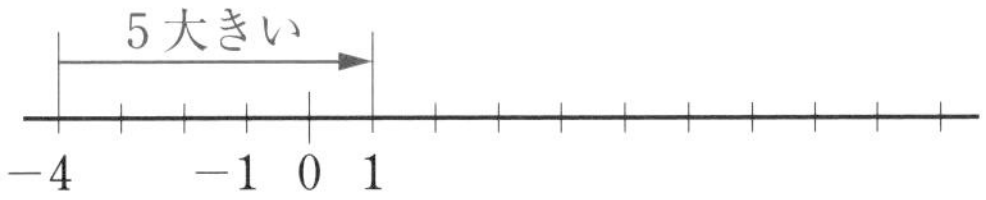

−4 より 4 大きい数は 0 で，さらに 0 より 1 大きい数になります。

解答 **1**

説明しよう　教科書 p.19

5 より 7 小さい数は，−2 になります。
このことを，下の数直線を使って説明しましょう。(図は省略)
❓ 上の数直線を使って，−4 より 2 小さい数を求めることができるかな。

解答例　5 より 7 小さい数は，数直線で 5 より左に 7 進んだ点として表されるから，−2

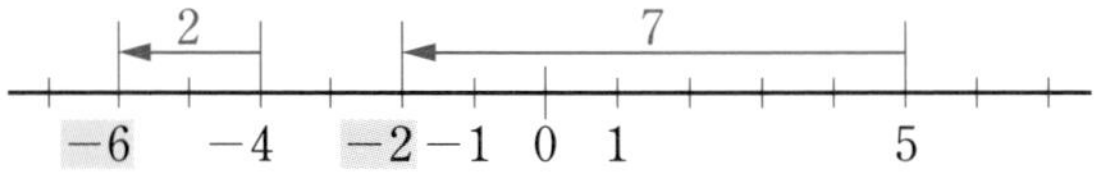

❓ −4 より 2 小さい数は，数直線で −4 より左に 2 進んだ点だから，−6

問 5　上の数直線を使って，−2 より −3 大きい数を求めなさい。(図は省略)　教科書 p.19

ガイド　−2 より −3 大きい数は，−2 より 3 小さい数です。
−2 より 3 小さい数は，数直線で，「−2 より左に 3 進んだ点」として表されます。

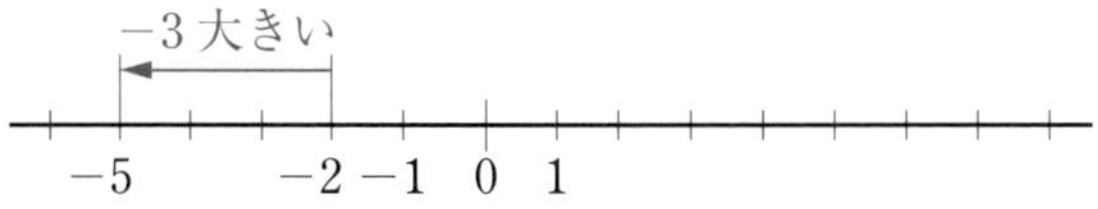

解答　−5

説明しよう　教科書 p.20

5 より −4 小さい数は，9 になります。
このことを，下の数直線を使って説明しましょう。(図は省略)
❓ 上の数直線を使って，−2 より −3 小さい数を求めることができるかな。

ガイド　5 より −4 小さい数は，5 より 4 大きい数です。

解答例　5 より −4 小さい数は，数直線で 5 より右へ 4 進んだ点として表されるから，9

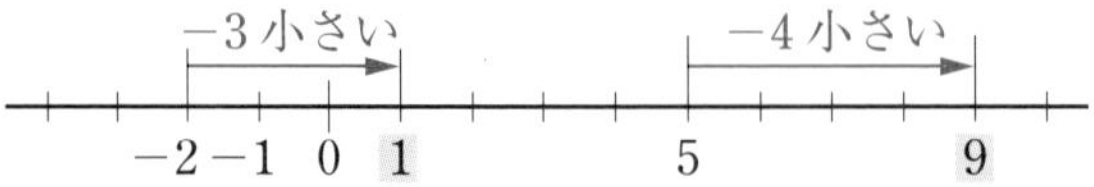

❓ −2 より −3 小さい数は，数直線で −2 より右へ 3 進んだ点だから，1

問 6　下の数直線を使って，次の数を求めなさい。　教科書 p.20

(1) −5 より 3 大きい数　　(2) −3 より 5 大きい数
(3) 3 より 6 小さい数　　(4) −1 より 4 小さい数
(5) 1 より −4 大きい数　　(6) −1 より −3 大きい数
(7) 2 より −3 小さい数　　(8) −4 より −8 小さい数

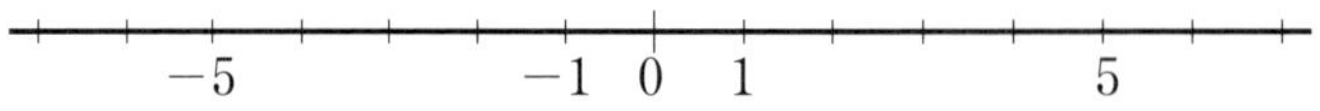

ガイド ある数より負の数だけ大きい数→正の数だけ小さい数
ある数より負の数だけ小さい数→正の数だけ大きい数
(5) -4 大きい数→ 4 小さい数　　(6) -3 大きい数→ 3 小さい数
(7) -3 小さい数→ 3 大きい数　　(8) -8 小さい数→ 8 大きい数

解答
(1) -2
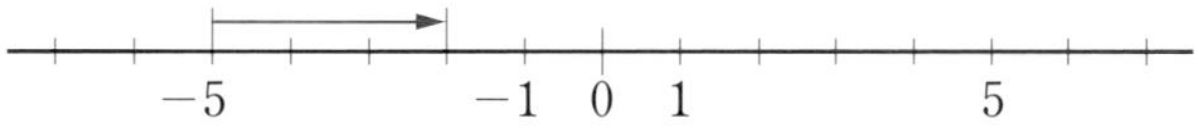

(2) 2 (+2)
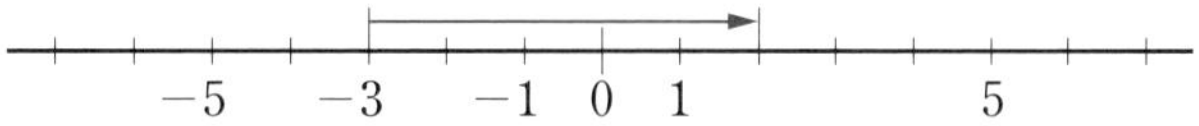

(3) -3
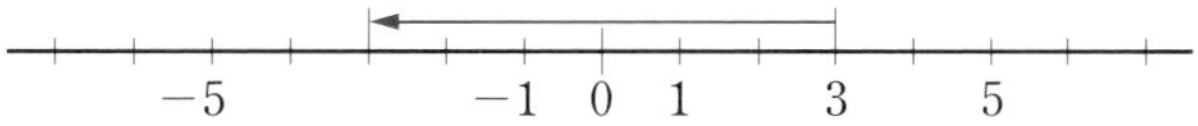

(4) -5

(5) -3
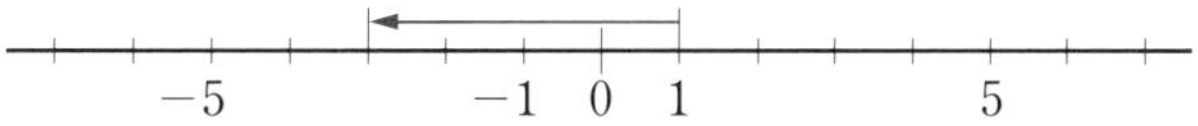

(6) -4
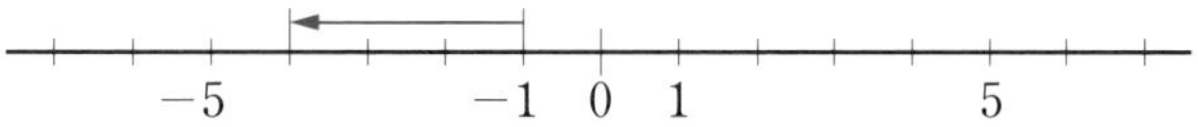

(7) 5 (+5)

(8) 4 (+4)

練習問題　3 絶対値と数の大小　p.20

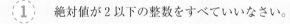

1 絶対値が 2 以下の整数をすべていいなさい。

ガイド 以下… 2 以下とは，2 に等しいかそれより小さい数
絶対値が 2 以下の整数は，絶対値が 2，1，0 の整数です。
絶対値が 2 の整数は，2 と -2 です。
絶対値が 1 の整数は，1 と -1 です。
絶対値が 0 の整数は，0 だけです。

解答 -2，-1，0，1，2 (正の整数には＋をつけてもよい)

2 絶対値が 2 以上 5 未満の整数はいくつありますか。

ガイド 以上… 2 以上とは，2 に等しいかそれより大きい数
未満… 5 未満とは，5 より小さい数
絶対値が 2 以上 5 未満の整数は，
-4，-3，-2，2，3，4

解答 6 つ

3　次の2数の大小を，不等号を使って表しなさい。

(1)　-0.01，-0.1　　(2)　$-\frac{1}{2}$，$-\frac{1}{3}$　　(3)　-1，-0.6

ガイド　負の数は，絶対値が大きいほど小さいです。

(1)　0.01 と 0.1 の大小は，$0.01<0.1$

(2)　$\frac{1}{2}$ と $\frac{1}{3}$ の大小は，通分すると $\frac{3}{6}$ と $\frac{2}{6}$ になるから，$\frac{1}{2}>\frac{1}{3}$

(3)　1 と 0.6 の大小は，$1>0.6$

解答　(1)　$-0.01>-0.1$　　(2)　$-\frac{1}{2}<-\frac{1}{3}$　　(3)　$-1<-0.6$

4　次の数を，小さい方から順に並べなさい。

また，絶対値の小さい方から順に並べなさい。

-0.5，　0.2，　-1.2，　0，　$\frac{3}{5}$，　$-\frac{8}{5}$

ガイド　小さい順に並べるから，負の数 < 0 < 正の数 となります。

また，分数は，小数になおして考えるとわかりやすくなります。

$\frac{3}{5}=0.6$，$-\frac{8}{5}=-1.6$

絶対値の大小は，符号をとりさって考えるとわかりやすくなります。

解答　小さい方から順に，$-\frac{8}{5}$，-1.2，-0.5，0，0.2，$\frac{3}{5}$

絶対値の小さい方から順に，0，0.2，-0.5，$\frac{3}{5}$，-1.2，$-\frac{8}{5}$

5　下の数直線を使って，次の□にあてはまる数を書き入れなさい。(図は省略)

(1)　-2 より 5 大きい数は，□である。

(2)　5 より□大きい数は，-1 である。

ガイド　-2 より 5 大きい数は，数直線で -2 より右に 5 進んだ点です。

-1 は，数直線で 5 より左に 6 進んだ点だから，5 より 6 小さい数です。

解答　(1)　3　　(2)　-6

負の数はどんな必要からできたのだろうか？

ある数から他の数をひくとき，ひく数がひかれる数より小さいときばかりだろうか？

5−3 や 3−3 の答えは，正の数か 0 であるが，3−5 はいくつになるだろうか？

そこで，3−5 のような場合にも，2つの数のひき算が自由にできるようにするために，負の数が考え出されたのです。これが 0 より小さい数です。3−5 のような計算は，次の節で学びます。

❷節 正の数・負の数の計算

どんな数を求める計算かな？

(−4)+6 や 5+(−6) のような負の数をふくむ計算を考えるために，正の数どうしのたし算をふり返りましょう。

公園で 3 人の子どもが遊んでいます。そこに，6 人の子どもがやってきました。
全部で何人になりましたか。

この問題の答えを求める式は，
3+6
これは，
3 より 6 大きい数を求める計算
を表しているので，数値線を使って答えを求めることができます。

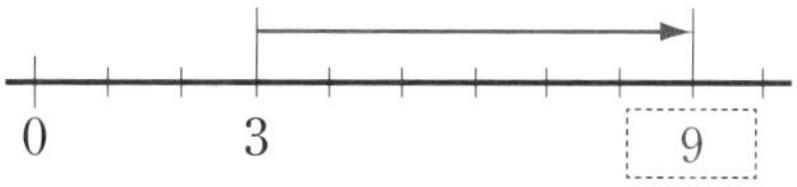

(−4)+6 の計算を，3+6 の計算と同じように考えましょう。
(−4)+6 は，
−4 より 6 大きい数を求める計算
を表しているので，
数直線を使って，3+6 と
同じように答えを求めることができます。 ❓ 数直線を使って答えを求めよう。(解答は上の図)

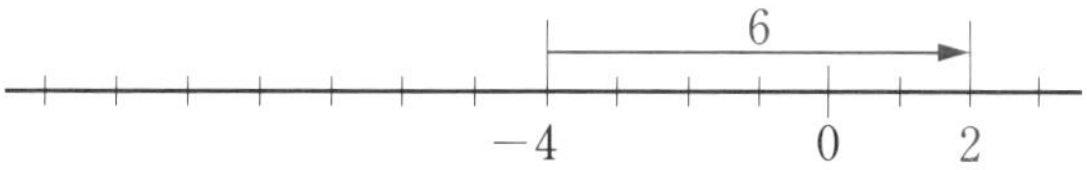

話しあおう

教科書 p.21

5+(−6) は，どんな数を求める計算でしょうか。

解答例 5+(−6) ⇨ **5 より −6 大きい数を求める計算**

参考 「−6 大きい」のように，負の数を使って表されたことばは，「6 小さい」のように，負の数を使わないで表すことができます。

−6 大きい ↓ 6 小さい

つまり，5 より 6 小さい数を求める計算になります。

答えは，数直線で 5 より左に 6 進んだ数 −1 です。

1 正の数・負の数の加法，減法

学習のねらい

2数の加法の計算で，符号と絶対値に着目して計算することを理解します。また，減法を加法になおして計算し，さらに，正の数・負の数の加法，減法を効率よくできるようにします。
3つ以上の数の加法と減法について，加法の交換法則，結合法則を使って計算することも学習します。

教科書のまとめ **テスト前にチェック**

□加法
▶たし算のことを，**加法**といいます。

□正の数・負の数の加法
▶① 同符号の2数の和
符　号……2数と同じ符号
絶対値……2数の絶対値の和
例　$(+4)+(+6)=+(4+6)$　　$(-4)+(-6)=-(4+6)$

② 異符号の2数の和
符　号……絶対値の大きい方の符号
絶対値……2数の絶対値の大きい方から小さい方をひいた差
例　$(+4)+(-6)=-(6-4)$　　$(-4)+(+6)=+(6-4)$

③ 絶対値が等しい異符号の2数の和は0です。
例　$(+5)+(-5)=0$

④ 0と正の数・負の数との和は，その数のままです。
例　$0+(+4)=+4$　　$0+(-6)=-6$

□減法
▶ひき算のことを，**減法**といいます。

□減法を加法になおして計算する
▶正の数・負の数をひくには，符号を変えた数をたせばよいです。
例　$4-6=4+(-6)$　　$(-4)-6=(-4)+(-6)$
$4-(-6)=4+(+6)$　　$(-4)-(-6)=(-4)+(+6)$

□項
▶$10-14+7$ は，10，-14，7 の和とみることができます。
$10-14+7$ で，10，-14，7 を，この式の**項**といいます。
また，10，7 を**正の項**，-14 を**負の項**といいます。

□加法の計算法則
▶a，b，c がどんな数でも，次の式が成り立ちます。
$a+b=b+a$　　**加法の交換法則**
$(a+b)+c=a+(b+c)$　　**加法の結合法則**

□加法と減法が混じった計算
▶加法と減法の混じった式では，正の項の和，負の項の和を，それぞれさきに求めてから計算することもできます。

14
6 −7 −4 +8
−11

加法について学びましょう。

次の2数の和を，数直線を使って求め，○の中にはその符号を，□の中にはその絶対値を書き入れましょう。((1)〜(8)は省略)

教科書 p.23

ガイド これまで学習した方法で，2数の和を求めます。(3)〜(6)のように，負の数をたす計算は，例えば，「−4大きい」は「4小さい」と考えて計算します。

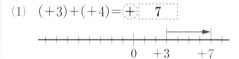

解答

(1) (+3)+(+4)=(+) **7**

(2) (+6)+(+2)=(+) **8**

(3) (−3)+(−4)=(−) **7**

(4) (−6)+(−2)=(−) **8**

(5) (+3)+(−4)=(−) **1**

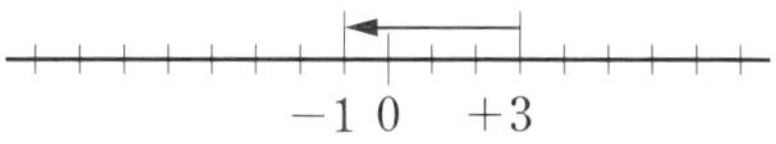

(6) (+6)+(−2)=(+) **4**

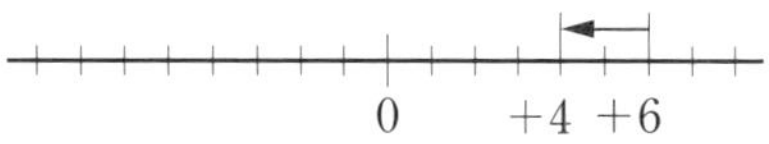

(7) (−3)+(+4)=(+) **1**

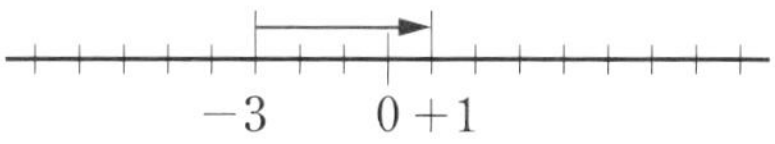

(8) (−6)+(+2)=(−) **4**

2数の和の符号や絶対値について，わかったことを，下のようにまとめましょう。(まとめは省略)

教科書 p.23

ガイド 2数の符号，和の符号に着目します。

解答

〈調べたことからわかったこと〉

2数の和の符号○について

- 正の数どうしの和は，いつも **正の数** になっています。→ (1) (+3)+(+4)=+7　(2) (+6)+(+2)=+8
- 負の数どうしの和は，いつも **負の数** になっています。→ (3) (−3)+(−4)=−7　(4) (−6)+(−2)=−8
- 正の数と負の数の和は，正の数になったり，負の数になったりしています。

□の中の数について

- 2数の絶対値の和になるか，差になるかのどちらかです。
- 和になるのは，2数の符号が **同じ** ときです。→ (1) (+3)+(+4)=+7　(2) (+6)+(+2)=+8　(3) (−3)+(−4)=−7　(4) (−6)+(−2)=−8
- 差になるのは，2数の符号が **違う** ときです。→ (5) (+3)+(−4)=−1　(6) (+6)+(−2)=+4　(7) (−3)+(+4)=+1　(8) (−6)+(+2)=−4

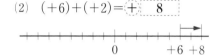

上の式の

問1 次の計算をしなさい。 教科書 p.24

(1) $(-8)+(-3)$　(2) $(-6)+(-10)$

(3) $(-27)+(-34)$　(4) $(-12)+(-12)$

ガイド 2数の符号が－だから，和の符号は－になります。

解答

(1) $(-8)+(-3)$
$=-(8+3)=\mathbf{-11}$

(2) $(-6)+(-10)$
$=-(6+10)=\mathbf{-16}$

(3) $(-27)+(-34)$
$=-(27+34)=\mathbf{-61}$

(4) $(-12)+(-12)$
$=-(12+12)=\mathbf{-24}$

問2 次の計算をしなさい。 教科書 p.24

(1) $(-7)+(+18)$　(2) $(+5)+(-9)$

(3) $(+21)+(-26)$　(4) $(-38)+(+35)$

(5) $(-49)+(+49)$　(6) $0+(-37)$

ガイド まず和の符号を決め，それから絶対値の計算をします。

解答

(1) $(-7)+(+18)$
$=+(18-7)$
$=\mathbf{+11}$

(2) $(+5)+(-9)$
$=-(9-5)$
$=\mathbf{-4}$

(3) $(+21)+(-26)$
$=-(26-21)$
$=\mathbf{-5}$

(4) $(-38)+(+35)$
$=-(38-35)$
$=\mathbf{-3}$

(5) $(-49)+(+49)=\mathbf{0}$

(6) $0+(-37)=\mathbf{-37}$

参考 (5)のように，絶対値が等しい異符号の2数の和は0です。
(6)のように，0と正の数，0と負の数の和は，その数のままです。

問3 トランプで，♠，♣のカードに書かれた数字を正の点数，♥，◆のカードに書かれた数字を負の点数とします。このとき，下の2枚のカードの点数の和は，どのような加法の計算で求めることができますか。それぞれ式を書いて，その和を求めなさい。 教科書 p.25
(図は省略)

ガイド 黒のカードに書かれた数字を正の数，赤のカードに書かれた数字を負の数として計算します。ここでも，まず和の符号を決め，それから絶対値の計算をします。

解答

(1) $(+8)+(-4)$
$=+(8-4)=\mathbf{+4}$

(2) $(-4)+(-6)$
$=-(4+6)=\mathbf{-10}$

(3) $(-5)+(-5)$
$=-(5+5)=\mathbf{-10}$

(4) $(-9)+(+9)=\mathbf{0}$

(5) $(-7)+(+9)$
$=+(9-7)=\mathbf{+2}$

(6) $(+4)+(-10)$
$=-(10-4)=\mathbf{-6}$

問 4　次の計算をしなさい。　教科書 p.25

(1)　$(-0.4)+(-0.3)$　(2)　$(+5.3)+(-2.3)$　(3)　$\left(-\frac{3}{7}\right)+\left(+\frac{2}{7}\right)$

(4)　$\left(-\frac{4}{5}\right)+\left(-\frac{1}{5}\right)$　(5)　$\left(-\frac{1}{3}\right)+\left(-\frac{1}{4}\right)$　(6)　$\left(+\frac{1}{6}\right)+\left(-\frac{3}{10}\right)$

ガイド　数の中に小数や分数があっても，計算のしかたに変わりはありません。異分母の分数の加法では，まず通分しておくと，どちらの数の絶対値が大きいかわかりやすくなります。

解答

(1)　$(-0.4)+(-0.3)$
$=-(0.4+0.3)$
$=\mathbf{-0.7}$

(2)　$(+5.3)+(-2.3)$
$=+(5.3-2.3)$
$=\mathbf{+3}$

(3)　$\left(-\frac{3}{7}\right)+\left(+\frac{2}{7}\right)$
$=-\left(\frac{3}{7}-\frac{2}{7}\right)$
$=\mathbf{-\frac{1}{7}}$

(4)　$\left(-\frac{4}{5}\right)+\left(-\frac{1}{5}\right)$
$=-\left(\frac{4}{5}+\frac{1}{5}\right)$
$=\mathbf{-1}$　（$\frac{5}{5}=1$）

(5)　$\left(-\frac{1}{3}\right)+\left(-\frac{1}{4}\right)$　まず通分する。
$=\left(-\frac{4}{12}\right)+\left(-\frac{3}{12}\right)$
$=-\left(\frac{4}{12}+\frac{3}{12}\right)$
$=\mathbf{-\frac{7}{12}}$

(6)　$\left(+\frac{1}{6}\right)+\left(-\frac{3}{10}\right)$　6 と 10 の最小公倍数は 30
$=\left(+\frac{5}{30}\right)+\left(-\frac{9}{30}\right)$
$=-\left(\frac{9}{30}-\frac{5}{30}\right)$
$=-\frac{4}{30}=\mathbf{-\frac{2}{15}}$　答えは約分する。

減法について学びましょう。

次の □ にあてはまる数を答えましょう。　教科書 p.26

(1)　$(+9)-(+3)$ は，$+9$ より □ 小さい数を求める計算で，
　　これは，　　　$+9$ より □ 大きい数を求める計算と同じです。

(2)　$(-5)-(+7)$ は，-5 より □ 小さい数を求める計算で，
　　これは，　　　-5 より □ 大きい数を求める計算と同じです。

このことから，(1)，(2)の式を，たし算で表してみましょう。

$(+9)-(+3)=(+9)+$ □

$(-5)-(+7)=(-5)+$ □

ガイド　「3 小さい」は「-3 大きい」，「$+7$ 小さい」は「-7 大きい」を使って計算します。

解答

(1)　$+3$，-3

(2)　$+7$，-7

　　(-3)，(-7)

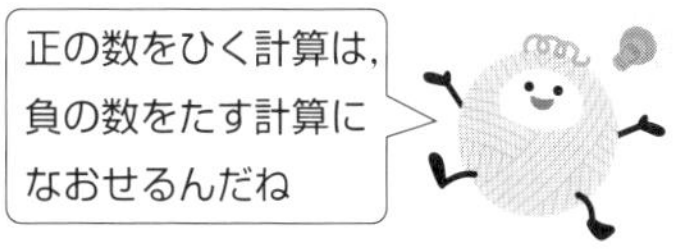

正の数をひく計算は，
負の数をたす計算に
なおせるんだね

説明しよう

教科書 p.26

負の数をひく計算 $(-5)-(-7)$ が，正の数をたす計算 $(-5)+(+7)$ になおせることを説明しましょう。

ガイド 負の数をひく計算を，正の数をたす計算になおすことを考えます。

解答例 $(-5)-(-7)$ は，-5 より -7 小さい数を求める計算で，
これは，-5 より $+7$ 大きい数を求める計算と同じ。
このことから，$(-5)-(-7)=(-5)+(+7)$ となって，
$(-5)-(-7)$ は $(-5)+(+7)$ になおせることがわかる。

問 5

教科書 p.27

次の計算をしなさい。

(1) $(+6)-(-2)$　(2) $(-9)-(+4)$　(3) $0-(-7)$
(4) $(-5)-(-5)$　(5) $(-27)-(-12)$　(6) $(-17)-(+54)$

ガイド 正の数・負の数をひくには，符号を変えた数をたして計算します。

解答

(1) $(+6)-(-2)$
$=(+6)+(+2)$
$=+(6+2)=\mathbf{+8}$

(2) $(-9)-(+4)$
$=(-9)+(-4)$
$=-(9+4)=\mathbf{-13}$

(3) $0-(-7)$
$=0+(+7)=\mathbf{+7}$

(4) $(-5)-(-5)$
$=(-5)+(+5)=\mathbf{0}$

(5) $(-27)-(-12)$
$=(-27)+(+12)$
$=-(27-12)=\mathbf{-15}$

(6) $(-17)-(+54)$
$=(-17)+(-54)$
$=-(17+54)=\mathbf{-71}$

問 6

教科書 p.27

次の計算をしなさい。

(1) $(-1.6)-(+0.6)$　(2) $(+3.5)-(-2.3)$
(3) $\left(-\frac{1}{6}\right)-\left(-\frac{5}{6}\right)$　(4) $\left(+\frac{1}{2}\right)-\left(-\frac{1}{3}\right)$

ガイド 式の中に小数や分数があっても，減法の計算のしかたに変わりはありません。

解答

(1) $(-1.6)-(+0.6)$
$=(-1.6)+(-0.6)$
$=-(1.6+0.6)=\mathbf{-2.2}$

(2) $(+3.5)-(-2.3)$
$=(+3.5)+(+2.3)$
$=+(3.5+2.3)=\mathbf{+5.8}$

(3) $\left(-\frac{1}{6}\right)-\left(-\frac{5}{6}\right)$
$=\left(-\frac{1}{6}\right)+\left(+\frac{5}{6}\right)$
$=+\left(\frac{5}{6}-\frac{1}{6}\right)=+\frac{4}{6}=\mathbf{+\frac{2}{3}}$
約分する。

(4) $\left(+\frac{1}{2}\right)-\left(-\frac{1}{3}\right)$
$=\left(+\frac{1}{2}\right)+\left(+\frac{1}{3}\right)$
$=\left(+\frac{3}{6}\right)+\left(+\frac{2}{6}\right)=+\left(\frac{3}{6}+\frac{2}{6}\right)=\mathbf{+\frac{5}{6}}$

正の数に符号をつけずに表した式を計算しましょう。

問7 次の計算をしなさい。 教科書 p.27

(1) $7+(-9)$　　(2) $-2+6$　　(3) $-8+8$

ガイド (1) $7+(-9)$ は，$(+7)+(-9)=-(9-7)=-2$ という計算ですが，$7-9$ と書いて計算できるようにしましょう。

解答 (1) $7+(-9)$
$=7-9=\mathbf{-2}$

(2) $-2+6=\mathbf{4}$

(3) $-8+8=\mathbf{0}$

問8 次の計算をしなさい。 教科書 p.28

(1) $6-9$　　(2) $8-(-4)$　　(3) $-15-8$

ガイド (1) $6-9$ は，$(+6)+(-9)=-(9-6)=-3$ と計算しますが，解答の中に書かなくてもすぐに計算できるようにしましょう。

(2) $8-(-4)=8+4$ として計算します。

解答 (1) $6-9=\mathbf{-3}$

(2) $8-(-4)$
$=8+4=\mathbf{12}$

(3) $-15-8=\mathbf{-23}$

3数以上の加法，減法について学びましょう。

$12-15+8$ を計算しましょう。 教科書 p.28

ガイド 左から順に計算します。

解答 $12-15+8=-3+8=\mathbf{5}$

問9 次の2つの式をそれぞれ計算し，結果が等しいことを確かめなさい。 教科書 p.29

$\{3+(-4)\}+(-5)$，　$3+\{(-4)+(-5)\}$

ガイド 負の数をふくむ場合にも，加法の結合法則 $(a+b)+c=a+(b+c)$ が成り立つことを，具体的な数で確かめる問題です。

解答

$\{3+(-4)\}+(-5)$
$=(3-4)-5$
$=-1-5$
$=-6$

$3+\{(-4)+(-5)\}$
$=3+(-4-5)$
$=3+(-9)$
$=3-9$
$=-6$

だから，**結果は等しくなる。**

問10 次の計算をしなさい。 教科書 p.29

(1) $3-9-6$ (2) $-12+8-(-14)$
(3) $6-10+(-15)$ (4) $1-2+3-4$
(5) $-8-4+(-1)-(-7)$ (6) $-24-(-15)+(-35)+24$

ガイド かっこのない式になおし，正の項の和，負の項の和をそれぞれ求めて計算します。

解答
(1) $3-9-6$
$=3-15=\mathbf{-12}$

(2) $-12+8-(-14)$
$=-12+8+14$
$=8+14-12=22-12=\mathbf{10}$

(3) $6-10+(-15)$
$=6-10-15$
$=6-25=\mathbf{-19}$

(4) $1-2+3-4$
$=1+3-2-4$
$=4-6=\mathbf{-2}$

(5) $-8-4+(-1)-(-7)$
$=-8-4-1+7$
$=7-8-4-1=7-13=\mathbf{-6}$

(6) $-24-(-15)+(-35)+24$
$=\underline{-24}+15-35\underline{+24}$ （和は0）
$=15-35=\mathbf{-20}$

説明しよう 教科書 p.30

$-3+9-5-9$ を，けいたさんとかりんさんは，次のように計算しました。
それぞれ，どのように考えて計算したのか説明しましょう。(2人の計算は解答例の中)

解答例

〈けいたさんの方法〉
$-3+9-5-9$
$=9-3-5-9$
$=9-17$
$=-8$

正の項の和，負の項の和をそれぞれ求めて計算している。

〈かりんさんの方法〉
$-3+9-5-9$
$=-3+9-5-9$
$=-3-5$
$=-8$

$+9-9=0$ をさきに計算して，残った $-3-5$ を計算している。

練習問題 1 正の数・負の数の加法，減法 p.30

1 次の計算をしなさい。

(1) $(+32)-(+47)$ (2) $(-14)+(+22)$ (3) $(-28)+(-72)$
(4) $(+47)-(+32)$ (5) $(-36)-(-18)$ (6) $(-35)+(+35)$
(7) $(-3.3)+(-4.7)$ (8) $(-3.9)-(-6.4)$ (9) $(-1.2)-(+1.2)$
(10) $\left(-\frac{7}{9}\right)+\left(-\frac{5}{9}\right)$ (11) $\left(+\frac{4}{5}\right)+\left(-\frac{3}{2}\right)$ (12) $\left(-\frac{1}{8}\right)-\left(-\frac{5}{6}\right)$
(13) $(-4)-(+15)-(-9)$ (14) $(+12)+(-3)-(+6)-(-1)$

ガイド 減法は加法になおして計算します。
加法と減法が混じった式は，かっこのない式になおし，正と負のそれぞれの項の和を求めて計算します。

解答

(1) $(+32)-(+47)$
$=(+32)+(-47)$
$=-(47-32)$
$=\mathbf{-15}$

(2) $(-14)+(+22)$
$=+(22-14)$
$=\mathbf{+8}$

(3) $(-28)+(-72)$
$=-(28+72)$
$=\mathbf{-100}$

(4) $(+47)-(+32)$
$=(+47)+(-32)$
$=+(47-32)$
$=\mathbf{+15}$

(5) $(-36)-(-18)$
$=(-36)+(+18)$
$=-(36-18)$
$=\mathbf{-18}$

(6) $\underline{(-35)}+\underline{(+35)}$
$=\mathbf{0}$ 絶対値が等しい異符号の2数の和は0

(7) $(-3.3)+(-4.7)$
$=-(3.3+4.7)$
$=\mathbf{-8}$

(8) $(-3.9)-(-6.4)$
$=(-3.9)+(+6.4)$
$=+(6.4-3.9)$
$=\mathbf{+2.5}$

(9) $(-1.2)-(+1.2)$
$=(-1.2)+(-1.2)$
$=-(1.2+1.2)$
$=\mathbf{-2.4}$

(10) $\left(-\frac{7}{9}\right)+\left(-\frac{5}{9}\right)$
$=-\left(\frac{7}{9}+\frac{5}{9}\right)$
$=-\frac{12}{9}$
$=\mathbf{-\frac{4}{3}}$

(11) $\left(+\frac{4}{5}\right)+\left(-\frac{3}{2}\right)$
$=\left(+\frac{8}{10}\right)+\left(-\frac{15}{10}\right)$
$=-\left(\frac{15}{10}-\frac{8}{10}\right)$
$=\mathbf{-\frac{7}{10}}$

(12) $\left(-\frac{1}{8}\right)-\left(-\frac{5}{6}\right)$
$=\left(-\frac{1}{8}\right)+\left(+\frac{5}{6}\right)$
$=\left(-\frac{3}{24}\right)+\left(+\frac{20}{24}\right)$
$=+\left(\frac{20}{24}-\frac{3}{24}\right)$
$=\mathbf{+\frac{17}{24}}$

(13) $(-4)-(+15)-(-9)=-4-15+9=9-4-15=9-19=\mathbf{-10}$

(14) $(+12)+(-3)-(+6)-(-1)=12-3-6+1=12+1-3-6=13-9=\mathbf{4}$

参考 加法と減法が混じった式では，加法だけの式になおし，正の項の和，負の項の和をそれぞれ求めて計算してもよいです。

(13) $(-4)-(+15)-(-9)=(-4)+(-15)+(+9)=(-19)+(+9)=\mathbf{-10}$

(14) $(+12)+(-3)-(+6)-(-1)=(+12)+(-3)+(-6)+(+1)$
$=(+12)+(+1)+(-3)+(-6)=(+13)+(-9)=\mathbf{4}$

2 次の計算をしなさい。

(1) $20-(-13)$　(2) $-11+5$　(3) $-7.8+4.8$　(4) $-6.3-1.8$

(5) $\frac{2}{3}-\frac{5}{6}$　(6) $-\frac{5}{7}-\left(-\frac{3}{4}\right)$　(7) $-8+7-9$

(8) $-16-(-14)+8$　(9) $24-15-22+13$　(10) $12+(-31)-45-(-31)$

解答 (1) $20-(-13)$
$=20+13$
$=\mathbf{33}$

(2) $-11+5$
$=\mathbf{-6}$

(3) $-7.8+4.8$
$=\mathbf{-3}$

(4) $-6.3-1.8$
$=\mathbf{-8.1}$

(5) $\frac{2}{3}-\frac{5}{6}$
$=\frac{4}{6}-\frac{5}{6}=\mathbf{-\frac{1}{6}}$

(6) $-\frac{5}{7}-\left(-\frac{3}{4}\right)$
$=-\frac{5}{7}+\frac{3}{4}$
$=-\frac{20}{28}+\frac{21}{28}=\mathbf{\frac{1}{28}}$

(7) $-8+7-9$
$=7-8-9$
$=7-17$
$=\mathbf{-10}$

(8) $-16-(-14)+8$
$=-16+14+8$
$=-16+22$
$=\mathbf{6}$

(9) $24-15-22+13$
$=24+13-15-22$
$=37-37=\mathbf{0}$

(10) $12+(-31)-45-(-31)$
$=12\underline{-31}-45\underline{+31}$ (和は0)
$=\mathbf{-33}$

3 aが正の数, bが負の数のとき, いつでも成り立つ関係を, 次の(ア)〜(エ)から選びなさい。
(ア) $a+b$ は0になる。
(イ) $a-b$ は正の数になる。
(ウ) $a-b$ は負の数になる。
(エ) $3+a$ は$3+b$ より小さくなる。

ガイド 符号の異なる2数の和の符号は, 2数の絶対値の大きさによって変わります。
また, 負の数をひく計算は, 正の数をたす計算になおせます。

解答 (ア) (aの絶対値)>(bの絶対値) の場合, $a+b>0$
(aの絶対値)=(bの絶対値) の場合, $a+b=0$
(aの絶対値)<(bの絶対値) の場合, $a+b<0$ となる。
よって, いつでも0になるとはいえない。

(イ) 負の数をひく計算は, 正の数をたす計算になおせる。
よって, $a-b$は, (正の数)+(正の数) となるから, いつでも正の数になるといえる。 (例) $2-(-3)=2+(+3)=5$

(ウ) $a-b$は, (イ)より, いつでも正の数になるから, 成り立たない。

(エ) $a>b$ だから, $3+a>3+b$ である。
よって, 成り立たない。

したがって, いつでも成り立つ関係は, (イ)

2 正の数・負の数の乗法，除法

学習のねらい

正の数・負の数の乗法，除法について，計算のしかたや意味を十分理解し，計算が自由にできるようにします。また，乗法の交換法則や結合法則を理解し，これを使って，計算が効率よくできるようにします。

教科書のまとめ　テスト前にチェック

□正の数・負の数をかけること

▶負の数×正の数
正の数×負の数 } ……絶対値の積に負の符号をつけます。

負の数×負の数………絶対値の積に正の符号をつけます。

例　$(-5)\times2=-10$　　$5\times(-2)=-10$　　$(-5)\times(-2)=10$

▶ 0 と正の数，0 と負の数の積は 0 です。

□正の数・負の数でわること

▶負の数÷正の数
正の数÷負の数 } ……絶対値の商に負の符号をつけます。

負の数÷負の数………絶対値の商に正の符号をつけます。

例　$(-10)\div2=-5$　　$10\div(-2)=-5$　　$(-10)\div(-2)=5$

▶ 0 を正の数，負の数でわったときの商は 0 です。
どんな数も 0 でわることはできません。

□乗法と除法

▶かけ算のことを**乗法**，わり算のことを**除法**といいます。

□逆数

▶ 2 つの数の積が 1 になるとき，一方の数を，他方の数の**逆数**といいます。

□除法を乗法に

▶除法は，わる数の逆数をかけて乗法になおすことができます。

□乗法の交換法則と結合法則

▶a，b，c がどんな数であっても，次の式が成り立ちます。

$a\times b=b\times a$　　**乗法の交換法則**

$(a\times b)\times c=a\times(b\times c)$　　**乗法の結合法則**

□ 3 数以上の乗法，除法

▶① 乗法，除法の混じった式では，左から順に計算します。

② 乗法だけの式では，順序を変えて計算してもよいです。

③ 乗法だけの式の計算結果の符号は，

負の符号の個数が { 偶数個のとき　＋
　　　　　　　　　 奇数個のとき　－

④ 乗法と除法の混じった式では，乗法だけの式になおし，次に，結果の符号を決めてから計算することができます。

■ 正の数をかけることについて学びましょう。

$(-2)\times3$ を，加法で求めましょう。　教科書 p.31

ガイド　$(-2)\times3$ は，-2 を 3 つたしたものと考えられます。

解答　-2 が 3 つ分だから，　$(-2)\times3=(-2)+(-2)+(-2)=\mathbf{-6}$

問 1

教科書 p.31

次の計算をしなさい。

(1)　$(-3)\times 7$　　(2)　$(-6)\times 8$　　(3)　$(-12)\times 6$

ガイド　負の数に正の数をかけるとき，絶対値の積に－をつけます。

解答

(1)　$(-3)\times 7=-(3\times 7)=\mathbf{-21}$　　(2)　$(-6)\times 8=-(6\times 8)=\mathbf{-48}$

(3)　$(-12)\times 6=-(12\times 6)=\mathbf{-72}$

負の数をかけることについて学びましょう。

問 2

教科書 p.32

次の計算をしなさい。

(1)　$5\times(-6)$　　(2)　$9\times(-8)$　　(3)　$10\times(-10)$

ガイド　正の数に負の数をかけるとき，絶対値の積に－をつけます。

解答

(1)　$5\times(-6)=-(5\times 6)=\mathbf{-30}$　　(2)　$9\times(-8)=-(9\times 8)=\mathbf{-72}$

(3)　$10\times(-10)=-(10\times 10)=\mathbf{-100}$

説明しよう

教科書 p.33

$(-2)\times\square$ について，次のことを説明しましょう。

(1)　右の図で，かける数を，3，2，1 と 1 ずつ小さくしていくと，積はどのように変わっていきますか。

(2)　かける数を，0，-1，-2，-3 と 1 ずつ小さくしていくと，積はどうなると考えることができますか。

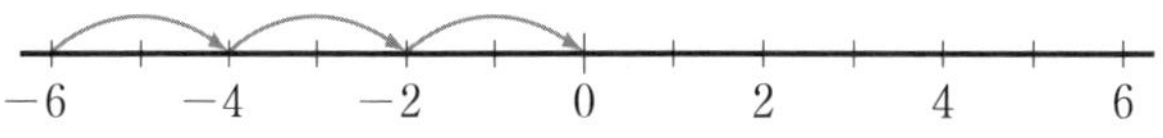

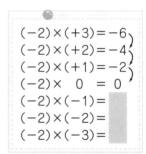

$(-2)\times(+3)=-6$
$(-2)\times(+2)=-4$
$(-2)\times(+1)=-2$
$(-2)\times\ \ 0\ \ =\ 0$
$(-2)\times(-1)=$ ▭
$(-2)\times(-2)=$ ▭
$(-2)\times(-3)=$ ▭

ガイド　まず，負の数に正の数をかけるとき，絶対値の積に－をつけます。
次に，計算の結果をくらべ，その増減のようすを調べていきます。
-6，-4，-2 の変わり方からきまりを見つけ，残りの 4 つの計算の結果を考えましょう。

解答例

(1)　$-6\rightarrow -4\rightarrow -2$ と変わる数の増減を調べると，
それぞれ 2 ずつ増えていっている。したがって，
かける数を 1 ずつ小さくすると，積は 2 ずつ大きくなる。

(2)　(1)の結果から，次に続く数は，-2 より 2 大きい 0 で，2，4，6 と続くと予想される。
したがって，
$(-2)\times 0=\mathbf{0}$，$(-2)\times(-1)=\mathbf{2}$，$(-2)\times(-2)=\mathbf{4}$，$(-2)\times(-3)=\mathbf{6}$
となると考えることができる。((1)と同じように，積は 2 ずつ大きくなる。)

問3 次の計算をしなさい。 教科書 p.33

(1) $(-4)\times(-9)$　(2) $(-8)\times(-7)$　(3) $(-10)\times(-10)$

ガイド 負の数に負の数をかけるとき，絶対値の積に＋をつけます。

解答 (1) $(-4)\times(-9)=+(4\times9)=\mathbf{36}$　(2) $(-8)\times(-7)=+(8\times7)=\mathbf{56}$

(3) $(-10)\times(-10)=+(10\times10)=\mathbf{100}$

■ 正の数・負の数でわることについて学びましょう。

次の□にあてはまる数を求めましょう。 教科書 p.34

$\square\times2=-6$,　$\square\times(-2)=6$,　$\square\times(-2)=-6$

解答 $\square\times2=-6$ ⟶ 2 をかけて −6 になるから，　$\square=\mathbf{-3}$

$\square\times(-2)=6$ ⟶ −2 をかけて 6 になるから，　$\square=\mathbf{-3}$

$\square\times(-2)=-6$ → −2 をかけて −6 になるから，$\square=\mathbf{3}$

参考 このことから，次のことがいえます。

$(-6)\div2=-3$　　$6\div(-2)=-3$　　$(-6)\div(-2)=3$

問4 次の計算をしなさい。 教科書 p.34

(1) $(-18)\div9$　(2) $21\div(-3)$　(3) $(-20)\div(-5)$

(4) $(-56)\div(-7)$　(5) $15\div(-21)$　(6) $(-45)\div(-60)$

ガイド 負の数を正の数でわるとき，絶対値の商に－をつけます。　$\ominus\div\oplus\longrightarrow\ominus$
正の数を負の数でわるとき，絶対値の商に－をつけます。　$\oplus\div\ominus\longrightarrow\ominus$
負の数を負の数でわるとき，絶対値の商に＋をつけます。　$\ominus\div\ominus\longrightarrow\oplus$
分数は約分します。

解答

(1) $(-18)\div9$
$=-(18\div9)$
$=\mathbf{-2}$

(2) $21\div(-3)$
$=-(21\div3)$
$=\mathbf{-7}$

(3) $(-20)\div(-5)$
$=+(20\div5)$
$=\mathbf{4}$

(4) $(-56)\div(-7)$
$=+(56\div7)$
$=\mathbf{8}$

(5) $15\div(-21)$
$=-(15\div21)$
$=-\dfrac{15}{21}=\mathbf{-\dfrac{5}{7}}$

(6) $(-45)\div(-60)$
$=+(45\div60)$
$=\dfrac{45}{60}=\mathbf{\dfrac{3}{4}}$

小数や分数をふくむ乗除について学びましょう。

問5 次の計算をしなさい。 教科書 p.35

(1) $0.5\times(-3)$　(2) $(-0.8)\times(-0.6)$

(3) $2.4\div(-0.6)$　(4) $(-0.4)\div 8$

ガイド 式の中に小数があっても，計算のしかたは変わりません。位取りに注意して計算しましょう。

解答

(1) $0.5\times(-3)$
$=-(0.5\times 3)$
$=\mathbf{-1.5}$

(2) $(-0.8)\times(-0.6)$
$=+(0.8\times 0.6)$
$=\mathbf{0.48}$

(3) $2.4\div(-0.6)$
$=-(2.4\div 0.6)$
$=\mathbf{-4}$

(4) $(-0.4)\div 8$
$=-(0.4\div 8)$
$=\mathbf{-0.05}$

問6 次の計算をしなさい。 教科書 p.35

(1) $\frac{6}{5}\times\left(-\frac{10}{3}\right)$　(2) $\left(-\frac{2}{3}\right)\times\left(-\frac{11}{2}\right)$　(3) $\left(-\frac{8}{3}\right)\times\frac{1}{2}$

ガイド 式の中に分数があっても，まず，積の符号を決めてから絶対値の計算をします。これまでの計算のしかたに変わりはありません。

解答

(1) $\frac{6}{5}\times\left(-\frac{10}{3}\right)$
$=-\left(\frac{6}{5}\times\frac{10}{3}\right)$
$=\mathbf{-4}$

(2) $\left(-\frac{2}{3}\right)\times\left(-\frac{11}{2}\right)$
$=+\left(\frac{2}{3}\times\frac{11}{2}\right)$
$=\mathbf{\frac{11}{3}}$

(3) $\left(-\frac{8}{3}\right)\times\frac{1}{2}$
$=-\left(\frac{8}{3}\times\frac{1}{2}\right)$
$=\mathbf{-\frac{4}{3}}$

問7 次の数の逆数をいいなさい。 教科書 p.36

(1) $-\frac{2}{5}$　(2) $-\frac{1}{6}$　(3) -3

ガイド 2つの数の積が1になるとき，一方の数を，他方の数の逆数といいます。
$-3=-\frac{3}{1}$ と考えるとよいです。

解答

(1) $\left(-\frac{2}{5}\right)\times\left(-\frac{5}{2}\right)=1$ だから，$-\frac{2}{5}$ の逆数は $\mathbf{-\frac{5}{2}}$

(2) $\left(-\frac{1}{6}\right)\times(-6)=1$ だから，$-\frac{1}{6}$ の逆数は $\mathbf{-6}$

(3) $(-3)\times\left(-\frac{1}{3}\right)=1$ だから，-3 の逆数は $\mathbf{-\frac{1}{3}}$

ミスに注意
負の数の逆数は負の数である。

ふりかえり　次の□にあてはまる数を求めましょう。　教科書 p.36

$\frac{3}{4} \div \frac{3}{8} = \frac{3}{4} \times \square$　　$5 \div 2 = 5 \times \square$

ガイド　小学校で学んだように，分数でわるときには，わる数の逆数をかけて計算します。

解答　$\mathbf{\frac{8}{3}}$，$\mathbf{\frac{1}{2}}$

問 8　次の除法を，乗法になおして計算しなさい。　教科書 p.37

(1)　$\frac{5}{4} \div (-15)$　　(2)　$\left(-\frac{2}{3}\right) \div \frac{1}{6}$　　(3)　$\left(-\frac{3}{8}\right) \div \left(-\frac{9}{16}\right)$

ガイド　除法を乗法になおすには，わる数の逆数をかけます。負の数でわるときも同じです。

解答

(1)　$\frac{5}{4} \div (-15)$

$= \frac{5}{4} \times \left(-\frac{1}{15}\right)$

$= -\left(\frac{5}{4} \times \frac{1}{15}\right)$

$= \mathbf{-\frac{1}{12}}$

(2)　$\left(-\frac{2}{3}\right) \div \frac{1}{6}$

$= \left(-\frac{2}{3}\right) \times 6$

$= -\left(\frac{2}{3} \times 6\right)$

$= \mathbf{-4}$

(3)　$\left(-\frac{3}{8}\right) \div \left(-\frac{9}{16}\right)$

$= \left(-\frac{3}{8}\right) \times \left(-\frac{16}{9}\right)$

$= +\left(\frac{3}{8} \times \frac{16}{9}\right)$

$= \mathbf{\frac{2}{3}}$

■ 3 数以上の乗法，除法について学びましょう。

$(-4) \times 9 \times (-25)$ を計算しましょう。　教科書 p.37

ガイド　左から順に計算しましょう。

解答　$(-4) \times 9 \times (-25) = -(4 \times 9) \times (-25) = (-36) \times (-25) = +(36 \times 25) = \mathbf{900}$

問 9　次の 2 つの式をそれぞれ計算し，結果が等しいことを確かめなさい。　教科書 p.37

$\{3 \times (-4)\} \times (-5)$，　$3 \times \{(-4) \times (-5)\}$

ガイド　負の数をふくむ場合にも，乗法の結合法則

$$(a \times b) \times c = a \times (b \times c)$$

が成り立つかどうか，具体的な数で確かめる問題です。

解答　$\{3 \times (-4)\} \times (-5) = (-12) \times (-5) = 60$

$3 \times \{(-4) \times (-5)\} = 3 \times 20 = 60$

だから，**結果は等しくなる。**

問10

教科書 p.37

次の計算をしなさい。

(1)　$25\times11\times(-4)$　　(2)　$(-2)\times12\times(-15)$

ガイド　乗法だけの式では，交換法則，結合法則を使って，順序を変えて計算することができます。数を見て計算しやすいように順序を変えます。

解答

(1)　$25\times11\times(-4)$

$=25\times(-4)\times11$

$=-100\times11$

$=\mathbf{-1100}$

(2)　$(-2)\times12\times(-15)$

$=(-2)\times(-15)\times12$

$=30\times12$

$=\mathbf{360}$

教科書 p.38

次の計算をして，その結果をくらべましょう。

(1)　$1\times(-2)\times3\times4$

(2)　$1\times(-2)\times(-3)\times4$

(3)　$(-1)\times2\times(-3)\times(-4)$

(4)　$(-1)\times(-2)\times(-3)\times(-4)$

ガイド　負の符号－の個数と計算結果の符号に着目しましょう。

解答

(1)　$1\times(-2)\times3\times4=(-2)\times3\times4=(-6)\times4=\mathbf{-24}$

(2)　$1\times(-2)\times(-3)\times4=(-2)\times(-3)\times4=6\times4=\mathbf{24}$

(3)　$(-1)\times2\times(-3)\times(-4)=(-2)\times(-3)\times(-4)=6\times(-4)=\mathbf{-24}$

(4)　$(-1)\times(-2)\times(-3)\times(-4)=2\times(-3)\times(-4)=(-6)\times(-4)=\mathbf{24}$

計算結果の符号は，負の符号の個数が**偶数個のとき＋**，**奇数個のとき－**になる。

問11

教科書 p.38

次の計算をしなさい。

(1)　$(-4)\times(-12)\times(-5)$　　(2)　$\left(-\frac{3}{5}\right)\times\frac{5}{6}\times(-3)$

ガイド　まず符号を決めてから計算します。

解答

(1)　$(-4)\times(-12)\times(-5)$

$=-(4\times12\times5)$

$=\mathbf{-240}$

(2)　$\left(-\frac{3}{5}\right)\times\frac{5}{6}\times(-3)$

$=+\left(\frac{3}{5}\times\frac{5}{6}\times3\right)$

$=\mathbf{\frac{3}{2}}$

参考　(1)で，$4\times12\times5=(4\times12)\times5=48\times5$ としてもよいですが，$(4\times5)\times12=20\times12$，$4\times(12\times5)=4\times60$ と順序を変える方が，計算しやすくなります。

問12

教科書 p.39

次の計算をしなさい。

(1) $(-12)\times(-5)\div3$

(2) $25\div(-2)\times4$

(3) $\left(-\frac{3}{7}\right)\div2\div\left(-\frac{3}{4}\right)$

(4) $\left(-\frac{7}{2}\right)\times(-6)\div\left(-\frac{3}{5}\right)$

ガイド 乗法と除法の混じった式では，乗法だけの式になおし，次に，結果の符号を決めてから計算することができます。

解答

(1) $(-12)\times(-5)\div3$

$=(-12)\times(-5)\times\frac{1}{3}$

$=+\left(12\times5\times\frac{1}{3}\right)$

$=\mathbf{20}$

(2) $25\div(-2)\times4$

$=25\times\left(-\frac{1}{2}\right)\times4$

$=-\left(25\times\frac{1}{2}\times4\right)$

$=\mathbf{-50}$

(3) $\left(-\frac{3}{7}\right)\div2\div\left(-\frac{3}{4}\right)$

$=\left(-\frac{3}{7}\right)\times\frac{1}{2}\times\left(-\frac{4}{3}\right)$

$=+\left(\frac{3}{7}\times\frac{1}{2}\times\frac{4}{3}\right)$

$=\mathbf{\frac{2}{7}}$

(4) $\left(-\frac{7}{2}\right)\times(-6)\div\left(-\frac{3}{5}\right)$

$=\left(-\frac{7}{2}\right)\times(-6)\times\left(-\frac{5}{3}\right)$

$=-\left(\frac{7}{2}\times6\times\frac{5}{3}\right)$

$=\mathbf{-35}$

話しあおう

教科書 p.39

右の $(-36)\div(-3)\times2$ の計算は，どこに誤りがありますか。
また，正しくするには，どのように計算するとよいでしょうか。

× 誤答例

$(-36)\div(-3)\times2$
$=(-36)\div(-6)$
$=6$

解答例

- **除法をふくむ式では，左から順に計算をしないといけないのに，$(-3)\times2$ をさきに計算している。**
- 正しくするには，

① **左から順に計算する。**

$\mathbf{(-36)\div(-3)\times2=12\times2=24}$

② **乗法だけの式になおして計算する。**

$\mathbf{(-36)\div(-3)\times2=(-36)\times\left(-\frac{1}{3}\right)\times2=24}$

練習問題　② 正の数・負の数の乗法，除法　p.39

1 次の計算をしなさい。

(1) $9\times(-7)$　(2) $(-5)\times4$　(3) $(-15)\times0$

(4) $4\times(-0.1)$　(5) $(-0.3)\times(-0.2)$　(6) $(-0.7)\times10$

ガイド 負の数×正の数，正の数×負の数…絶対値の積に－，負の数×負の数…絶対値の積に＋

解答

(1) $9\times(-7)$
$=-(9\times7)$
$=\mathbf{-63}$

(2) $(-5)\times4$
$=-(5\times4)$
$=\mathbf{-20}$

(3) $(-15)\times0$
↳0との積はすべて0
$=\mathbf{0}$

(4) $4\times(-0.1)$
$=-(4\times0.1)$
$=\mathbf{-0.4}$

(5) $(-0.3)\times(-0.2)$
$=+(0.3\times0.2)$
$=\mathbf{0.06}$

(6) $(-0.7)\times10$
$=-(0.7\times10)$
$=\mathbf{-7}$

2 次の計算をしなさい。

(1) $32\div(-4)$　(2) $(-8)\div8$　(3) $(-45)\div(-9)$

(4) $(-6)\div0.3$　(5) $0\div(-3.1)$　(6) $(-0.3)\div6$

ガイド 負の数÷正の数，正の数÷負の数…絶対値の商に－，負の数÷負の数…絶対値の商に＋

解答

(1) $32\div(-4)$
$=-(32\div4)$
$=\mathbf{-8}$

(2) $(-8)\div8$
$=-(8\div8)$
$=\mathbf{-1}$

(3) $(-45)\div(-9)$
$=+(45\div9)$
$=\mathbf{5}$

(4) $(-6)\div0.3$
$=-(6\div0.3)$
$=\mathbf{-20}$

(5) $0\div(-3.1)$
↳0をわったときはすべて0
$=\mathbf{0}$

(6) $(-0.3)\div6$
$=-(0.3\div6)$
$=\mathbf{-0.05}$

3 次の計算をしなさい。

(1) $\left(-\frac{2}{9}\right)\times\left(-\frac{3}{4}\right)$　(2) $\frac{4}{15}\div\left(-\frac{2}{5}\right)$　(3) $(-6)\div\frac{2}{3}$

ガイド 分数をふくむ除法では，わる数の逆数をかけます。

解答

(1) $\left(-\frac{2}{9}\right)\times\left(-\frac{3}{4}\right)$
$=+\left(\frac{2}{9}\times\frac{3}{4}\right)$
$=\mathbf{\frac{1}{6}}$

(2) $\frac{4}{15}\div\left(-\frac{2}{5}\right)$
$=\frac{4}{15}\times\left(-\frac{5}{2}\right)$
$=-\left(\frac{4}{15}\times\frac{5}{2}\right)=\mathbf{-\frac{2}{3}}$

(3) $(-6)\div\frac{2}{3}$
$=(-6)\times\frac{3}{2}$
$=-\left(6\times\frac{3}{2}\right)=\mathbf{-9}$

4 次の計算をしなさい。

(1) $(-2)\times27\times(-5)$
(2) $(-36)\times(-2)\div(-9)$
(3) $(-12)\div4\times(-8)$
(4) $24\div(-6)\div(-2)$
(5) $\left(-\frac{1}{3}\right)\times\left(-\frac{3}{2}\right)\times\left(-\frac{5}{6}\right)$
(6) $\frac{1}{2}\times\left(-\frac{4}{3}\right)\div\frac{4}{9}$
(7) $\left(-\frac{7}{4}\right)\div\frac{14}{15}\times\left(-\frac{4}{5}\right)$
(8) $\frac{3}{5}\div(-0.3)\div\left(-\frac{2}{3}\right)$

解答

(1) $(-2)\times27\times(-5)$
$=(-2)\times(-5)\times27$
$=10\times27$
$=\mathbf{270}$

(2) $(-36)\times(-2)\div(-9)$
$=(-36)\times(-2)\times\left(-\frac{1}{9}\right)$
$=-\left(36\times2\times\frac{1}{9}\right)=\mathbf{-8}$

(3) $(-12)\div4\times(-8)$
$=(-12)\times\frac{1}{4}\times(-8)$
$=+\left(12\times\frac{1}{4}\times8\right)=\mathbf{24}$

(4) $24\div(-6)\div(-2)$
$=24\times\left(-\frac{1}{6}\right)\times\left(-\frac{1}{2}\right)$
$=+\left(24\times\frac{1}{6}\times\frac{1}{2}\right)=\mathbf{2}$

(5) $\left(-\frac{1}{3}\right)\times\left(-\frac{3}{2}\right)\times\left(-\frac{5}{6}\right)$
$=-\left(\frac{1}{3}\times\frac{3}{2}\times\frac{5}{6}\right)$
$=\mathbf{-\frac{5}{12}}$

(6) $\frac{1}{2}\times\left(-\frac{4}{3}\right)\div\frac{4}{9}$
$=\frac{1}{2}\times\left(-\frac{4}{3}\right)\times\frac{9}{4}$
$=-\left(\frac{1}{2}\times\frac{4}{3}\times\frac{9}{4}\right)=\mathbf{-\frac{3}{2}}$

(7) $\left(-\frac{7}{4}\right)\div\frac{14}{15}\times\left(-\frac{4}{5}\right)$
$=\left(-\frac{7}{4}\right)\times\frac{15}{14}\times\left(-\frac{4}{5}\right)$
$=+\left(\frac{7}{4}\times\frac{15}{14}\times\frac{4}{5}\right)=\mathbf{\frac{3}{2}}$

(8) $\frac{3}{5}\div(-0.3)\div\left(-\frac{2}{3}\right)$
$=\frac{3}{5}\div\left(-\frac{3}{10}\right)\div\left(-\frac{2}{3}\right)$
$=\frac{3}{5}\times\left(-\frac{10}{3}\right)\times\left(-\frac{3}{2}\right)$
$=+\left(\frac{3}{5}\times\frac{10}{3}\times\frac{3}{2}\right)=\mathbf{3}$

正の数・負の数のはじまり

ヨーロッパで負の数が知られるようになったのは，13 世紀ごろのことです。それは，7 世紀ごろにインドで考えられたものが，アラビアを経て伝えられたものでした。

中国ではインドよりももっと古く，1 世紀ごろに完成したと思われる「九章算術」という本に，すでに正の数・負の数について述べられています。「九章算術」では，「正負術」という部分があり，正の数・負の数の加法，減法の計算方法が解説されています。ここでは，算木（さんぎ）という計算器具を使い，正の数は赤で，負の数は黒で表していました。

3 いろいろな計算

学習のねらい

同じ数の積や，加減と乗除が混じった式の計算の順序，分配法則を理解し，これを使って，計算が能率的にできるようにします。

教科書のまとめ　テスト前にチェック

□指数

▶いくつかの同じ数の積は，次のように表します。

（3個　指数）$\underbrace{5\times5\times5}_{3個}=5^{3}$

$5\times5=5^2$
└→5の2乗または平方と読む。

$5\times5\times5=5^3$
└→5の3乗または立方と読む。

5^2，5^3の右上の小さい数2，3を**指数**といいます。

□四則

▶数の加法，減法，乗法，除法をまとめて**四則**といいます。

□計算の順序

▶四則が混じった式では，乗法，除法をさきに計算します。

□分配法則

▶a，b，cがどんな数であっても，次の式が成り立ちます。

$$\left.\begin{array}{l}(a+b)\times c=a\times c+b\times c\\ c\times(a+b)=c\times a+c\times b\end{array}\right\}\text{分配法則}$$

同じ数の積について学びましょう。

問1　次の計算をしなさい。　教科書 p.40

(1)　4^2　　(2)　3^3　　(3)　2^5

ガイド　4^2を4の2乗または4の平方，2^5を2の5乗と読みます。
2^5の右上の小さい数5は，かけあわせる数2の個数を示したものです。
$2^5=\underline{2\times2\times2\times2\times2}$
└→2が5個

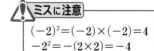

解答

(1)　$4^2=4\times4=\mathbf{16}$

(2)　$3^3=3\times3\times3=\mathbf{27}$

(3)　$2^5=2\times2\times2\times2\times2=\mathbf{32}$

問2　次の計算をしなさい。　教科書 p.40

(1)　$(-3)^3$　　(2)　-5^3　　(3)　-1.5^2

(4)　$(-4)^2\times(-7)$　　(5)　$(-6^2)\div(-2)^3$

❓ $(-4)^2$と-4^2の違いは何かな。

ガイド　次の式を間違えないように注意しましょう。

(1)　$\underline{(-3)^3}=(-3)\times(-3)\times(-3)$
└→(-3)を3個かけあわせる。

(2)　$-5^3=-(5\times5\times5)$
└→5を3個かけあわせる。

ミスに注意

$(-2)^2=(-2)\times(-2)=4$
$-2^2=-(2\times2)=-4$

解答 (1) $(-3)^3=(-3)\times(-3)\times(-3)$
$=-(3\times3\times3)=\mathbf{-27}$

(2) $-5^3=-(5\times5\times5)$
$=\mathbf{-125}$

(3) $-1.5^2=-(1.5\times1.5)$
$=\mathbf{-2.25}$

(4) $(-4)^2\times(-7)=(-4)\times(-4)\times(-7)$
$=-(4\times4\times7)=\mathbf{-112}$

(5) $(-6^2)\div(-2)^3=-(6\times6)\div\{(-2)\times(-2)\times(-2)\}$
$=-36\div(-8)$
$=\dfrac{36}{8}=\dfrac{\mathbf{9}}{\mathbf{2}}$

❓ $(-4)^2$ は (-4) を 2 個かけあわせた数。$(-4)^2=(-4)\times(-4)=+(4\times4)=16$
-4^2 は 4 を 2 個かけあわせて負の符号をつけた数。$-4^2=-(4\times4)=-16$

説明しよう

教科書 p.40

$(-2)^{\square}$ が正の数になるのは，□がどんな数のときでしょうか。
また，$(-2)^{\square}$ が負の数になるのは，□がどんな数のときでしょうか。

ガイド 具体的な数字をあてはめて，いくつか例を考えてみるとよいです。
$(-2)^2=4$，$(-2)^3=-8$，$(-2)^4=16$，$(-2)^5=-32$，$(-2)^6=64$，$(-2)^7=-128$，…のように，指数が，2，4，6，…のとき，正の数になり，指数が，3，5，7，…のとき，負の数になります。

解答例 **□が偶数のとき正の数，奇数のとき負の数となる。**

■ 四則をふくむ式の計算について学びましょう。

問 3

教科書 p.41

次の計算をしなさい。

(1) $-4-6\times(-3)$
(2) $3\times(-7)-9\times(-8)$
(3) $5\times(-12)+14\div7$
(4) $10\div(-5)-(-6)\times2$
(5) $4\times(-2)+(-3^2)$
(6) $(-2)^2+2^3\div(-4)$

ガイド 四則が混じった式では，乗法，除法をさきに計算します。

解答 (1) $-4-6\times(-3)$
$=-4-(-18)$
$=-4+18=\mathbf{14}$

(2) $3\times(-7)-9\times(-8)$
$=-21-(-72)$
$=-21+72=\mathbf{51}$

(3) $5\times(-12)+14\div7$
$=-60+2$
$=\mathbf{-58}$

(4) $10\div(-5)-(-6)\times2$
$=-2-(-12)$
$=-2+12=\mathbf{10}$

(5) $4\times(-2)+(-3^2)$
$=-8+\{-(3\times3)\}$
$=-8+(-9)=-8-9=\mathbf{-17}$

(6) $(-2)^2+2^3\div(-4)$
$=(-2)\times(-2)+2\times2\times2\div(-4)$
$=4+8\div(-4)=4+(-2)=4-2=\mathbf{2}$

問 4　次の計算をしなさい。　教科書 p.41

(1)　$-5+(13-7)\div 3$　　(2)　$7-\{(-2)^2-(9-14)\}$

ガイド　かっこがある式では，ふつうはかっこの中をさきに計算します。

解答　(1)　$-5+(13-7)\div 3$

$=-5+6\div 3$

$=-5+2$

$=\mathbf{-3}$

(2)　$7-\{(-2)^2-(9-14)\}$

$=7-\{4-(-5)\}$

$=7-(4+5)$

$=7-9=\mathbf{-2}$

問 5　次の 2 つの式をそれぞれ計算し，結果が等しいことを確かめなさい。　教科書 p.42

$\{3+(-4)\}\times(-5)$，　$3\times(-5)+(-4)\times(-5)$

ガイド　負の数をふくむ場合にも，分配法則 $(a+b)\times c=a\times c+b\times c$ が成り立つかどうか，具体的な数で確かめる問題です。

解答　$\{3+(-4)\}\times(-5)=(-1)\times(-5)=5$

$3\times(-5)+(-4)\times(-5)=-15+20=5$

だから，結果は等しくなる。

説明しよう　教科書 p.42

$\left(\frac{1}{3}+\frac{1}{2}\right)\times(-6)$ を，けいたさんとかりんさんは，次のように計算しました。

それぞれ，どのように考えて計算したのか説明しましょう。(2 人の計算は解答例の中)

ガイド　(　)の中が分数の和の場合，分配法則 $(a+b)\times c=a\times c+b\times c$ を使うと，計算が簡単になる場合があります。

解答例　〈けいたさんの方法〉

$\left(\frac{1}{3}+\frac{1}{2}\right)\times(-6)$

$=\left(\frac{2}{6}+\frac{3}{6}\right)\times(-6)$

$=\frac{5}{6}\times(-6)=-5$

(　)の中を通分して分数の和をさきに求めてから，−6 をかけている。

〈かりんさんの方法〉

$\left(\frac{1}{3}+\frac{1}{2}\right)\times(-6)$

$=\frac{1}{3}\times(-6)+\frac{1}{2}\times(-6)$

$=-2+(-3)=-5$

分配法則を使って，それぞれの分数に，−6 をかけて，整数の和の計算にしている。

(けいたさんの方法では，計算が複雑になるが，かりんさんの方法では，通分をしなくてよいので計算が簡単になる。)

練習問題　　③ いろいろな計算　p.42

1 次の計算をしなさい。

(1) $(-3^2)\times(-2)^3$　　(2) $(-9)^2\div(-3^3)$

(3) $2\times(-2)\div(-2^2)$　　(4) $(-5)\div(-5)^2\times(-25)$

解答 (1) $(-3^2)\times(-2)^3$

$=(-9)\times(-8)$

$=\mathbf{72}$

(2) $(-9)^2\div(-3^3)$

$=81\div(-27)$

$=-\dfrac{81}{27}=\mathbf{-3}$

(3) $2\times(-2)\div(-2^2)$

$=2\times(-2)\div(-4)$

$=+\left(2\times2\times\dfrac{1}{4}\right)=\mathbf{1}$

(4) $(-5)\div(-5)^2\times(-25)$

$=(-5)\div25\times(-25)$

$=+\left(5\times\dfrac{1}{25}\times25\right)=\mathbf{5}$

2 次の計算をしなさい。

(1) $-2-18\div(-6)$　　(2) $9-(-13)+7\times(-8)$

(3) $-5+(15-6)\div3$　　(4) $\{2+(4-8)\}\times3$

(5) $8\times(-2)-(-2^3)$　　(6) $(-2)^3-(3^2-5)$

ガイド 四則が混じった式では，乗法，除法をさきに計算します。

解答 (1) $-2-18\div(-6)$

$=-2-(-3)$

$=-2+3=\mathbf{1}$

(2) $9-(-13)+7\times(-8)$

$=9-(-13)+(-56)$

$=9+13-56=\mathbf{-34}$

(3) $-5+(15-6)\div3$

$=-5+9\div3$

$=-5+3=\mathbf{-2}$

(4) $\{2+(4-8)\}\times3$

$=\{2+(-4)\}\times3$

$=(-2)\times3=\mathbf{-6}$

(5) $8\times(-2)-(-2^3)$

$=8\times(-2)-(-8)$

$=-16-(-8)=-16+8=\mathbf{-8}$

(6) $(-2)^3-(3^2-5)$

$=(-8)-(9-5)$

$=-8-4=\mathbf{-12}$

3 次の計算をしなさい。

(1) $12\times\left(-\dfrac{1}{3}+\dfrac{3}{2}\right)$　　(2) $\left(-\dfrac{4}{7}+\dfrac{3}{2}\right)\times28$

ガイド (　)の中が分数の和のとき，分配法則を使うと計算が簡単になる場合があります。

解答 (1) $12\times\left(-\dfrac{1}{3}+\dfrac{3}{2}\right)$

$=12\times\left(-\dfrac{1}{3}\right)+12\times\dfrac{3}{2}$

$=-4+18=\mathbf{14}$

(2) $\left(-\dfrac{4}{7}+\dfrac{3}{2}\right)\times28$

$=\left(-\dfrac{4}{7}\right)\times28+\dfrac{3}{2}\times28$

$=-16+42=\mathbf{26}$

4 数の世界のひろがり

学習のねらい

数の範囲をひろげたときの四則計算について考えます。例えば，自然数どうしの加減乗除をしたとき，答えも自然数になるかどうかを調べます。
また，自然数を，1より大きい自然数の積の形で表せるようにします。素数の意味を理解し，素因数分解ができるようにします。

教科書のまとめ　テスト前にチェック

□計算の可能性
▶**自然数の集合**では，加法と乗法はいつでもできます。（→答えも自然数になる。）
▶**整数の集合**では，加法，乗法，および，減法はいつでもできます。
▶数全体の集合では，四則計算はいつでもできます。

□素数
▶1とその数のほかに約数がない自然数を**素数**といいます。

□素因数分解
▶自然数を素数だけの積で表すことを，**素因数分解**するといいます。
例　$72=2^3\times3^2$

数の範囲をひろげたときの四則計算について考えましょう。

教科書 p.44

[2]と[5]の数字が書かれたカードがあります。このカードを，下の[　]に置いて，いろいろな式をつくりましょう。つくった式のうち，負の数を学んだことでできるようになった計算はどれでしょうか。

(ア)　[　]＋[　]　　(イ)　[　]－[　]
(ウ)　[　]×[　]　　(エ)　[　]÷[　]

ガイド　(ア)，(ウ)，(エ)は計算の結果が正の数ですが，(イ)では負の数がでてきます。

解答　(ア)　$2+5=7$，$5+2=7$　　(イ)　$2-5=-3$，$5-2=3$

(ウ)　$2\times5=10$，$5\times2=10$　　(エ)　$2\div5=\frac{2}{5}$，$5\div2=\frac{5}{2}$

したがって，(イ)

問1　自然数を自然数でわる計算の結果は，いつも自然数になりますか。　教科書 p.44

ガイド　いくつかの具体的な数字をあてはめて考えてみるとよいです。

解答　$5\div2=\frac{5}{2}$ のように，自然数を自然数でわると，商が自然数にならない場合があるから，
自然数を自然数でわる計算の結果は，いつも自然数になるとは限らない。

自然数の集合，整数の集合，数全体の集合について，加減乗除のそれぞれの計算が，その集合の中だけでいつでもできるときは○，そうとは限らないときは△を下の表に書き入れましょう。(表は省略)

教科書 p.45

解答

	加法	減法	乗法	除法
自然数の集合	○	△	○	△
整数の集合	○	○	○	△
数全体の集合	○	○	○	○

自然数を素数の積で表しましょう。

問 2 次の自然数の中から，素数をすべて選びなさい。

教科書 p.46

(ア) 18　　(イ) 29　　(ウ) 33　　(エ) 41

ガイド 1とその数のほかに約数がない自然数を素数といいます。18には，1，2，3，6，9，18の6つ，33には，1，3，11，33の4つの約数があります。

解答 (イ)，(エ)

72を，1より大きい自然数の積で表しましょう。

教科書 p.46

解答例 2×36，3×24，4×18，6×12，8×9，$2\times2\times18$，$2\times2\times2\times3\times3$ など

問 3 次の自然数を，素因数分解しなさい。

教科書 p.47

(1) 20　　(2) 54　　(3) 126

ガイド 解答は，指数を使い，小さい素数から順に表すようにします。

解答

(1) $20=2^2\times5$

(2) $54=2\times3^3$

(3) $126=2\times3^2\times7$

```
2) 20      2) 54      2) 126
2) 10      3) 27      3)  63
    5      3)  9      3)  21
               3           7
```

問 4 次の(ア)～(カ)の中から，6の倍数をすべて選びなさい。
また，14の倍数をすべて選びなさい。

教科書 p.47

(ア) $2^4\times7$　　(イ) $3\times5\times11$　　(ウ) $2^3\times3\times7$

(エ) $2\times3^2\times13$　　(オ) $2\times5\times7$　　(カ) $2^3\times5\times11$

ガイド 素因数分解したときに，2×3 がふくまれていると6の倍数，2×7 がふくまれていると14の倍数であるといえます。

解答 6の倍数…(ウ)，(エ)　14の倍数…(ア)，(ウ)，(オ)

問5 154にできるだけ小さい自然数をかけて，12の倍数にするには，どんな数をかければよいですか。 教科書 p.47

ガイド 154を素因数分解してみましょう。$12=2^2\times3$ から，12の倍数にするには何をかければよいか考えます。

解答 素因数分解すると，$154=\underline{2}\times7\times11$ だから，これに 2×3 をかけると，

$$\underline{2}\times7\times11\times\underline{2\times3}=7\times11\times\underline{2\times2\times3}$$
$$=7\times11\times12$$

となり，12の倍数になる。したがって，**6**をかければよい。

$$\begin{array}{r|l} 2 & 154 \\ 7 & 77 \\ & 11 \end{array}$$

練習問題　④ 数の世界のひろがり p.48

1 次の自然数を，素因数分解しなさい。

(1) 378　(2) 420　(3) 693

解答
(1) $378=2\times3^3\times7$
(2) $420=2^2\times3\times5\times7$
(3) $693=3^2\times7\times11$

$$\begin{array}{r|r} 2 & 378 \\ 3 & 189 \\ 3 & 63 \\ 3 & 21 \\ & 7 \end{array}\quad \begin{array}{r|r} 2 & 420 \\ 2 & 210 \\ 3 & 105 \\ 5 & 35 \\ & 7 \end{array}\quad \begin{array}{r|r} 3 & 693 \\ 3 & 231 \\ 7 & 77 \\ & 11 \end{array}$$

2 540をできるだけ小さい数でわって，ある数の2乗にするには，どんな数でわればよいですか。

ガイド 540を素因数分解して，それぞれの素数の指数が偶数（ぐうすう）になるような数でわります。つまり，540÷□=○^{2} となるような□を見つけましょう。

解答 素因数分解すると，$540=2^2\times3^3\times5$　これを 3×5 でわると，

$$(2^2\times3^3\times5)\div(3\times5)=\frac{2^2\times3^3\times5}{3\times5}=\frac{2\times2\times3\times3\times\overset{1}{\cancel{3}}\times\overset{1}{\cancel{5}}}{\underset{1}{\cancel{3}}\times\underset{1}{\cancel{5}}}=2\times2\times3\times3=(2\times3)^2$$

となる。したがって，**15**でわればよい。

3 次の3つの数をすべてわり切ることのできるいちばん大きい自然数を求めなさい。

336,　770,　840

ガイド 3つの数を素因数分解して，それぞれの数がどんな数の倍数になっているか考えます。

解答
$336=\underline{2}\times2\times2\times2\times3\quad\times\underline{7}$
$770=\underline{2}\qquad\qquad\times5\times\underline{7}\times11$
$840=\underline{2}\times2\times2\quad\times3\times5\times\underline{7}$

より，3つとも 2×7 の倍数になっている。したがって，3つの数をすべてわり切ることのできるいちばん大きい自然数は，**14**である。

③節 正の数・負の数の利用

優勝をめざそう

3 週間後，クラス対抗の大縄跳び大会が開催されます。1 年 1 組は，優勝をめざしてみんなで練習することになり，その日にいちばん多く続けて跳べた回数を記録していくことになりました。

大会までの 3 週間の跳べた回数の記録は，次のようになりました。

	月	火	水	木	金
1 週目	12	17	13	15	18
2 週目	35	38	41	40	51
3 週目	44	42	57	50	52

話しあおう

教科書 p.49

1 週目，2 週目，3 週目の記録をくらべると，どんなことがわかるでしょうか。

解答例 それぞれの週の平均を求めて，くらべてみる。

- 小学校で学習したように，平均＝合計÷個数 だから，計算すると，

  1 週目…(12＋17＋13＋15＋18)÷5＝15 (回)

  2 週目…(35＋38＋41＋40＋51)÷5＝41 (回)

  3 週目…(44＋42＋57＋50＋52)÷5＝49 (回)

3 年生からコツを教えてもらったあとの 2 週目から大幅に増えていることがわかる。

- 小学校 5 年では，平均の求め方のくふうとして，「ある数より大きい部分の平均を求めて，ある数にたす」方法もあった。

  1 週目…10 より大きい部分の平均を求めると，

  (2＋7＋3＋5＋8)÷5＝5　　10＋5＝15 (回)

  2 週目…30 より大きい部分の平均を求めると，

  (5＋8＋11＋10＋21)÷5＝11　　30＋11＝41 (回)

  3 週目…40 より大きい部分の平均を求めると，

  (4＋2＋17＋10＋12)÷5＝9　　40＋9＝49 (回)

- 教科書 16 ページのように，目標の回数を基準にして違いを正の数，負の数で表すと，平均をもっと簡単に求めることができるのではないだろうか。

1 正の数・負の数の利用

学習のねらい　正の数・負の数を利用して，身のまわりの問題を解決できるようにします。

教科書のまとめ　テスト前にチェック

□仮平均　▶平均を求めるのに基準にした値を**仮平均**（かりへいきん）といいます。

ふりかえり　教科書 p.50

2週目の記録で，いちばん少ないのは月曜日の35回です。この月曜日の35回を基準にして，これをこえる回数の平均を求めて，35回にたすと，平均を求めることができます。

❓ この方法で，平均を求めることができるかな。

解答

❓ 35をこえる回数の平均を求めると，$(0+3+6+5+16)\div5=6$

よって，平均は，$35+6=$**41（回）**

問 1　教科書 p.50

3週目は，目標にしていた50回を仮平均とすることにしました。このとき，3週目の記録について表した下の表を完成させなさい。（表は省略）

ガイド

それぞれの日の回数から50をひいて，仮平均との違いを求めます。
跳べた回数が仮平均よりも少ない場合には，負の数になります。

解答

月曜日…$44-50=-6$，火曜日…$42-50=-8$，水曜日…$57-50=7$，
木曜日…$50-50=0$，金曜日…$52-50=2$

	月	火	水	木	金
仮平均との違い（回）	**−6**	**−8**	**+7**	**0**	**+2**

問 2　教科書 p.51

問1の表をもとに，3週目の記録の平均を求めなさい。

ガイド

「仮平均との違い」の平均を求めて，仮平均にたします。

解答

$(-6)+(-8)+7+0+2=-5$

$(-5)\div5=-1$…仮平均との違いの平均

よって，$50+(-1)=$**49（回）**

問 3　教科書 p.51

次の表は，大縄跳び大会本番の1年生5クラスの記録から，仮平均を使って平均を求めようとしている表です。空欄をうめて，下の表を完成させなさい。（表は省略）

ガイド

5組のデータから，まず，仮平均を求めます。

解答 5 組の記録から，仮平均は，42−(−3)=45 (回)
1 組の跳んだ回数…45+6=51 (回)
2 組の仮平均との違い…40−45=−5 (回)
3 組の跳んだ回数…45−8=37 (回)
4 組の仮平均との違い…55−45=10 (回)

	1 組	2 組	3 組	4 組	5 組
跳べた回数 (回)	**51**	40	**37**	55	42
仮平均との違い (回)	+6	**−5**	−8	**+10**	−3

(仮平均)=(跳べた回数)−(仮平均との違い)
で求められるね

問 4 問 3 の表をもとに，1 年生 5 クラスの跳べた回数の平均を求めなさい。 教科書 p.51

ガイド 仮平均と，仮平均との違いを使って，平均を求めます。

解答 {(+6)+(−5)+(−8)+(+10)+(−3)}÷5=0
45+0=**45** (回)

練習問題 1 正の数・負の数の利用 p.51

1 ある讃岐(さぬき)うどん店は，1 日の売上数を，
水曜日の売上数 150 杯(ぱい)を基準にして，
次の表のように記録しています。

	月	火	水	木	金	土	日
売上数 (杯)	+7	−14	0	−8	+10	+23	+17

月曜日から日曜日までの売上数の平均を
求めなさい。
また，この 7 日間の総売上数を求めなさい。

ガイド 150 杯が仮平均になっているので，問 2 で求めたようにして，売上数の平均を求めます。また，総売上数は，(平均)×(日数) を使って求めます。

解答 仮平均の 150 杯と各曜日の売上数との違いは，それぞれ，表のようになっている。
{(+7)+(−14)+0+(−8)+(+10)+(+23)+(+17)}÷7=5
(和は 35)

よって，7 日間の売上数の平均は，150+5=**155** (杯)
また，総売上数は，155×7=**1085** (杯)

参考 総売上数を求めるのに，(仮平均×7)+(仮平均との違いの和) を利用して，
150×7+35=1050+35=1085 (杯) としても計算できます。

1章 章末問題　学びをたしかめよう

教科書 p.52〜53

1 次の数を，正の符号，負の符号をつけて表しなさい。

(1)　0より8小さい数　　(2)　0より15大きい数

解答 (1)　**−8**　　(2)　**+15**

p.13 問3

2 次の数の中から，整数をすべて選びなさい。
また，自然数をすべて選びなさい。

$-0.2,\ +5,\ \frac{1}{3},\ 0,\ -7,\ 10,\ 1.5$

解答 整数…**+5，0，−7，10**　　自然数…**+5，10**

p.13 問4

3 下の数直線上で，A，B，Cにあたる数をいいなさい。
また，次の数を，数直線上に表しなさい。

$-5,\quad -3.5,\quad \frac{1}{2}$

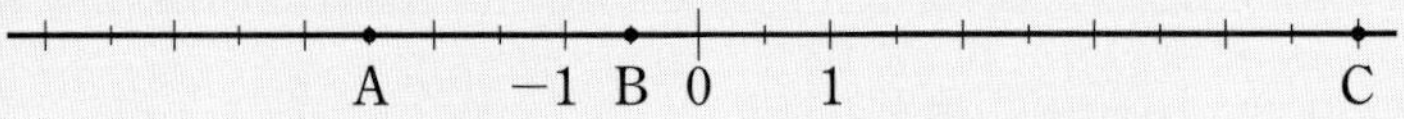

ガイド 数直線では，正の数は0から右の方に，負の数は0から左の方に表されています。

解答 A…**−2.5** $\left(\text{または } -\frac{5}{2}\right)$，　B…**−0.5** $\left(\text{または } -\frac{1}{2}\right)$，　C…**5**

p.14 問5

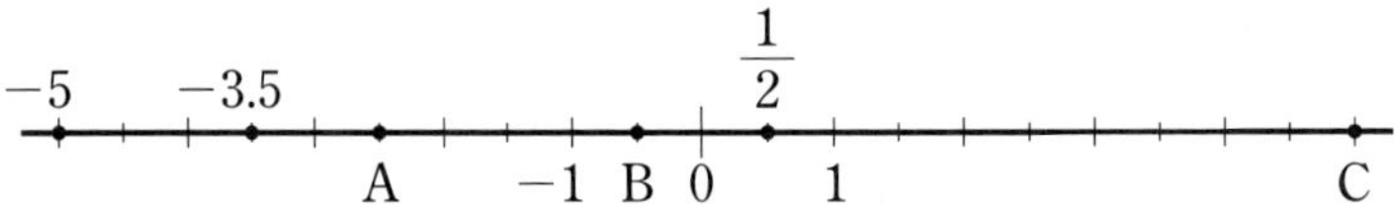

p.14 問6

4 〔　〕内のことばを使って，次のことを表しなさい。

(1)　6個少ない　〔多い〕　　(2)　50円たりない　〔余る〕

ガイド 反対の性質をもつことばでいいかえるときは，符号を変えます。

解答 (1)　6個少ないは，〔多い〕を使うと，**−6個多い**

(2)　50円たりないは，〔余る〕を使うと，**−50円余る**

p.16 問4

5 −3の絶対値をいいなさい。

ガイド 数直線上で，0からある数までの距離を，その数の絶対値といいます。

解答 **3**

p.17 問1

6

次の２数の大小を，不等号を使って表しなさい。

(1) $4,\ -6$　　(2) $-7,\ -8$　　(3) $-0.1,\ 0$

ガイド 正の数は負の数より大きく，0は負の数より大きいです。
負の数どうしでは，絶対値が大きいほど小さいです。

解答 (1) $\mathbf{4>-6}$　　(2) $\mathbf{-7>-8}$　　(3) $\mathbf{-0.1<0}$ p.18 問3

7

次の計算をしなさい。

(1) $(-3)+(-7)$　　(2) $(-1.7)+(+0.3)$　　(3) $\left(-\frac{1}{2}\right)+\left(-\frac{1}{7}\right)$

(4) $(+5)-(+9)$　　(5) $(-2.2)-(-3.1)$　　(6) $\left(+\frac{2}{3}\right)-\left(-\frac{3}{4}\right)$

解答 (1) $(-3)+(-7)=\mathbf{-10}$ p.24 問1　(2) $(-1.7)+(+0.3)=\mathbf{-1.4}$

(3) $\left(-\frac{1}{2}\right)+\left(-\frac{1}{7}\right)=\left(-\frac{7}{14}\right)+\left(-\frac{2}{14}\right)=-\left(\frac{7}{14}+\frac{2}{14}\right)=\mathbf{-\frac{9}{14}}$ (2)，(3) p.25 問4

(4) $(+5)-(+9)=(+5)+(-9)=\mathbf{-4}$ p.27 問5

(5) $(-2.2)-(-3.1)=(-2.2)+(+3.1)=\mathbf{+0.9}$

(6) $\left(+\frac{2}{3}\right)-\left(-\frac{3}{4}\right)=\left(+\frac{2}{3}\right)+\left(+\frac{3}{4}\right)=\left(+\frac{8}{12}\right)+\left(+\frac{9}{12}\right)=+\left(\frac{8}{12}+\frac{9}{12}\right)=\mathbf{+\frac{17}{12}}$

(5)，(6) p.27 問6

8

次の計算をしなさい。

(1) $-5+2$　　(2) $-7-2$

(3) $-9-6+2$　　(4) $27+25+(-27)+(-24)$

解答 (1) $-5+2=\mathbf{-3}$ p.27 問7　(2) $-7-2=\mathbf{-9}$ p.28 問8

(3) $-9-6+2$
$=-15+2=\mathbf{-13}$ p.29 問10

(4) $27+25+(-27)+(-24)$
$=27+25-27-24$
$=25-24=\mathbf{1}$ p.29 問10

9

次の計算をしなさい。

(1) $3\times(-2)$　　(2) $(-8)\div(-2)$　　(3) $(-1.6)\times(-0.2)$

(4) $4.5\div(-0.3)$　　(5) $\left(-\frac{21}{10}\right)\times\frac{5}{7}$　　(6) $\left(-\frac{4}{9}\right)\div\left(-\frac{4}{3}\right)$

解答 (1) $3\times(-2)=\mathbf{-6}$ p.32 問2

(2) $(-8)\div(-2)$
$=+(8\div2)=\mathbf{4}$ p.34 問4

(3) $(-1.6)\times(-0.2)$
$=+(1.6\times0.2)=\mathbf{0.32}$ p.35 問5

(4) $4.5\div(-0.3)$
$=-(4.5\div0.3)=\mathbf{-15}$ p.35 問5

(5) $\left(-\frac{21}{10}\right)\times\frac{5}{7}$

$=-\left(\frac{21}{10}\times\frac{5}{7}\right)=\mathbf{-\frac{3}{2}}$

p.35 問6

(6) $\left(-\frac{4}{9}\right)\div\left(-\frac{4}{3}\right)$

$=\left(-\frac{4}{9}\right)\times\left(-\frac{3}{4}\right)$

$=+\left(\frac{4}{9}\times\frac{3}{4}\right)=\mathbf{\frac{1}{3}}$

p.37 問8

10 次の計算をしなさい。

(1) $(-2)\times6\times5$

(2) $\left(-\frac{1}{2}\right)\times16\times\left(-\frac{3}{4}\right)$

(3) $(-48)\div6\times4$

(4) $\left(-\frac{1}{6}\right)\div\left(-\frac{7}{24}\right)\div\left(-\frac{4}{7}\right)$

ガイド 乗法と除法が混じった式では，乗法だけの式になおし，結果の符号を決めて計算します。

解答 (1) $(-2)\times6\times5$

$=(-2)\times5\times6$

$=(-10)\times6=\mathbf{-60}$

p.37 問10

(2) $\left(-\frac{1}{2}\right)\times16\times\left(-\frac{3}{4}\right)$

$=+\left(\frac{1}{2}\times16\times\frac{3}{4}\right)=\mathbf{6}$

p.38 問11

(3) $(-48)\div6\times4$

$=-\left(48\times\frac{1}{6}\times4\right)=\mathbf{-32}$

p.39 問12

(4) $\left(-\frac{1}{6}\right)\div\left(-\frac{7}{24}\right)\div\left(-\frac{4}{7}\right)$

$=-\left(\frac{1}{6}\times\frac{24}{7}\times\frac{7}{4}\right)=\mathbf{-1}$

p.39 問12

11 次の計算をしなさい。

(1) 3^4　(2) $(-6)^2$　(3) -3^4

(4) $(-2)^3\times5$　(5) $6-12\div(-3)$　(6) $6-3\times(7-4)$

解答 (1) $3^4=3\times3\times3\times3$

$=\mathbf{81}$

p.40 問1

(2) $(-6)^2=(-6)\times(-6)$

$=\mathbf{36}$

p.40 問2

(3) $-3^4=-(3\times3\times3\times3)$

$=\mathbf{-81}$

p.40 問2

(4) $(-2)^3\times5$

$=(-2)\times(-2)\times(-2)\times5$

$=-(2\times2\times2\times5)=\mathbf{-40}$

p.40 問2

(5) $6-12\div(-3)$

$=6-(-4)$

$=6+4=\mathbf{10}$

p.41 問3

(6) $6-3\times(7-4)$

$=6-3\times3$

$=6-9=\mathbf{-3}$

p.41 問4

12 次の自然数の中から，素数をすべて選びなさい。

(ア) 21　(イ) 31　(ウ) 41　(エ) 51

ガイド 1とその数のほかに約数がない自然数を素数といいます。

解答 (イ)，(ウ)

p.46 問2

1章 章末問題　学びを身につけよう

教科書 p.54〜55

テストによく出る

1 次の計算をしなさい。

(1) $7-25$　(2) $-6-(-16)$　(3) $-8.9+9.1$

(4) $-2.4-3.4$　(5) $\frac{2}{3}+\left(-\frac{7}{4}\right)$　(6) $-\frac{2}{5}+\left(-\frac{3}{5}\right)$

(7) $(-8)\times12$　(8) $0\times(-27)$　(9) $-1.2\div(-0.4)$

(10) $0\div(-0.2)$　(11) $\frac{2}{5}\times\left(-\frac{3}{4}\right)$　(12) $\left(-\frac{8}{9}\right)\div\left(-\frac{2}{3}\right)$

(13) $3+(-7)+2$　(14) $-31-(-18)+16$

(15) $0.4+(-3.2)+5.6$　(16) $-1.8-4.3+3.5$

(17) $-\frac{1}{2}+\frac{1}{3}-\frac{1}{4}$　(18) $-5-2+(-2)-4$

(19) $3+7-15-6+2$　(20) $18-(-7)-14+(-7)-18$

(21) $7\div35\times(-25)$　(22) $(-54)\div(-6)\div(-3)$

(23) $18\div\left(-\frac{9}{2}\right)\times\left(-\frac{5}{8}\right)$　(24) $-\frac{3}{8}\div\frac{1}{4}\div\left(-\frac{9}{5}\right)$

(25) $(-4)^2\times(-12)\div(-2)^4$　(26) $(-5)-70\div(-14)$

(27) $-59+6\times(-7)-32$　(28) $20\times3-(-18+7)\times5$

(29) $\{1+(0.6-1.5)\}\times(-0.1)$　(30) $(-4)^2\times5-(-3^2)$

(31) $25\times(-14)+75\times(-14)$　(32) $\left(\frac{1}{4}+\frac{5}{6}\right)\times(-12)-(-13)$

解答

(1) $7-25=\mathbf{-18}$

(2) $-6-(-16)=-6+16=\mathbf{10}$

(3) $-8.9+9.1=\mathbf{0.2}$

(4) $-2.4-3.4=\mathbf{-5.8}$

(5) $\frac{2}{3}+\left(-\frac{7}{4}\right)=\frac{8}{12}-\frac{21}{12}=\mathbf{-\frac{13}{12}}$

(6) $-\frac{2}{5}+\left(-\frac{3}{5}\right)=-\frac{2}{5}-\frac{3}{5}=-\frac{5}{5}=\mathbf{-1}$

(7) $(-8)\times12=\mathbf{-96}$

(8) $0\times(-27)=\mathbf{0}$

(9) $-1.2\div(-0.4)=1.2\div0.4=\mathbf{3}$

(10) $0\div(-0.2)=\mathbf{0}$

(11) $\frac{2}{5}\times\left(-\frac{3}{4}\right)=-\left(\frac{2}{5}\times\frac{3}{4}\right)=\mathbf{-\frac{3}{10}}$

(12) $\left(-\frac{8}{9}\right)\div\left(-\frac{2}{3}\right)=+\left(\frac{8}{9}\times\frac{3}{2}\right)=\mathbf{\frac{4}{3}}$

(13) $3+(-7)+2=3-7+2=3+2-7=5-7=\mathbf{-2}$

(14) $-31-(-18)+16=-31+18+16=-31+34=\mathbf{3}$

(15) $0.4+(-3.2)+5.6=0.4-3.2+5.6=0.4+5.6-3.2=6-3.2=\mathbf{2.8}$

(16) $-1.8-4.3+3.5=-6.1+3.5=\mathbf{-2.6}$

(17) $-\frac{1}{2}+\frac{1}{3}-\frac{1}{4}=-\frac{6}{12}+\frac{4}{12}-\frac{3}{12}=-\frac{9}{12}+\frac{4}{12}=\mathbf{-\frac{5}{12}}$

(18) $-5-2+(-2)-4=-5-2-2-4=\mathbf{-13}$

(19) $3+7-15-6+2=3+7+2-15-6=12-21=\mathbf{-9}$

(20) $18-(-7)-14+(-7)-18=18+7-14-7-18=18-18+7-7-14=\mathbf{-14}$

(21) $7\div35\times(-25)=7\times\frac{1}{35}\times(-25)=-\left(7\times\frac{1}{35}\times25\right)=\mathbf{-5}$

(22) $(-54)\div(-6)\div(-3)=-54\times\left(-\frac{1}{6}\right)\times\left(-\frac{1}{3}\right)=-\left(54\times\frac{1}{6}\times\frac{1}{3}\right)=\mathbf{-3}$

(23) $18\div\left(-\frac{9}{2}\right)\times\left(-\frac{5}{8}\right)=18\times\left(-\frac{2}{9}\right)\times\left(-\frac{5}{8}\right)=+\left(18\times\frac{2}{9}\times\frac{5}{8}\right)=\mathbf{\frac{5}{2}}$

(24) $-\frac{3}{8}\div\frac{1}{4}\div\left(-\frac{9}{5}\right)=-\frac{3}{8}\times4\times\left(-\frac{5}{9}\right)=+\left(\frac{3}{8}\times4\times\frac{5}{9}\right)=\mathbf{\frac{5}{6}}$

(25) $(-4)^2\times(-12)\div(-2)^4=16\times(-12)\div16=16\times(-12)\times\frac{1}{16}=\mathbf{-12}$

(26) $(-5)-70\div(-14)=(-5)-(-5)=(-5)+5=\mathbf{0}$

(27) $-59+6\times(-7)-32=-59-42-32=\mathbf{-133}$

(28) $20\times3-(-18+7)\times5=60-(-11)\times5=60-(-55)=60+55=\mathbf{115}$

(29) $\{1+(0.6-1.5)\}\times(-0.1)=(1-0.9)\times(-0.1)=0.1\times(-0.1)=\mathbf{-0.01}$

(30) $(-4)^2\times5-(-3^2)=16\times5-(-9)=80+9=\mathbf{89}$

(31) $25\times(-14)+75\times(-14)=\underbrace{(25+75)\times(-14)}_{\text{分配法則を利用}}=100\times(-14)=\mathbf{-1400}$

(32) $\left(\frac{1}{4}+\frac{5}{6}\right)\times(-12)-(-13)=\frac{1}{4}\times(-12)+\frac{5}{6}\times(-12)+13=-3-10+13=\mathbf{0}$

テストによく出る

2 下の表は，ある年の3日間の福井市の最高気温と最低気温の記録です。
[ ]の中の数は，前日の気温との違いを表しています。
(ア)～(エ)にあてはまる数を求めなさい。
また，3月5日の最高気温と最低気温はそれぞれ何℃でしたか。

	3月6日	3月7日	3月8日
最高気温	9.2℃ [−4.8]	(ア)℃ [(イ)]	13.3℃ [+4.2]
最低気温	(ウ)℃ [−2.5]	−1.2℃ [−3]	(エ)℃ [+5.6]

ガイド (ア)は，3月8日の気温と前日の気温との違いから求めます。

解答 (ア) 13.3−(+4.2)=**9.1**　(イ) 9.1−9.2=**−0.1**
(ウ) −1.2−(−3)=**1.8**　(エ) −1.2+(+5.6)=**4.4**
3月5日の最高気温…9.2−(−4.8)=**14.0(℃)**　最低気温…1.8−(−2.5)=**4.3(℃)**

テストによく出る

3 次の数の中から，下の(1)～(6)にあてはまる数をすべて選びなさい。

$21,\ -0.2,\ -14,\ 24.2,\ 13,\ -16.2,\ -\frac{1}{100},\ 5$

(1) 整数　(2) もっとも大きい数
(3) もっとも小さい整数　(4) 絶対値がもっとも小さい数
(5) 3乗すると負の数になる数　(6) 素数

ガイド 負の数は，絶対値が大きいほど小さくなります。負の数を奇数個かけあわせると(指数が奇数)，負の数になります。

解答 (1) **21，−14，13，5**　(2) **24.2**　(3) **−14**
(4) $\boldsymbol{-\frac{1}{100}}$　(5) $\boldsymbol{-0.2,\ -14,\ -16.2,\ -\frac{1}{100}}$　(6) **13，5**

4 右の表で，どの縦，横，斜(なな)めの4つの数を加えても，和が等しくなるようにします。表の空欄に数を入れなさい。(表は省略)

ガイド 斜めの4つの数の和は 9+3+0+(−6)=6 だから，例えば，右の図のア～キの順に，6から3つの数の和をひいて求めます。

9	−4	エ	ウ
ア	3	4	イ
2	オ	0	5
−3	キ	カ	−6

解答 ア…6−{9+2+(−3)}=6−8=**−2**
イ…6−{(−2)+3+4}=6−5=**1**
ウ…6−{1+5+(−6)}=6−0=**6**
エ…6−{9+(−4)+6}=6−11=**−5**
オ…6−(2+0+5)=6−7=**−1**　カ…6−{(−5)+4+0}=6−(−1)=6+1=**7**
キ…6−{(−4)+3+(−1)}=6−(−2)=6+2=**8**

5 次の(ア)〜(エ)のうち，正しいものをすべて選びなさい。
また，正しくないものについては，その理由を説明しなさい。

(ア) 10 以下の自然数のうち，素数は 4 個あり，
その 4 個の素数の積は，6 の倍数である。

(イ) 36 の約数のうち，6 の倍数であるものは，5 個である。

(ウ) 素数と素数の積は，素数である。

(エ) 252 は，6 の倍数でもあり，14 の倍数でもある。

ガイド 1は素数にふくめません。また，素因数分解をすると，その数がどんな数の倍数であるのかがわかります。

解答 (ア) 10 以下の素数は，2，3，5，7 で，その積は，$2\times3\times5\times7=6\times35$ だから，6 の倍数である。

(エ) $252=2^2\times3^2\times7$ だから，$252=(2\times3)\times2\times3\times7$　また，$252=(2\times7)\times2\times3^2$
よって，6 の倍数であり，14 の倍数でもある。

(ア)，(エ)

〈正しくない理由〉

(イ) 36 の約数は，1，2，3，4，6，9，12，18，36 だから，6 の倍数であるものは 4 個である。

(ウ) 素数と素数の積は，1 とその数のほかに，かけあわせた素数を約数にもつから，素数ではない。

6 下の表は，6 人のあるテストの得点と，基準にした得点との違いを表しています。
6 人の得点の平均点は，73 点でした。基準にした得点を求めなさい。

	Aさん	Bさん	Cさん	Dさん	Eさん	Fさん
基準にした得点との違い	+8	−7	+2	+12	−7	+10

ガイド 基準にした得点との違いの平均を求めて，平均点より高かったか低かったかを考えます。

解答 基準にした得点（仮平均）との違いの平均を求めると，
$\{(+8)+(-7)+(+2)+(+12)+(-7)+(+10)\}\div6=3$（点）だから，基準にした得点は平均点より 3 点低かったことになる。
これより，基準にした得点は，$73-3=$**70**（点）

2章 文字の式

❶節 文字を使った式

必要なマグネットの個数はいくつ？

けいたさんは，全部で 30 枚の画用紙をとめることになり，マグネットを用意するようにいわれましたが，必要なマグネットの個数が，すぐにはわかりませんでした。

必要なマグネットの個数を，画用紙が 3 枚，4 枚の場合について考えることにしました。

- 画用紙が 3 枚のとき，□個のマグネットが必要

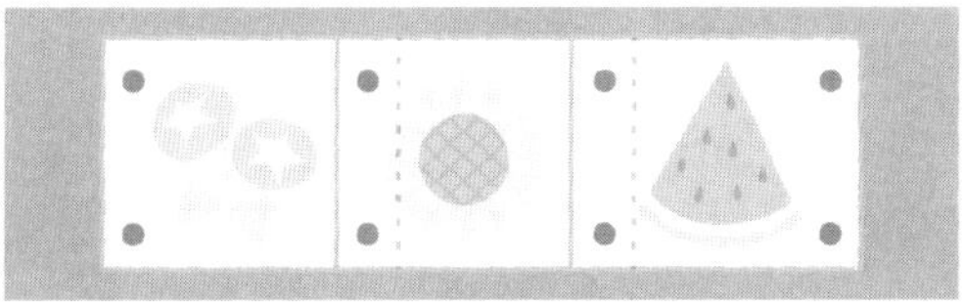

- 画用紙が 4 枚のとき，□個のマグネットが必要

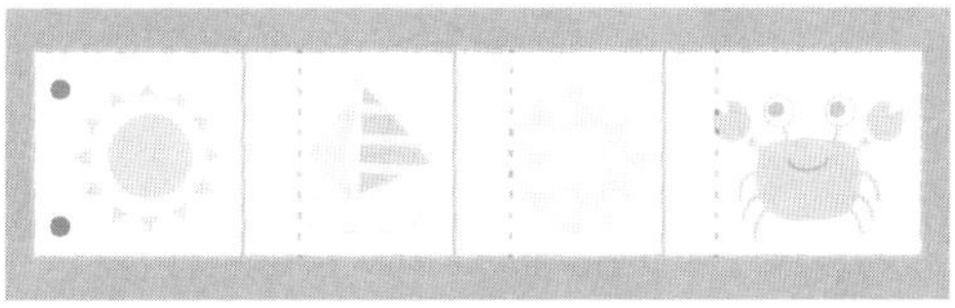

解答例
- 画用紙が 3 枚のとき

画用紙の左側（と，左どなりの画用紙の右側）をとめるマグネットが，画用紙 1 枚につき 2 個ずつ，3 枚分必要で，端（はし）の画用紙の右側をとめるのに，2 個のマグネットが必要だから，　$2\times3+2=8$（個）→ **8** 個のマグネットが必要

- 画用紙が 4 枚のとき

左側をとめるマグネット 4 枚分と，端の画用紙の右側をとめるマグネット 2 個が必要だから，　$2\times4+2=10$（個）→ **10** 個のマグネットが必要

話しあおう

教科書 p.57

30 枚の画用紙をとめるのに必要なマグネットの個数を求めるには，どのように考えればよいでしょうか。

解答例 3 枚，4 枚のときと同じように考えると，必要なマグネットの個数は，

（左側をとめる 2 個）×（画用紙の枚数）＋（端の画用紙の右側をとめる 2 個）

で求められるから，2×（画用紙の枚数）＋2 の式に枚数 30 枚をあてはめて，

$2\times30+2=62$（個）→ 必要なマグネットの個数は，62 個

参考 左端の画用紙 1 枚に 4 個のマグネットが必要で，画用紙が 1 枚増えるごとに，必要なマグネットは 2 個ずつ増えるから，

4＋2×（画用紙の枚数−1）としても求められます。

1 数量を文字で表すこと

学習のねらい

文字を使うことによって，数量や数量の間の関係が簡潔に表されるので，わかりやすく，また，関係がとらえやすくなるよさがあります。文字で表すことのよさを考え，いろいろな数量を文字式で表すことを学習します。

教科書のまとめ テスト前にチェック

□数量を文字で表す
▶いろいろな数量を文字 a，b，x，y などを使った式で表します。
例 1本100円の鉛筆(えんぴつ) x 本の代金は，$100\times x$（円）

□文字式
▶文字を使った式を**文字式**といいます。

いろいろな数量を，文字を使って表しましょう。

問1 前ページ（教科書 p.57）の場面で，画用紙が4枚，5枚，6枚のときに必要なマグネットの個数を表す式はどうなりますか。右の表に書き入れなさい。（表は下図）

教科書 p.58

ガイド 必要なマグネットの個数を求める式は，$2\times$（画用紙の枚数）$+2$ です。

解答 画用紙の枚数が4枚のとき，$\mathbf{2\times4+2}=10$（個）
画用紙の枚数が5枚のとき，$\mathbf{2\times5+2}=12$（個）
画用紙の枚数が6枚のとき，$\mathbf{2\times6+2}=14$（個）

画用紙の枚数（枚）	必要なマグネットの個数（個）
1	$2\times1+2$
2	$2\times2+2$
3	$2\times3+2$
4	$\mathbf{2\times4+2}$
5	$\mathbf{2\times5+2}$
6	$\mathbf{2\times6+2}$

問2 次の数量を表す文字式を書きなさい。

教科書 p.59

(1) 1個135 g のボール b 個を，1500 g のボールケースに入れたときの全体の重さ
(2) 1個 x 円のドーナツを6個買い，1000円出したときのおつり

ガイド わかりにくいときは，文字の代わりに適当な数をあてはめて考えるとわかりやすいです。
単位はかっこをつけて書きます。
(1) 全体の重さは，（ボール1個の重さ）×（個数）+（ボールケースの重さ）です。
(2) おつりは，1000−（ドーナツ1個の値段）×6です。

解答
(1) $\mathbf{135\times b+1500}$（g）
(2) $\mathbf{1000-x\times6}$（円）

問 3　次の数量を表す文字式を書きなさい。　教科書 p.59

(1)　100 円硬貨(こうか) x 枚と 10 円硬貨 y 枚をあわせた金額

(2)　2 人がけの座席 a 列と 3 人がけの座席 b 列をすべて使って，すわることができる人数

ガイド　(1)　合計金額は，(100 円硬貨 x 枚の金額)＋(10 円硬貨 y 枚の金額) です。

(2)　全部の人数は，(2 人がけの座席 a 列にすわることができる人数)＋(3 人がけの座席 b 列にすわることができる人数) です。

解答　(1)　$100\times x+10\times y$ (円)

(2)　$2\times a+3\times b$ (人)

練習問題　1 数量を文字で表すこと p.59

1　次の数量を表す文字式を書きなさい。

(1)　長さ a cm のひもから，長さ 5 cm のひもを x 本切り取ったときの残りの長さ

(2)　底辺が a cm，高さが h cm の三角形の面積

ガイド　(1)　残りの長さは，(はじめの長さ)−(1 本のひもの長さ)×(切り取った本数) です。

(2)　三角形の面積は，(底辺)×(高さ)÷2 です。

解答　(1)　$a-5\times x$ (cm)

(2)　$a\times h\div 2$ (cm^2)

文字式のはじまり

数量や数量の関係を文字式に表すことは，紀元 300 年ごろに，エジプトのアレキサンドリアにいた数学者ディオファントスにはじまるといわれています。

それから長い年月を経て，17 世紀のフランスの数学者デカルト (1596-1650) によって，ほぼ現在のような形に完成されました。

中学校では，文字を使って，数量や数量の間の関係を式に表したり，その式を計算したり，変形したりするなど，文字式を自由に使いこなせるようになることが，数学を学ぶたいせつなねらいのひとつでもあります。

2 文字式の表し方

学習のねらい

文字を使った式のうち，積や商の表し方の一般的（いっぱんてき）なきまりについて理解し，実際に表せるようにします。

教科書のまとめ　**テスト前にチェック**

□積の表し方

▶❶ かけ算の記号×を省いて書く。

例　$a\times b=ab$

注　文字は，ふつうはアルファベットの順に書きます。

❷ 文字と数の積では，数を文字の前に書く。

例　$a\times 4=4a$

注　$1\times a=a$，$(-1)\times a=-a$ と書きます。

❸ 同じ文字の積は，指数を使って書く。

例　$a\times a=a^2$

□商の表し方

▶❹ わり算は，記号÷を使わないで，分数の形で書く。

例　$a\div 3=\dfrac{a}{3}$　　　$(a+b)\div 3=\dfrac{a+b}{3}$

文字式の表し方について学びましょう。

教科書 p.60

右の図のような長方形と正方形があります。それぞれの面積と周の長さを，文字式で表しましょう。

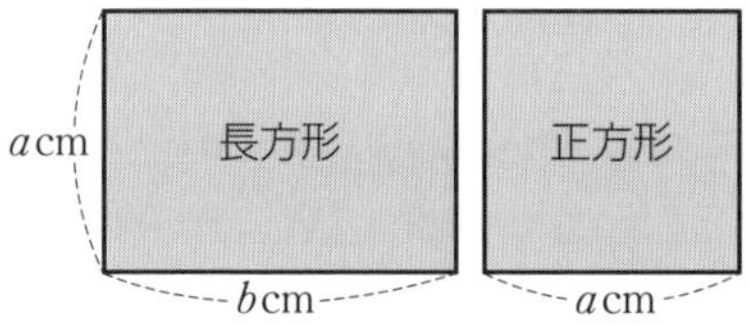

ガイド　長方形の面積＝縦×横，長方形の周の長さ＝(縦＋横)×2，
正方形の面積＝1辺×1辺，正方形の周の長さ＝1辺×4
を使います。

解答　＜長方形＞　面積…$\boldsymbol{a\times b}$ **(cm²)**

周の長さ…$\boldsymbol{(a+b)\times 2}$ **(cm)**　($a\times 2+b\times 2$ (cm) でもよい。)

＜正方形＞　面積…$\boldsymbol{a\times a}$ **(cm²)**

周の長さ…$\boldsymbol{a\times 4}$ **(cm)**

問 1　次の式を，文字式の表し方にしたがって書きなさい。　教科書 p.60

(1)　$50\times n$　　　(2)　$x\times 8$

(3)　$y\times(-1)\times x$　　　(4)　$c\times c\times c$

(5)　$3\times a\times a\times b$　　　(6)　$(b+c)\times 7$

ガイド (1) かけ算の記号×を省きます。
(2) 記号×を省き，数は文字の前に書きます。
(3) 文字はアルファベット順にします。
(4), (5) 同じ文字の積は，指数を使って書きます。
(6) ( )を1つのまとまりとみて考えます。

解答 (1) $\boldsymbol{50n}$　(2) $\boldsymbol{8x}$　(3) $\boldsymbol{-xy}$
└→ −1の1は省く。

(4) $\boldsymbol{c^3}$　(5) $\boldsymbol{3a^2b}$　(6) $\boldsymbol{7(b+c)}$

問2

次の式を，記号×を使って表しなさい。 教科書 p.60

(1) $7ab$　(2) $2xy^2$

ガイド (2) $y^2=y\times y$ となおすことができます。

解答 (1) $\boldsymbol{7\times a\times b}$
(2) $\boldsymbol{2\times x\times y\times y}$
($2\times y\times y\times x$ のように，かける順は違ってもよい。)

問3

次の式を，分数の形で表しなさい。 教科書 p.61

(1) $x\div 2$　(2) $3\div y$
(3) $a\div b$　(4) $(x+y)\div 4$

ガイド (1), (2), (3) わり算を分数の形で書きます。
(4) ( )を1つのまとまりとみて，わり算を分数の形で書きます。

解答 (1) $\boldsymbol{\dfrac{x}{2}}$　(2) $\boldsymbol{\dfrac{3}{y}}$
(3) $\boldsymbol{\dfrac{a}{b}}$　(4) $\boldsymbol{\dfrac{x+y}{4}}$

問4

次の式を，記号÷を使って表しなさい。 教科書 p.61

(1) $\dfrac{a}{3}$　(2) $\dfrac{8}{t}$
(3) $\dfrac{x+y}{2}$　(4) $\dfrac{1}{3}(a-b)$

ガイド (分子)÷(分母) のわり算の式になおします。
(3) $x+y$ を1つのまとまりにするため，( )をつけます。

解答 (1) $\boldsymbol{a\div 3}$　(2) $\boldsymbol{8\div t}$　(3) $\boldsymbol{(x+y)\div 2}$　(4) $\boldsymbol{(a-b)\div 3}$

問 5 次の式を，記号×，÷を使わないで表しなさい。 教科書 p.61

(1) $50\times n+30$　　(2) $x\div4-y\times4$

ガイド かけ算の記号×は省き，わり算は分数の形にします。記号＋，－は省くことはできません。

解答 (1) $\boldsymbol{50n+30}$　　(2) $\boldsymbol{\frac{x}{4}-4y}$ または，$\boldsymbol{\frac{1}{4}x-4y}$

問 6 次の式を，記号×，÷を使って表しなさい。 教科書 p.61

(1) $1000-5a$　　(2) $3(x+y)-\frac{z}{2}$

解答 (1) $\boldsymbol{1000-5\times a}$

(2) $\boldsymbol{3\times(x+y)-z\div2}$　または，$\boldsymbol{3\times(x+y)-\frac{1}{2}\times z}$

文字式の表し方にしたがって，いろいろな数量を式に表しましょう。

問 7 次の数量を表す式を書きなさい。 教科書 p.62

(1) 4 人が a 円ずつ出して，500 円の品物を買ったときの残金

(2) 1 個 x 円のりんご 3 個と 1 個 y 円のみかん 5 個を買ったときの代金

ガイド 文字式の表し方にしたがって式に表します。かけ算の記号×は省きます。

解答 (1) 4 人が a 円ずつ出した合計は　$a\times4=4a$ (円)

500 円の品物を買ったので，残金は　$\boldsymbol{4a-500}$ **(円)**

(2) りんご 3 個の代金は $x\times3=3x$ (円)，みかん 5 個の代金は $y\times5=5y$ (円)

なので，あわせた代金は　$\boldsymbol{3x+5y}$ **(円)**

問 8 次の数量を表す式を書きなさい。 教科書 p.62

(1) 時速 4 km で，x 時間歩いたときの道のり

(2) y km 離(はな)れた町まで，時速 2 km で歩いたときにかかった時間

ガイド (1)は，道のり＝速さ×時間，(2)は，時間＝道のり÷速さ にあてはめます。

解答 (1) $4\times x=\boldsymbol{4x}$ **(km)**　　(2) $y\div2=\boldsymbol{\frac{y}{2}}$ **(時間)** または，$\boldsymbol{\frac{1}{2}y}$ **(時間)**

問 9 次の数量を表す式を書きなさい。 教科書 p.63

(1) a g の小麦粉の 47% の重さ

(2) b 円の品物を，3 割引きで買ったときの代金

ガイド　割合を，分数で表します。

(1)　$47\% = \frac{47}{100}$　　(2)　3割引き…$1-\frac{3}{10}$

解答　(1)　$a \times \frac{47}{100} = \frac{47}{100}a$ (g)　　(2)　$b \times \left(1-\frac{3}{10}\right) = \frac{7}{10}b$ (円)

参考　割合を小数で表すと，式は次のようになります。

(1)　$0.47a$ (g)　　(2)　$b \times (1-0.3) = 0.7b$ (円)

文字式がどんな数量を表しているのかを考えましょう。

問10　例7 で，次の式は何を表していますか。　教科書 p.63

(1)　$a+2b$ (円)　　(2)　$a-b$ (円)

ガイド　それぞれの式を，かけ算の記号×を使って表してから考えましょう。

解答　(1)　$a+2b=a+2\times b$ …(おとな1人の入館料)+2×(子ども1人の入館料) なので，**おとな1人と子ども2人の入館料の合計**

(2)　$a-b$ …(おとな1人の入館料)−(子ども1人の入館料) なので，**おとな1人と子ども1人の入館料の差**

問11　家を出てから，分速60 m で x 分間歩き，さらに，分速80 m で y 分間歩いて駅に着きました。このとき，次の式は何を表していますか。　教科書 p.64

(1)　$x+y$ (分)　　(2)　$60x+80y$ (m)

ガイド　(2)　$60x$ と $80y$ が，それぞれ何を表しているのかを考えます。

解答　(1)　$x+y$ …(分速60 m で歩いた時間)+(分速80 m で歩いた時間) なので，**家を出てから駅に着くまでに歩いた時間**

(2)　$60x+80y$ …(分速60 m で x 分間歩いた道のり)+(分速80 m で y 分間歩いた道のり) なので，**家から駅までの道のり**

練習問題　　2 文字式の表し方　p.64

1　次の数量を表す式を書きなさい。

(1)　x 円の品物を，7% 引きで買ったときの代金

(2)　10円玉が a 枚，1円玉が b 枚あるときの合計金額

ガイド　(1)　7% を分数で表します。

解答　(1)　7% を分数で表すと $\frac{7}{100}$ だから，$x \times \left(1-\frac{7}{100}\right) = \frac{93}{100}x$ (円)　または，$0.93x$ (円)

(2)　10円玉 a 枚の金額は $10\times a$ (円) だから，合計金額は，$10\times a+1\times b=10a+b$ (円)

3 式の値

学習のねらい

式の中の文字がいろいろな値をとるときの式の値を求めることを学習します。

教科書のまとめ **テスト前にチェック**

□代入
▶式の中の文字に数をあてはめることを**代入**するといいます。

□文字の値
▶文字に数を代入するとき，その数を**文字の値**といいます。

□式の値
式の文字に数を代入して求めた結果を**式の値**といいます。

例　$x=-2$ のとき，x^2 の値は，

$x^2=(-2)^2=(-2)\times(-2)=4$

└→ 負の数を代入するときは（　）をつける。

式の中の文字に数を代入して，その値を求めましょう。

平地の気温が a°C のとき，平地から 3 km 上空の気温は，$a-18$ (°C) であることが知られています。
平地の気温が 28°C のとき，3 km 上空の気温は何 °C でしょうか。　教科書 p.65

ガイド　a に 28 をあてはめます。

解答　$28-18=10$　　**10°C**

問 1　上の ひろげよう で，a の値が次の場合に，3 km 上空の気温は，それぞれ何 °C ですか。　教科書 p.65

(1)　$a=24$　　(2)　$a=0$　　(3)　$a=-2$

ガイド　式の中の文字に数をあてはめることを代入するといい，代入する数をその文字の値といいます。

解答

(1)　$24-18=6$　　**6°C**

(2)　$0-18=-18$　　**−18°C**

(3)　$-2-18=-20$　　**−20°C**

問 2　x の値が次の場合に，$12-2x$ の値を求めなさい。　教科書 p.66

(1)　$x=7$　　(2)　$x=-8$

ガイド　(2)　-8 のような負の数を代入するときは，（　）をつけます。

解答

(1)　$12-2x=12-2\times7$
$=12-14=\mathbf{-2}$

(2)　$12-2x=12-2\times(-8)$
$=12+16=\mathbf{28}$

問 3　x の値が次の場合に，$-x-2$ の値を求めなさい。　教科書 p.66

(1)　$x=3$　　(2)　$x=-5$

ガイド　(2)　$-x$ は $(-1)\times x$ のことで，$x=-5$ を代入すると，$(-1)\times(-5)$ となります。

解答 (1) $-x-2=(-1)\times3-2$
$=-3-2=\mathbf{-5}$

(2) $-x-2=(-1)\times(-5)-2$
$=5-2=\mathbf{3}$

問 4 $x=-3$ のとき，次の式の値を求めなさい。 教科書 p.66

(1) $\dfrac{12}{x}$　　(2) $-\dfrac{18}{x}$

ガイド 負の値を代入するときは，符号に注意します。

(1) $\dfrac{12}{x}=12\div x$ と考え，x の値を代入します。　(2) $-\dfrac{18}{x}=(-18)\div x$ と考えます。

解答 (1) $\dfrac{12}{x}=12\div(-3)$
$=\mathbf{-4}$

(2) $-\dfrac{18}{x}=(-18)\div(-3)$
$=\mathbf{6}$

問 5 a の値が次の場合に，a^2 の値を求めなさい。 教科書 p.66

(1) $a=6$　　(2) $a=-2$

ガイド (2) $a=-2$ の場合，$a^2=(-2)^2$ となります。

解答 (1) $a^2=6^2$
$=6\times6=\mathbf{36}$

(2) $a^2=(-2)^2$
$=(-2)\times(-2)=\mathbf{4}$

問 6 x の値が次の場合に，$-x^2$ の値を求めなさい。 教科書 p.66

(1) $x=\dfrac{1}{2}$　　(2) $x=-1$

解答 (1) $-x^2=-\left(\dfrac{1}{2}\right)^2$
$=-\left(\dfrac{1}{2}\times\dfrac{1}{2}\right)=\mathbf{-\dfrac{1}{4}}$

(2) $-x^2=-(-1)^2$
$=-\{(-1)\times(-1)\}$
$=\mathbf{-1}$

問 7 $x=-2$，$y=6$ のとき，次の式の値を求めなさい。 教科書 p.67

(1) $2x+y$　　(2) $4x-3y$　　(3) $\dfrac{3}{2}x+y$

ガイド 文字が 2 つになっても，文字が 1 つのときと同じように代入して求めます。

解答 (1) $2x+y$
$=2\times(-2)+6$
$=-4+6=\mathbf{2}$

(2) $4x-3y$
$=4\times(-2)-3\times6$
$=-8-18=\mathbf{-26}$

(3) $\dfrac{3}{2}x+y$
$=\dfrac{3}{2}\times(-2)+6$
$=-3+6=\mathbf{3}$

問 8 3人班が x 班，5人班が y 班あるとき，全体の人数を表す式を書きなさい。
また，$x=7$，$y=4$ のとき，全体の人数は何人になりますか。 教科書 p.67

ガイド 3人班の人数は，$3\times x$（人），5人班の人数は，$5\times y$（人）です。

解答 全体の人数を表す式は，

$3\times x+5\times y=\mathbf{3x+5y}$ **(人)**

$x=7$，$y=4$ のとき，式の値は，$3\times 7+5\times 4=21+20=41$ だから，
全体の人数は，**41 人**

練習問題 ③ 式の値 p.67

1 $x=-4$ のとき，次の式の値を求めなさい。

(1) $1-\frac{1}{2}x$　(2) $\frac{2}{x}$　(3) $-5x^2$

ガイド 負の値を代入するときは，（ ）をつけます。

解答
(1) $1-\frac{1}{2}x$
$=1-\frac{1}{2}\times(-4)$
$=1+2=\mathbf{3}$

(2) $\frac{2}{x}$
$=2\div x$
$=2\div(-4)=\mathbf{-\frac{1}{2}}$

(3) $-5x^2$
$=(-5)\times(-4)^2$
$=(-5)\times 16=\mathbf{-80}$

2 $a=3$，$b=-4$ のとき，次の式の値を求めなさい。

(1) $a-3b$　(2) $-2a+\frac{1}{4}b$　(3) $-\frac{5}{6}a-2b$

ガイド 文字が2つの場合も，それぞれに文字の値を代入します。

解答
(1) $a-3b$
$=3-3\times(-4)$
$=3+12=\mathbf{15}$

(2) $-2a+\frac{1}{4}b$
$=(-2)\times 3+\frac{1}{4}\times(-4)$
$=-6-1=\mathbf{-7}$

(3) $-\frac{5}{6}a-2b$
$=\left(-\frac{5}{6}\right)\times 3-2\times(-4)$
$=-\frac{5}{2}+8=\mathbf{\frac{11}{2}}$

3 n の値が -3 から 3 までの整数のとき，$2n$ と $2n+1$ の値をそれぞれ求め，右の表に書き入れなさい。(表は省略)

解答

n	-3	-2	-1	0	1	2	3
$2n$	**−6**	**−4**	**−2**	**0**	**2**	**4**	**6**
$2n+1$	**−5**	**−3**	**−1**	**1**	**3**	**5**	**7**

❷節 文字式の計算

どのように考えたのかな？

x枚の正方形の画用紙を，右のように，その一部を重ね，横一列に並べて，マグネットでとめることになりました。(イラストは省略)
けいたさんとかりんさんは，必要なマグネットの個数を文字式で表すことにしました。

かりんさんは，マグネットの個数を右の図のように考えて求めようとしています。

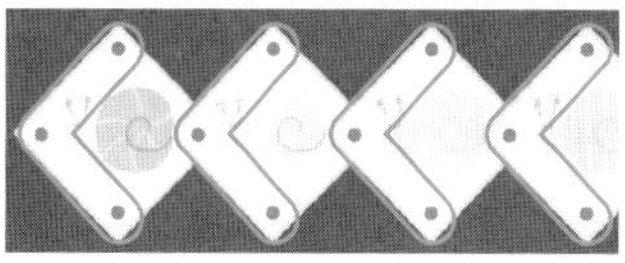

説明しよう

教科書 p.68

かりんさんの考え方では，必要なマグネットの個数は，xを使ってどんな式で表されるでしょうか。

解答例 正方形の画用紙が3枚のときを考えると，

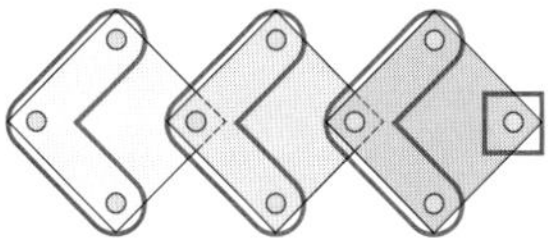

$3\times3+1$(個) となって，マグネットの個数は，
$3\times$(画用紙の枚数)$+$(右端の1個)
だから，画用紙の枚数がx枚のとき，
$3x+1$(個) の式で表される。

けいたさんは，マグネットの個数を，
$x+(x+1)+x$(個)
という式で表しました。

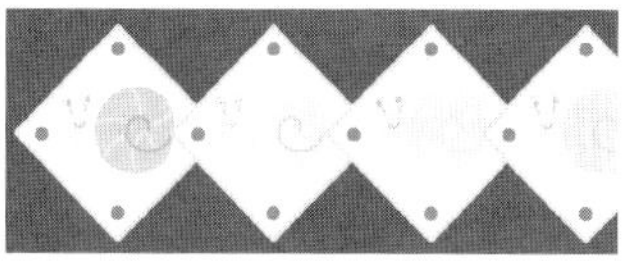

説明しよう

教科書 p.68

けいたさんは，どのように考えたのでしょうか。

解答例 正方形の画用紙が3枚のときを考えると，

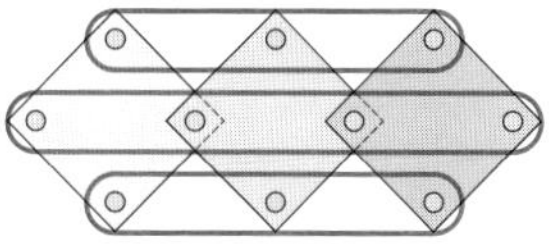

上段　3個
中段　4個 → $3+1$(個)
下段　3個

したがって，正方形の画用紙がx枚のときは，**上段がx個，中段が$x+1$(個)，下段がx個となり，マグネットの個数は，$x+(x+1)+x$(個)** になる。

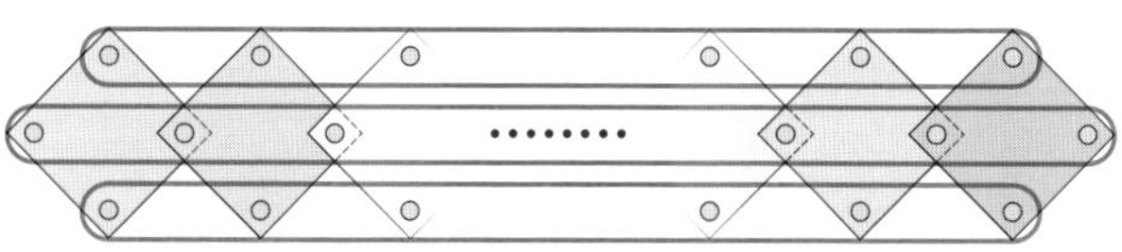

上段　x個
中段　$x+1$(個)
下段　x個

1 文字式の加法，減法

学習のねらい

項，係数，一次式などのことばの意味を知り，文字が1つだけの一次式の加法，減法の計算のしかたを学習します。

教科書のまとめ　テスト前にチェック

□項と係数

▶式 $6x+4$ は，$6x$ と 4 の和です。このとき，$6x$，4 を，式 $6x+4$ の**項**といいます。
式 $6x+4$ で，文字をふくむ項 $6x$ は，$6\times x$ のように，数と文字の積の形です。
このとき，6 を x の**係数**といいます。

例　式　$x-\dfrac{y}{2}+\dfrac{1}{3}=x+\left(-\dfrac{1}{2}y\right)+\dfrac{1}{3}$ では，

項は，x，$-\dfrac{y}{2}$，$\dfrac{1}{3}$　　x の係数は 1，y の係数は $-\dfrac{1}{2}$

□1次の項

▶項 $5x$，$-\dfrac{1}{2}y$ のように，文字が1つだけの項を **1 次の項**といいます。

□一次式

▶1次の項だけの式，または，1次の項と数の項の和で表されている式を**一次式**といいます。　例　x，$5x-1$，$\dfrac{x}{2}+3y$

□項をまとめて計算すること

▶計算法則 $mx+nx=(m+n)x$ を使って，項をまとめて計算します。

例　$-2x+5x=(-2+5)x=3x$

□かっこをはずして計算すること

▶かっこがある式は，$a+(b+c)=a+b+c$，$a-(b+c)=a-b-c$ のようにしてかっこをはずして計算します。

例　$2x-(3x+4)=2x-3x-4=-x-4$

□文字式の加法，減法

▶それぞれの式にかっこをつけ，記号＋，－でつなぎ，次に，かっこをはずして計算します。

例　$2x-3$ に $4x-5$ をたす
$(2x-3)+(4x-5)=2x-3+4x-5=6x-8$

項と係数について学びましょう。

問 1　次の式の項をいいなさい。また，文字をふくむ項について，係数をいいなさい。　教科書 p.69

(1)　$9-2x$　　(2)　$\dfrac{x}{4}-3y$　　(3)　$a-b+8$

ガイド　文字の項の数の部分を，符号もふくめて係数といいます。$\dfrac{x}{4}=\dfrac{1}{4}x$，$a=1\times a$，$-b=(-1)\times b$

解答

(1)　項…9，$-2x$　　x の係数…-2

(2)　項…$\dfrac{x}{4}$，$-3y$　　x の係数…$\dfrac{1}{4}$　　y の係数…-3

(3)　項…a，$-b$，8　　a の係数…1　　b の係数…-1

項をまとめて計算することについて学びましょう。

教科書 p.70

1枚 x 円のファイルを，けいたさんは5枚，かりんさんは3枚買いました。
2人が買ったファイルの代金の合計を式に表しましょう。

ガイド 代金は，(1枚の値段)×(枚数) で表せます。
けいたさんの代金は，$x\times5=5x$ (円)，
かりんさんの代金は，$x\times3=3x$ (円) となります。

解答 2人が買ったファイルの代金の合計は，$\boldsymbol{5x+3x}$ **(円)**

説明しよう

教科書 p.70

$5x-3x=2x$
となることを，
右の図を使って説明しましょう。

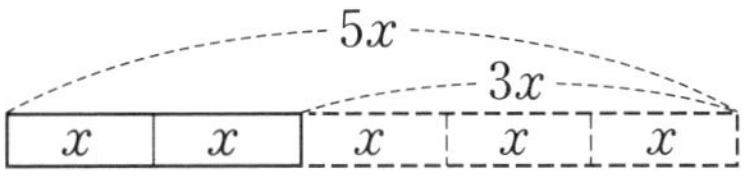

解答例 $5x+3x$ と同じように，$5x$ は x の5倍，$3x$ は x の3倍だから，
$5x-3x=(5-3)x=2x$ となる。

問2

教科書 p.70

次の計算をしなさい。

(1) $6x-2x$　(2) $x-8x$　(3) $-5b-4b$

(4) $-0.2a+0.9a$　(5) $\frac{3}{5}x+\frac{1}{5}x$　(6) $x-\frac{1}{6}x$

ガイド $mx+nx=(m+n)x$ を使って，項をまとめましょう。
(2)，(6)　x の係数は1です。

解答

(1) $6x-2x$
$=(6-2)x$
$=\boldsymbol{4x}$

(2) $x-8x$
$=(1-8)x$
$=\boldsymbol{-7x}$

(3) $-5b-4b$
$=(-5-4)b$
$=\boldsymbol{-9b}$

(4) $-0.2a+0.9a$
$=(-0.2+0.9)a$
$=\boldsymbol{0.7a}$

(5) $\frac{3}{5}x+\frac{1}{5}x$
$=\left(\frac{3}{5}+\frac{1}{5}\right)x=\boldsymbol{\frac{4}{5}x}$

(6) $x-\frac{1}{6}x$
$=\left(1-\frac{1}{6}\right)x=\boldsymbol{\frac{5}{6}x}$

問3

教科書 p.71

次の計算をしなさい。

(1) $6x+4+3x$　(2) $-5x+7+4x$

(3) $2x-8-4x+7$　(4) $-9x-5+9x-2$

(5) $12y-3+5y+1$　(6) $-6-a+15+2a$

ガイド 文字の項の和，数の項の和に分けて計算します。

(2)　$-5x+4x=(-5+4)x=-1x=-x$ と考えます。

(4)　$-9x+9x=(-9+9)x=0x=0$ と考えます。

(6)　$-a+2a=(-1+2)a=1a=a$ と考えます。

解 答

(1)　$6x+4+3x$
$=6x+3x+4$
$=\mathbf{9x+4}$

(2)　$-5x+7+4x$
$=-5x+4x+7$
$=\mathbf{-x+7}$

(3)　$2x-8-4x+7$
$=2x-4x-8+7$
$=\mathbf{-2x-1}$

(4)　$-9x-5+9x-2$
$=-9x+9x-5-2$
$=\mathbf{-7}$

(5)　$12y-3+5y+1$
$=12y+5y-3+1$
$=\mathbf{17y-2}$

(6)　$-6-a+15+2a$
$=-a+2a-6+15$
$=\mathbf{a+9}$

かっこをはずして計算することについて学びましょう。

教科書 p.71

(1)　500円を出して，200円のメロンパンと180円のクロワッサンを買ったときのおつりはいくらになるでしょうか。

(2)　a 円を出して，b 円のメロンパンと c 円のクロワッサンを買ったときのおつりはいくらになるでしょうか。

ガイド

(1)　かっこを使って1つの式に書いて求めます。順にひいても求められます。

(2)　(1)と同じように考えて，式に表します。

解 答

(1)　(出したお金)−(メロンパンとクロワッサンの合計金額) で求めると，

$500-(200+180)=500-380=$ **120 (円)**

(出したお金)−(メロンパンの金額)−(クロワッサンの金額) で求めると，

$500-200-180=300-180=$ **120 (円)**

(2)　$\mathbf{a-(b+c)}$ **(円)** または，$\mathbf{a-b-c}$ **(円)**

説明しよう

教科書 p.72

$a+(b+c)=a+b+c$ となることを，右の絵を使って説明しましょう。(絵は省略)

ガイド 絵の中から，3つの品物を選んで，合計金額を2通りに計算してみます。

解答例 ミックスジュースとプレーンドーナツとキャラメルドーナツの合計金額は，

(飲み物の金額)+(ドーナツの合計金額) で求めると，

$150+(100+140)=150+240=390$ (円)

(飲み物の金額)+(それぞれのドーナツの金額) で求めると，

$150+100+140=250+140=390$ (円)

この2つの計算結果から，$a+(b+c)=a+b+c$ である。

問 4　次の式を，かっこをはずして計算しなさい。　教科書 p.72

(1) $2x+(5-x)$　(2) $6y-3+(-4y-3)$　(3) $4x-(x-1)$

(4) $7x-(-8x+2)$　(5) $-5a-1-(7-7a)$　(6) $3y+2-\left(\frac{1}{2}y+1\right)$

ガイド　かっこの前が＋のときは，そのままかっこを省き，各項の和として表します。
かっこの前が－のときは，かっこの中の各項の符号(ふごう)を変えたものの和として表します。

解答

(1) $2x+(5-x)$
$=2x+5-x$
$=2x-x+5$
$=\boldsymbol{x+5}$

(2) $6y-3+(-4y-3)$
$=6y-3-4y-3$
$=6y-4y-3-3$
$=\boldsymbol{2y-6}$

(3) $4x-(x-1)$
$=4x-x+1$
$=\boldsymbol{3x+1}$

(4) $7x-(-8x+2)$
$=7x+8x-2$
$=\boldsymbol{15x-2}$

(5) $-5a-1-(7-7a)$
$=-5a-1-7+7a$
$=-5a+7a-1-7$
$=\boldsymbol{2a-8}$

(6) $3y+2-\left(\frac{1}{2}y+1\right)$
$=3y+2-\frac{1}{2}y-1$
$=3y-\frac{1}{2}y+2-1$
$=\boldsymbol{\frac{5}{2}y+1}$

■ 文字式の加法，減法について学びましょう。

問 5　次の 2 つの式をたしなさい。また，左の式から右の式をひきなさい。　教科書 p.73

(1) $5x+9$，$6x-1$　(2) $4x-2$，$x-2$

(3) $-3y+4$，$y-8$　(4) $7x-5$，$-7x+6$

ガイド　2 つの式をたしたり，ひいたりするには，それぞれの式にかっこをつけ，記号＋，－でつなぎ，次に，かっこをはずして計算します。

解答

(1) 和　$(5x+9)+(6x-1)$
$=5x+9+6x-1$
$=5x+6x+9-1=\boldsymbol{11x+8}$

差　$(5x+9)-(6x-1)$
$=5x+9-6x+1$
$=5x-6x+9+1=\boldsymbol{-x+10}$

(2) 和　$(4x-2)+(x-2)$
$=4x-2+x-2$
$=4x+x-2-2=\boldsymbol{5x-4}$

差　$(4x-2)-(x-2)$
$=4x-2-x+2$
$=4x-x-2+2=\boldsymbol{3x}$

(3) 和　$(-3y+4)+(y-8)$
$=-3y+4+y-8$
$=-3y+y+4-8=\boldsymbol{-2y-4}$

差　$(-3y+4)-(y-8)$
$=-3y+4-y+8$
$=-3y-y+4+8=\boldsymbol{-4y+12}$

(4) 和　$(7x-5)+(-7x+6)$
$=7x-5-7x+6$
$=7x-7x-5+6=\boldsymbol{1}$

差　$(7x-5)-(-7x+6)$
$=7x-5+7x-6$
$=7x+7x-5-6=\boldsymbol{14x-11}$

説明しよう

教科書 p.73

(一部省略) 右の図のように，横に x 枚，縦に 2 枚の画用紙を並べてとめるとき，必要なマグネットの個数を求めましょう。また，どのように考えたのか説明しましょう。(図は省略)

解答例 教科書 68 ページのかりんさんの考え方で求めると，

マグネットの個数は，

5×(横に並べた画用紙の枚数)+(右端の 2 個) だから，

横に x 枚並べるとき，必要なマグネットの個数は，

$5x+2$ (個)

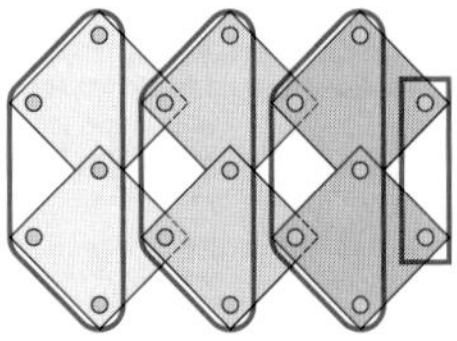

練習問題

① 文字式の加法，減法 p.73

1 次の計算をしなさい。

(1) $6x-x$　(2) $-3x-8x$　(3) $2x-8+4x$

(4) $-5y-8y+6y$　(5) $-x+1-8x+3$　(6) $4x-3-7x+2$

ガイド 文字の項の計算は，$mx+nx=(m+n)x$ を使います。

解答

(1) $6x-x$
$=(6-1)x=\mathbf{5x}$

(2) $-3x-8x$
$=(-3-8)x=\mathbf{-11x}$

(3) $2x-8+4x$
$=2x+4x-8=\mathbf{6x-8}$

(4) $-5y-8y+6y$
$=(-5-8+6)y$
$=\mathbf{-7y}$

(5) $-x+1-8x+3$
$=-x-8x+1+3$
$=\mathbf{-9x+4}$

(6) $4x-3-7x+2$
$=4x-7x-3+2$
$=\mathbf{-3x-1}$

2 次の計算をしなさい。

(1) $3a-(5a-1)$　(2) $2x+(3x-4)$

(3) $-2a+7-(6a-7)$　(4) $3x-9-(2x+1)$

解答

(1) $3a-(5a-1)$
$=3a-5a+1=\mathbf{-2a+1}$

(2) $2x+(3x-4)$
$=2x+3x-4=\mathbf{5x-4}$

(3) $-2a+7-(6a-7)$
$=-2a+7-6a+7=\mathbf{-8a+14}$

(4) $3x-9-(2x+1)$
$=3x-9-2x-1=\mathbf{x-10}$

3 次の 2 つの式をたしなさい。また，左の式から右の式をひきなさい。

(1) $4x-11$，$-4x-5$　(2) $10x-9$，$2-5x$

解答

(1) 和 $(4x-11)+(-4x-5)$
$=4x-11-4x-5=\mathbf{-16}$

差 $(4x-11)-(-4x-5)$
$=4x-11+4x+5=\mathbf{8x-6}$

(2) 和 $(10x-9)+(2-5x)$
$=10x-9+2-5x=\mathbf{5x-7}$

差 $(10x-9)-(2-5x)$
$=10x-9-2+5x=\mathbf{15x-11}$

2 文字式と数の乗法，除法

学習のねらい　文字が 1 つだけの一次式に数をかけたり，一次式を数でわったりする計算のしかたを学習します。

教科書のまとめ　テスト前にチェック

□文字式×数
▶乗法の交換法則を使って，数どうしをかけます。
例　$2x\times4=2\times x\times4=2\times4\times x=8x$

□文字式÷数
▶$a\div b=\dfrac{a}{b}$，$a\div\dfrac{n}{m}=a\times\dfrac{m}{n}$ を使って計算します。
例　$6x\div3=\dfrac{6x}{3}=\dfrac{6\times x}{3}=2x$，$4x\div\dfrac{2}{7}=4x\times\dfrac{7}{2}=4\times\dfrac{7}{2}\times x=14x$

□項が 2 つの式に数をかける
▶$\boldsymbol{m(a+b)=ma+mb}$ を使って計算します。
例　$2(2a-3)=2\times2a+2\times(-3)=4a-6$

□項が 2 つの式を数でわる
▶$\boldsymbol{\dfrac{a+b}{m}=\dfrac{a}{m}+\dfrac{b}{m}}$ を使って計算します。
例　$(4x+6)\div2=\dfrac{4x}{2}+\dfrac{6}{2}=2x+3$

□分数の形の式に数をかける
▶$\dfrac{a+b}{m}\times n$ では，さきに n と m を約分します。
例　$\dfrac{2x+5}{\underset{1}{3}}\times\overset{2}{6}=(2x+5)\times2=4x+10$

■ 文字式に数をかける計算や，文字式を数でわる計算について学びましょう。

問 1　次の計算をしなさい。　教科書 p.74

(1)　$3x\times2$　　(2)　$4x\times(-7)$　　(3)　$-x\times9$

(4)　$-5x\times(-6)$　　(5)　$14x\times\dfrac{6}{7}$　　(6)　$-\dfrac{3}{4}x\times12$

ガイド　かける順序を変えて，数どうしの計算をします。
(3)　$-x$ の係数は -1 です。

解答

(1)　$3x\times2$
$=3\times x\times2$
$=3\times2\times x=\boldsymbol{6x}$

(2)　$4x\times(-7)$
$=4\times x\times(-7)$
$=4\times(-7)\times x=\boldsymbol{-28x}$

(3)　$-x\times9$
$=(-1)\times x\times9$
$=(-1)\times9\times x=\boldsymbol{-9x}$

(4)　$-5x\times(-6)$
$=(-5)\times x\times(-6)$
$=(-5)\times(-6)\times x=\boldsymbol{30x}$

(5)　$14x\times\dfrac{6}{7}$
$=14\times x\times\dfrac{6}{7}$
$=14\times\dfrac{6}{7}\times x=\boldsymbol{12x}$

(6)　$-\dfrac{3}{4}x\times12$
$=\left(-\dfrac{3}{4}\right)\times x\times12$
$=\left(-\dfrac{3}{4}\right)\times12\times x=\boldsymbol{-9x}$

問 2 次の計算をしなさい。 教科書 p.74

(1) $18x \div 6$　(2) $10x \div (-5)$　(3) $-12x \div (-4)$

(4) $9x \div \dfrac{3}{4}$　(5) $6x \div \left(-\dfrac{3}{2}\right)$　(6) $-3x \div 3$

ガイド $a \div b = \dfrac{a}{b}$, $a \div \dfrac{n}{m} = a \times \dfrac{m}{n}$ を使います。

解答

(1) $18x \div 6 = \dfrac{18x}{6} = \dfrac{18 \times x}{6} = \mathbf{3x}$

(2) $10x \div (-5) = -\dfrac{10x}{5} = -\dfrac{10 \times x}{5} = \mathbf{-2x}$

(3) $-12x \div (-4) = \dfrac{12x}{4} = \dfrac{12 \times x}{4} = \mathbf{3x}$

(4) $9x \div \dfrac{3}{4} = 9x \times \dfrac{4}{3} = 9 \times \dfrac{4}{3} \times x = \mathbf{12x}$

(5) $6x \div \left(-\dfrac{3}{2}\right) = 6x \times \left(-\dfrac{2}{3}\right) = 6 \times \left(-\dfrac{2}{3}\right) \times x = \mathbf{-4x}$

(6) $-3x \div 3 = -\dfrac{3x}{3} = -\dfrac{3 \times x}{3} = \mathbf{-x}$

問 3 次の計算をしなさい。 教科書 p.75

(1) $7(5x+3)$　(2) $(2x-9) \times 10$　(3) $-2(6x+4)$

(4) $(4x-1) \times (-8)$　(5) $15\left(\dfrac{2}{5}x - 10\right)$　(6) $\left(-x + \dfrac{2}{3}\right) \times \dfrac{1}{2}$

ガイド 項が2つの式に数をかけるときは，$m(a+b) = ma + mb$ を使います。

解答

(1) $7(5x+3)$
$= 7 \times 5x + 7 \times 3$
$= \mathbf{35x+21}$

(2) $(2x-9) \times 10$
$= 2x \times 10 + (-9) \times 10$
$= \mathbf{20x-90}$

(3) $-2(6x+4)$
$= (-2) \times 6x + (-2) \times 4$
$= \mathbf{-12x-8}$

(4) $(4x-1) \times (-8)$
$= 4x \times (-8) + (-1) \times (-8)$
$= \mathbf{-32x+8}$

(5) $15\left(\dfrac{2}{5}x - 10\right)$
$= 15 \times \dfrac{2}{5}x + 15 \times (-10)$
$= \mathbf{6x-150}$

(6) $\left(-x + \dfrac{2}{3}\right) \times \dfrac{1}{2}$
$= (-x) \times \dfrac{1}{2} + \dfrac{2}{3} \times \dfrac{1}{2}$
$= \mathbf{-\dfrac{1}{2}x + \dfrac{1}{3}}$

問4 次の計算をしなさい。 教科書 p.75

(1) $(4x+8)\div 2$　(2) $(6x-15)\div(-3)$　(3) $\left(-\frac{3}{2}x+4\right)\div 4$

(4) $(27x-9)\div\frac{3}{4}$　(5) $(-12x+8)\div\left(-\frac{8}{3}\right)$　(6) $\left(8x-\frac{2}{3}\right)\div(-2)$

ガイド 項が2つの式を数でわるときは，$(a+b)\div m=\frac{a+b}{m}=\frac{a}{m}+\frac{b}{m}$ を使います。

(3)〜(6) a，b，m に分数があるときは，逆数をかけます。

解答

(1) $(4x+8)\div 2=\frac{4x}{2}+\frac{8}{2}$

$=\mathbf{2x+4}$

(2) $(6x-15)\div(-3)=-\frac{6x}{3}+\frac{15}{3}$

$=\mathbf{-2x+5}$

(3) $\left(-\frac{3}{2}x+4\right)\div 4$

$=\left(-\frac{3}{2}x+4\right)\times\frac{1}{4}$

$=\left(-\frac{3}{2}x\right)\times\frac{1}{4}+4\times\frac{1}{4}$

$=\mathbf{-\frac{3}{8}x+1}$

(4) $(27x-9)\div\frac{3}{4}$

$=(27x-9)\times\frac{4}{3}$

$=27x\times\frac{4}{3}-9\times\frac{4}{3}$

$=\mathbf{36x-12}$

(5) $(-12x+8)\div\left(-\frac{8}{3}\right)$

$=(-12x+8)\times\left(-\frac{3}{8}\right)$

$=(-12x)\times\left(-\frac{3}{8}\right)+8\times\left(-\frac{3}{8}\right)$

$=\mathbf{\frac{9}{2}x-3}$

(6) $\left(8x-\frac{2}{3}\right)\div(-2)$

$=\left(8x-\frac{2}{3}\right)\times\left(-\frac{1}{2}\right)$

$=8x\times\left(-\frac{1}{2}\right)-\frac{2}{3}\times\left(-\frac{1}{2}\right)$

$=\mathbf{-4x+\frac{1}{3}}$

問5 次の計算をしなさい。 教科書 p.75

(1) $\frac{2x+3}{4}\times 8$　(2) $15\times\frac{3x-10}{5}$　(3) $\frac{-3x-5}{8}\times(-6)$

解答

(1) $\frac{2x+3}{\overset{}{\cancel{4}}_{1}}\times\cancel{8}^{2}$

$=(2x+3)\times 2$

$=\mathbf{4x+6}$

(2) $\cancel{15}^{3}\times\frac{3x-10}{\cancel{5}_{1}}$

$=3\times(3x-10)$

$=\mathbf{9x-30}$

(3) $\frac{-3x-5}{\cancel{8}_{4}}\times(-\cancel{6}^{3})$

$=\frac{(-3x-5)\times(-3)}{4}$

$=\mathbf{\frac{9x+15}{4}}$

2章 文字の式

問6 次の計算をしなさい。 教科書 p.76

(1) $8(x-2)+4(2x+6)$　(2) $6(a+5)+3(a-10)$

(3) $5(x-3)-(x+1)$　(4) $7(x-1)-9(x-2)$

(5) $3(-4a-1)-2(3-6a)$　(6) $\frac{1}{2}(2x-4)-3(x+1)$

ガイド かっこをはずして，さらに項をまとめます。
負の数がかっこの前にあるときは，符号に注意しましょう。

解答

(1) $8(x-2)+4(2x+6)$
$=8x-16+8x+24$
$=8x+8x-16+24$
$=\boldsymbol{16x+8}$

(2) $6(a+5)+3(a-10)$
$=6a+30+3a-30$
$=6a+3a+30-30$
$=\boldsymbol{9a}$

(3) $5(x-3)-(x+1)$
$=5x-15-x-1$
$=5x-x-15-1$
$=\boldsymbol{4x-16}$

(4) $7(x-1)-9(x-2)$
$=7x-7-9x+18$
$=7x-9x-7+18$
$=\boldsymbol{-2x+11}$

(5) $3(-4a-1)-2(3-6a)$
$=-12a-3-6+12a$
$=-12a+12a-3-6$
$=\boldsymbol{-9}$

(6) $\frac{1}{2}(2x-4)-3(x+1)$
$=x-2-3x-3$
$=x-3x-2-3$
$=\boldsymbol{-2x-5}$

ミスに注意
かっこの前が－のときは，各項の符号を変えてかっこをはずしたか，もう1度チェックしておこう。

話しあおう 教科書 p.76

右の $(10x+5)\div5$ の計算は，どこに誤りがありますか。
また，正しくするには，どのように計算するとよいでしょうか。

× 誤答例

$(10x+5)\div5=\frac{\overset{2}{\cancel{10}}x+5}{\underset{1}{\cancel{5}}}$

$=2x+5$

ガイド 項が2つの式を数でわるには，$\frac{a+b}{m}=\frac{a}{m}+\frac{b}{m}$ を使って計算します。

解答例

• $\frac{10x+5}{5}$ を約分するときに，$10x$ の 10 と分母の 5 だけで約分していることが誤り。
$+5$ と分母の 5 も約分しなければならない。

• 次のように計算する。

$(10x+5)\div5=\frac{10x}{5}+\frac{5}{5}$
$=2x+\underline{1}$

$(10x+5)\times\frac{1}{5}$ としてもよい。

練習問題 ② 文字式と数の乗法，除法 p.76

1 次の計算をしなさい。

(1) $8x\times2$　(2) $12x\times(-4)$　(3) $-6a\times(-5)$

(4) $6x\div6$　(5) $18y\div(-6)$　(6) $-21x\div(-7)$

(7) $-27\times\frac{7}{9}x$　(8) $10x\div\frac{2}{5}$　(9) $-\frac{2}{3}x\div4$

解答 (1) $\mathbf{16x}$　(2) $\mathbf{-48x}$　(3) $\mathbf{30a}$　(4) $\mathbf{x}$　(5) $\mathbf{-3y}$　(6) $\mathbf{3x}$

(7) $-27\times\frac{7}{9}x=(-27)\times\frac{7}{9}\times x=\mathbf{-21x}$

(8) $10x\div\frac{2}{5}=10x\times\frac{5}{2}=10\times\frac{5}{2}\times x=\mathbf{25x}$

(9) $-\frac{2}{3}x\div4=-\frac{2}{3}x\times\frac{1}{4}=\left(-\frac{2}{3}\right)\times\frac{1}{4}\times x=\mathbf{-\frac{1}{6}x}$

2 次の計算をしなさい。

(1) $10(0.2x-1.5)$　(2) $(400x-300)\div100$　(3) $9\left(2-\frac{x}{3}\right)$

(4) $\frac{-2x+3}{6}\times12$　(5) $7x+2(4-5x)$　(6) $6(y-7)-3(4y+5)$

(7) $3(2a-1)-6(a-1)$　(8) $-\frac{1}{3}(6y-3)-\frac{1}{4}(4y+8)$

ガイド 次の計算法則を使って計算します。

$m(a+b)=ma+mb$

$(a+b)\div m=\frac{a+b}{m}=\frac{a}{m}+\frac{b}{m}$

解答 (1) $10(0.2x-1.5)=10\times0.2x+10\times(-1.5)=\mathbf{2x-15}$

(2) $(400x-300)\div100=\frac{400x}{100}-\frac{300}{100}=\mathbf{4x-3}$

(3) $9\left(2-\frac{x}{3}\right)=9\times2+9\times\left(-\frac{x}{3}\right)=\mathbf{18-3x}$

(4) $\frac{-2x+3}{\cancel{6}_1}\times\cancel{12}^2=(-2x+3)\times2=\mathbf{-4x+6}$

(5) $7x+2(4-5x)=7x+8-10x=\mathbf{-3x+8}$

(6) $6(y-7)-3(4y+5)=6y-42-12y-15=\mathbf{-6y-57}$

(7) $3(2a-1)-6(a-1)=6a-3-6a+6=\mathbf{3}$

(8) $-\frac{1}{3}(6y-3)-\frac{1}{4}(4y+8)=-2y+1-y-2=\mathbf{-3y-1}$

3 関係を表す式

学習のねらい

数量の間の関係を表す式として，等しい関係を表す式（等式）や，大小関係を表す式（不等式）についての理解を深め，これを正しく利用できるようにします。

教科書のまとめ **テスト前にチェック**

□等式
▶$5x-3=2y$ のように，等号＝を使って，2つの数量が等しい関係を表した式を**等式**（とうしき）といいます。

□不等式
▶$2x \leqq 300+7y$ のように，不等号＞，＜，または，≧，≦を使って，2つの数量の大小関係を表した式を**不等式**（ふとうしき）といいます。

□左辺・右辺・両辺
▶等式や不等式で，等号や不等号の左側の式を**左辺**（さへん），右側の式を**右辺**（うへん），その両方をあわせて**両辺**（りょうへん）といいます。

〈等式〉

$$\underbrace{\underset{\text{左辺}}{\underset{\uparrow}{5a}} = \underset{\text{右辺}}{\underset{\uparrow}{b+8000}}}_{\text{両辺}}$$

〈不等式〉

$$\underbrace{\underset{\text{左辺}}{\underset{\uparrow}{7x-3}} \geqq \underset{\text{右辺}}{\underset{\uparrow}{200}}}_{\text{両辺}}$$

等しい関係を表す式について学びましょう。

3人で，ケーキと花束のプレゼントを買うことにしました。1人 a 円ずつ出しあうと，1個 b 円のケーキを5個と3000円の花束をちょうど買うことができました。
集めた金額の合計を式に表しましょう。
また，代金の合計を式に表しましょう。

教科書 p.77

ガイド 1人 a 円ずつの3人分だから，集めた金額の合計は，$a\times3$（円）
1個 b 円のケーキ5個分の代金は，$b\times5$（円）
花束の代金は，3000円
（代金の合計）＝（ケーキ5個分の代金）＋（花束の代金）

解答 集めた金額の合計…$a\times3=\boldsymbol{3a}$（円）
代金の合計…$b\times5+3000=\boldsymbol{5b+3000}$（円）

問1 等式 $5x-6=4y$ の左辺と右辺をいいなさい。
また，左辺と右辺を入れかえた式を書きなさい。

教科書 p.77

ガイド 等号の左側の式を左辺，右側の式を右辺といいます。

解答 左辺…$\boldsymbol{5x-6}$　　右辺…$\boldsymbol{4y}$
左辺と右辺を入れかえた式…$\boldsymbol{4y=5x-6}$

問 2　次の数量の関係を等式に表しなさい。　教科書 p.78

(1)　1 個 x 円のテニスボール 3 個の代金は y 円である。

(2)　1000 円出して a 円の切符(きっぷ)を買うと，おつりは b 円である。

ガイド　数量が等しい関係は，等号を使って表すことができます。

(1)　(テニスボール 1 個あたりの値段)×(個数)＝(代金)

(2)　(出した金額)－(切符の代金)＝(おつり)

解答　(1)　$3x=y$　　(2)　$1000-a=b$　($a+b=1000$ でもよい)

参考　(2)　(切符の代金)＋(おつり)＝(出した金額) と考えると，$a+b=1000$ となります。

問 3　a 人が 1 人 400 円ずつ出して，b 円のサッカーボールを買おうとしたところ，300 円たりませんでした。このときの数量の関係を等式に表しなさい。　教科書 p.78

❓ 300 円余った場合には，どんな等式になるかな。

ガイド　(集めた金額)＝(サッカーボールの代金)－(たりない金額) になります。
a 人が 400 円ずつ出したので，集めた金額の合計は $400\times a$ (円) です。

解答　$400a=b-300$　($400a+300=b$ などでもよい)

❓ $400a=b+300$ など

大小関係を表す式について学びましょう。

問 4　次の数量の関係を不等式に表しなさい。　教科書 p.78

(1)　ある数 x から 5 をひくと，3 より小さい。

(2)　a m のリボンから 3 m 切り取ると，残りは 2 m より長い。

(3)　x と y の積は 8 未満である。

ガイド　不等式の場合も，不等号の左側の式を左辺，右側の式を右辺といいます。
左辺と右辺のどちらが大きい (小さい) のか，正確に読みとりましょう。

(1)　「$x-5$ は 3 より小さい」ことになります。

(3)　「8 未満」とは，「8 より小さい」という意味です。

解答　(1)　$x-5<3$　　(2)　$a-3>2$　　(3)　$xy<8$

問 5　次の数量の関係を不等式に表しなさい。　教科書 p.79

(1)　4 人で x 円ずつ出すと，合計が 1000 円以上になる。

(2)　a 円の品物と b 円の品物の両方を，1200 円あれば買うことができる。

ガイド　(2)　「1200 円あれば買うことができる」とは，代金が「1200 円以下」ということです。

解答　(1)　$4x\geqq 1000$　　(2)　$a+b\leqq 1200$

式が表す数量の関係を考えましょう。

問 6　**例 4** で，次の式はどんなことを表していますか。　教科書 p.79

(1)　$2a+b=5800$　　(2)　$a-b=1100$

(3)　$a+2b>3500$　　(4)　$3a \leqq 7b$

ガイド　$\boldsymbol{a}$…おとな1人の入館料，$\boldsymbol{b}$…中学生1人の入館料 をあてはめ，それぞれの式が何を表しているのかを考えましょう。

(1)　$\boldsymbol{2a+b}$=(おとな2人の入館料)+(中学生1人の入館料) なので，
$\boldsymbol{2a+b=5800}$ は，おとな2人と中学生1人の入館料の合計が5800円であることを表しています。

(4)　左辺の $\boldsymbol{3a}$ は おとな3人の入館料，右辺の $\boldsymbol{7b}$ は 中学生7人の入館料を表しています。

解答　(1)　**おとな2人と中学生1人の入館料の合計が5800円であること。**

(2)　**おとな1人と中学生1人の入館料の差が1100円であること。**

(3)　**おとな1人と中学生2人の入館料の合計が3500円より高いこと。**

(4)　**おとな3人の入館料の合計が，中学生7人の入館料の合計以下であること。**

問 7　兄は1500円，弟は500円持って買い物に行き，兄は a 円の本，弟は b 円のノートを買いました。　教科書 p.80

このとき，次の不等式はどんなことを表していますか。

$$1500-a>2(500-b)$$

ガイド　左辺は 1500−(兄が買った本の値段) で，兄が本を買った残りの金額を表しています。
右辺は 2×{500−(弟が買ったノートの値段)} で，弟がノートを買った残りの金額の2倍を表しています。

解答　**兄が買い物をした残りの金額が，弟が買い物をした残りの金額の2倍より多いこと。**

練習問題　③ 関係を表す式 p.80

1　次の数量の関係を，等式か不等式に表しなさい。

(1)　30 m のテープから x m のテープを6本切り取ると，y m 残る。

(2)　1個150円のりんご x 個を，y 円の箱に入れると，代金は2000円以下になる。

ガイド　(1)　30−($\boldsymbol{x}$ m のテープ6本分の長さ) が $\boldsymbol{y}$ m に等しいので，等式になります。

(2)　(150円のりんご $\boldsymbol{x}$ 個分の代金)+$\boldsymbol{y}$ が2000円以下なので，不等式になります。
「以上」「以下」「〜より大きい」「〜より小さい」を間違えないように気をつけましょう。

解答　(1)　$\boldsymbol{30-6x=y}$　　(2)　$\boldsymbol{150x+y \leqq 2000}$

2 1000円でa円の品物を買うことができるという関係を表している不等式を，次の(ア)，(イ)，(ウ)から選びなさい。

(ア) $1000<a$　　(イ) $1000-a<0$　　(ウ) $1000-a\geqq 0$

ガイド それぞれの不等式が表す意味を考えてみましょう。

解答

(ア) $1000<a$　1000円よりもa円の方が大きいので，1000円では買えない。

(イ) $1000-a<0$　1000円からa円をひくと0より小さくなる。
つまり，a円の方が大きいということで，1000円では買えない。

(ウ) $1000-a\geqq 0$　1000円からa円出すと残金が0(ちょうどぴったり)か0より大きい，つまり余るということで，1000円で買える。

したがって，(ウ)

まとめよう

教科書 p.80

かりんさんは，この章の学習をふり返り，次(右)のようなまとめをしました。みなさんも，この章の学習を終えて，わかったことや気づいたことなどをまとめておきましょう。

> 68ページのマグネットの問題で，けいたさんは，
> $x+(x+1)+x$
> という式で表していました。
> 私は右のように考えて，
> $2+3(x-1)+2$
> という式で表しました。
>
> 
>
> 友だちと違う式になったので不安でしたが，文字式の計算について学習を進めると，どちらの式も $\boxed{3x+1}$ になっていることがわかって感動しました。
> はじめは，いろいろな考え方で表された文字式も，計算すると同じ式になったり，簡単な式になったりするので，文字式はすごいなと思いました。

解答例

- 文字を使うと，複雑な数量の間の関係がわかりやすく，しかも簡潔に表すことができる。
- 文字を使って，数量や数量の関係を式に表したり，その式を計算したり，変形したりするなど，文字式を自由に使いこなせるようになりたい。

参考 (教科書68ページのマグネットの問題)

- けいたさんの考え
  $x+(x+1)+x$
  $=3x+1$
- 上のかりんさんの考え
  $2+3(x-1)+2$
  $=2+3x-3+2$
  $=3x+1$
- 右の図の考え
  $4+3(x-1)$
  $=4+3x-3$
  $=3x+1$

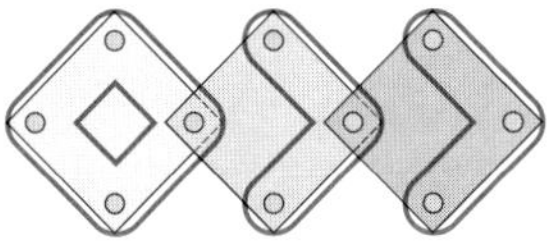

- 画用紙1枚に4個ずつと考えて，重複している$(x-1)$個をひく。
  $4x-(x-1)$
  $=4x-x+1$
  $=3x+1$

どんな考え方をしても，計算するとすべて同じ式 $3x+1$ (個) になります。

2章 章末問題　学びをたしかめよう

教科書 p.82〜83

1 次の式を，文字式の表し方にしたがって書きなさい。

(1) $25\times a$　(2) $-x\times y\times x$　(3) $x\div3$

(4) $(m+n)\div2$　(5) $10\times a+15$　(6) $x\times3-y\div2$

ガイド
(1) ×を省き，数は文字の前に書きます。
(2) 文字はアルファベット順にし，同じ文字の積は指数を使って書きます。
(3) わり算は分数の形で書きます。
(4) (　)を1つのまとまりとみます。
(5), (6) 記号＋，−は省くことはできません。

解答
(1) $25\times a=\boldsymbol{25a}$　(2) $-x\times y\times x=\boldsymbol{-x^2y}$

(1), (2) p.60 問1

(3) $x\div3=\boldsymbol{\dfrac{x}{3}}$　(4) $(m+n)\div2=\boldsymbol{\dfrac{m+n}{2}}$

(3), (4) p.61 問3

(5) $10\times a+15=\boldsymbol{10a+15}$　(6) $x\times3-y\div2=\boldsymbol{3x-\dfrac{y}{2}}$

(5), (6) p.61 問5

参考 (4) $\dfrac{1}{2}(m+n)$ でもよい。なお，$\dfrac{(m+n)}{2}$ とは書かない。

2 次の式を，記号×，÷を使って表しなさい。

(1) $2mn$　(2) x^3y

(3) $8a+3b$　(4) $4(x+y)-\dfrac{z}{5}$

解答
(1) $2mn=\boldsymbol{2\times m\times n}$　(2) $x^3y=\boldsymbol{x\times x\times x\times y}$

(1), (2) p.60 問2

(3) $8a+3b=\boldsymbol{8\times a+3\times b}$　(4) $4(x+y)-\dfrac{z}{5}=\boldsymbol{4\times(x+y)-z\div5}$

(3), (4) p.61 問6

3 次の数量を表す式を書きなさい。

(1) 1本x円のジュース5本の代金
(2) 12本x円の鉛筆の1本あたりの代金
(3) 分速60 mでa分歩いたときの道のり
(4) b kgの品物の31％の重さ

ガイド (1) 代金は，(ジュース１本の値段)×(本数)
(2) １本あたりの代金は，(全体の代金)÷(鉛筆の本数)
(3) 道のりは，(速さ)×(時間)
(4) 31％を分数で表すと，$\dfrac{31}{100}$

解答 (1) $\boldsymbol{5x}$ (円)　(2) $\dfrac{x}{12}$ (円)　(3) $\boldsymbol{60a}$ (m)　(4) $\dfrac{31}{100}b$ (kg)

(1)，(2) p.62 問7　p.62 問8　p.63 問9

4 $x=5$ のとき，次の式の値を求めなさい。

(1) $5x+2$　(2) $4-7x$

(3) $\dfrac{15}{x}$　(4) x^2

ガイド (3) $\dfrac{15}{x}=15\div x$ と考えます。

解答 (1) $5x+2=5\times5+2$
$=\boldsymbol{27}$

(2) $4-7x=4-7\times5$
$=\boldsymbol{-31}$

(1)，(2) p.66 問2

(3) $\dfrac{15}{x}=15\div x$
$=15\div5=\boldsymbol{3}$

p.66 問4

(4) $x^2=5^2$
$=\boldsymbol{25}$

p.66 問5

5 $x=4$，$y=-3$ のとき，次の式の値を求めなさい。

(1) $3x+5y$　(2) $2x-\dfrac{1}{3}y$

ガイド 負の数を代入するときは，(　)をつけます。

解答 (1) $3x+5y=3\times4+5\times(-3)$
$=\boldsymbol{-3}$

(2) $2x-\dfrac{1}{3}y=2\times4-\dfrac{1}{3}\times(-3)$
$=\boldsymbol{9}$

p.67 問7

6 次の式の項をいいなさい。
また，文字をふくむ項について，係数をいいなさい。

(1) $3-4a$　(2) $-x+5y+2$

ガイド (1) 式 $3-4a$ は，3 と $-4a$ の和とみることができます。

解答 (1) 項… **3，$-4a$**　a の係数… **-4**
(2) 項… **$-x$，$5y$，2**　x の係数… **-1**，y の係数… **5**

p.69 問1

7

次の計算をしなさい。

(1) $9x-x$　(2) $-8x+3x$

(3) $7a+4+3a-5$　(4) $9y-8-4y+7$

(5) $5x+(7+3x)$　(6) $-2a-(8a+3)$

ガイド (3), (4) 文字の項の和，数の項の和に分けて計算します。
(5), (6) かっこをはずしてから計算します。かっこの前が－のときは，符号に注意しましょう。

解答 (1) $9x-x=(9-1)x=\mathbf{8x}$

(2) $-8x+3x=(-8+3)x=\mathbf{-5x}$

(1), (2) p.70 問2

(3) $7a+4+3a-5=7a+3a+4-5$
$=\mathbf{10a-1}$

(4) $9y-8-4y+7=9y-4y-8+7$
$=\mathbf{5y-1}$

(3), (4) p.71 問3

(5) $5x+(7+3x)=5x+7+3x$
$=\mathbf{8x+7}$

(6) $-2a-(8a+3)=-2a-8a-3$
$=\mathbf{-10a-3}$

(5), (6) p.72 問4

8

次の2つの式をたしなさい。
また，左の式から右の式をひきなさい。

(1) $8x+2$, $6x-2$　(2) $-3y+10$, $9y-7$

ガイド それぞれの式にかっこをつけて記号＋，－でつなぎ，かっこをはずして計算します。

解答 (1) 和 $(8x+2)+(6x-2)$
$=8x+2+6x-2$
$=\mathbf{14x}$

差 $(8x+2)-(6x-2)$
$=8x+2-6x+2$
$=\mathbf{2x+4}$

(2) 和 $(-3y+10)+(9y-7)$
$=-3y+10+9y-7$
$=\mathbf{6y+3}$

差 $(-3y+10)-(9y-7)$
$=-3y+10-9y+7$
$=\mathbf{-12y+17}$

p.73 問5

9

次の計算をしなさい。

(1) $2x\times(-2)$　(2) $-12y\times4$

(3) $4x\div(-4)$　(4) $-9x\div\frac{3}{2}$

(5) $3(x+5)$　(6) $-2(4x-3)$

(7) $(9x+12)\div3$　(8) $(-12x+8)\div(-2)$

(9) $\frac{y-2}{3}\times9$　(10) $4(3a+1)-2(5a+4)$

ガイド (5), (6) $m(a+b)=ma+mb$ を使って計算します。

(7), (8) $(a+b)\div m=\dfrac{a+b}{m}=\dfrac{a}{m}+\dfrac{b}{m}$ を使って計算します。

(9) 先に約分します。

(10) かっこをはずして，項をまとめます。

解答 (1) $-4x$ (2) $-48y$ (1), (2) p.74 問1

(3) $-x$ (4) $-9x\div\dfrac{3}{2}=-9x\times\dfrac{2}{3}$

$=(-9)\times\dfrac{2}{3}\times x$

$=\boldsymbol{-6x}$ (3), (4) p.74 問2

(5) $3(x+5)=\boldsymbol{3x+15}$ (6) $-2(4x-3)=\boldsymbol{-8x+6}$

(5), (6) p.75 問3

(7) $(9x+12)\div 3=\dfrac{9x}{3}+\dfrac{12}{3}=\boldsymbol{3x+4}$

(8) $(-12x+8)\div(-2)=\dfrac{12x}{2}-\dfrac{8}{2}=\boldsymbol{6x-4}$ (7), (8) p.75 問4

(9) $\dfrac{y-2}{3}\times 9=(y-2)\times 3=\boldsymbol{3y-6}$ p.75 問5

(10) $4(3a+1)-2(5a+4)=12a+4-10a-8=\boldsymbol{2a-4}$ p.76 問6

10

次の数量の関係を，等式か不等式に表しなさい。

(1) ある数 x に 6 を加えると，その和が 12 になる。

(2) ある数 y に 10 を加えると，その和は 15 以上である。

(3) a 本の鉛筆を，1 人に 5 本ずつ b 人に配ると 3 本余る。

ガイド 数量の関係を，等号＝，不等号＞，＜，≧，≦を使って表します。

(3) (はじめの鉛筆の本数)＝(配った本数)＋(余りの本数) になります。

解答 (1) $\boldsymbol{x+6=12}$ p.78 問2

(2) $\boldsymbol{y+10\geqq 15}$ p.79 問5

(3) $\boldsymbol{a=5b+3}$ (または，$a-5b=3$) p.78 問3

11

1 年生が x 人，2 年生が y 人います。

このとき，次の不等式はどんなことを表していますか。

$x>y+10$

ガイド 「以上」「以下」「～より大きい」「～より小さい」の違いに気をつけましょう。

解答 **1 年生の人数は，2 年生の人数に 10 人をたした人数よりも多い。** p.79 問6

2章 章末問題　学びを身につけよう

教科書 p.84〜85

テストによく出る

1 次の数量を表す式を書きなさい。

(1) 時速 x km で 2 時間歩いたときの道のり

(2) 100 枚入りで a 円の折り紙を買ったときの 1 枚あたりの値段

(3) y kg の米があり，そこから x g 使ったときの残りの重さ

ガイド
(1) (道のり)=(速さ)×(時間)
(2) (1 枚あたりの値段)=(代金)÷(枚数)
(3) y kg と x g とでは，単位が異なっているので，kg か g のどちらかにそろえます。

y kg$=1000y$ g，x g$=\dfrac{x}{1000}$ kg

解答
(1) $2x$ (km)　　(2) $\dfrac{a}{100}$ (円)

(3) $1000y-x$ (g) または，$y-\dfrac{x}{1000}$ (kg)

テストによく出る

2 次の(1)〜(3)の図形について，面積を表す式を，それぞれ書きなさい。

(1) 正三角形　(2) 平行四辺形　(3) 台形

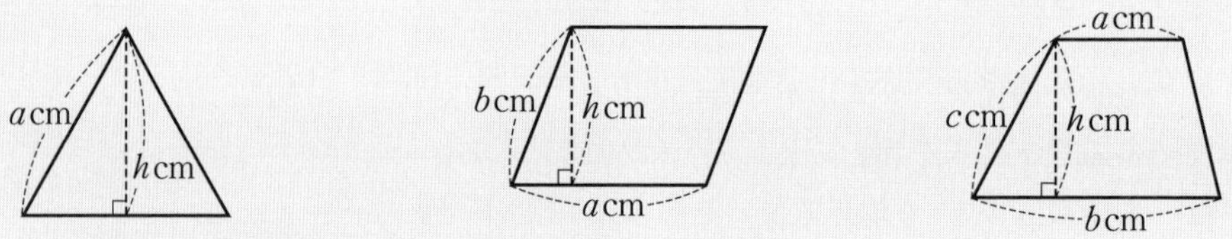

ガイド
(1) (正三角形の面積)=(底辺)×(高さ)÷2
(2) (平行四辺形の面積)=(底辺)×(高さ)
(3) (台形の面積)={(上底)+(下底)}×(高さ)÷2

解答
(1) $a\times h\div 2=\dfrac{ah}{2}$ (cm^2)

(2) $a\times h=ah$ (cm^2)

(3) $(a+b)\times h\div 2=\dfrac{(a+b)h}{2}$ (cm^2)

3 縦 a cm，横 b cm，高さ c cm の直方体があります。
このとき，次の式は何を表していますか。
また，その単位をいいなさい。

(1) abc　　(2) $4(a+b+c)$

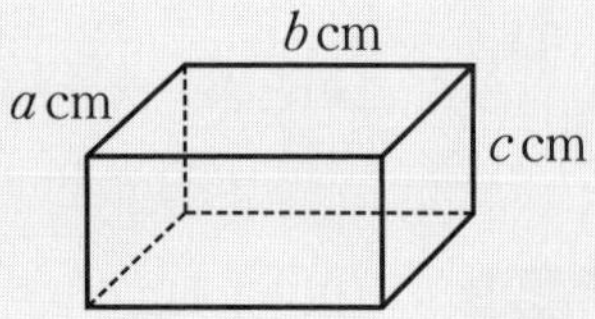

ガイド 与えられた式を，×や÷を使って表すとわかりやすくなります。
また，単位は，(1)は体積を表しているので cm^3，(2)は辺の長さの和なので cm であることがわかります。

解答 (1) $abc=a\times b\times c$ … (縦の長さ)×(横の長さ)×(高さ) なので，

直方体の体積，単位は cm^3

(2) $4(a+b+c)$ … $4\times\{$(縦の長さ)+(横の長さ)+(高さ)$\}$ なので，

直方体のすべての辺の長さの和，単位は cm

4 次の文字式の中で，$a=-\dfrac{1}{3}$ のとき，その式の値が，もっとも大きくなるものはどれですか。
また，もっとも小さくなるものはどれですか。

$$2a,\ a^2,\ \frac{1}{a},\ -a,\ -\frac{1}{a^2}$$

ガイド ( )をつけて $-\dfrac{1}{3}$ を代入します。分数はわり算になおしてから代入しましょう。

解答 $2a=2\times\left(-\dfrac{1}{3}\right)=-\dfrac{2}{3}$

$a^2=\left(-\dfrac{1}{3}\right)^2=\left(-\dfrac{1}{3}\right)\times\left(-\dfrac{1}{3}\right)=\dfrac{1}{9}$

$\dfrac{1}{a}=1\div a=1\div\left(-\dfrac{1}{3}\right)=1\times(-3)=-3$ $\left(\dfrac{1}{a}\text{ は }a\text{ の逆数だから，}-\dfrac{1}{3}\text{ の逆数で }-3\right)$

$-a=-\left(-\dfrac{1}{3}\right)=\dfrac{1}{3}$

$-\dfrac{1}{a^2}=-(1\div a^2)=-\left(1\div\dfrac{1}{9}\right)=-(1\times 9)=-9$ （$\dfrac{1}{9}$ ← $a^2=\dfrac{1}{9}$）

よって，式の値がもっとも大きくなるものは，$\boldsymbol{-a}$ $\left(=\dfrac{1}{3}\right)$

もっとも小さくなるものは，$\boldsymbol{-\dfrac{1}{a^2}}$ $(=-9)$

テストによく出る

5 次の計算をしなさい。

(1) $-3x+9-(2x-1)$　(2) $5y-2-(4-6y)$

(3) $100(0.3x-1.05)$　(4) $(450x-180)\div(-90)$

(5) $12\times\dfrac{3x-2}{4}$　(6) $-6\left(\dfrac{3}{2}x-\dfrac{1}{3}\right)$

(7) $5(7y-2)-4(6y+3)$　(8) $6(y-4)+2(9y+6)$

ガイド 文字の項と数の項に分けて計算します。かっこのある式は，かっこをはずしてから計算します。

(3)～(8) $m(a+b)=ma+mb$，$(a+b)\div m=\dfrac{a+b}{m}=\dfrac{a}{m}+\dfrac{b}{m}$ を使います。

解答 (1) $-3x+9-(2x-1)=-3x+9-2x+1=\boldsymbol{-5x+10}$

(2) $5y-2-(4-6y)=5y-2-4+6y=\boldsymbol{11y-6}$

(3) $100(0.3x-1.05)=\boldsymbol{30x-105}$

(4) $(450x-180)\div(-90)=-\dfrac{450}{90}x+\dfrac{180}{90}=\boldsymbol{-5x+2}$

(5) $12\times\dfrac{3x-2}{4}=3\times(3x-2)=\boldsymbol{9x-6}$

(6) $-6\left(\dfrac{3}{2}x-\dfrac{1}{3}\right)=\boldsymbol{-9x+2}$

(7) $5(7y-2)-4(6y+3)=35y-10-24y-12=\boldsymbol{11y-22}$

(8) $6(y-4)+2(9y+6)=6y-24+18y+12=\boldsymbol{24y-12}$

6 $A=4x+3$，$B=-2x+1$ とするとき，次の式を計算しなさい。

(1) $A+B$ (2) $2A-3B$

ガイド AとBの式を，かっこをつけて記号＋，－でつなぎ，かっこをはずして計算します。

解答 (1) $A+B=(4x+3)+(-2x+1)=4x+3-2x+1=\boldsymbol{2x+4}$

(2) $2A-3B=2(4x+3)-3(-2x+1)=8x+6+6x-3=\boldsymbol{14x+3}$

テストによく出る

7 次の数量の関係を，等式か不等式に表しなさい。

(1) x個のいちごを，1人に6個ずつy人に配ると2個たりない。

(2) ある数xに7をたした数は，もとの数xの2倍より小さい。

(3) 画用紙を，1人に5枚ずつx人に配ると，100枚ではたりない。

ガイド (1) (はじめのいちごの数)＝(1人分の数)×(人数)－(たりない数)

(3) 100枚ではたりないので，(1人分の枚数)×(人数)は100より大きいことになります。

解答 (1) $\boldsymbol{x=6y-2}$ ($x+2=6y$ など) (2) $\boldsymbol{x+7<2x}$ (3) $\boldsymbol{5x>100}$

テストによく出る

8 正の整数のわり算では，

(わられる数)＝(わる数)×(商)＋(余り)

の関係があります。

正の整数aを3でわったときの商をb，余りをcとするとき，a，b，cの関係を等式に表しなさい。

ガイド (わられる数)=(わる数)×(商)+(余り) の式にあてはめると，$a=3\times b+c$ です。

解答 $a=3b+c$

9 x 個のクッキーを，1人に4個ずつ y 人に配ると3個余ります。x，y の関係を表している次の(ア)〜(エ)のうち，正しいものをすべて選びなさい。

(ア) $x+3=4y$　　(イ) $x-4y=3$

(ウ) $x>4y+3$　　(エ) $x>4y$

ガイド (クッキーの数)−(1人分の数)×(人数)=(余った数)

解答 x，y の関係を式に表すと，$x-4y=3$

また，1人に4個ずつ y 人に配ると，余りが出ることから，$x>4y$

(クッキーの数)−(余った数)=(1人分の数)×(人数) と考えると，$x-3=4y$，

(クッキーの数)=(1人分の数)×(人数)+(余った数) と考えると，$x=4y+3$ だから，

(ア)，(ウ)は正しくない。

よって，正しいのは，(イ)，(エ)

10 立方体のさいころは，1と6，2と5，3と4の目が，それぞれ向かいあう面にあります。右の図のように，いちばん上にあるさいころの上の面の目の数が5で，n 個のさいころが重なっています。さいころが重なっている面の目と，いちばん下のさいころの底の面の目の数をすべてたすと，いくつになりますか。

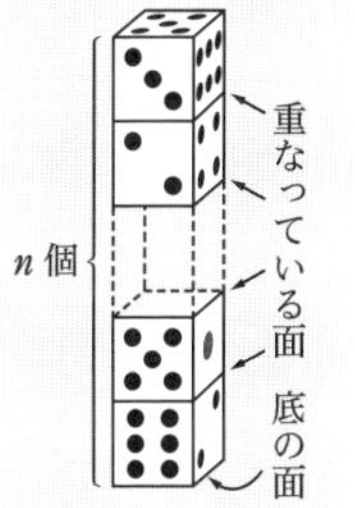

ガイド さいころの向かいあう面の目の数の和は，7になっていることから考えます。
いちばん上のさいころの底の面の目の数は，$7-5=2$ より，2です。

解答 1つのさいころの向かいあう面の目の数の和は7になっている。
n 個あるさいころのそれぞれの上の面と下の面の目の数の和は7だから，いちばん上のさいころの上の面の目と，さいころが重なっている面の目と，いちばん下のさいころの底の面の目の数をすべてたすと，$7\times n$ になる。求める和は，$7\times n$ からいちばん上の面の目の数5をひいた数だから，

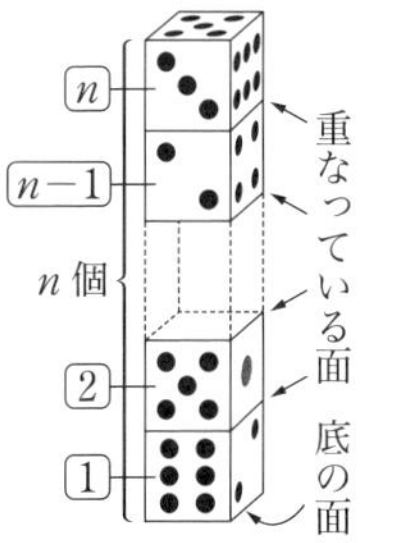

$7\times n-5=7n-5$　　**$7n-5$**

3章 方程式

1節 方程式

1日乗り放題のチケットを買った方がいい？

- 電車の料金は片道 240 円である。
- バスは，距離にかかわらず，1回乗るごとに 180 円かかる。
- 電車とバスが1日乗り放題になるチケットが 1200 円で販売されている。

けいたさんは，バスに何回乗ったときに，1日乗り放題チケットと同じ金額になるのかを考えることにしました。

乗り放題のチケットを買った方がいいのかな

けいたさんは，次のような図をかいて考えることにしました。

```
        ┌─── バスの料金の合計 ───┐  ┌── 往復の電車の料金 ──┐
        ├──────────────┼──────────────┤
        └─── 1日乗り放題チケットの代金 ───┘
```

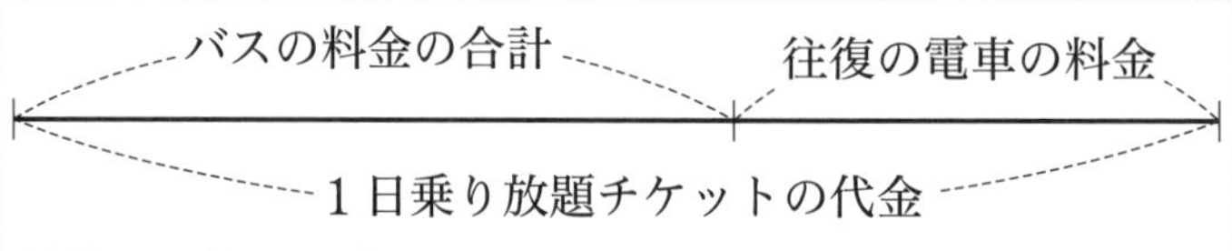

説明しよう

教科書 p.87

1回ずつバスの料金を払う場合と，電車とバスの1日乗り放題チケットを買う場合の金額が同じになるのは，バスに何回乗るときでしょうか。上の線分図を利用して説明しましょう。

解答例　往復の電車の料金は，240×2＝480（円）

1日乗り放題チケットの代金は 1200 円だから，バスの料金の合計が

1200−480＝720（円）になるとき，2つの金額が同じになる。

バスに1回乗るときの料金は 180 円だから，720÷180＝4（回）

かりんさんは，文字式を利用して考えることにしました。

バスに乗る回数を x 回とすると，金額の関係は，

$$\left(\begin{array}{c}x\text{回分の}\\ \text{バスの料金}\end{array}\right)+\left(\begin{array}{c}\text{往復の}\\ \text{電車の料金}\end{array}\right)=\left(\begin{array}{c}1\text{日乗り放題}\\ \text{チケットの代金}\end{array}\right)$$

となるので，等式

が成り立ちます。

解答例　x 回分のバスの料金は $180x$（円），往復の電車の料金は 480 円，乗り放題チケットの代金は 1200 円だから，等式 $\boxed{180x+480=1200}$ が成り立つ。

1 方程式とその解

学習のねらい　方程式や，方程式の解の意味について理解します。

教科書のまとめ　テスト前にチェック

□方程式
▶等式 $2x+3=9$ の文字 x は，その等式にあてはまるようにこれから求めようとしているものです。まだわかっていない数を表す文字をふくむ等式を**方程式**といいます。

□方程式の解
▶方程式を成り立たせる文字の値を，その方程式の**解**といいます。

□方程式を解く
▶方程式の解を求めることを，**方程式を解く**といいます。

□等式の性質
▶❶ 等式の両辺に同じ数をたしても，等式が成り立つ。
$A=B$ ならば，$A+C=B+C$
❷ 等式の両辺から同じ数をひいても，等式が成り立つ。
$A=B$ ならば，$A-C=B-C$
❸ 等式の両辺に同じ数をかけても，等式が成り立つ。
$A=B$ ならば，$A\times C=B\times C$
❹ 等式の両辺を同じ数でわっても，等式が成り立つ。
$A=B$ ならば，$A\div C=B\div C$
（C は 0 ではない）

等式を成り立たせる文字の値について学びましょう。

問 1　上の等式①（$180x+480=1200$）の左辺 $180x+480$ で，x に 4 を代入して，その式の値を求めなさい。　教科書 p.88

解答　$180\times4+480=720+480=$ **1200**

問 2　次の(ア)～(ウ)のうち，3 が解である方程式をすべて選びなさい。　教科書 p.88

(ア)　$x-8=5$　　(イ)　$4x-7=5$　　(ウ)　$x+2=3x-4$

ガイド　それぞれの方程式の x に 3 を代入して，左辺と右辺が等しくなれば，$x=3$ はその方程式の解になります。

解答
(ア)　左辺 $=x-8=3-8=-5$，右辺 $=5$
左辺と右辺が等しくないので，3 はこの方程式の解ではない。
(イ)　左辺 $=4x-7=4\times3-7=5$，右辺 $=5$
左辺と右辺が等しいので，3 はこの方程式の解である。
(ウ)　左辺 $=x+2=3+2=5$，右辺 $=3x-4=3\times3-4=5$
左辺と右辺が等しいので，3 はこの方程式の解である。

(イ)，(ウ)

等式の性質について学びましょう。

封筒（ふうとう）と1個1gのおもりを，右の図のようにてんびんにのせると，ちょうどつりあいました。封筒の重さを求めましょう。(図は省略)

教科書 p.89

ガイド (封筒の重さ)+(2g分のおもり)=(10g分のおもり) になっています。

解答 封筒の重さは，10−2=8(g)　　**8g**

問3 等式の両辺に，同じ数をたしても両辺は等しいといえますか。

教科書 p.89

❓ 等式の両辺に同じ数をかけたり，等式の両辺を同じ数でわったりした場合も両辺は等しいといえるかな。

ガイド 左の皿に x g，右の皿に5gのおもりをのせてつりあっているてんびんの両方に3gのおもりをのせても，つりあっている状態は変わりません。

$x=5 \xrightarrow{+3} x+3=5+3 \qquad x+3=8$

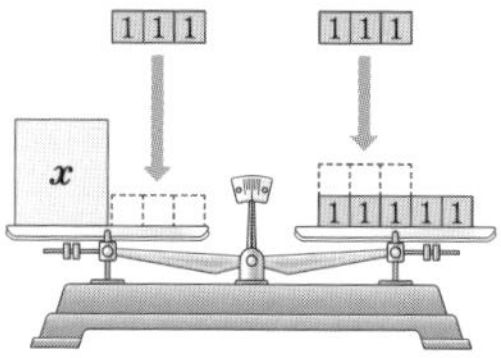

解答 等しいといえる。

❓ どちらの場合も，等しいといえる。

等式の性質を使って，方程式を解きましょう。

問4 次の方程式を，等式の性質を使って解きなさい。

教科書 p.90

(1) $x-9=3$　　(2) $x-8=-10$　　(3) $x-\frac{1}{2}=\frac{1}{2}$

ガイド 左辺を x だけにするために，等式の性質❶を使います。

解答

(1) 両辺に9をたす。
$x-9+9=3+9$
$\boldsymbol{x=12}$

(2) 両辺に8をたす。
$x-8+8=-10+8$
$\boldsymbol{x=-2}$

(3) 両辺に $\frac{1}{2}$ をたす。
$x-\frac{1}{2}+\frac{1}{2}=\frac{1}{2}+\frac{1}{2}$
$\boldsymbol{x=1}$

問5 次の方程式を，等式の性質を使って解きなさい。

教科書 p.91

(1) $x+7=15$　　(2) $x+6=2$　　(3) $x+1.2=0$

ガイド 左辺を x だけにするために，等式の性質❷を使います。

解答

(1) 両辺から7をひく。
$x+7-7=15-7$
$\boldsymbol{x=8}$

(2) 両辺から6をひく。
$x+6-6=2-6$
$\boldsymbol{x=-4}$

(3) 両辺から1.2をひく。
$x+1.2-1.2=0-1.2$
$\boldsymbol{x=-1.2}$

問 6　次の方程式を，等式の性質を使って解きなさい。　教科書 p.91

(1) $\dfrac{x}{7}=3$　(2) $\dfrac{x}{4}=-5$　(3) $-\dfrac{1}{6}x=2$

ガイド　左辺を x だけにするために，等式の性質❸を使います。

解答　(1) 両辺に 7 をかける。

$\dfrac{x}{7}\times7=3\times7$

$\boldsymbol{x=21}$

(2) 両辺に 4 をかける。

$\dfrac{x}{4}\times4=(-5)\times4$

$\boldsymbol{x=-20}$

(3) 両辺に −6 をかける。

$-\dfrac{x}{6}\times(-6)=2\times(-6)$

$\boldsymbol{x=-12}$

問 7　次の方程式を，等式の性質を使って解きなさい。　教科書 p.91

(1) $5x=45$　(2) $-8x=48$　(3) $12x=4$

ガイド　左辺を x だけにするために，等式の性質❹を使います。

解答　(1) 両辺を 5 でわる。

$5x\div5=45\div5$

$\boldsymbol{x=9}$

(2) 両辺を −8 でわる。

$-8x\div(-8)=48\div(-8)$

$\boldsymbol{x=-6}$

(3) 両辺を 12 でわる。

$12x\div12=4\div12$

$\boldsymbol{x=\dfrac{1}{3}}$

説明しよう　教科書 p.91

$\dfrac{2}{3}x=8$ をいろいろな方法で解きましょう。

また，それぞれの方法を説明しましょう。

ガイド　左辺を x だけにするために，どの等式の性質が使えるかを考えます。

解答例

• 両辺に $\dfrac{3}{2}$ をかけて，$\dfrac{2}{3}x\times\dfrac{3}{2}=8\times\dfrac{3}{2}$　$\boldsymbol{x=12}$

方法…等式の性質❸を使って，**両辺に同じ数をかける**。

• 両辺を $\dfrac{2}{3}$ でわって，$\dfrac{2}{3}x\div\dfrac{2}{3}=8\div\dfrac{2}{3}$　$\dfrac{2}{3}x\times\dfrac{3}{2}=8\times\dfrac{3}{2}$　$\boldsymbol{x=12}$

方法…等式の性質❹を使って，**両辺を同じ数でわる**。

練習問題　　1 方程式とその解　p.91

1 次の方程式を，等式の性質を使って解きなさい。

(1) $x-3=23$　(2) $x+15=11$　(3) $7+x=30$

(4) $-5+x=3$　(5) $4x=-12$　(6) $-7x=-35$

(7) $\frac{x}{3}=5$　(8) $\frac{1}{8}x=-\frac{3}{4}$　(9) $\frac{3}{5}x=-6$

(10) $x+1.6=-1.9$　(11) $0.2x=-12$　(12) $\frac{1}{4}+x=-\frac{1}{2}$

ガイド 等式の性質❶，❷，❸，❹を使って解きます。

解答

(1) 両辺に3をたして，

$x-3+3=23+3$

$\boldsymbol{x=26}$

(2) 両辺から15をひいて，

$x+15-15=11-15$

$\boldsymbol{x=-4}$

(3) 両辺から7をひいて，

$7+x-7=30-7$

$\boldsymbol{x=23}$

(4) 両辺に5をたして，

$-5+x+5=3+5$

$\boldsymbol{x=8}$

(5) 両辺を4でわって，

$4x\div4=(-12)\div4$

$\boldsymbol{x=-3}$

(6) 両辺を-7でわって，

$-7x\div(-7)=(-35)\div(-7)$

$\boldsymbol{x=5}$

(7) 両辺に3をかけて，

$\frac{x}{3}\times3=5\times3$

$\boldsymbol{x=15}$

(8) 両辺に8をかけて，

$\frac{1}{8}x\times8=\left(-\frac{3}{4}\right)\times8$

$\boldsymbol{x=-6}$

(9) 両辺に$\frac{5}{3}$をかけて，

$\frac{3}{5}x\times\frac{5}{3}=(-6)\times\frac{5}{3}$

$\boldsymbol{x=-10}$

(10) 両辺から1.6をひいて，

$x+1.6-1.6=-1.9-1.6$

$\boldsymbol{x=-3.5}$

(11) 両辺を0.2でわって，

$0.2x\div0.2=(-12)\div0.2$

$\boldsymbol{x=-60}$

(12) 両辺から$\frac{1}{4}$をひいて，

$\frac{1}{4}+x-\frac{1}{4}=-\frac{1}{2}-\frac{1}{4}$

$\boldsymbol{x=-\frac{3}{4}}$

参考 (11) 両辺に5をかけて，

$0.2x\times5=(-12)\times5$

$x=-60$

としてもよいです。

2 方程式の解き方

学習のねらい

いろいろな方程式の解き方について学習します。ここでは，移項についての理解をもとに，移項のしかたを学習します。

教科書のまとめ テスト前にチェック

□移項

▶等式では，一方の辺の項を，符号を変えて，他方の辺に移すことができます。このことを**移項**するといいます。

□一次方程式

▶移項して整理すると，$ax=b$ の形になる方程式を，**一次方程式**といいます。

□一次方程式を解く手順

▶❶ 必要であれば，かっこをはずしたり，係数を整数にしたりする。

❷ 文字の項を一方の辺に，数の項を他方の辺に移項して集める。

❸ $ax=b$ の形にする。

❹ 両辺を x の係数 a でわる。

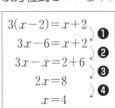

$$3(x-2)=x+2$$
❶
$$3x-6=x+2$$
❷
$$3x-x=2+6$$
❸
$$2x=8$$
❹
$$x=4$$

方程式を移項して解くことについて学びましょう。

教科書 p.92

右の方程式の解き方で，2つの式①と②をくらべると，どんなことがわかるでしょうか。

$4x-15=9$ ……①

両辺に15をたして，

$4x-15+15=9+15$

$4x=9+15$ ……②

$4x=24$

両辺を4でわって，

$x=6$

ガイド 式②は，左辺が x をふくむ項だけになり，15は左辺から符号が変わって右辺に移って，右辺は数の項だけになっています。

解答例 式①の左辺の -15 が，式②では符号が変わって右辺に移り，$+15$ になっている。

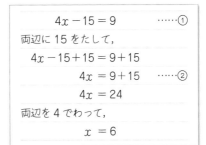

問1 次の方程式を解きなさい。

教科書 p.92

(1) $5x+8=23$　　(2) $6x-5=-17$

(3) $-2x+3=5$　　(4) $-4x+19=11$

ガイド 数の項を右辺に移項します。このとき，移項した数の項の符号が変わることに注意しましょう。

解答

(1) $5x+8=23$

左辺の8を右辺に移項して，

$5x=23-8$

$5x=15$

$\boldsymbol{x=3}$

(2) $6x-5=-17$

左辺の -5 を右辺に移項して，

$6x=-17+5$

$6x=-12$

$\boldsymbol{x=-2}$

(3)　$-2x+3=5$

左辺の 3 を右辺に移項して，

$-2x=5-3$

$-2x=2$

$\boldsymbol{x=-1}$

(4)　$-4x+19=11$

左辺の 19 を右辺に移項して，

$-4x=11-19$

$-4x=-8$

$\boldsymbol{x=2}$

問 2　次の方程式を解きなさい。　教科書 p.93

(1)　$10x=6x-8$　(2)　$3x=5x-15$

(3)　$4x=50-6x$　(4)　$-8x=3-5x$

ガイド　文字の項を左辺に移項します。このとき，移項した文字の項の係数の符号が変わることに注意しましょう。

解答　(1)　$10x=6x-8$

右辺の $6x$ を左辺に移項して，

$10x-6x=-8$

$4x=-8$

$\boldsymbol{x=-2}$

(2)　$3x=5x-15$

右辺の $5x$ を左辺に移項して，

$3x-5x=-15$

$-2x=-15$

$\boldsymbol{x=\frac{15}{2}}$

(3)　$4x=50-6x$

右辺の $-6x$ を左辺に移項して，

$4x+6x=50$

$10x=50$

$\boldsymbol{x=5}$

(4)　$-8x=3-5x$

右辺の $-5x$ を左辺に移項して，

$-8x+5x=3$

$-3x=3$

$\boldsymbol{x=-1}$

問 3　次の方程式を解きなさい。　教科書 p.93

(1)　$9x+2=4x+17$　(2)　$5x-8=-17-4x$

(3)　$1-x=5x-2$　(4)　$12x-3=7x-3$

ガイド　移項して，文字の項を一方の辺に，数の項を他方の辺に集めます。

解答　(1)　$9x+2=4x+17$

$9x-4x=17-2$

$5x=15$

$\boldsymbol{x=3}$

(2)　$5x-8=-17-4x$

$5x+4x=-17+8$

$9x=-9$

$\boldsymbol{x=-1}$

(3)　$1-x=5x-2$

$-x-5x=-2-1$

$-6x=-3$

$\boldsymbol{x=\frac{1}{2}}$

(4)　$12x-3=7x-3$

$12x-7x=-3+3$

$5x=0$

$\boldsymbol{x=0}$

説明しよう

教科書 p.93

かりんさんは，方程式 $8=3x+5$ の解き方を右のように説明しました。

(1) かりんさんの方法で，この方程式を解きましょう。

(2) 5を移項できる理由を説明しましょう。

❓ 左辺と右辺を入れかえると，どんなよさがあるかな。

> 左辺と右辺を入れかえてから，左辺を文字の項だけに，右辺を数の項だけにするために，5を移項して，方程式を解きました

ガイド 等式の性質として，

❶ $A=B$ ならば，$A+C=B+C$

❷ $A=B$ ならば，$A-C=B-C$

❸ $A=B$ ならば，$A\times C=B\times C$

❹ $A=B$ ならば，$A\div C=B\div C$

が，いえます。

解答例 (1)

$$8=3x+5$$
$$3x+5=8$$
$$3x=8-5$$
$$3x=3$$
$$\boldsymbol{x=1}$$

(2) 等式の性質❷より，等式の両辺から同じ数をひいても，等式が成り立つ。
つまり，$+5$ の符号を変えて右辺に移しても等式が成り立つ。

❓ $3x$ を符号を変えずに左辺に移すことによって，両辺をわる計算で負の数でわることがなくなり，計算しやすくなる。

参考 方程式は等式なので，左辺と右辺を入れかえても成り立ちます。

いろいろな方程式の解き方について学びましょう。

問 4

教科書 p.94

次の方程式を解きなさい。

(1) $4x+1=3(x+2)$　　(2) $7(x-4)=3x+8$

(3) $-4(x+3)=5(x-6)$　　(4) $5-2(7x-2)=1$

ガイド かっこがある方程式は，かっこをはずしてから解きます。

解答 (1)

$$4x+1=3(x+2)$$
$$4x+1=3x+6$$
$$4x-3x=6-1$$
$$\boldsymbol{x=5}$$

(2)

$$7(x-4)=3x+8$$
$$7x-28=3x+8$$
$$7x-3x=8+28$$
$$4x=36$$
$$\boldsymbol{x=9}$$

(3)　$-4(x+3)=5(x-6)$

$-4x-12=5x-30$

$-4x-5x=-30+12$

$-9x=-18$

$\boldsymbol{x=2}$

(4)　$5-2(7x-2)=1$

$5-14x+4=1$

$-14x=1-5-4$

$-14x=-8$

$x=\frac{8}{14}$

$\boldsymbol{x=\frac{4}{7}}$

└→忘れず約分する。

ミスに注意

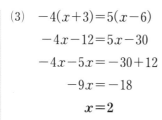

(4)　$5-2(7x-2)=1$ で，あわてて $5-2$ の部分をさきに計算して，$3(7x-2)=1$ としないようにする。

方程式 $x=\frac{1}{3}x+1$ を解きましょう。　**教科書 p.94**

解答　$x=\frac{1}{3}x+1 \longrightarrow x-\frac{1}{3}x=1 \longrightarrow \frac{2}{3}x=1 \longrightarrow \boldsymbol{x=\frac{3}{2}}$

（$\frac{1}{3}x$ を移項する。）（両辺に $\frac{3}{2}$ をかける。）

問5　次の方程式を，分母をはらって解きなさい。　**教科書 p.95**

(1)　$\frac{x+1}{3}=\frac{1}{4}x+1$

(2)　$\frac{3}{4}x-7=2x+\frac{1}{2}$

(3)　$\frac{9x-5}{6}=\frac{8+x}{3}$

(4)　$x+\frac{x-1}{3}=3$

ガイド　分数をふくんだ方程式では，分母の公倍数を両辺にかけて，分数をふくまない方程式になおしてから解きます。このことを，分母をはらうといいます。

（└→最小公倍数がよい。）

解答

(1)　両辺に 12 をかけて，

$\frac{x+1}{3}\times 12=\left(\frac{1}{4}x+1\right)\times 12$

$(x+1)\times 4=3x+12$

$4x+4=3x+12$

$\boldsymbol{x=8}$

(2)　両辺に 4 をかけて，

$\left(\frac{3}{4}x-7\right)\times 4=\left(2x+\frac{1}{2}\right)\times 4$

$3x-28=8x+2$

$-5x=30$

$\boldsymbol{x=-6}$

(3)　両辺に 6 をかけて，

$\frac{9x-5}{6}\times 6=\frac{8+x}{3}\times 6$

$9x-5=(8+x)\times 2$

$9x-5=16+2x$

$7x=21$

$\boldsymbol{x=3}$

(4)　両辺に 3 をかけて，

$\left(x+\frac{x-1}{3}\right)\times 3=3\times 3$

$3x+(x-1)=9$

$3x+x-1=9$

$4x=10$

$\boldsymbol{x=\frac{5}{2}}$

話しあおう

教科書 p.95

次の方程式を解きましょう。
どんなくふうが考えられるでしょうか。

(1) $0.3x+2=0.1x+1.6$　　(2) $800x=2400(x-2)$

(3) $0.5x-2.5=-x+2$　　(4) $0.2x-0.03=0.3x+0.07$

ガイド 簡単な式になるように，両辺に数をかけたり，両辺を数でわったりします。

解答例 (1)，(3)は，両辺を 10 倍する。(2)は，両辺を 800 と 2400 の最大公約数 800 でわる。
(4)は，文字の項の係数，数の項とも整数になるように，両辺を 100 倍する。

(1) $0.3x+2=0.1x+1.6$
両辺に 10 をかけて，
$3x+20=x+16$
$2x=-4$
$\boldsymbol{x=-2}$

(2) $800x=2400(x-2)$
両辺を 800 でわって，
$x=3(x-2)$
$x=3x-6$
$-2x=-6$
$\boldsymbol{x=3}$

(3) $0.5x-2.5=-x+2$
両辺に 10 をかけて，
$5x-25=-10x+20$
$15x=45$
$\boldsymbol{x=3}$

(4) $0.2x-0.03=0.3x+0.07$
両辺に 100 をかけて，
$20x-3=30x+7$
$-10x=10$
$\boldsymbol{x=-1}$

練習問題　2 方程式の解き方　p.96

1 次の方程式を解きなさい。

(1) $3x=21$　(2) $17x=17$　(3) $\frac{4}{5}x=8$

(4) $18=-2x$　(5) $6x-11=7$　(6) $6-2x=12$

(7) $4x-9=3x-15$　(8) $x-17=-7-3x$　(9) $9x-70=6x+80$

(10) $8+4x=10x+16$　(11) $3x-1200=1200+9x$　(12) $-18+5x=12x-18$

解答 (1) $\boldsymbol{x=7}$　(2) $\boldsymbol{x=1}$　(3) $\boldsymbol{x=10}$　(4) $\boldsymbol{x=-9}$

(5) $6x-11=7$
$6x=18$
$\boldsymbol{x=3}$

(6) $6-2x=12$
$-2x=6$
$\boldsymbol{x=-3}$

(7) $4x-9=3x-15$
$\boldsymbol{x=-6}$

(8) $x-17=-7-3x$
$4x=10$
$\boldsymbol{x=\frac{5}{2}}$

(9) $9x-70=6x+80$
$3x=150$
$\boldsymbol{x=50}$

(10) $8+4x=10x+16$
$-6x=8$
$\boldsymbol{x=-\frac{4}{3}}$

3章 方程式

(11) $3x-1200=1200+9x$

$-6x=2400$

$\boldsymbol{x=-400}$

(12) $-18+5x=12x-18$

$-7x=0$

$\boldsymbol{x=0}$

2 次の方程式を解きなさい。

(1) $2(x+1)=x+3$

(2) $3(x-8)=9(4-x)$

(3) $-3(2x-4)=5(x-2)$

(4) $80-30(x-5)=110$

(5) $0.1x=0.4(x-2)-0.1$

(6) $\frac{1}{4}x-1=\frac{1}{2}x$

(7) $\frac{2x-7}{3}=\frac{x+1}{2}$

(8) $5+\frac{3}{100}x=\frac{7}{100}x$

ガイド かっこがある場合は，かっこをはずし，小数は整数になおしてから解きます。分数をふくむ場合は，分母の最小公倍数を両辺にかけて，分母をはらってから解きます。

解答

(1) $2(x+1)=x+3$

$2x+2=x+3$

$\boldsymbol{x=1}$

(2) $3(x-8)=9(4-x)$

$3x-24=36-9x$

$12x=60$

$\boldsymbol{x=5}$

(3) $-3(2x-4)=5(x-2)$

$-6x+12=5x-10$

$-11x=-22$

$\boldsymbol{x=2}$

(4) $80-30(x-5)=110$

$80-30x+150=110$

$-30x=-120$

$\boldsymbol{x=4}$

(5) $0.1x=0.4(x-2)-0.1$

両辺に 10 をかけて，

$x=4(x-2)-1$

$x=4x-8-1$

$-3x=-9$

$\boldsymbol{x=3}$

ミスに注意

(5)で両辺に 10 をかけるとき，

$\boldsymbol{0.1x\times10=\{0.4(x-2)-0.1\}\times10}$

0.1 に 10 をかけるのを忘れないように！

(6) $\frac{1}{4}x-1=\frac{1}{2}x$

両辺に 4 をかけて，

$x-4=2x$

$-x=4$

$\boldsymbol{x=-4}$

(7) $\frac{2x-7}{3}=\frac{x+1}{2}$

両辺に 6 をかけて，

$2(2x-7)=3(x+1)$

$4x-14=3x+3$

$\boldsymbol{x=17}$

(8) $5+\frac{3}{100}x=\frac{7}{100}x$

両辺に 100 をかけて，

$\left(5+\frac{3}{100}x\right)\times100=\frac{7}{100}x\times100$

$500+3x=7x$

$-4x=-500$

$\boldsymbol{x=125}$

3 比と比例式

学習のねらい

比が等しい関係と比例式，比例式の性質について学習します。比に関する問題を考えるときに，必要で大事な内容です。

教科書のまとめ　テスト前にチェック

□比の値
▶比 $a：b$ で，a，b を比の項といい，$\dfrac{a}{b}$ を**比の値**といいます。

□比例式
▶$a：b=c：d$ のような，比が等しいことを表す式を**比例式**といいます。

□比例式を解く
▶比例式にふくまれる文字の値を求めることを，**比例式を解く**といいます。

□比例式の性質
▶比例式の外側の項の積と内側の項の積は等しい。

$a：b=c：d$ ならば，$ad=bc$

ad
$a：b=c：d$
bc

■ 比が等しい関係と比例式について学びましょう。

比例式 $x：4=3：7$ ……①
を成り立たせる x の値は，どうすれば求められるでしょうか。

教科書 p.97

ガイド　両辺の比の値が等しいことを利用します。

解答例　比例式 $x：4=3：7$ で，

左辺の比の値は $\dfrac{x}{4}$，右辺の比の値は $\dfrac{3}{7}$

両辺の比の値が等しいことから，

$$\frac{x}{4}=\frac{3}{7}$$

両辺に 4 をかけて，

$$x=\frac{12}{7}$$

問 1　次の比例式を解きなさい。

教科書 p.98

(1)　$x：8=3：2$　　　(2)　$3：4=x：5$

ガイド　両辺の比の値が等しいことから，方程式の形にします。

解答 (1) $x:8=3:2$

$\frac{x}{8}=\frac{3}{2}$

両辺に8をかけて，

$\frac{x}{8}\times8=\frac{3}{2}\times8$

$\boldsymbol{x=12}$

(2) $3:4=x:5$

$\frac{3}{4}=\frac{x}{5}$

両辺に5をかけて，

$\frac{3}{4}\times5=\frac{x}{5}\times5$

$\boldsymbol{x=\frac{15}{4}}$

比例式の性質について学びましょう。

問2 次の比例式を解きなさい。 教科書 p.98

(1) $x:21=3:7$　(2) $15:6=x:8$

(3) $9:4=2:x$　(4) $(x+2):x=5:3$

ガイド 比例式の性質を使います。$a:b=c:d$ ならば，$ad=bc$

解答 (1) $x:21=3:7$

$7x=21\times3$　$\boldsymbol{x=9}$

(2) $15:6=x:8$

$6x=15\times8$　$\boldsymbol{x=20}$

(3) $9:4=2:x$

$9x=8$　$\boldsymbol{x=\frac{8}{9}}$

(4) $(x+2):x=5:3$

$3(x+2)=5x$

$3x+6=5x$

$-2x=-6$　$\boldsymbol{x=3}$

練習問題　③ 比と比例式 p.98

1 次の比例式を解きなさい。

(1) $3:12=x:36$　(2) $12:x=4:7$

(3) $x:\frac{1}{2}=4:\frac{15}{2}$　(4) $x:3=(x+3):4$

ガイド 比例式の性質を使って方程式をつくり，方程式の解き方にしたがって解きます。

解答 (1) $3:12=x:36$

$12x=3\times36$　$\boldsymbol{x=9}$

(2) $12:x=4:7$

$4x=12\times7$　$\boldsymbol{x=21}$

(3) $x:\frac{1}{2}=4:\frac{15}{2}$

$\frac{15}{2}x=\frac{1}{2}\times4$

$15x=4$　$\boldsymbol{x=\frac{4}{15}}$

(4) $x:3=(x+3):4$

$4x=3(x+3)$

$4x=3x+9$　$\boldsymbol{x=9}$

❷節 方程式の利用

何年後かな？

クラスのみなさんへ

みなさんからのお祝いのことば，とてもうれしかったです。
13歳（さい）のみなさんは，これからどんどん成長して，
あっという間に，みなさんの年齢（ねんれい）の3倍が先生の年齢になり，
またしばらくすると，みなさんの年齢の2倍が先生の年齢になります。
みなさんが成長した姿が楽しみです。
これからもいっしょに，楽しい学校生活を送りましょう。

先生より

自分の年齢の3倍や2倍が
先生の年齢になるのは何年後かな？
先生の手紙に書かれていることだけで，
求めることができるかな？

話しあおう

教科書 p.99

かりんさんの疑問についてどう思いますか。

解答例

・x 年後にみんなの年齢の3倍が先生の年齢になるとすると，

　(x 年後のみんなの年齢)×3＝x 年後の先生の年齢

　先生の手紙から現在のみんなの年齢を13歳として，上の年齢の関係を等式に表すと，

　$3(13+x)=\square+x$

　となり，方程式をつくることができない。

・同じように，x 年後にみんなの年齢の2倍が先生の年齢になるとすると，

　(x 年後のみんなの年齢)×2＝x 年後の先生の年齢

　この年齢の関係を等式に表すと，

　$2(13+x)=\square+x$

　となり，やはり方程式をつくることができない。

よって，先生の手紙に書いてあることだけで，求めることはできない。

参考 先生の現在の年齢がわかると，上の式の□に入る数がわかり，方程式をつくれます。

3章 方程式

1 方程式の利用

学習のねらい

いろいろな問題について，数量の関係を方程式に表して解くことによって，それらの問題を解決することができます。この節では，一見解くのがむずかしそうな問題でも，方程式の利用で比較的容易に解決できることを理解します。

教科書のまとめ　テスト前にチェック

□方程式を使って問題を解く手順

▶❶ 問題の中の数量に着目して，数量の関係を見つける。

❷ まだわかっていない数量のうち，適当なものを文字で表して，方程式をつくって解く。

❸ 方程式の解が，問題にあっているかどうかを調べて，答えを書く。

問 1 先生の年齢が，けいたさんの年齢の 2 倍になるのは，何年後ですか。 教科書 p.101

ガイド (x 年後の先生の年齢)＝(x 年後のけいたさんの年齢)×2

解 答 x 年後に先生の年齢がけいたさんの年齢の 2 倍になるとすると，

$53+x=2(13+x)$　　この方程式を解くと，

$53+x=26+2x$

$-x=-27$

$x=27$

27 年後には，先生は，$53+27=80$（歳），けいたさんは，$13+27=40$（歳）となり，この解は問題にあっている。

27 年後

話しあおう 教科書 p.101

けいたさんは，何年後に，先生の年齢が，自分の年齢の 5 倍になるのか，方程式を使って考えましたが，方程式を解いて，少し困っているようです。方程式の解から，どんなことがいえるでしょうか。

けいたさんのノート

x 年後に先生の年齢が

自分の年齢の 5 倍になるとすると，

$53+x=5(13+x)$

$-4x=12$

$x=-3$

ガイド 反対の性質をもつ量を正の数・負の数を使って表したことを思い出しましょう。

解答例 「-3 年後」を負の数を使わずに表すと「3 年前」だから，

先生の年齢がけいたさんの年齢の 5 倍だったのは，3 年前といえる。

3 年前には，先生は，$53-3=50$（歳），けいたさんは，$13-3=10$（歳）となるから，

この解は問題にあっている。

問 2 教科書 p.102

けいたさんは 780 円，かりんさんは 630 円持っていて，2 人とも同じ本を買いました。すると，けいたさんの残金は，かりんさんの残金の 2 倍になりました。本代はいくらですか。

ガイド 本代を x 円とすると，けいたさんの残金は $780-x$（円），かりんさんの残金は $630-x$（円）になります。

解答 本代を x 円とすると，

$$780-x=2(630-x)$$

これを解くと，

$$780-x=1260-2x$$

$$x=480$$

この解は問題にあっている。 **480 円**

参考 本代を 480 円とすると，けいたさんの残金は，$780-480=300$（円），かりんさんの残金は，$630-480=150$（円）となり，これは問題にあっています。

問 3 教科書 p.103

ドーナツを何個かつくりました。これらを用意した箱に入れていくとき，1 箱に 3 個ずつ入れると，11 個余り，4 個ずつ入れると，最後の箱に入れたドーナツは，2 個になりました。

(1) 用意した箱は何箱ですか。

(2) つくったドーナツは何個ですか。

ガイド つくったドーナツの個数を 2 通りに表します。
つくった個数は，(1 箱に入れる個数)×(箱の数)＋(余りの個数) で求められます。
4 個ずつ入れるとき，$x-1$（箱）には 4 個ずつはいり，最後の 1 箱には 2 個はいることになります。

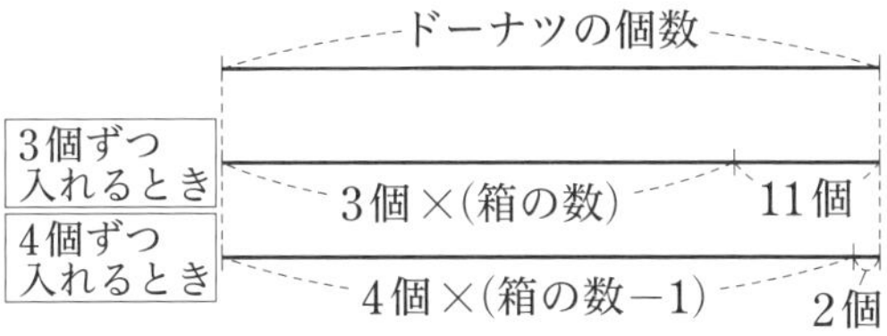

(ドーナツの個数)＝3×(箱の数)＋11（個）

(ドーナツの個数)＝4×(箱の数−1)＋2（個）

解答 (1) 箱の数を x 箱とすると，

$$3x+11=4(x-1)+2$$

$$3x+11=4x-4+2$$

$$-x=-13$$

$$x=13$$

この解は問題にあっている。 **箱の数　13 箱**

(2) ドーナツの個数は $3x+11$（個）だから，この式に $x=13$ を代入して，

$$3\times13+11=50\text{（個）}$$

ドーナツの数　50 個

参考　(2)　ドーナツの個数は $4(x-1)+2$ (個) とも表されるから，この式に $x=13$ を代入して求めても，同じ答えになります。

$4\times(13-1)+2=4\times12+2=50$ (個)

問 4　前ページ (教科書 p.104) の 例題3 で，雨が降りそうだったので，弟が家を出発してから 20 分後に，兄がかさを持って，同じ道を分速 280 m で追いかけました。
弟が駅に着くまでに，兄は弟に追いつくことができますか。　教科書 p.105

ガイド　兄が出発してから x 分後に弟に追いつくとすると，それまでに兄と弟が進んだ道のりが同じなので，それぞれの進んだ道のりを x を使って表します。
兄は $280x$ m，弟は $80(20+x)$ m 進んだことになります。（速さ×時間）
追いつくまでに兄が進んだ道のりと，家から駅までの道のり 2 km=2000 m をくらべて考えましょう。

解答　兄が出発してから x 分後に弟に追いつくとすると，

$280x=80(20+x)$

両辺を 40 でわって，

$7x=2(20+x)$

$7x=40+2x$

$5x=40$

$x=8$

兄が出発してから 8 分後の，家からの道のりは，

$280\times8=2240$ (m)

となるが，家から駅までの道のりは 2 km だから，駅に着くまでには追いつけない。

弟が駅に着くまでに追いつくことはできない。

練習問題　1 方程式の利用　p.105

1　あるバスケットボール選手が，
「私の背番号は，2 倍して 7 をたしても 5 倍して 8 をひいても，同じになる数だよ」
といいました。
この選手の背番号は何番ですか。

ガイド　この選手の背番号を x 番とすると，2 倍して 7 をたした数は $2x+7$，5 倍して 8 をひいた数は $5x-8$ となります。これらが等しいことから方程式をつくります。

解答 この選手の背番号をx番とすると，

$$2x+7=5x-8$$
$$2x-5x=-8-7$$
$$-3x=-15$$
$$x=5$$

この解は問題にあっている。 <u>5番</u>

参考 背番号が5なら，$2\times5+7=17$，$5\times5-8=17$ となり，問題にあっています。

2 ある中学校の生徒数は450人で，男子の人数は女子の人数の80%より54人多いです。
この中学校の男子は何人ですか。
❓ 別の数量を文字で表すと，どんな方程式になるかな。

ガイド 男子の人数をx人とすると，女子の人数は，$450-x$（人）だから，
女子の人数の80%より54人多いことは，$\frac{80}{100}(450-x)+54$ と表されます。

解答 男子の人数をx人とすると，

$$x=\frac{80}{100}(450-x)+54$$
$$10x=8(450-x)+540$$
$$10x=3600-8x+540$$
$$18x=4140$$
$$x=230$$

この解は問題にあっている。 <u>230人</u>

❓ 女子の人数をx人とすると，男子の人数は，$\frac{80}{100}x+54$（人）と表すことができるから，

$$x+\left(\frac{80}{100}x+54\right)=450$$

これを解くと，

$$10x+8x+540=4500$$
$$18x=3960$$
$$x=220 \quad \text{←女子の人数}$$

この解は問題にあっている。

したがって，男子の人数は，$450-220=230$ <u>230人</u>

参考 女子の人数は220人だから，女子の人数の80%より54人多い人数は，

$$220\times\frac{80}{100}+54=176+54=230\text{（人）}$$

で，男子の人数となり，問題にあっています。

3章 方程式

2 比例式の利用

学習のねらい　身のまわりの問題を比に表して，比例式を利用して解きます。

教科書のまとめ　テスト前にチェック

□比例式を利用して解く　▶数量の関係を見つけて比例式をつくり，
比例式の性質 $a:b=c:d$ ならば，$ad=bc$ を使って，問題を解きます。

比に着目して，いろいろな問題を解決しましょう。

問1　教科書 p.106

Aの容器に牛乳が 400 mL，B の容器にコーヒーが何 mL かはいっています。
Bの容器からコーヒーを 200 mL 取り出して，A の容器に入れたところ，Aの容器のコーヒー牛乳とBの容器のコーヒーの量の比が 5：2 になりました。
はじめに，B の容器には何 mL のコーヒーがはいっていましたか。

ガイド　比が等しい関係を読みとって比例式をつくり，比例式の性質を使って問題を解きます。
Bの容器にコーヒーが x mL はいっていたとすると，移したあとのAの容器には $400+200$ (mL) のコーヒー牛乳，B の容器には $x-200$ (mL) のコーヒーがはいっています。

解答　はじめに，B の容器にコーヒーが x mL はいっていたとすると，

$$(400+200):(x-200)=5:2$$
$$5(x-200)=600\times2$$
$$5x-1000=1200$$
$$5x=2200 \qquad x=440$$

この解は問題にあっている。　**440 mL**

数学ライブラリー

問題づくり

教科書 p. 107

いろいろな問題を解決するとき，方程式をつくって解を求めました。
ここでは，方程式をもとにして，自分で問題をつくってみましょう。(イラストは省略)

$3x+5=4x-2$　　　$x:(1000-x)=5:3$

ガイド　イラストを参考にして，過不足の問題や，比例式の問題をつくります。

解答例

- $3x+5=4x-2$
  かりんさんは，つくったクッキーを袋(ふくろ)に分けて入れています。1 袋に 3 個ずつ入れると 5 個余り，4 個ずつ入れると 2 個たりませんでした。袋は何袋ありますか。
- $x:(1000-x)=5:3$
  A中学校の生徒 1000 人で，○×クイズをしました。ある問題で，○と答えた生徒と×と答えた生徒の人数の比は 5：3 でした。○と答えた生徒は何人でしたか。

3章 章末問題　学びをたしかめよう

教科書 p.108～109

1 次の(ア)，(イ)のうち，2 が解である方程式を選びなさい。

(ア) $5x-4=8$　　(イ) $10-3x=8x-12$

ガイド それぞれの方程式の両辺の x に 2 を代入して，左辺と右辺が等しくなれば，$x=2$ はその方程式の解になります。

解答 (ア) 左辺は，$5\times2-4=10-4=6$ となり，右辺の 8 とは等しくない。だから，$x=2$ は(ア)の解ではない。

(イ) 左辺は $10-3\times2=10-6=4$，右辺は $8\times2-12=16-12=4$ となり，左辺と右辺が等しくなる。だから，$x=2$ は(イ)の解である。　(イ)

p.88 問2

2 次の□にあてはまる数を書き入れなさい。

また，(1)，(2)では，どのような等式の性質を使っていますか。　(方程式は解答の中)

ガイド 等式の性質（教科書 90 ページ）を確認しましょう。

解答

$$3x-7=8$$
$$3x-7+\boxed{7}=8+\boxed{7}$$ (1)
$$3x=15$$
$$x=\boxed{5}$$ (2)

(1) **等式の両辺に同じ数をたしても，等式が成り立つ。**

p.90 問4

(2) **等式の両辺を同じ数でわっても，等式が成り立つ。**

p.91 問7

3 次の方程式を解きなさい。

(1) $x-5=8$　(2) $x-7=-5$　(3) $x+13=4$

(4) $x+6=-4$　(5) $3x=-12$　(6) $5x=35$

(7) $\frac{1}{3}x=\frac{1}{2}$　(8) $\frac{2}{3}x=-6$　(9) $4x+10=2$

(10) $2x-3=5$　(11) $5x=x-4$　(12) $10x=7x+6$

(13) $3x+5=x+11$　(14) $4(x-3)=3x-2$　(15) $x-1=\frac{x-1}{3}$

(16) $0.4x+0.7=0.1x-0.2$

ガイド かっこがある方程式はかっこをはずして，分母をはらったりして係数を整数にしてから，文字の項を左辺に，数の項を右辺に集めて解きます。

解答

(1) $x-5=8$
両辺に 5 をたして，
$x=8+5$
$\boldsymbol{x=13}$

p.90 問4

(2) $x-7=-5$
両辺に 7 をたして，
$x=-5+7$
$\boldsymbol{x=2}$

p.90 問4

(3) $x+13=4$
両辺から 13 をひいて，
$x=4-13$
$\boldsymbol{x=-9}$

p.91 問5

3章 方程式

(4)　$x+6=-4$

両辺から6をひいて,

$x=-4-6$

$\boldsymbol{x=-10}$ p.91 問5

(5)　$3x=-12$

両辺を3でわって,

$x=(-12)\div3$

$\boldsymbol{x=-4}$ p.91 問7

(6)　$5x=35$

両辺を5でわって,

$x=35\div5$

$\boldsymbol{x=7}$ p.91 問7

(7)　$\frac{1}{3}x=\frac{1}{2}$

両辺に3をかけて,

$\boldsymbol{x=\frac{3}{2}}$

p.91 問6

(8)　$\frac{2}{3}x=-6$

両辺に $\frac{3}{2}$ をかけて,

$x=(-6)\times\frac{3}{2}$

$\boldsymbol{x=-9}$ p.91 問6

(9)　$4x+10=2$

10を右辺に移項して,

$4x=2-10$

$4x=-8$

$\boldsymbol{x=-2}$ p.92 問1

(10)　$2x-3=5$

-3を右辺に移項して,

$2x=5+3$

$2x=8$

$\boldsymbol{x=4}$ p.92 問1

(11)　$5x=x-4$

xを左辺に移項して,

$5x-x=-4$

$4x=-4$

$\boldsymbol{x=-1}$ p.93 問2

(12)　$10x=7x+6$

$7x$を左辺に移項して,

$10x-7x=6$

$3x=6$

$\boldsymbol{x=2}$ p.93 問2

(13)　$3x+5=x+11$

5, xをそれぞれ移項して,

$3x-x=11-5$

$2x=6$

$\boldsymbol{x=3}$ p.93 問3

(14)　$4(x-3)=3x-2$

かっこをはずして,

$4x-12=3x-2$

$4x-3x=-2+12$

$\boldsymbol{x=10}$ p.94 問4

(15)　$x-1=\frac{x-1}{3}$

両辺に3をかけて,

$(x-1)\times3=x-1$

$3x-3=x-1$

$2x=2$

$\boldsymbol{x=1}$ p.95 問5

(16)　$0.4x+0.7=0.1x-0.2$

両辺に10をかけて,

$4x+7=x-2$

$3x=-9$

$\boldsymbol{x=-3}$ p.95 話しあおう

4　次の比例式を解きなさい。

(1)　$x:4=6:3$　　(2)　$2:x=4:8$

(3)　$x:(x+3)=3:4$　　(4)　$3x:(x+2)=9:5$

ガイド　比例式の性質 $a:b=c:d$ ならば, $ad=bc$ を使います。

解答　(1)　$x:4=6:3$

$3x=4\times6$

$\boldsymbol{x=8}$

(2)　$2:x=4:8$

$4x=2\times8$

$\boldsymbol{x=4}$

(3) $x:(x+3)=3:4$

$4x=3(x+3)$

$4x=3x+9$

$\boldsymbol{x=9}$

(4) $3x:(x+2)=9:5$

$15x=9(x+2)$

$15x=9x+18$

$6x=18$

$\boldsymbol{x=3}$

(1)〜(4) p.98 問2

5

姉は16歳，妹は6歳です。何年後に姉の年齢は妹の年齢の2倍になりますか。

(1) 上の問題を解くために，x年後に姉の年齢が妹の年齢の2倍になるとして，方程式をつくります。

次の□にあてはまる式を書き入れなさい。

$16+x=$□

(2) (1)の方程式を解いて，何年後に，姉の年齢は妹の年齢の2倍になるか求めなさい。

ガイド (1) **x年後の妹の年齢は$6+x$(歳)だから，その2倍を式で表します。**

解答 (1) x年後に姉の年齢が妹の年齢の2倍になるとすると，

$16+x=$ $\boxed{2(6+x)}$

(2) かっこをはずして，

$16+x=12+2x$

$-x=-4$

$x=4$

この解は問題にあっている。

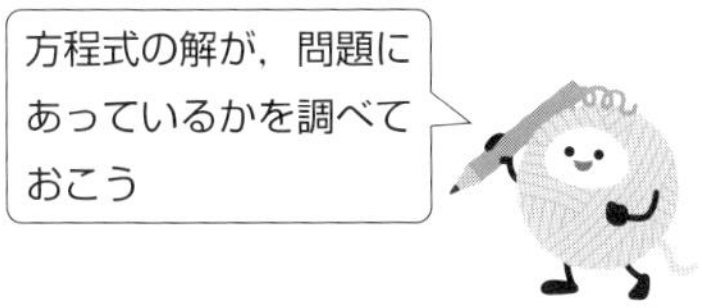
方程式の解が，問題に
あっているかを調べて
おこう

4年後 p.101 問1

参考 4年後に姉の年齢は，$16+4=20$(歳)，妹の年齢は，$6+4=10$(歳)となり，姉の年齢が妹の年齢の2倍になるから，これは問題にあっています。

6

500円で，鉛筆(えんぴつ)5本と80円の消しゴム1個を買うと，おつりが95円でした。鉛筆1本の値段を求めなさい。

(1) 上の問題を解くために，鉛筆1本の値段をx円として，方程式をつくります。

次の□にあてはまる式を書き入れなさい。

□$=95$

(2) (1)の方程式を解いて，鉛筆1本の値段を求めなさい。

ガイド (1) **鉛筆1本の値段をx円とすると，買い物の代金は，$5x+80$(円)で表されます。**
(出したお金)−(代金)=(おつり) より方程式をつくります。

解答　(1)　鉛筆1本の値段を x 円とすると，

$\boxed{500-(5x+80)}=95$　（または，$\boxed{500-5x-80}=95$）

(2)　かっこをはずして，

$500-5x-80=95$

$-5x=-325$

$x=65$

この解は問題にあっている。　**65円**　p.102 問2

参考　鉛筆1本の値段が65円のとき，買い物の代金は，$5\times65+80=405$（円）となります。500円を出せば，おつりは，$500-405=95$（円）だから，これは問題にあっています。

7

何人かの子どもにシールを同じ枚数ずつ配ります。3枚ずつ配ると8枚余り，5枚ずつ配ると4枚たりません。子どもの人数は何人ですか。

(1)　上の問題を解くために，子どもの人数を x 人として，方程式をつくりなさい。

(2)　(1)の方程式を解いて，子どもの人数を求めなさい。

ガイド　(1)　子どもの人数を x 人として，全部のシールの枚数を2通りに表します。
全部の枚数は，（1人に配る枚数）×（人数）＋（過不足の枚数）で表せます。

解答　(1)　子どもの人数を x 人とすると，

$\mathbf{3x+8=5x-4}$

(2)　$3x-5x=-4-8$

$-2x=-12$　$x=6$

この解は問題にあっている。　**6人**　p.103 問3

参考　子どもを6人とすると，シールは $3\times6+8=26$（枚）　6人に5枚ずつ配ると，シールは $5\times6=30$（枚）必要で，$30-26=4$（枚）たりないから，これは問題にあっています。

ディオファントスは何歳でなくなった？

古代ギリシャ末期の数学者ディオファントスの生涯（しょうがい）については，次のようないい伝えがあります。
「ディオファントスは，一生の $\frac{1}{6}$ を少年として過ごし，一生の $\frac{1}{12}$ を青年として過ごした。その後，一生の $\frac{1}{7}$ たって結婚（けっこん）し，その5年後に子どもが生まれた。その子は父の一生の半分だけ生き，父はその子の死の4年後になくなった。」
ディオファントスは何歳でなくなったのでしょうか。ディオファントスがなくなったときの年齢を x 歳とすると，下のような図が表されて，方程式をつくることができます。

$$\frac{x}{6}+\frac{x}{12}+\frac{x}{7}+5+\frac{x}{2}+4=x$$

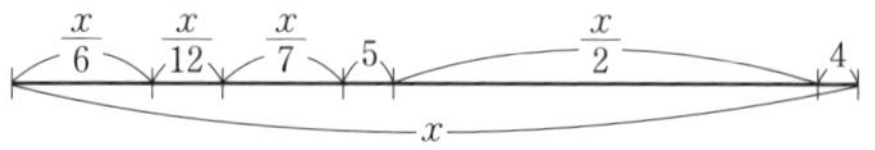

この方程式を解くと $x=84$ となって，84歳でなくなったことになります。

3章 章末問題　学びを身につけよう

教科書 p.110〜111

テストによく出る

1 次の方程式を解きなさい。

(1) $4x+2=5x-9$　(2) $33-x=x+49$

(3) $-5+19x=4x-5$　(4) $24x+8=9x-22$

(5) $3000-11x=2400-5x$　(6) $230+47x=610+28x$

(7) $5(x-8)=x$　(8) $x-2(3x+1)=18$

(9) $3(3x+2)=-6(2-x)$　(10) $4(t-1)+3(3t+5)=2t$

(11) $\frac{2}{5}x-3=\frac{3}{10}x+\frac{1}{2}$　(12) $\frac{3y-1}{4}=\frac{2y-3}{3}$

(13) $0.3(x+1)=0.2x$　(14) $1.2x+3.1=0.8x+0.3$

(15) $600x+2400=1000x$　(16) $30(-x+2)+120=240$

ガイド 文字の項を左辺に，数の項を右辺に集めて，$ax=b$ の形にし，両辺を x の係数 a でわります。

(7)〜(10) かっこのある方程式は，かっこをはずしてから移項します。

(11)〜(14) 文字の項の係数が小数なら，両辺に適当な数 (10，100 など) をかけ，分数をふくんだ方程式は，両辺に分母の最小公倍数をかけて分母をはらい，簡単な式になおしてから解きます。

解答

(1) $4x+2=5x-9$

$4x-5x=-9-2$

$-x=-11$

$\boldsymbol{x=11}$

(2) $33-x=x+49$

$-x-x=49-33$

$-2x=16$

$\boldsymbol{x=-8}$

(3) $-5+19x=4x-5$

$19x-4x=-5+5$

$15x=0$

$\boldsymbol{x=0}$

(4) $24x+8=9x-22$

$24x-9x=-22-8$

$15x=-30$

$\boldsymbol{x=-2}$

(5) $3000-11x=2400-5x$

$-11x+5x=2400-3000$

$-6x=-600$

$\boldsymbol{x=100}$

(6) $230+47x=610+28x$

$47x-28x=610-230$

$19x=380$

$\boldsymbol{x=20}$

(7) $5(x-8)=x$

$5x-40=x$

$5x-x=40$

$4x=40$

$\boldsymbol{x=10}$

(8) $x-2(3x+1)=18$

$x-6x-2=18$

$x-6x=18+2$

$-5x=20$

$\boldsymbol{x=-4}$

(9) $3(3x+2)=-6(2-x)$

$9x+6=-12+6x$

$9x-6x=-12-6$

$3x=-18$

$\boldsymbol{x=-6}$

(10) $4(t-1)+3(3t+5)=2t$

$4t-4+9t+15=2t$

$4t+9t-2t=4-15$

$11t=-11$

$\boldsymbol{t=-1}$

(11) $\dfrac{2}{5}x-3=\dfrac{3}{10}x+\dfrac{1}{2}$

$\left(\dfrac{2}{5}x-3\right)\times10=\left(\dfrac{3}{10}x+\dfrac{1}{2}\right)\times10$

$4x-30=3x+5$

$4x-3x=5+30$

$\boldsymbol{x=35}$

(12) $\dfrac{3y-1}{4}=\dfrac{2y-3}{3}$

$\dfrac{3y-1}{4}\times12=\dfrac{2y-3}{3}\times12$

$(3y-1)\times3=(2y-3)\times4$

$9y-3=8y-12$

$9y-8y=-12+3$

$\boldsymbol{y=-9}$

(13) $0.3(x+1)=0.2x$

両辺に 10 をかけて,

$3(x+1)=2x$

$3x+3=2x$

$3x-2x=-3$

$\boldsymbol{x=-3}$

(14) $1.2x+3.1=0.8x+0.3$

両辺に 10 をかけて,

$12x+31=8x+3$

$12x-8x=3-31$

$4x=-28$

$\boldsymbol{x=-7}$

(15) $600x+2400=1000x$

両辺を 200 でわって,

$3x+12=5x$

$3x-5x=-12$

$-2x=-12$

$\boldsymbol{x=6}$

(16) $30(-x+2)+120=240$

両辺を 30 でわって,

$(-x+2)+4=8$

$-x=8-2-4$

$-x=2$

$\boldsymbol{x=-2}$

テストによく出る

2 次の比例式を解きなさい。

(1) $x:15=3:5$

(2) $12:9=x:12$

(3) $7.2:2.4=60:x$

(4) $4:x=\dfrac{1}{2}:\dfrac{5}{3}$

(5) $x:(10-x)=2:3$

(6) $(x-4):3=x:4$

ガイド 比例式の性質を使います。$\boldsymbol{a:b=c:d}$ ならば,$\boldsymbol{ad=bc}$

解答 (1) $x:15=3:5$

$5x=15\times3$

$\boldsymbol{x=9}$

(2) $12:9=x:12$

$9x=12\times12$

$x=\dfrac{\overset{4}{\cancel{12}}\times\overset{4}{\cancel{12}}}{\underset{\underset{1}{3}}{\cancel{9}}}$ $\boldsymbol{x=16}$

(3) $7.2:2.4=60:x$

$$7.2x=2.4\times 60$$

$$72x=24\times 60$$

$$x=\frac{\overset{1}{\cancel{24}}\times\overset{20}{\cancel{60}}}{\underset{\underset{1}{\cancel{3}}}{\cancel{72}}}$$

$$\boldsymbol{x=20}$$

(4) $4:x=\frac{1}{2}:\frac{5}{3}$

$$\frac{1}{2}x=4\times\frac{5}{3}$$

$$x=4\times\frac{5}{3}\times 2$$

$$\boldsymbol{x=\frac{40}{3}}$$

(5) $x:(10-x)=2:3$

$$3x=2(10-x)$$

$$3x=20-2x$$

$$3x+2x=20$$

$$5x=20$$

$$\boldsymbol{x=4}$$

(6) $(x-4):3=x:4$

$$4(x-4)=3x$$

$$4x-16=3x$$

$$4x-3x=16$$

$$\boldsymbol{x=16}$$

参考 (2) $12:9=x:12 \rightarrow 4:3=x:12$ のように，まず，比を簡単にしてから解くと，計算がしやすくなります。

テストによく出る

3 方程式 $5x+\square=11+2x$ の解が3であるとき，$\square$にあてはまる数を求めなさい。

ガイド 解が3であるから，与えられた式のxに3を代入したとき，等式が成り立ちます。あとは，左辺が$\square$だけになるように移項して，$\square$にあてはまる数を求めます。

解答 $5x+\square=11+2x$ の x に3を代入すると，

$$5\times 3+\square=11+2\times 3$$

$$15+\square=11+6$$

$$\square=11+6-15$$

$$\square=2$$

2

参考 $\square=2$ とすると，$5x+\square=5\times 3+2=17$ また，$11+2x=11+2\times 3=17$ となり，これは問題にあっています。

テストによく出る

4 ごま油が30 mL，ぽん酢(ず)が170 mL あります。これらに，それぞれ同じ量のごま油とぽん酢を増やしてから混ぜあわせ，ごま油とぽん酢の量の比が3：10となる中華(ちゅうか)ドレッシングをつくります。ごま油とぽん酢を，何 mL ずつ増やせばよいですか。

ガイド 数量の関係に目をつけて，比例式をつくって求めます。
右のような表をつくって考えると，比例式がつくりやすくなります。

ごま油	ぽん酢
$30+x$	$170+x$
3	10

解答 ごま油とぽん酢を x mL ずつ増やすとすると，

$$(30+x):(170+x)=3:10$$
$$10(30+x)=3(170+x)$$
$$300+10x=510+3x$$
$$7x=210$$
$$x=30$$

この解は問題にあっている。 **30 mL**

参考 ごま油とぽん酢を 30 mL ずつ増やすとすると，
$(30+30):(170+30)=60:200=3:10$ となり，これは問題にあっています。

テストによく出る

5 200円のかごに，1個150円のももと1個120円のりんごを，あわせて15個つめて買うと，2210円でした。ももとりんごを，それぞれ何個ずつつめましたか。

ガイド ももを x 個つめたとき，りんごは何個つめることになるかを考えます。

解答 ももを x 個つめたとすると，りんごは $15-x$（個）つめたことになるから，

$$200+150x+120(15-x)=2210$$
$$20+15x+12(15-x)=221$$
$$20+15x+180-12x=221$$
$$3x=21$$
$$x=7$$

この解は問題にあっている。
ももが7個だから，りんごは $15-7=8$（個） **もも7個，りんご8個**

参考 もも7個，りんご8個をつめると，あわせて15個で，$150\times7+120\times8+200=2210$（円）になります。したがって，これは問題にあっています。

6

> ふもとから山頂まで，分速40 m で登るのと，同じ道を山頂からふもとまで，分速60 m で下るのとでは，かかる時間が30分違(ちが)います。ふもとから山頂までの道のりを求めなさい。

上の問題を解くために，それぞれある数量を x として，次の(ア)〜(ウ)の方程式をつくりました。

(ア) $40x=60(x-30)$　(イ) $\frac{x}{40}-\frac{x}{60}=30$　(ウ) $40(x+30)=60x$

(1) (ア)は，登るのにかかった時間を x 分としてつくった方程式です。
どんな数量の関係を方程式で表していますか。

(2) (イ)，(ウ)は，それぞれ何を x としてつくった方程式ですか。
また，その単位をいいなさい。

(3) ふもとから山頂までの道のりを求めなさい。

ガイド (1) (速さ)×(時間)=(道のり) だから，$40x$，$60(x-30)$ は道のりを表しています。

(2) (イ) 30 分は登りと下りでかかった時間の差だから，$\dfrac{x}{40}$，$\dfrac{x}{60}$ は時間を表しています。

(ウ) $40(x+30)$，$60x$ は，(ア)と同じように道のりを表しています。

解答 (1) 登りと下りの**道のりが等しいという関係**を方程式で表している。

(2) (イ) **ふもとから山頂までの道のり**を x としている。単位… **m**

(ウ) 山頂からふもとまで**下るのにかかった時間**を x としている。単位… **分**

(3) (ア)の方程式を使って求めると，

$$40x=60(x-30)$$
両辺を 20 でわる
$$2x=3(x-30)$$
$$2x=3x-90$$
$$-x=-90$$
$$x=90$$
←登るのにかかった時間

よって，道のりは，$40\times90=3600$ (m)

この解は問題にあっている。 **3600 m**

7 右の 9 つの空欄(くうらん)に，1 から 9 までのすべての自然数を書き入れて，どの縦，横，斜(なな)めの 3 つの数を加えても，和が等しくなるようにします。(図は省略)

(1) 次の［(ア)］，［(イ)］にあてはまる数を求めなさい。

> 1 から 9 までの 9 つの自然数を加えると，和は［(ア)］になるから，どの縦，横，斜めの 3 つの数を加えても，それぞれの和は［(イ)］でなければならない。

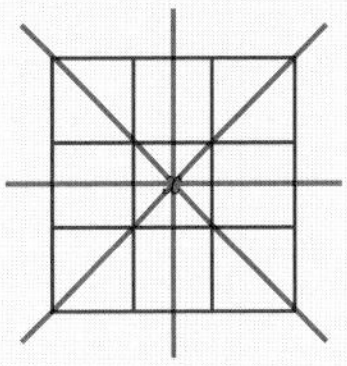

図 1

(2) (1)と，図 1 から，図 1 の中央の空欄にはいる数を x として，方程式をつくりなさい。

(3) (2)でつくった方程式を解いて，9 つの空欄に数を書き入れなさい。

ガイド (1) 縦，横，斜めのそれぞれの 3 つの数の和は，1 から 9 までの和を 3 でわった数になります。

(2) 図 1 の 4 本の線上にある数の和は，(1 から 9 までの和)+(x の 3 つ分) です。

解答 (1) (ア) **45** (イ) $45\div3=15$ **15**

(2) 図 1 の中央の空欄にはいる数を x とすると，

$15\times4-3x=45$ よって，$\mathbf{60-3x=45}$

(3) $60-3x=45$

$-3x=-15$ $x=5$

より，中央にはいる数は 5 である。

よって，中央の数をはさむ 2 数の和はどれも 10 になり，このような 2 数の組は，1 と 9，2 と 8，3 と 7，4 と 6 の 4 組であるから，9 つの空欄にはいる数の例は，**右の図**

8	1	6
3	5	7
4	9	2

4章 変化と対応

1節 関　数

小物入れの箱をつくろう

けいたさんとかりんさんは，1辺の長さが16 cmの正方形の厚紙を使って，次の方法で，ふたのない箱をつくることにしました。

小物入れのつくり方　❶ 1辺の長さが16 cmの正方形の厚紙の四すみから，同じ大きさの正方形を切り取る。　❷ 破線にそって折り曲げ，重なりあう辺をテープなどでとめる。

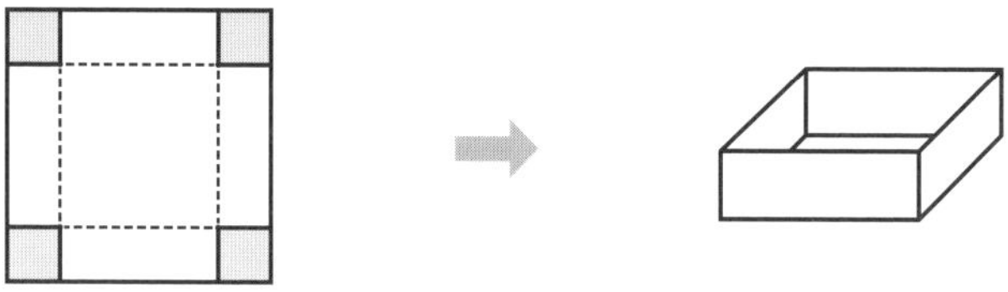

話しあおう

教科書 p.113

箱をつくるとき，切り取る正方形の1辺の長さを変えると，それにともなって，どんな数量が変わるでしょうか。

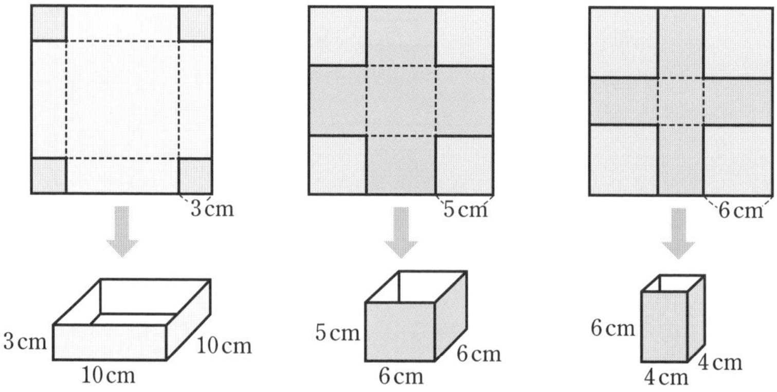

解答例 切り取る正方形の1辺の長さを，3 cm，5 cm，6 cm と変えると，例えば，**箱の底面の1辺の長さ**，**箱の底面積**，**箱の容積**は，次のように変わっていく。

切り取る正方形の1辺の長さ (cm)	3	5	6
箱の底面の1辺の長さ (cm)	10	6	4
箱の底面積 (cm^2)	100	36	16
箱の容積 (cm^3)	300	180	96

参考 他にも，長さに関するものでは，底面のまわりの長さ，底面の対角線の長さ，高さなど，面積に関するものでは，側面の1つの面の面積，展開図の面積などが考えられます。

1 関　数

学習のねらい

日常の事象の中から，ともなって変わる２つの数量を見出し，これを表や式で表すことによって変化のようすを知ります。また，関数の用語を学習します。

教科書のまとめ　テスト前にチェック

□変数
▶いろいろな値をとる文字を**変数**といいます。

□ y は x の関数
▶ともなって変わる２つの変数 x，y があって，
　x の値を決めると，それに対応して y の値がただ１つに決まるとき，**y は x の関数である**といいます。

□変域
▶変数のとる値の範囲を，その変数の**変域**といいます。
　x の変域が，０以上６以下であることを，不等号を使って，

$$0 \leqq x \leqq 6$$

と表します。

■ ともなって変わる数量の関係を調べましょう。

教科書 p.114

112 ページの箱づくりで，切り取る正方形の１辺の長さが２cm のとき，箱の底面の正方形の１辺の長さは何 cm になるでしょうか。
また，切り取る正方形の１辺の長さが７cm のときはどうでしょうか。

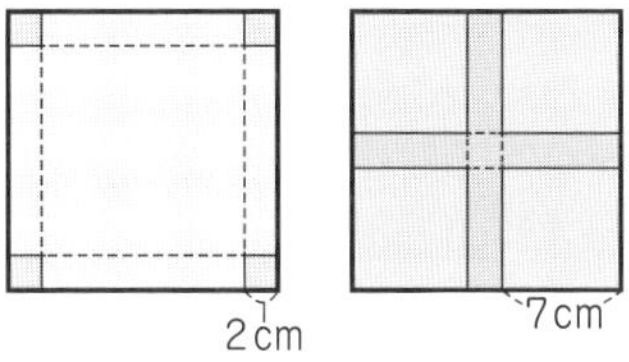

ガイド　箱の底面の１辺の長さは，16－(切り取る正方形の１辺の長さ)×2 になります。

解答

- １辺の長さが２cm のとき
  $16-2\times2=12$　　**12 cm**
- １辺の長さが７cm のとき
  $16-7\times2=2$　　**2 cm**

問１　教科書 p.115

次の(ア)～(ウ)のうち，y が x の関数であるものをすべて選びなさい。

(ア)　周の長さが 24 cm の長方形の縦の長さ x cm と横の長さ y cm

(イ)　周の長さが x cm の長方形の面積 y cm^2

(ウ)　半径 x cm の円の面積 y cm^2

ガイド yがxの関数であるということは，xの値を決めると，それに対応してyの値がただ1つに決まるということです。

(ア)　長方形の周の長さ＝2×(縦の長さ＋横の長さ)
　→横の長さ＝長方形の周の長さ÷2－縦の長さ

(イ)　長方形の面積＝縦の長さ×横の長さ

(ウ)　円の面積＝半径×半径×円周率

解答 (ア)　$y=24\div2-x$ より，$y=12-x$ となるから，yはxの関数である。

(イ)　長方形の周の長さが決まっても，縦と横の長さが決まらなければ，面積はただ1つに決まらないので，yはxの関数ではない。

(ウ)　$y=3.14x^2$ となるから，yはxの関数である。

(ア)，(ウ)

表やグラフ，式を使って，変化や対応のようすを調べましょう。

問 2 112ページの箱づくりで，切り取る正方形の1辺の長さを$x$cm，箱の底面積を$y\,\text{cm}^2$とします。
このとき，xとyの変化のようすを，下の表やグラフに表しなさい。
また，xの値を大きくしていくと，yの値はどのように変わっていきますか。(表とグラフは省略)

教科書 p.115

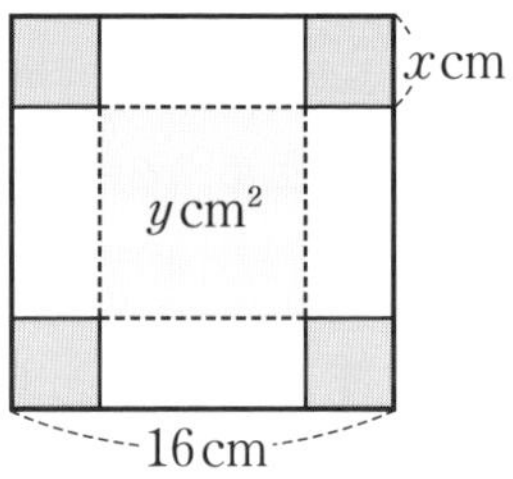

ガイド
$x=1$ のとき，$y=(16-1\times2)^2=14^2=196$
$x=2$ のとき，$y=(16-2\times2)^2=12^2=144$
$x=3$ のとき，$y=(16-3\times2)^2=10^2=100$
$x=4$ のとき，$y=(16-4\times2)^2=8^2=64$
$x=5$ のとき，$y=(16-5\times2)^2=6^2=36$
$x=6$ のとき，$y=(16-6\times2)^2=4^2=16$
$x=7$ のとき，$y=(16-7\times2)^2=2^2=4$

解答

x(cm)	1	2	3	4	5	6	7
y(cm²)	196	144	**100**	**64**	**36**	**16**	**4**

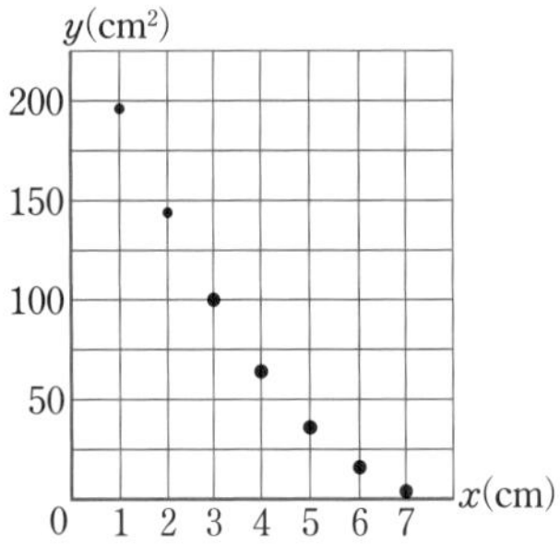

xの値を大きくしていくと，
yの値はしだいにゆるやかに小さくなっていく。

問 3　前ページ（教科書 p. 115）の **例 1** の x と y の関係を，式に表しなさい。　教科書 p.116

ガイド　もとの厚紙の正方形の 1 辺の長さは 16 cm，切り取る正方形の 1 辺の長さを x cm，箱の底面の 1 辺の長さを y cm とします。
このときの x と y の関係を，式に表します。
箱の底面の 1 辺の長さは，16 cm から x cm の 2 倍をひいた長さになります。

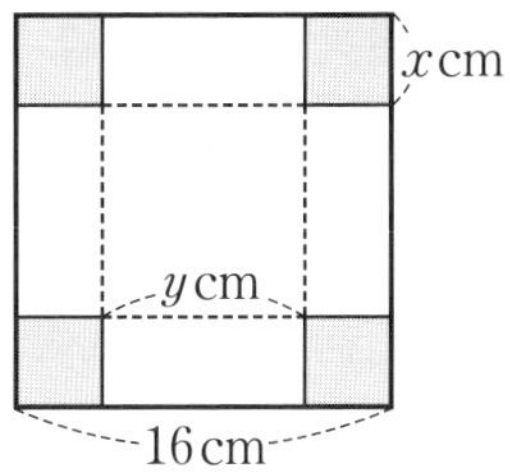

解答　$y=16-2x$

参考　**例 1** では，表やグラフで，x と y の関係を表しています。
$y=16-2x$ の x に，1，2，3，……，7 を代入して，y の値が表やグラフの値になるのか確認しましょう。

$x=1$ のとき，$y=16-2\times1=14$
$x=2$ のとき，$y=16-2\times2=12$
$x=3$ のとき，$y=16-2\times3=10$
$x=4$ のとき，$y=16-2\times4=8$
$x=5$ のとき，$y=16-2\times5=6$
$x=6$ のとき，$y=16-2\times6=4$
$x=7$ のとき，$y=16-2\times7=2$

変数のとる値の範囲とその表し方について学びましょう。

問 4　x の変域が，3 以上 10 未満であることを，不等号を使って表しなさい。　教科書 p.116

ガイド　「3 以上」というのは，3 に等しいかそれより大きい数のことで，
$x=3$ か $x>3$ であるので，$x\geqq3$ と表します。
「10 未満」というのは，10 をふくまず，10 より小さい数のことで，
$x<10$ と表します。

解答　$3\leqq x<10$

参考
- $x\geqq3$ と $3\leqq x$ は同じことを表しています。
- 問 4 の数直線で，●は，$x=3$ をふくむことを表し，○は，$x=10$ をふくまないことを表しています。
- 問 3 では，$x=8$ のとき $y=16-2\times8=0$ となるから，$y>0$ より，x の変域は $0<x<8$ となります。

したがって，x と y の関係を，変域をつけて式に表すと，

$y=16-2x\ (0<x<8)$

となります。

4 章　変化と対応

❷節 比　例

燃えた長さは？

けいたさんたちのクラスで，線香（せんこう）に火をつけてからの時間と，燃えた長さの関係を調べる実験をしたところ，次のような結果になりました。

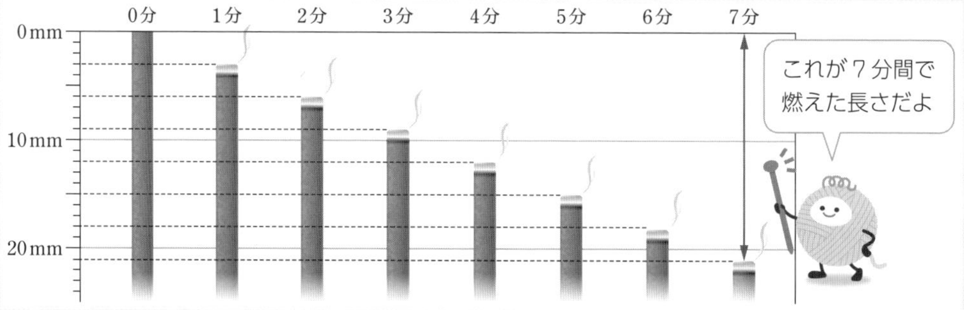

話しあおう

教科書 p.117

火をつけてからの時間を x 分，燃えた長さを y mm として，x と y の関係を下の表にまとめましょう。(表は省略)
また，この表からどんなことがわかりますか。

解答例　表は下のようになる。

x	0	1	2	3	4	5	6	7
y	**0**	**3**	**6**	**9**	**12**	**15**	**18**	**21**

次のようなことが考えられる。

- 線香は1分ごとに，3 mm ずつ燃えている。
- 燃えた長さは，火をつけてからの時間に比例している。
- x の値の3倍が y の値になっている。
- x の値が2倍，3倍，……になると，y の値も2倍，3倍，……になっている。
- x の値が1ずつ増えているのに対し，y の値は3ずつ増えている。

1 比例の式

学習のねらい

関数の中で，基本的なものの1つとして比例があります。ここでは，比例の関係について，表，式などからくわしく調べます。

教科書のまとめ **テスト前にチェック**

□定数

▶式 $y=3x$ の3のように，決まった数のことを**定数**(ていすう)といいます。

□比例

▶ y が x の関数で，その間の関係が，

$y=ax$　　a は定数

で表されるとき，y は x に**比例**(ひれい)する といいます。

このとき，定数 a を**比例定数**といいます。

□比例の関係 $y=ax$

▶比例の関係 $y=ax$ を，関数 $y=ax$ ということもあります。

▶(ア)　x の値が2倍，3倍，4倍，……になると，y の値も2倍，3倍，4倍，……になります。

(イ)　対応する x と y の値の商 $\dfrac{y}{x}$ は一定で，比例定数 a に等しくなります。

x と y の関係は，$\dfrac{y}{x}=a$ とも表されます。

■ 比例の関係について考えましょう。

問1　教科書 p.118

次の(1)，(2)について，y は x に比例することを示しなさい。
また，そのときの比例定数をいいなさい。

(1)　1本120円のペンを x 本買ったときの代金 y 円

(2)　底辺が8 cm，高さが x cm の三角形の面積 y cm^2

ガイド　y が x の関数で，その間の関係が，$y=ax$（a は定数）で表されることを示します。

解答　(1)　x と y の関係が，$y=120x$ で表されるので，**y は x に比例する**。
比例定数は120である。

(2)　x と y の関係が，$y=8\times x\div 2$ より，$y=4x$ で表されるので，**y は x に比例する**。
比例定数は4である。

■ 変数 x や比例定数 a が負の数の場合について考えましょう。

問2　教科書 p.120

$y=-2x$ について，x の値に対応する y の値を求めて，
下の表を完成させなさい。
また，前ページ（教科書 p.119）の(ア)，(イ)がいえるか確かめなさい。（表は省略）

4章 変化と対応

ガイド　比例の関係 $y=ax$ では，比例定数 a が負の数の場合も考えられます。また，変数 x が負の値をとることもあります。$y=-2x$ に，それぞれの x の値を代入し，y の値を求めます。

解答　$x=-4$ のとき，$y=-2\times(-4)=8$

$x=-3$ のとき，$y=-2\times(-3)=6$

$x=-2$ のとき，$y=-2\times(-2)=4$

$x=-1$ のとき，$y=-2\times(-1)=2$

$x=0$ のとき，$y=-2\times0=0$

$x=1$ のとき，$y=-2\times1=-2$

$x=2$ のとき，$y=-2\times2=-4$

$x=3$ のとき，$y=-2\times3=-6$

$x=4$ のとき，$y=-2\times4=-8$

3倍　2倍　　　　4倍

x	…	-4	-3	-2	-1	0	1	2	3	4	…
y	…	**8**	**6**	**4**	**2**	**0**	**−2**	**−4**	**−6**	**−8**	…

3倍　2倍　　　　4倍

(ア)　x の値が2倍，3倍，4倍，……になると，y の値も2倍，3倍，4倍，……になっている。

(イ)　$\frac{8}{-4}=-2$，$\frac{6}{-3}=-2$，……，$\frac{2}{-1}=-2$，……，$\frac{-4}{2}=-2$，$\frac{-6}{3}=-2$，……

対応する x と y の値の商 $\frac{y}{x}$ は一定で，比例定数 -2 に等しい。

説明しよう

教科書 p. 120

下の表のどちらかは，比例の関係を表しています。どちらが比例の関係でしょうか。
また，その理由を説明しましょう。

(ア)

x	1	2	3	4
y	-8	-6	-4	-2

(イ)

x	-4	-3	-2	-1
y	12	9	6	3

ガイド　教科書119ページの(ア)や(イ)がいえるかを確かめます。

解答　(ア)　x の値が2倍，3倍，……になったとき，y の値は2倍，3倍，……になっていない。

また，対応する x と y の値の商 $\frac{y}{x}$ は，$\frac{-8}{1}=-8$，$\frac{-6}{2}=-3$，…となり，一定ではない。

(イ)　x の値が2倍，3倍，……になると，y の値も2倍，3倍，……になっている。

また，対応する x と y の値の商 $\frac{y}{x}$ は，$\frac{12}{-4}=-3$，$\frac{9}{-3}=-3$，…と，一定である。

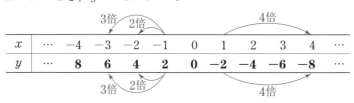

したがって，比例の関係であるのは，**(イ)の表**

■ 与えられた条件から，x と y の関係を式に表しましょう。

問 3 次の x と y の関係を式に表しなさい。 教科書 p.120

(1) y は x に比例し，$x=8$ のとき $y=32$ である。

(2) y は x に比例し，$x=-4$ のとき $y=40$ である。

ガイド y は x に比例するから，$y=ax$ と表すことができます。
x と y の値が 1 組わかれば，式が求められます。

解答 比例定数を a とすると，　$y=ax$

xとyの値から
aの値を求めると
いいんだね

(1) $x=8$ のとき $y=32$ だから，

$32=a\times 8$

$a=4$

したがって，　$\boldsymbol{y=4x}$

(2) $x=-4$ のとき $y=40$ だから，

$40=a\times(-4)$

$a=-10$

したがって，　$\boldsymbol{y=-10x}$

練習問題　1 比例の式　p.121

1 次の(ア)〜(ウ)のうち，y が x に比例するものをすべて選びなさい。

(ア) 底辺 x cm，高さ 5 cm の平行四辺形の面積 y cm^2

(イ) x 円のりんごを 3 個買って，1000 円出したときのおつり y 円

(ウ) x m の道のりを，分速 80 m で進むときにかかる時間 y 分

ガイド x と y の関係を式に表してみます。$y=ax$ で表されるとき，比例の関係です。

解答 x と y の関係を式に表すと，

(ア) (平行四辺形の面積)=(底辺)×(高さ) だから，

$y=5x$

(イ) (おつり)=(出した金額)−(りんご 3 個の代金) だから，

$y=1000-3x$

(ウ) (時間)=(道のり)÷(速さ) だから，

$y=\dfrac{x}{80}$

よって，y が x に比例するものは，(ア)，(ウ)

2 座　標

学習のねらい

座標軸(ざひょうじく)を決めると，x，y の値の組に対応する１つの点が決まることを理解し，平面上の点の位置を表す方法を考えます。

教科書のまとめ　テスト前にチェック

□座標軸と原点

▶右の図のように，点O(オー)で垂直に交わる２つの数直線を考えるとき，

　横の数直線を　**x 軸(じく)**

　縦の数直線を　**y 軸**

といい，この x 軸，y 軸の両方をあわせて**座標軸(ざひょうじく)**といいます。

また，座標軸が交わる点Oを**原点(げんてん)**といいます。

原点Oは，２つの数直線の０を表す点です。

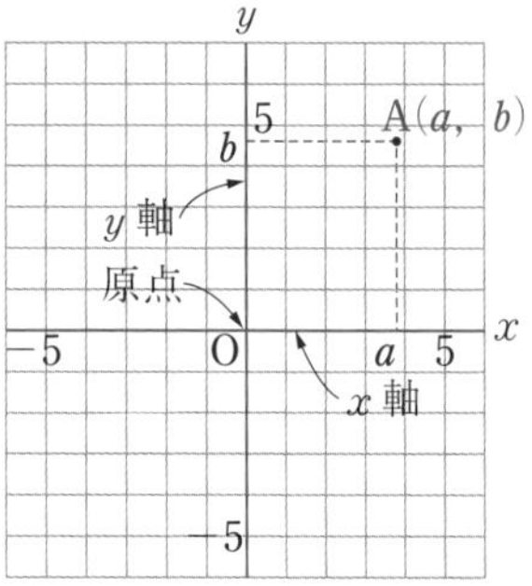

□点の座標

▶$x=a$，$y=b$ に対応する点として，上の図のAの位置が決まります。

このとき，点Aの位置を A$(a,\ b)$ と表します。

$(a,\ b)$ を点Aの**座標**といい，a を **x 座標**，b を **y 座標**といいます。

原点Oの座標は $(0,\ 0)$ です。

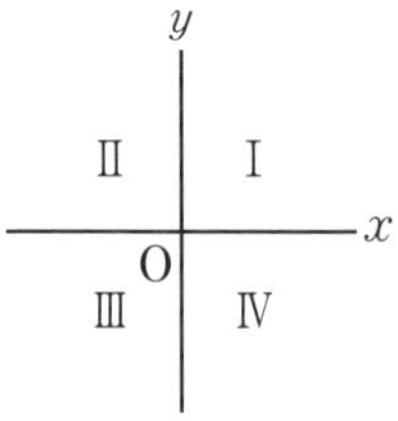

注　座標軸上の点を除いて考えると，上の図のように，１つの平面は４つの部分に分けられます。

　Ⅰ（x は正，y も正）　Ⅱ（x は負，y は正）

　Ⅲ（x は負，y も負）　Ⅳ（x は正，y は負）

平面上の点の位置を表す方法を考えましょう。

教科書 p.122

右の図は，イベントホールの座席案内図です。色をつけた座席の位置は，どのように表すことができるでしょうか。

			列						
1	2	3	①	4	5	6	7	8	9
1	2	3	②	4	5	6	7	8	9
1	2	3	③	4	**5**	6	7	8	9
1	2	3	④	4	5	6	7	8	9
1	2	3	⑤	4	5	6	7	8	9

ガイド　野球場や映画館など，座席を示す表示は，日常生活の中で多くみられます。

解答例　「３列５番」のように，**何列の何番目かを表す数の組で，位置を表すことができる。**

問 1　座標が次のような点を，右の図にかき入れなさい。(図は省略)　教科書 p.123

A(6, 3)　B(−2, −4)　C(−1, 3)

D(3, −6)　E(−3, 4)

ガイド　座標を表す数の組 (a, b) では，a が x 座標，b が y 座標を表します。x 座標は，x 軸にそって左右に目もりを数え，y 座標は，y 軸にそって上下に目もりを数えます。
例えば，P(3, 2) では，次のように点を決めます。

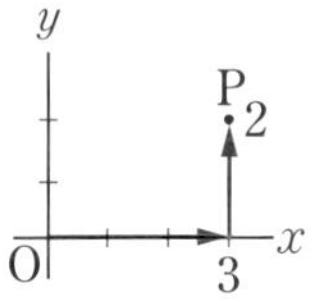

または，

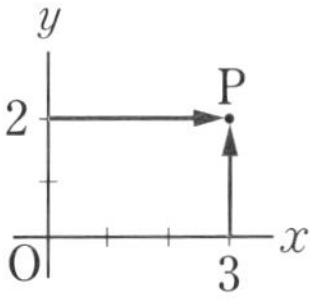

解答　**下の図**　(赤の点A～E)

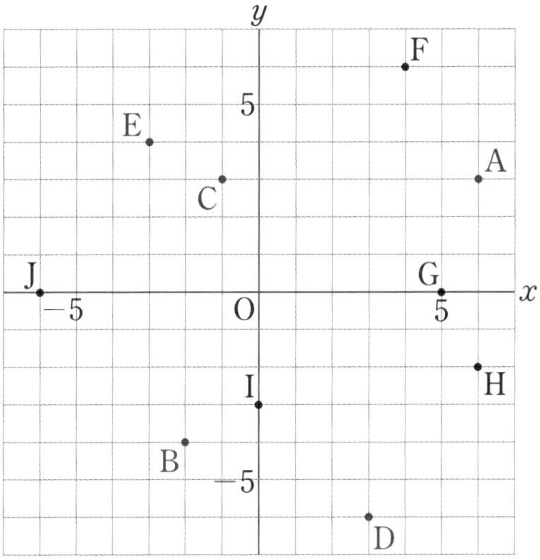

問 2　右の図で，点 F, G, H, I, J の座標をいいなさい。(図は上の図)　教科書 p.123

ガイド　それぞれの点を，x 座標，y 座標の順に読みとって求めます。

解答　**F(4, 6), G(5, 0), H(6, −2),**
I(0, −3), J(−6, 0)

参考　J → E → G → B → J，G → A → H → G，
E → F → C，B → D → I を
それぞれ順に結ぶと，
右の図のようになります。(魚の形)

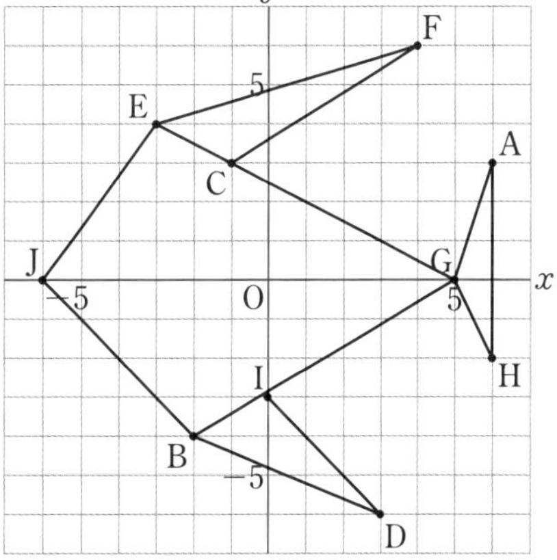

4章 変化と対応

3 比例のグラフ

学習のねらい

比例の関係 $y=ax$ では，$(x,\ y)$ の組に対応する点の全体が直線になることを理解し，そのグラフのようすと比例定数 a との関係を考えます。

教科書のまとめ　テスト前にチェック

□$y=ax$ のグラフ

▶比例の関係 $y=ax$ について，x に対応する y の値を求め，その値の組 $(x,\ y)$ がどのようなグラフになるかを調べます。

比例の関係 $y=ax$ のグラフは，原点を通る直線で，比例定数 a の値によって右の図のように，

$a>0$ のときは，右上がりの直線

$a<0$ のときは，右下がりの直線

となります。

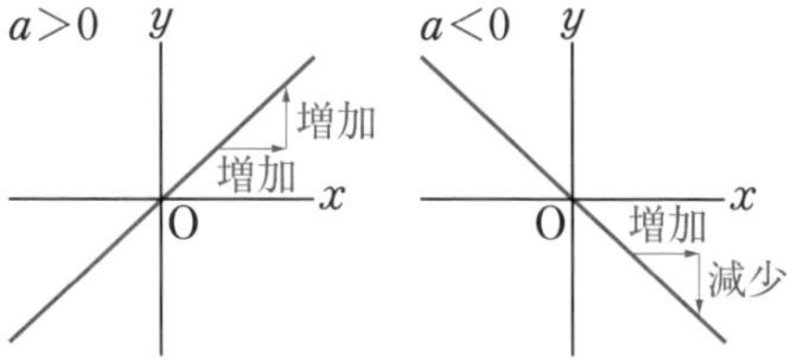

注　a の絶対値が大きいほど，直線の傾きは急になります。

比例の関係をグラフに表しましょう。

上の表で，対応する x と y の値の組を座標とする点を，左の図にかき入れましょう。また，x の値を -4 から 4 まで 0.5 おきにとって，それらに対応する点を，左の図にかき入れましょう。(表と図は省略)

教科書 p.124

ガイド　比例の関係 $y=2x$ で，x の値を 0.5 おきにとったときの対応する y の値を求め，それらを座標とする点もかき入れます。

解答　右の図 (0.5 おきにとった点は赤い点)

x，y の値の表は次のようになる。

x	-4	-3.5	-3	-2.5	-2	-1.5	-1
y	-8	-7	-6	-5	-4	-3	-2

-0.5	0	0.5	1	1.5	2	2.5	3	3.5	4
-1	0	1	2	3	4	5	6	7	8

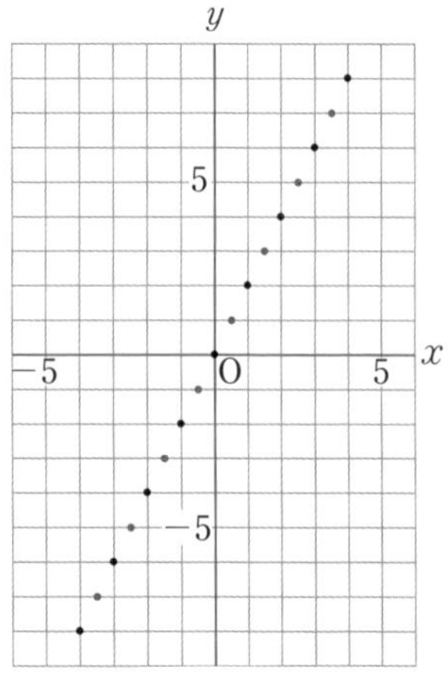

参考　グラフは，上の表の x，y の値の組を座標とする点をとったものです。

このグラフでは，x の値を 0.5 おきにとったために，点の間かくがつまってきて，1つの直線上に並ぶことがより明らかになっています。

問1　比例の関係 $y=1.5x$ のグラフを，上の図にかき入れなさい。(図は省略)　教科書 p.124

ガイド　**$y=1.5x$ について，x と y の対応表をつくってそれらの値の組を座標とする点をとり，これらの点を結ぶと $y=1.5x$ のグラフがかけます。**

解答　$y=1.5x$ の対応表は，下のようになる。

x	…	-5	-4	-3	-2	-1	0	1	2	3	4	5	…
y	…	-7.5	-6	-4.5	-3	-1.5	0	1.5	3	4.5	6	7.5	…

この表をグラフにしたものが，**右下の図**である。

参考　グラフをかくときのくふうとして，グラフ上の位置が，方眼の縦，横の交点である，つまり，x も y も整数である点を選んでかくことも1つの方法です。また，x が1増加したとき，y がどのように変化しているかをみるには，表の y の値の差をみます。

$(-3)-(-4.5)=1.5$，$(-1.5)-(-3)=1.5$，

$0-(-1.5)=1.5$，$1.5-0=1.5$，$3-1.5=1.5$，……

となって，どこをとっても，1.5ずつ増加していることがわかります。

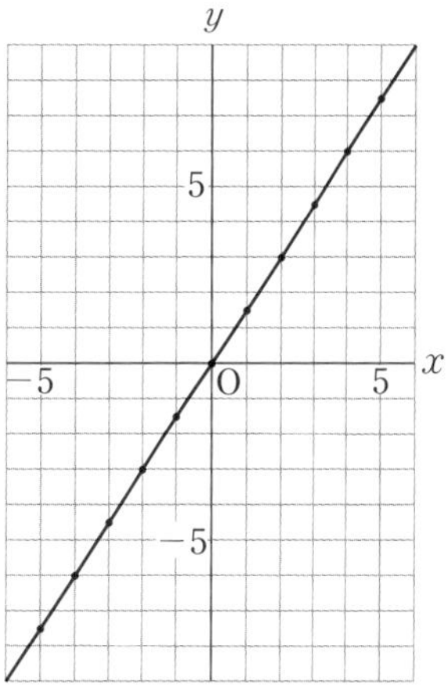

上の表で，対応する x と y の値の組を座標とする点を，右の図にかき入れましょう。また，x の値をさらに細かくとっていくと，どうなるでしょうか。(表と図は省略)　教科書 p.125

ガイド　**$y=-2x$ も $y=2x$ と同じように考えて，x の値を 0.5 おきにとったときの対応する y の値を求め，それらを座標とする点もかき入れてみます。**

解答　**右の図の赤い点**が，教科書の上の表の x と y の値の組を座標とする点。

x の値をさらに 0.5 おきにとっていくと，次の表のようになる。

x	-4	-3.5	-3	-2.5	-2	-1.5	-1	-0.5	0	0.5	1	1.5	2	2.5	3	3.5	4
y	8	7	6	5	4	3	2	1	0	-1	-2	-3	-4	-5	-6	-7	-8

グラフは，上の表の x，y の値の組を座標とする点をとったものである。

$y=2x$ と同じように，さらに x の値を細かくとっていくと，対応する点の全体は，図のような**直線になる**。

この直線が，比例の関係 $y=-2x$ のグラフになる。

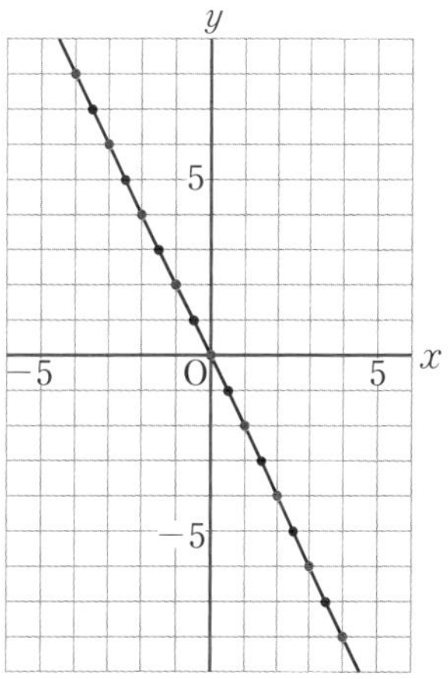

4章　変化と対応

問 2 比例の関係 $y=-1.5x$ のグラフを，右の図にかき入れなさい。

教科書 p.125

ガイド 比例の関係 $y=ax$ で，比例定数 a が負の場合のグラフです。やはり，x と y の対応表をつくって，図に点をとります。

解答 右の図

$y=-1.5x$ の対応表は，下のようになる。

x	…	-5	-4	-3	-2	-1	0	1	2	3	4	5	…
y	…	7.5	6	4.5	3	1.5	0	-1.5	-3	-4.5	-6	-7.5	…

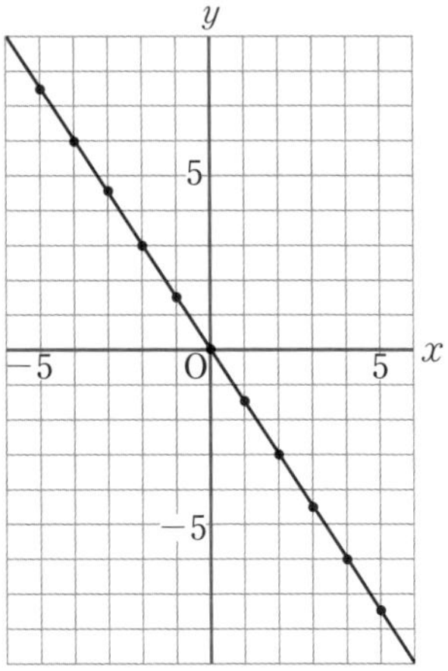

問 3 次の関数のグラフをかきなさい。

教科書 p.126

(1) $y=3x$　(2) $y=-x$　(3) $y=\frac{3}{4}x$　(4) $y=-\frac{1}{2}x$

ガイド 比例の関係 $y=ax$ のグラフは，原点を通る直線なので，原点以外にもう1点をとると，これらを通る直線をひいてかくことができます。原点以外の点は，原点よりできるだけ離れた点で，x も y も整数になる点をさがすと，グラフがかきやすくなります。

解答 右の図

(1) $x=2$ を代入すると，$y=3\times2=6$ だから，原点と点 $(2,\ 6)$ を通る直線。

(2) $x=6$ を代入すると，$y=-6$ だから，原点と点 $(6,\ -6)$ を通る直線。

(3) $x=4$ を代入すると，$y=\frac{3}{4}\times4=3$ だから，原点と点 $(4,\ 3)$ を通る直線。

(4) $x=6$ を代入すると，$y=-\frac{1}{2}\times6=-3$ だから，原点と点 $(6,\ -3)$ を通る直線。

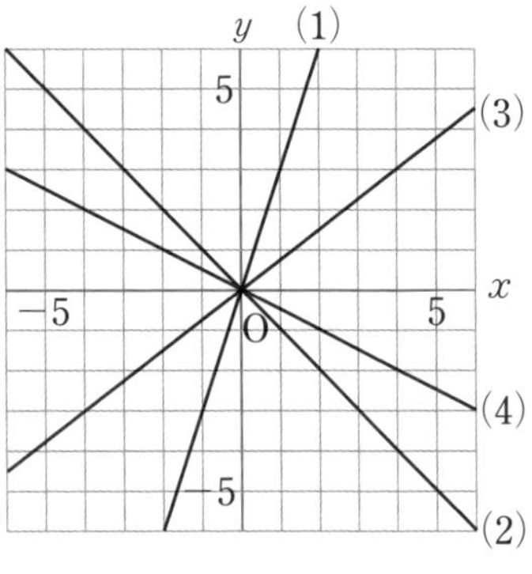

問 4 問3の(1)〜(4)で，x の値が増加するとき，y の値が増加するのはどれですか。また，y の値が減少するのはどれですか。

教科書 p.126

ガイド x の値が増加するとき，y の値が増加するのは，右上がりのグラフです。また，y の値が減少するのは，右下がりのグラフです。

解答 y の値が増加…(1)，(3)　y の値が減少…(2)，(4)

説明しよう

教科書 p.127

比例の関係を1つ決めて，その表，式，グラフをかき，それらの関係について説明しましょう。また，表，式，グラフのそれぞれのよさを考えましょう。

解答例

- 表，式，グラフの関係

表の $\frac{y}{x}$ の値4が式の比例定数4になる。表より，グラフは原点と点(1, 4)を通る直線である。
式より，比例定数4は正の数だから，グラフは右上がりの直線になる。

〈比例の関係 $y=4x$ の表，式，グラフについて〉

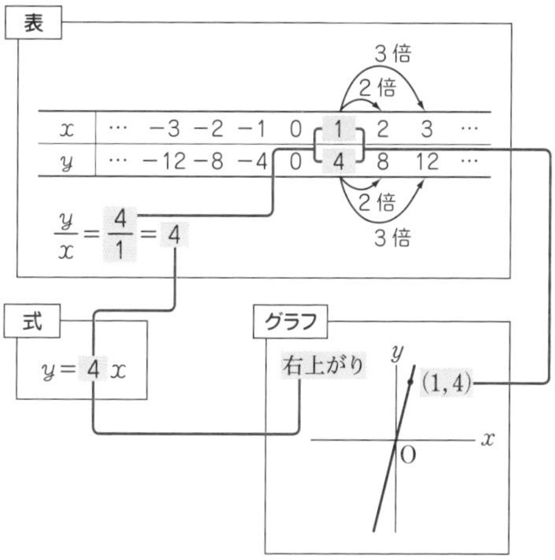

- 表は，対応する x と y の値の商 $\frac{y}{x}$ が一定かどうかを調べやすい。
- 式は，x がどのような値のときも，対応する y の値を求めることができる。
- グラフが，原点を通る直線であれば，比例の関係であることがすぐにわかる。

練習問題　3 比例のグラフ p.127

1 次の関数のグラフをかきなさい。

(1) $y=\frac{5}{2}x$　(2) $y=-\frac{2}{3}x$

ガイド (1) 原点と点(2, 5)を通ります。
(2) 原点と点(3, −2)を通ります。

解答 右の図

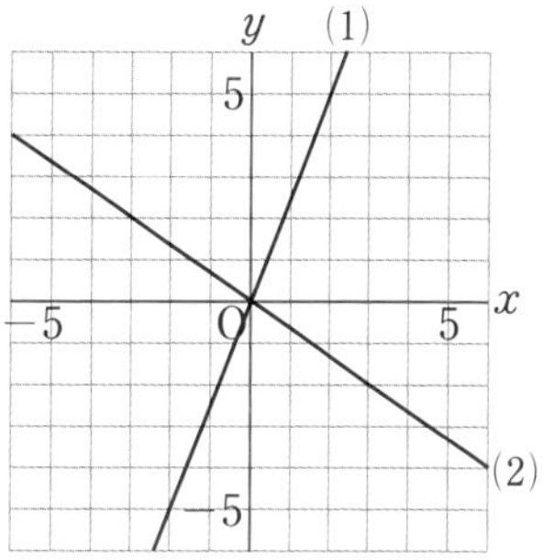

2 次の(1)～(4)のグラフは，それぞれ，右の直線のどれですか。(図は解答の中)

(1) $y=\frac{3}{2}x$　(2) $y=-4x$　(3) $y=\frac{2}{5}x$　(4) $y=-\frac{1}{3}x$

ガイド まず，グラフが右上がりか右下がりかに注目します。
①～⑤のグラフは，次の点を通っています。
①は点(5, 2)，②は点(3, 2)，
③は点(2, 3)，④は点(−1, 4)，
⑤は点(−3, 1)

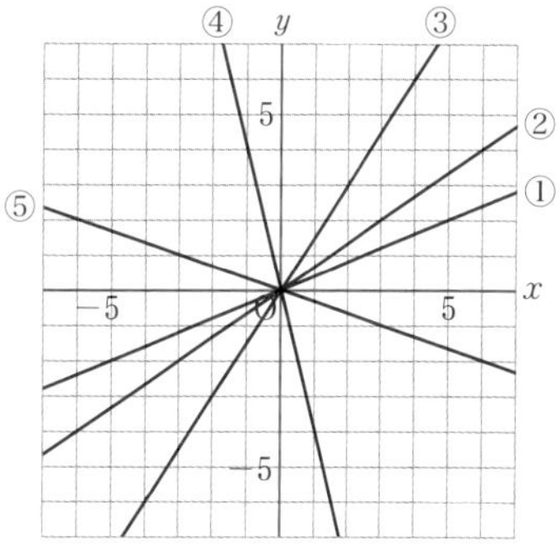

解答 (1) ③　(2) ④　(3) ①　(4) ⑤

参考 ②は $y=\frac{2}{3}x$ のグラフです。

4章 変化と対応

❸節 反比例

同じ面積の長方形をつくろう

面積が 6 cm^2 の長方形を，いろいろかいてみましょう。

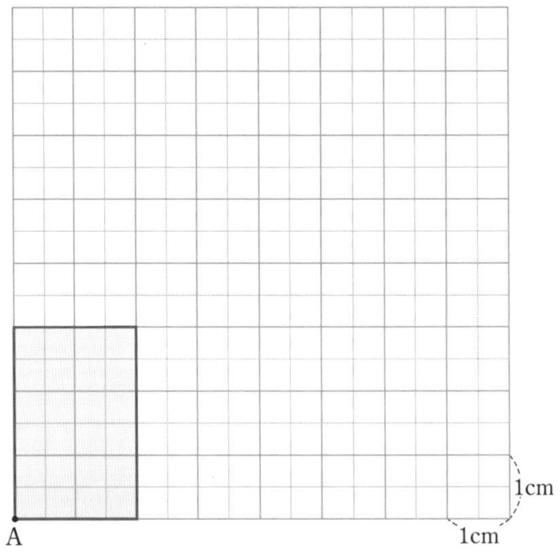

1つの頂点をAとして長方形をかいてみるとどうなるかな？

横の長さを x cm，縦の長さを y cm として，x の値をいろいろ変えると，それにともなって y の値はどうなるでしょうか。x と y の関係を下の表にまとめましょう。(表は省略)

解答

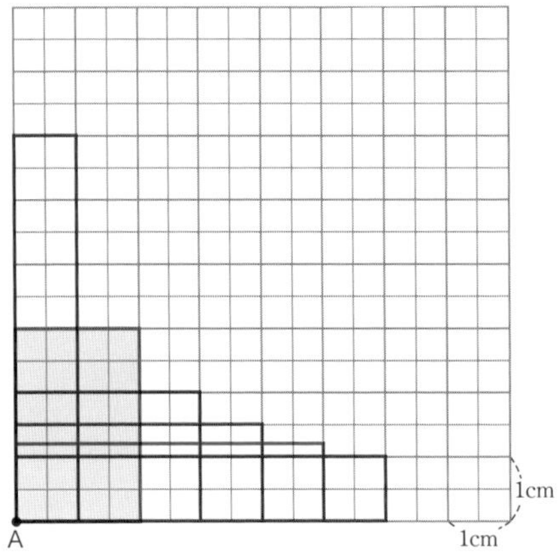

面積が 6 cm^2 の長方形は，左の図

x	1	2	3	4	5	6
y	**6**	**3**	**2**	**1.5**	**1.2**	**1**

話しあおう

教科書 p.128

上の表からどんなことがわかるでしょうか。

解答例

- 表を横に見ると，x の値が 2 倍，3 倍，……になると，y の値は $\frac{1}{2}$ 倍，$\frac{1}{3}$ 倍，……になっている。(y は x に反比例している。)
- 表を縦に見ると，x の値と y の値の積は，どれも 6 になっている。

1 反比例の式

学習のねらい

関数の中で，基本的なものの 1 つとして反比例(はんぴれい)があります。ここでは，反比例の関係について，表，式などからくわしく調べます。

教科書のまとめ **テスト前にチェック**

□反比例

▶ y が x の関数で，その間の関係が，

$$y=\frac{a}{x} \quad a\text{は定数}$$

で表されるとき，y は x に**反比例**(はんぴれい)する といいます。

このとき，定数 a を**比例定数**といいます。

□反比例の関係

$y=\dfrac{a}{x}$

▶反比例の関係 $y=\dfrac{a}{x}$ を，関数 $y=\dfrac{a}{x}$ ということもあります。

▶(ア) x の値が 2 倍，3 倍，4 倍，……になると，y の値は $\dfrac{1}{2}$ 倍，$\dfrac{1}{3}$ 倍，$\dfrac{1}{4}$ 倍，……になります。

(イ) 対応する x と y の値の積 xy は一定で，比例定数 a に等しくなります。
x と y の関係は，$xy=a$ とも表されます。

注 比例の場合と同じように，変数 x や y が負の値をとっても，$y=\dfrac{a}{x}$ の関係があれば，y は x に反比例するといいます。ただし，反比例の関係 $y=\dfrac{a}{x}$ では，x の値が 0 のときの y の値はありません。

■ 反比例の関係について考えましょう。

問 1 次の(1)，(2)について，y は x に反比例することを示しなさい。
また，そのときの比例定数をいいなさい。

教科書 p.129

(1) 50 cm のテープを x 等分したときの，1 本の長さ y cm

(2) 面積が 18 cm^2 の三角形の底辺 x cm と高さ y cm

ガイド y が x の関数で，その間の関係が，$y=\dfrac{a}{x}$（a は定数）で表されることを示します。

解答 (1) x と y の関係が，$y=\dfrac{50}{x}$ で表されるので，**y は x に反比例する**。

比例定数は 50 である。

(2) x と y の関係が，$\dfrac{1}{2}xy=18$ より，$y=\dfrac{36}{x}$ で表されるので，**y は x に反比例する**。

比例定数は 36 である。

変数 x や比例定数 a が負の数の場合について考えましょう。

問 2 $y=-\dfrac{6}{x}$ について，x の値に対応する y の値を求めて，下の表を完成させなさい。 教科書 p.130

また，上の(ア)，(イ)がいえるか確かめなさい。(表，(ア)，(イ)は省略)

ガイド 比例定数が負の数の場合です。それぞれの x の値を式に代入し，符号(ふごう)に注意して y の値を求めます。

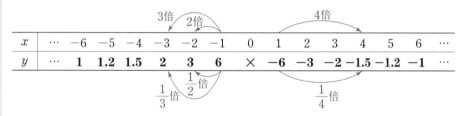

解答 表は次のようになる。

3倍　2倍　　　　4倍

x	…	−6	−5	−4	−3	−2	−1	0	1	2	3	4	5	6	…
y	…	**1**	**1.2**	**1.5**	**2**	**3**	**6**	×	**−6**	**−3**	**−2**	**−1.5**	**−1.2**	**−1**	…

$\frac{1}{3}$倍　$\frac{1}{2}$倍　　　　$\frac{1}{4}$倍

(ア) x の値が 2 倍，3 倍，4 倍，……になると，y の値は $\dfrac{1}{2}$ 倍，$\dfrac{1}{3}$ 倍，$\dfrac{1}{4}$ 倍，……になっている。

(イ) $(-6)\times1=-6$，$(-5)\times1.2=-6$，……，$3\times(-2)=-6$，$4\times(-1.5)=-6$，……
対応する x と y の値の積 xy は一定で，比例定数 -6 に等しい。

説明しよう 教科書 p.131

下の表のどちらかは，反比例の関係を表しています。どちらが反比例の関係でしょうか。
また，その理由を説明しましょう。

(ア)

x	1	2	3	4
y	−12	−6	−4	−3

(イ)

x	1	2	3	4
y	12	9	6	3

ガイド 次の①〜③のうち，どれか 1 つが成り立つことを調べればよいです。

① 式の形が $y=\dfrac{a}{x}$

② x の値が 2 倍，3 倍，4 倍，……になると，y の値は $\dfrac{1}{2}$ 倍，$\dfrac{1}{3}$ 倍，$\dfrac{1}{4}$ 倍，……になる。

③ 積 xy は一定

解答例 対応する x と y の積 xy が一定であるかどうかを調べると，

(ア) **すべて，$xy=-12$**

(イ) **$xy=12$，$xy=18$ となり，一定でない。**

したがって，反比例の関係であるのは，**(ア)の表**

参考 (ア) $y=-\dfrac{12}{x}$ と表されます。

(イ) $y=-3x+15$ と表されます。(これは，中学 2 年で学習します。)

与えられた条件から，x と y の関係を式に表しましょう。

問3 次の x と y の関係を式に表しなさい。 教科書 p.131

(1) y は x に反比例し，$x=4$ のとき $y=5$ である。

(2) y は x に反比例し，$x=3$ のとき $y=-12$ である。

ガイド y は x に反比例するから，$y=\frac{a}{x}$ と表すことができます。

x と y の値が1組わかれば，式を求めることができます。

解答 (1) 比例定数を a とすると，　$y=\frac{a}{x}$

$x=4$ のとき $y=5$ だから，

$5=\frac{a}{4}$　　$a=20$

したがって，　$y=\frac{20}{x}$

(2) 比例定数を a とすると，　$y=\frac{a}{x}$

$x=3$ のとき $y=-12$ だから，

$-12=\frac{a}{3}$　　$a=-36$

したがって，　$y=-\frac{36}{x}$

練習問題　1 反比例の式　p.131

1 次の(ア)〜(ウ)のうち，y が x に反比例するものをすべて選びなさい。

(ア) 面積が6 cm^2 の平行四辺形の底辺 x cm と高さ y cm

(イ) 200ページの本を，x ページ読んだときの残りのページ数 y ページ

(ウ) 800 m の道のりを，分速 x m で進むときにかかる時間 y 分

ガイド それぞれ x と y の関係を式に表します。$y=\frac{a}{x}$ で表されるとき，反比例の関係です。

(ア) (平行四辺形の面積)＝(底辺)×(高さ)

(イ) (残りのページ数)＝(全部のページ数)−(読んだページ数)

(ウ) (時間)＝(道のり)÷(速さ)

解答 (ア) $xy=6$ より，$y=\frac{6}{x}$

(イ) $y=200-x$

(ウ) $y=\frac{800}{x}$

y が x に反比例するものは，(ア)，(ウ)

2 反比例のグラフ

学習のねらい

反比例の関係 $y=\frac{a}{x}$ では，$(x,\ y)$ の組に対応する点の全体は双曲線（そうきょくせん）になることを理解し，そのグラフのようすと比例定数 a との関係を考えます。

教科書のまとめ テスト前にチェック

□$y=\frac{a}{x}$ のグラフ

▶反比例の関係 $y=\frac{a}{x}$ のグラフは双曲線（そうきょくせん）で，比例定数 a の値によって次のようになります。

$a>0$ $a<0$

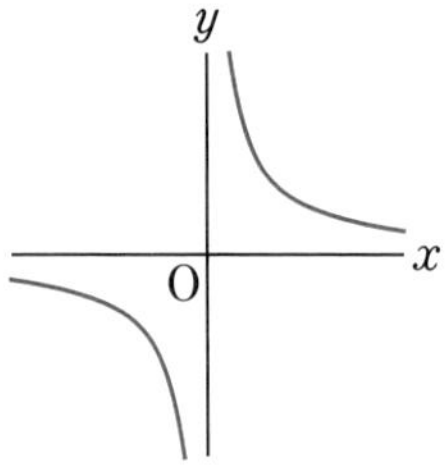

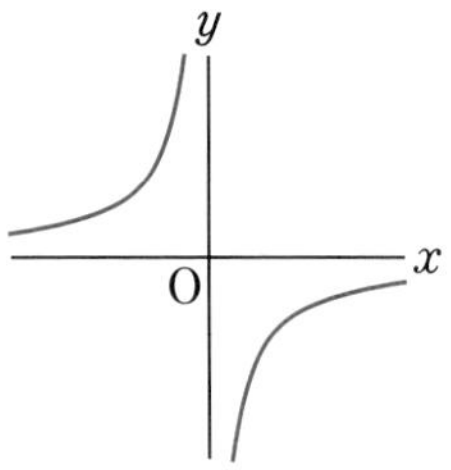

反比例の関係をグラフに表しましょう。

上の ふりかえり で，x の値を 0.5 おきにとって，それらに対応する点を，上の図にかき入れましょう。
また，x の値をさらに細かくとっていくと，どうなるでしょうか。（ふりかえり の図，表は省略）

教科書 p.132

ガイド 電卓を用いて計算し，表をつくるとよいです。

$y=\frac{6}{x}$ だから，[6] [÷] [xの値] とします。

解答例 右の図（0.5 おきにとった点は赤い点）

x，y の値の表は次のようになる。

x	0.5	1	1.5	2	2.5	3	3.5	4	4.5	5	5.5	6
y	12	6	4	3	2.4	2	1.7	1.5	1.3	1.2	1.1	1

（わり切れないときは，小数第 2 位を四捨五入している。）

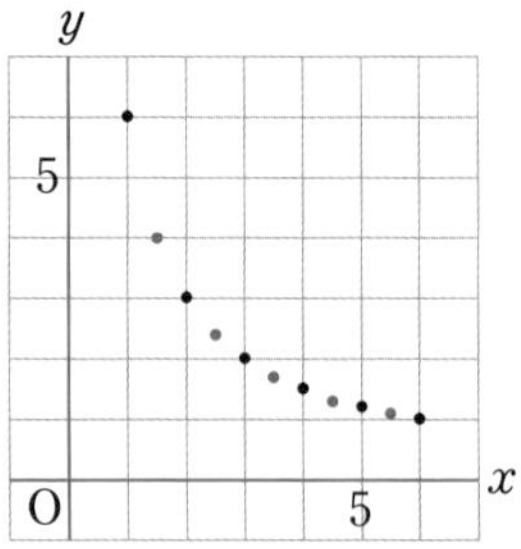

x の値をさらに細かくとっていくと，対応する x と y の値の組を座標とする点の全体は，なめらかな曲線になっていく。

問 1 反比例の関係 $y=\frac{6}{x}$ で，x の値が，10，100，1000，10000，……となるとき，y の値はどうなりますか。また，x の値が 0.1，0.01，0.001，0.0001，……となるとき，y の値はどうなりますか。

教科書 p.132

ガイド $y=\frac{6}{x}$ に x の値を代入して，y の値を求めて考えます。

x	10	100	1000	10000	0.1	0.01	0.001	0.0001
y	0.6	0.06	0.006	0.0006	60	600	6000	60000

解答 x が 10，100，1000，10000，……となるとき，y の値は，**0.6，0.06，0.006，0.0006**，……となる。

x が 0.1，0.01，0.001，0.0001，……となるとき，y の値は，**60，600，6000，60000**，……となる。

上の表で，x が負の値をとるとき，対応する x と y の値の組を座標とする点を，右の図にかき入れましょう。これらの点は，どのように並んでいるでしょうか。(図は省略)

教科書 p.133

ガイド 表で，x が負の値の場合を考えます。

x	…	-6	-5	-4	-3	-2	-1	0
y	…	-1	-1.2	-1.5	-2	-3	-6	×

解答 **右の図の赤い点**が，x が負の値のときの，表の x と y の値の組を座標とする点。
x の値をさらに細かくとっていくと，対応する x と y の値の組を座標とする点の全体は，**右の図の赤い曲線**になる。

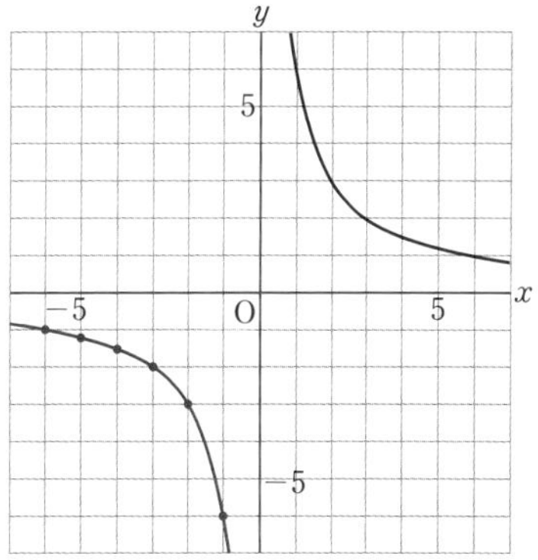

問 2 反比例の関係 $y=\frac{12}{x}$ のグラフをかきなさい。

教科書 p.133

ガイド 表を完成させてからグラフをかきます。

x	…	-12	-10	-8	-6	-5	-4	-3	-2	-1	0	1	2	3	4	5	6	8	10	12	…
y	…	-1	-1.2	-1.5	-2	-2.4	-3	-4	-6	-12	×	12	6	4	3	2.4	2	1.5	1.2	1	…

解答 右の図

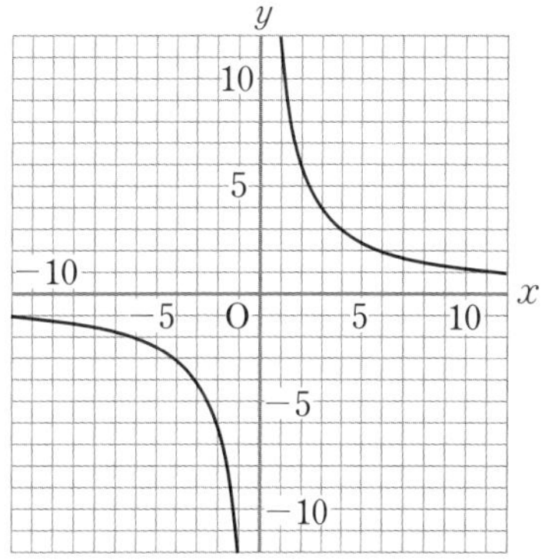

話しあおう

教科書 p.133

反比例の関係 $y=\frac{6}{x}$ で，x の値が，-10，-100，-1000，-10000，…… となるとき，y の値はどうなるでしょうか。また，これまでに調べたことから，$y=\frac{6}{x}$ のグラフにはどのような特徴(とくちょう)があるでしょうか。

解答例

- $y=\frac{6}{x}$ で，x の値が，-10，-100，-1000，-10000，……のとき，y の値は $-\frac{6}{10}$，$-\frac{6}{100}$，$-\frac{6}{1000}$，$-\frac{6}{10000}$，……となる。
- $y=\frac{6}{x}$ のグラフは，x 軸や y 軸とは決して交わらない。
- $y=\frac{6}{x}$ のグラフは，原点について対称な，なめらかな 2 つの曲線になっている。

教科書 p.134

上の表は，反比例の関係 $y=-\frac{6}{x}$ で，対応する x と y の値を求めたものです。
この表の x と y の値の組を座標とする点を，左の図にかき入れましょう。
また，x の値をさらに細かくとっていくと，どうなるでしょうか。(表と図は省略)

ガイド 反比例の関係 $y=\frac{a}{x}$ で，比例定数 a が負の値の場合のグラフについて考えます。
これまでと同じように表から点をとっていきます。

x	…	-6	-5	-4	-3	-2	-1	0	1	2	3	4	5	6	…
y	…	1	1.2	1.5	2	3	6	×	-6	-3	-2	-1.5	-1.2	-1	…

解答 **右の図の黒い点**

x の値をさらに細かくとっていくと，対応する x と y の値の組を座標とする点の全体は，**右の図の赤い曲線**となる。

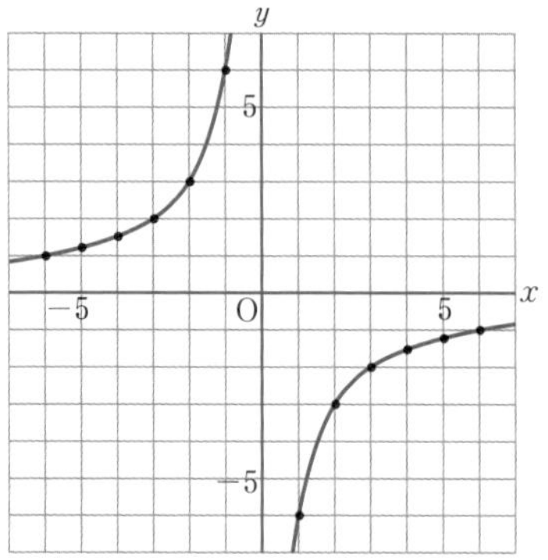

問 3

教科書 p.134

反比例の関係 $y=-\frac{12}{x}$ のグラフをかきなさい。

ガイド 対応する x，y の値の表をかいて，この表をもとにしてグラフをかきます。問 2 を用いて表をかくこともできます。ちょうど，y の値の符号が逆になります。

x	…	-12	-10	-8	-6	-5	-4	-3	-2	-1	0	1	2	3	4	5	6	8	10	12	…
y	…	1	1.2	1.5	2	2.4	3	4	6	12	×	-12	-6	-4	-3	-2.4	-2	-1.5	-1.2	-1	…

解答 右の図

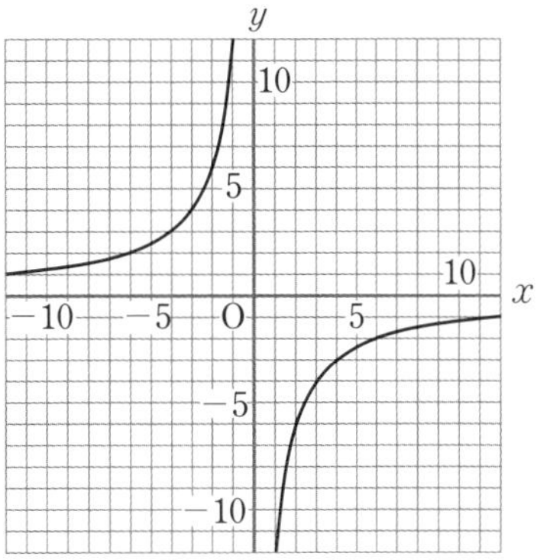

説明しよう

教科書 p.135

反比例の関係を1つ決めて，その表，式，グラフをかき，それらの関係について説明しましょう。

解答例

- 表の xy の値4が，式の比例定数4になる。
- 表より，グラフは点(1, 4)を通る双曲線である。
- 式より，比例定数4は正の数だから，グラフは図のような双曲線になる。

〈反比例の関係 $y=\dfrac{4}{x}$ の表，式，グラフについて〉

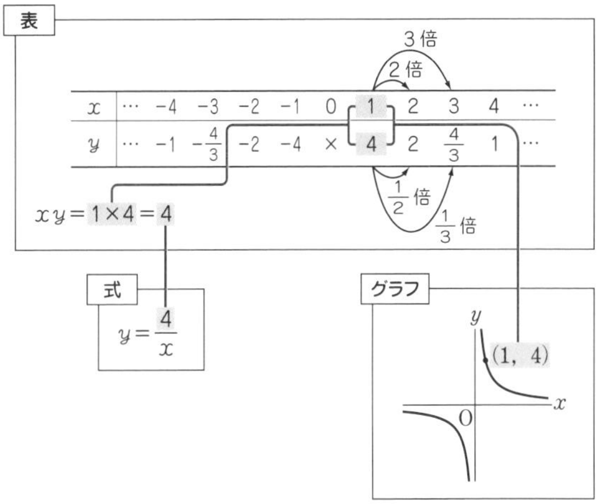

練習問題　② 反比例のグラフ p.136

1 次の関数のグラフをかきなさい。

(1) $y=\dfrac{10}{x}$　　(2) $y=-\dfrac{4}{x}$

ガイド x，y の値の組を表にして，その値の組を座標とする点をとり，なめらかな曲線になるように結びます。

解答

(1)

x	…	-5	-4	-2	0	2	4	5	…
y	…	-2	-2.5	-5	×	5	2.5	2	…

(2)

x	…	-4	-2	-1	0	1	2	4	…
y	…	1	2	4	×	-4	-2	-1	…

グラフは，右の図

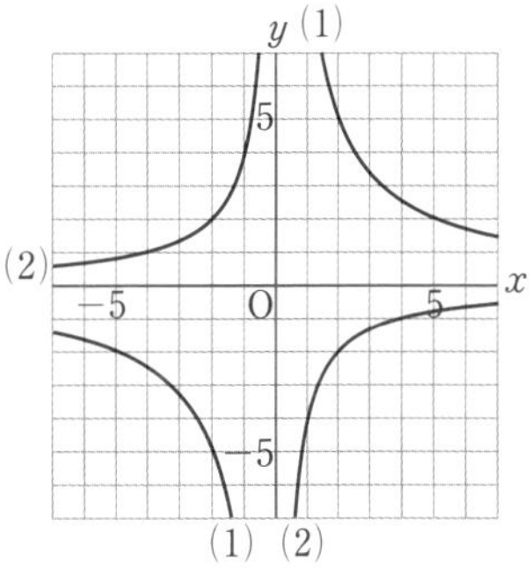

2　次の(1)～(3)のグラフは，それぞれ，右の双曲線のどれですか。

(1)　$y=\dfrac{5}{x}$

(2)　$y=-\dfrac{18}{x}$

(3)　$y=\dfrac{2}{x}$

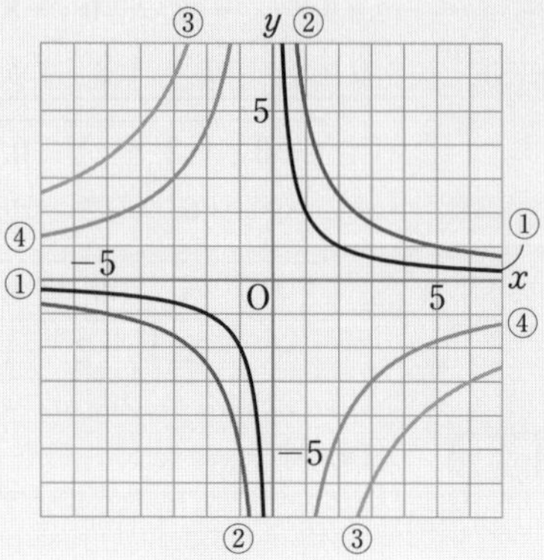

ガイド　比例定数 a が正の場合と負の場合で，双曲線の位置が異なることに気をつけます。

解 答　(1)　点 (1，5) を通る双曲線だから，②

(2)　点 (3，−6) を通る双曲線だから，③

(3)　点 (1，2) を通る双曲線だから，①

まとめよう

教科書 p. 136

比例の関係 $y=ax$ と反比例の関係 $y=\dfrac{a}{x}$ の特徴をくらべ，下の例を参考にまとめてみましょう。

解答例

	比例の関係 $y=ax$	反比例の関係 $y=\dfrac{a}{x}$
変化のようす	(省略)	(省略)
グラフの形	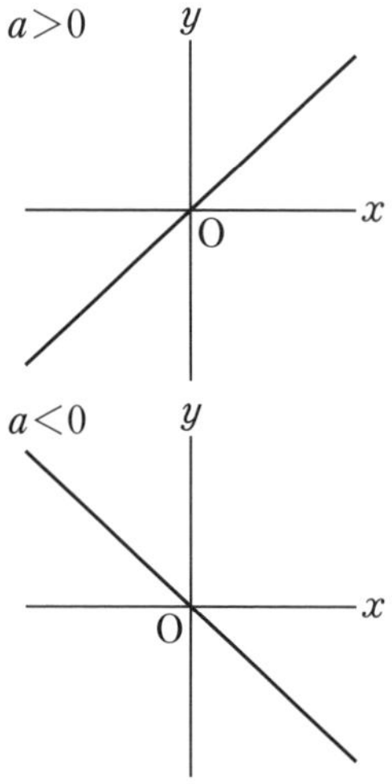 グラフは原点を通る直線になる。	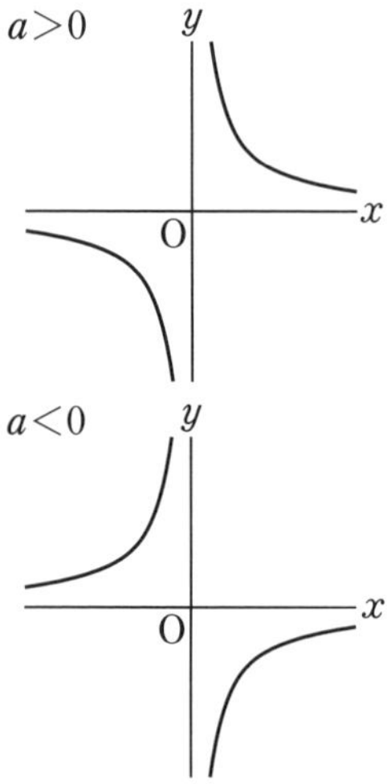 グラフは双曲線になる。
一定なもの	対応する x と y の値の商 $\dfrac{y}{x}$ は一定で，比例定数 a に等しい。	対応する x と y の値の積 xy は一定で，比例定数 a に等しい。

❹節 比例，反比例の利用

リサイクルすると？

かりんさんは，紙パックをトイレットペーパーにリサイクルする工場を見学しています。

この工場には，いろいろな町から紙パックが運ばれてきます。

右の表は，A町，B町，C町から運ばれてきた紙パックと，それぞれからできるトイレットペーパーの個数をまとめたものです。

明日，D町から5200 kg，E町から4800 kgの紙パックが運ばれてくるそうです。

	紙パック	トイレットペーパー
A町	1800kg	9000個
B町	5400kg	27000個
C町	3600kg	18000個

話しあおう

教科書 p.137

D町，E町から集まる紙パックから，トイレットペーパーが何個できるかを求めるには，どうすればよいでしょうか。

ガイド 比例の関係になっている2つの数量を考えます。
(トイレットペーパーの個数)÷(紙パックの重さ) が一定になっているかどうかを調べてみましょう。

解答例 (トイレットペーパーの個数)÷(紙パックの重さ) を調べると，

A町…9000÷1800＝5　B町…27000÷5400＝5　C町…18000÷3600＝5

となり，一定であるから，トイレットペーパーの個数は紙パックの重さに比例すると考えられる。

この比例の関係を式に表すと，D町，E町から集まる紙パックからできるトイレットペーパーの個数を求めることができる。

参考 比例式を使って求めることもできます。

紙パックの重さとトイレットペーパーの個数の比は，

　1800：9000＝1：5 だから，

D町から運ばれてくる5200 kgの紙パックからできるトイレットペーパーの個数をx個とすると，

　5200：x＝1：5　x＝26000

よって，26000個のトイレットペーパーができることがわかります。

1 比例，反比例の利用

学習のねらい

比例や反比例の考え方を利用して，身のまわりにある問題を解決することができることを学び，比例や反比例についての理解を深めます。

教科書のまとめ テスト前にチェック

□比例の利用 ▶例 紙の重さや厚さは，枚数に比例する。

□反比例の利用 ▶例 いすの総数が決まっている場合，1列に並べるいすの数と列の数は反比例する。

説明しよう 教科書 p.138

トイレットペーパーの個数は紙パックの重さに比例すると考えられるのは，なぜでしょうか。

ガイド 教科書138ページの表で，紙パックの重さを x kg，トイレットペーパーの個数を y 個としたとき，$\dfrac{y}{x}$ の値が一定であれば，y は x に比例するといえます。

解答例 表の紙パックの重さを x kg，トイレットペーパーの個数を y 個として，対応する x と y の値の商 $\dfrac{y}{x}$ を求めると，

$$\frac{9000}{1800}=5,\ \frac{18000}{3600}=5,\ \frac{27000}{5400}=5$$

となり，一定である。

したがって，トイレットペーパーの個数は紙パックの重さに比例すると考えられる。

問 1 教科書 p.138

x kgの紙パックから y 個のトイレットペーパーができるとするとき，x と y の関係を式に表しなさい。

ガイド 説明しよう で調べた結果から，比例定数は5です。

解答 x と y は比例の関係で，比例定数は5であるから，x と y の関係を表す式は，$\boldsymbol{y=5x}$

問 2 教科書 p.138

5200 kgの紙パックから何個のトイレットペーパーができますか。また，4800 kgの紙パックから何個のトイレットペーパーができますか。

ガイド 問1 で表した式 $y=5x$ に，それぞれの x の値を代入して，y の値を求めます。

解答 $y=5x$ に $x=5200$ を代入して，$y=5\times5200=26000$ **26000個**

$y=5x$ に $x=4800$ を代入して，$y=5\times4800=24000$ **24000個**

話しあおう　教科書 p.139

かりんさんの学校では，1年間に1400個のトイレットペーパーを使用しています。
トイレットペーパーの原料になる紙パックは30枚で1kgです。
かりんさんの学校で1年間に使用するトイレットペーパーをつくるためには，紙パックは何枚必要でしょうか。

ガイド　まず，必要な紙パックの重さを求めます。

解答例　1400個のトイレットペーパーをつくるのに必要な紙パックの重さは，
$y=5x$ に $y=1400$ を代入して，

$1400=5x$

$x=280$

より，280 kg
紙パックは30枚で1kgだから，必要な紙パックの枚数は，

$30\times280=8400$（枚）　　**8400枚**

● 比例の利用

問3　けいたさんとかりんさんは，それぞれ，分速何mで走りましたか。　教科書 p.139

ガイド　(速さ)＝(道のり)÷(時間) です。
グラフから適当な道のりと時間を読みとって求めます。

解答
- けいたさん
10分で2000m走っているから，
$2000\div10=200$　　**分速200m**
- かりんさん
8分で1200m走っているから，
$1200\div8=150$　　**分速150m**

問4　けいたさんとかりんさんについて，次の問いに答えなさい。　教科書 p.139

(1)　x と y の関係を，x の変域をつけて，それぞれ式に表しなさい。

(2)　y の変域を，それぞれ求めなさい。

ガイド　①と②のグラフはどちらも原点を通る直線であるから，x と y は比例の関係です。$y=ax$ にグラフから読みとった x と y の値を代入し，a の値を求めます。
それぞれの変域は，グラフの実線部分になります。

解答 (1)　グラフより，どちらも y は x に比例している。

• けいたさん

$y=ax$ に $x=10$，$y=2000$ を代入して，

$2000=10a$　　$a=200$

よって，$\boldsymbol{y=200x}$ **(**$\boldsymbol{0 \leqq x \leqq 15}$**)**

• かりんさん

$y=ax$ に $x=8$，$y=1200$ を代入して，

$1200=8a$　　$a=150$

よって，$\boldsymbol{y=150x}$ **(**$\boldsymbol{0 \leqq x \leqq 15}$**)**

(2) • けいたさん

$x=0$ のとき $y=0$

$x=15$ のとき $y=200\times15=3000$

よって，y の変域は，$\boldsymbol{0 \leqq y \leqq 3000}$

• かりんさん

$x=0$ のとき $y=0$

$x=15$ のとき $y=150\times15=2250$

よって，y の変域は，$\boldsymbol{0 \leqq y \leqq 2250}$

参考 (1)　問 3 で求めた分速が比例定数になるから，

けいたさん…$y=200x$　　かりんさん…$y=150x$

と式に表すこともできます。

(2)　けいたさんの y の変域は，グラフから読みとってもよいです。
かりんさんのグラフで，$x=15$ に対する y の値は読みとれないので，式に代入して y の値を求めましょう。

問 5　スタートしてから 8 分間で，2 人が走った道のりの差は何 m ですか。　教科書 p.139

ガイド　グラフから読みとります。2 人の式に $x=8$ を代入して，それぞれの道のりを求めてもよいです。

解答　グラフで，$x=8$ のときの y の値を読みとると，

けいたさん…1600 m　　かりんさん…1200 m

よって，道のりの差は，$1600-1200=400$ (m)

または，

けいたさん…$x=8$ のとき $y=200\times8=1600$

かりんさん…$x=8$ のとき $y=150\times8=1200$

よって，道のりの差は，$1600-1200=400$ (m)　　**400 m**

説明しよう

教科書 p.140

厚さが一定のアルミ板から，下の図の 2 つの形を切り取りました。

(ア)

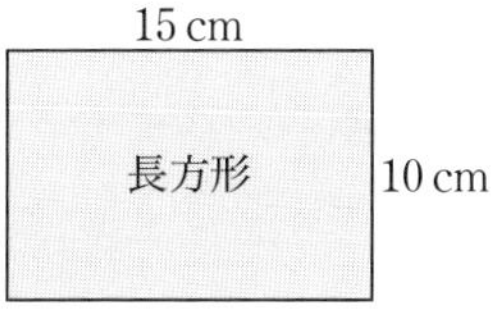

(イ)

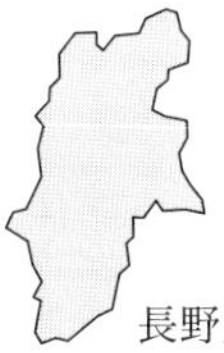

(ア)の板の重さが 24 g のとき，(イ)の板の面積は，どうすれば求められるでしょうか。

解答例 厚さが一定なので，重さを x g，面積を y cm^2 とすると，y は x に比例することがわかる。
(ア)の板の面積は $10\times15=150$ (cm^2) で，重さは 24 g だから，

$y=ax$ に $x=24$，$y=150$ を代入して，$150=24a$　　$a=\dfrac{25}{4}$　　よって，$y=\dfrac{25}{4}x$

$y=\dfrac{25}{4}x$ の x に，(イ)の板の重さを代入すれば，面積を求めることができる。

● 反比例の利用

問 6 上の食品を，600 W の出力で温める場合，温める時間を何分何秒に設定すればよいですか。

教科書 p.140

ガイド x と y の関係を表す式 $y=\dfrac{150000}{x}$ に，$x=600$ を代入します。

解答 $y=\dfrac{150000}{x}$ に $x=600$ を代入すると，

$y=\dfrac{150000}{600}=250$　　250 秒＝4 分 10 秒　　**4 分 10 秒**

問 7 600 W の出力で 2 分 30 秒温めるとよい食品を，1000 W の出力で温める場合，温める時間を何分何秒に設定すればよいですか。

教科書 p.140

ガイド $y=\dfrac{a}{x}$ にわかっている x と y の値を代入して a の値を求め，x と y の関係を式に表します。

解答 2 分 30 秒＝150 秒だから，$y=\dfrac{a}{x}$ に $x=600$，$y=150$ を代入すると，

$150=\dfrac{a}{600}$　　$a=90000$

よって，x と y の関係を表す式は，$y=\dfrac{90000}{x}$

$x=1000$ を代入すると，$y=\dfrac{90000}{1000}=90$　　90 秒＝1 分 30 秒　　**1 分 30 秒**

4章 章末問題 学びをたしかめよう

教科書 p.142～143

1 次のうち，y が x の関数であるものをすべて選びなさい。
また，y が x に比例するもの，反比例するものを，それぞれ選びなさい。
(ア) 1冊80円のノートを x 冊買ったときの代金 y 円
(イ) 1000円を出して，x 円の品物を買ったときのおつり y 円
(ウ) 気温 x°C のときの降水量 y mm
(エ) 面積が $10\ \text{cm}^2$ の平行四辺形の底辺 x cm と高さ y cm

ガイド x の値を決めると，それに対応して y の値がただ1つに決まるとき，y は x の関数であるといいます。数量の関係を式に表したとき，$y=ax$ になるものが比例の関係，$y=\frac{a}{x}$ になるものが反比例の関係です。

解答 数量の関係を式に表すと，
(ア) $y=80x$　　(イ) $y=1000-x$
(ウ) x の値を決めても，y の値がただ1つに決まりません。
(エ) $xy=10$ より，$y=\frac{10}{x}$
よって，
y が x の関数であるもの…(ア)，(イ)，(エ) p.115 問1
y が x に比例するもの…(ア) p.121 1
y が x に反比例するもの…(エ) p.131 1

2 x の変域が，次のそれぞれの場合であることを，不等号を使って表しなさい。
(1) 3より大きい　　(2) -2 以上5以下

ガイド (1) 「3より大きい」というときは，3をふくみません。
(2) 「-2 以上5以下」は，-2 に等しいかそれより大きく，5に等しいかそれより小さい数のことです。

解答 (1) $x>3$　　(2) $-2 \leqq x \leqq 5$ p.116 問4

3 1辺の長さが x cm の正三角形の周の長さを y cm とします。y は x に比例することを示しなさい。また，そのときの比例定数をいいなさい。

ガイド (正三角形の周の長さ)＝(1辺の長さ)×3

解答 x と y の関係は，$y=3x$ と表される。
よって，**y は x に比例するといえる。**
比例定数は3 p.118 問1

4 100 L の水がはいった水そうから，1 分間に x L の割合で水を抜(ぬ)くとき，水そうの水がなくなるまでにかかる時間を y 分とします。y は x に反比例することを示しなさい。また，そのときの比例定数をいいなさい。

ガイド (かかる時間)＝(全部の水の量)÷(1 分間に抜く水の量)

解答 x と y の関係は，$\boldsymbol{y=\frac{100}{x}}$ と表される。

よって，**y は x に反比例するといえる。**

比例定数は **100**

p.129 問 1

5 次のそれぞれの関数で，x の値が 2 倍，3 倍，4 倍，……になると，y の値はどうなりますか。

(1) 比例の関係 $y=ax$　　(2) 反比例の関係 $y=\frac{a}{x}$

ガイド 比例の関係，反比例の関係の特徴を確認しましょう。

解答 (1) x の値が 2 倍，3 倍，4 倍，……になると，**y の値も 2 倍，3 倍，4 倍，……になる。**

p.120 問 2

(2) x の値が 2 倍，3 倍，4 倍，……になると，**y の値は $\frac{1}{2}$ 倍，$\frac{1}{3}$ 倍，$\frac{1}{4}$ 倍，……になる。**

p.130 問 2

6 次の x と y の関係を式に表しなさい。

(1) y は x に比例し，$x=2$ のとき $y=6$ である。

(2) y は x に比例し，$x=-2$ のとき $y=4$ である。

(3) y は x に反比例し，$x=2$ のとき $y=6$ である。

(4) y は x に反比例し，$x=-2$ のとき $y=4$ である。

ガイド (1)，(2) y は x に比例するので，$y=ax$ と表すことができます。

(3)，(4) y は x に反比例するので，$y=\frac{a}{x}$ と表すことができます。

解答 (1) 比例定数を a とすると，$y=ax$

$x=2$ のとき $y=6$ だから，

$6=a\times 2$　　$a=3$

したがって，$\boldsymbol{y=3x}$

(2) 比例定数を a とすると，$y=ax$

$x=-2$ のとき $y=4$ だから，

$4=a\times(-2)$　　$a=-2$

したがって，$\boldsymbol{y=-2x}$

(1)，(2) p.120 問 3

(3) 比例定数を a とすると，$y=\frac{a}{x}$

$x=2$ のとき $y=6$ だから，

$6=\frac{a}{2}$ $a=12$

したがって，$\boldsymbol{y=\frac{12}{x}}$

(4) 比例定数を a とすると，$y=\frac{a}{x}$

$x=-2$ のとき $y=4$ だから，

$4=\frac{a}{-2}$ $a=-8$

したがって，$\boldsymbol{y=-\frac{8}{x}}$

(3)，(4) p.131 問3

7

点 A(4, −1)，B(−3, 0) を，右の図にかき入れなさい。
また，右の図で，点 C，D，E の座標をいいなさい。(図は省略)

解答 点 A，B は右の図

C(1, 3)，D(−4, −4)，E(0, −2)

p.123 問1 問2

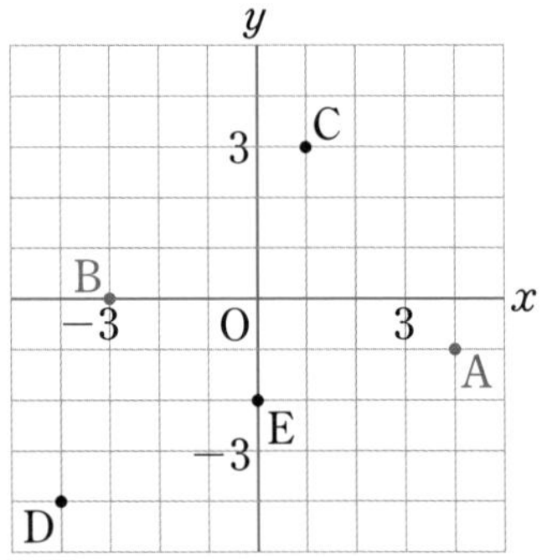

8

次の関数のグラフをかきなさい。

(1) $y=-4x$　　(2) $y=\frac{1}{2}x$

(3) $y=\frac{8}{x}$　　(4) $y=-\frac{16}{x}$

ガイド (1), (2) $\boldsymbol{y=ax}$ のグラフをかくには，原点ともう 1 つの点をとって，それらを通る直線をひきます。

(3), (4) $\boldsymbol{x}$，$\boldsymbol{y}$ の値の組を表にして，その値の組を座標とする点をとり，なめらかな曲線をかきます。

解答 (1) $x=2$ を代入すると，$y=-8$ だから，原点と点 $(2,\ -8)$ を通る直線である。

(2) $x=4$ を代入すると，$y=2$ だから，原点と点 $(4,\ 2)$ を通る直線である。

(1)，(2) p.126 問3

(3)

x	…	-8	-4	-2	-1	0	1	2	4	8	…
y	…	-1	-2	-4	-8	×	8	4	2	1	…

p.133 問2

(4)

x	…	-8	-4	-2	0	2	4	8	…
y	…	2	4	8	×	-8	-4	-2	…

p.134 問3

グラフは右の図

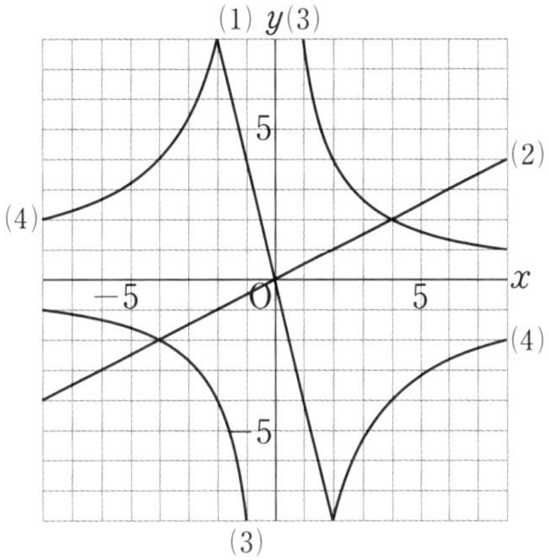

9 同じ紙 500 枚の重さをはかると 2000 g でした。

この紙の枚数を x 枚，重さを y g として，次の問いに答えなさい。

(1) x と y の関係を式に表しなさい。

(2) この紙の枚数が 125 枚のとき，重さは何 g になりますか。

ガイド (1) 紙の重さは枚数に比例すると考えて，比例の式に表します。

(2) (1)の式に $x=125$ を代入して，y の値を求めます。

解答 (1) y は x に比例するから，比例定数を a とすると，$y=ax$

$x=500$ のとき $y=2000$ だから，

$2000=a\times500$

$a=4$

したがって，x と y の関係を表す式は，$\boldsymbol{y=4x}$

(2) $y=4x$ に $x=125$ を代入すると，

$y=4\times125=500$

500 g p.138 問1 問2

4章 章末問題　学びを身につけよう

教科書 p.144～145

テストによく出る

1 右の(ア)～(エ)の式で表される関数のうち，次の(1)～(3)のそれぞれにあてはまるものをすべて選びなさい。

(1) グラフが，点 (2, −1) を通る。

(2) グラフが，原点を通る右下がりの直線である。

(3) グラフが，双曲線である。

(ア) $y=2x$	(イ) $y=-\frac{1}{2}x$
(ウ) $y=\frac{2}{x}$	(エ) $y=-\frac{2}{x}$

ガイド (1) $x=2$ を代入して，$y=-1$ となるものを選びます。

(2) グラフが原点を通る直線だから，比例の式 $y=ax$ で表され，右下がりだから $a<0$ です。

(3) グラフが双曲線だから，反比例の式 $y=\frac{a}{x}$ で表されます。

解答 (1) (ア)は，$x=2$ のとき $y=4$　(イ)は，$x=2$ のとき $y=-1$

(ウ)は，$x=2$ のとき $y=1$　(エ)は，$x=2$ のとき $y=-1$

したがって，グラフが，点 (2, −1) を通るのは，(イ)，(エ)

(2) $y=ax$ で表されて，$a<0$ であるものだから，(イ)

(3) $y=\frac{a}{x}$ で表されるものだから，(ウ)，(エ)

テストによく出る

2 グラフが右の図の①，②，③，④になる関数を，それぞれ，次の(ア)～(カ)の中から選びなさい。

(ア) $y=2x$　(イ) $y=-x$

(ウ) $y=\frac{5}{3}x$　(エ) $y=\frac{3}{5}x$

(オ) $y=\frac{16}{x}$　(カ) $y=-\frac{16}{x}$

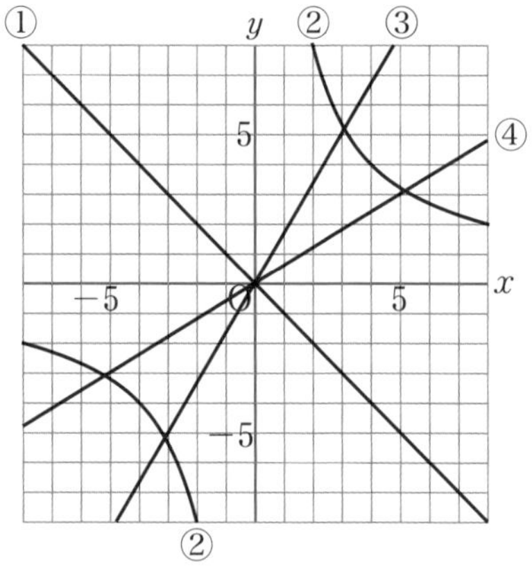

ガイド 原点を通る直線は比例の式 $y=ax$，双曲線は反比例の式 $y=\frac{a}{x}$ で表される。

解答 ① 原点と点 (5, −5) を通る直線だから，$y=-x$　(イ)

② 点 (2, 8) を通る双曲線だから，$8=\frac{a}{2}$　$a=16$　よって，$y=\frac{16}{x}$　(オ)

③ 原点と点 (3, 5) を通る直線だから，$y=\frac{5}{3}x$　(ウ)

④ 原点と点 (5, 3) を通る直線だから，$y=\frac{3}{5}x$　(エ)

3 点(□, 6)が，次の関数のグラフ上にあるとき，□にあてはまる数を求めなさい。

(1) $y=4x$　　　　(2) $y=-\frac{24}{x}$

ガイド グラフ上の点の座標の x, y の値は，それぞれの関数の式を成り立たせるから，式に $y=6$ を代入して x の値を求めると，それが□の値になります。
点$(p,\ q)$が $y=ax$ のグラフ上にある → $q=ap$ が成り立つ

解答 (1) $y=4x$ に $y=6$ を代入すると，$6=4x$　　$x=\frac{3}{2}$

よって，□にあてはまる数は，$\boldsymbol{\frac{3}{2}}$

(2) $y=-\frac{24}{x}$ に $y=6$ を代入すると，$6=-\frac{24}{x}$　　$6x=-24$　　$x=-4$

よって，□にあてはまる数は，**−4**

テストによく出る

4 次の関数の式を求めなさい。

(1) y は x に比例し，グラフが点$(-5,\ -30)$を通る。

(2) y は x に反比例し，グラフが点$(5,\ -8)$を通る。

ガイド (1) y が x に比例して，グラフが点$(p,\ q)$を通る場合，$y=ax$ に $x=p$, $y=q$ を代入すると，$q=ap$ が成り立ちます。

(2) y が x に反比例して，グラフが点$(p,\ q)$を通る場合，$y=\frac{a}{x}$ に $x=p$, $y=q$ を代入すると，$q=\frac{a}{p}$ が成り立ちます。

解答 (1) 比例定数を a とすると，$y=ax$

$x=-5$, $y=-30$ を代入すると，$-30=-5a$　　$a=6$

したがって，$\boldsymbol{y=6x}$

(2) 比例定数を a とすると，$y=\frac{a}{x}$

$x=5$, $y=-8$ を代入すると，$-8=\frac{a}{5}$　　$a=-40$

したがって，$\boldsymbol{y=-\frac{40}{x}}$

5 次の関数のグラフをかきなさい。

(1) y は x に比例し，$x=2$ のとき $y=-4$ である。

(2) y は x に反比例し，$x=-3$ のとき $y=-2$ である。(図は省略)

ガイド (1) 比例のグラフなので，原点と点$(2,\ -4)$を通る直線をひきます。

(2) 反比例の式を求めて，x, y の値の組を表にしてから，グラフをかきます。

解答 (2) 比例定数を a とすると，$y=\dfrac{a}{x}$

$x=-3$，$y=-2$ を代入すると，$-2=\dfrac{a}{-3}$　　$a=6$

よって，$y=\dfrac{6}{x}$

x	…	-6	-3	-2	-1	0	1	2	3	6	…
y	…	-1	-2	-3	-6	×	6	3	2	1	…

グラフは右の図

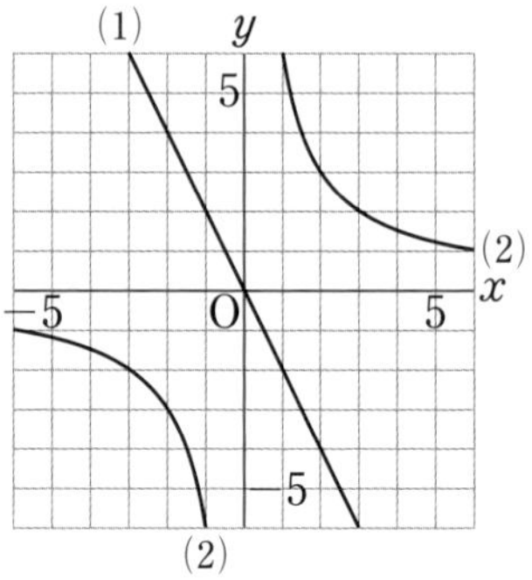

参考 (1)の関数の式は，$y=-2x$ です。

テストによく出る

6 右の図の四角形ABCDは，1辺12 cmの正方形です。点Pは，Bから出発して辺BC上をCまで進むものとし，Bから x cm 進んだときの三角形ABPの面積を $y\ \mathrm{cm}^2$ とします。

(1) x と y の関係を式に表しなさい。

(2) x の変域を求めなさい。

(3) 三角形ABPの面積が $30\ \mathrm{cm}^2$ となるのは，点PがBから何cm進んだときですか。

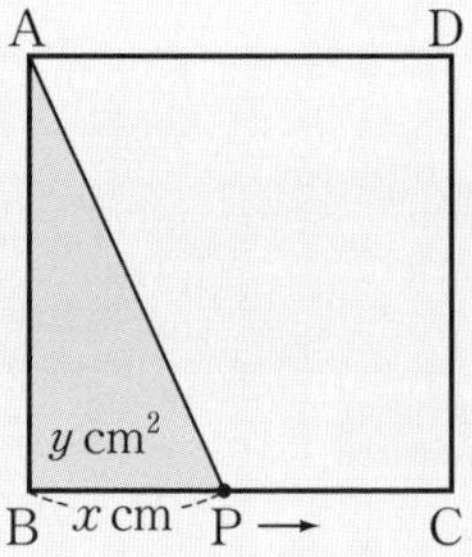

ガイド (1) **三角形ABPの面積 y は，$\dfrac{1}{2}\times\mathrm{AB}\times\mathrm{BP}$ で求められます。**

(2) **「点Pは，BからCまで進む」ことから，x の変域が求められます。**

(3) **(1)の式で，$y=30$ のときの x の値を求めます。**

解答 (1) AB=12，BP=x を代入すると，$y=\dfrac{1}{2}\times12\times x$　　つまり，$\boldsymbol{y=6x}$ となる。

(2) 点PはBからCまで進むので，$\boldsymbol{0\leqq x\leqq 12}$

(3) $y=6x$ に $y=30$ を代入して，$30=6x$　　$x=5$

したがって，**点PがBから5 cm進んだとき**

テストによく出る

7 家から3 km離(はな)れた博物館まで，自転車に乗って分速300 mで走ったとき，出発してから x 分後までに進んだ道のりを y m とします。

(1) x と y の関係を式に表しなさい。

(2) x の変域を求めなさい。

(3) x と y の関係を表すグラフを右の図にかきなさい。(図は省略)

(4) 家から1.2 kmのところにいるのは，家を出発してから何分後ですか。

ガイド　(1)　(道のり)＝(速さ)×(時間)

(2)　分速 **300 m** で **3 km＝3000 m** 走るのにかかる時間から，x の変域を考えます。

(3)　原点のほかに，グラフが通る点を 1 つ求めます。

(4)　式に $y=1200$ を代入して x の値を求めます。

解答　(1)　(道のり)＝(速さ)×(時間) より，$\boldsymbol{y=300x}$

(2)　3 km＝3000 m だから，3000÷300＝10 (分) で博物館に到着する。

よって，x の変域は，$\boldsymbol{0 \leqq x \leqq 10}$

(3)　グラフは，原点と点 (10，3000) を通る直線になる。**右の図の実線部分**

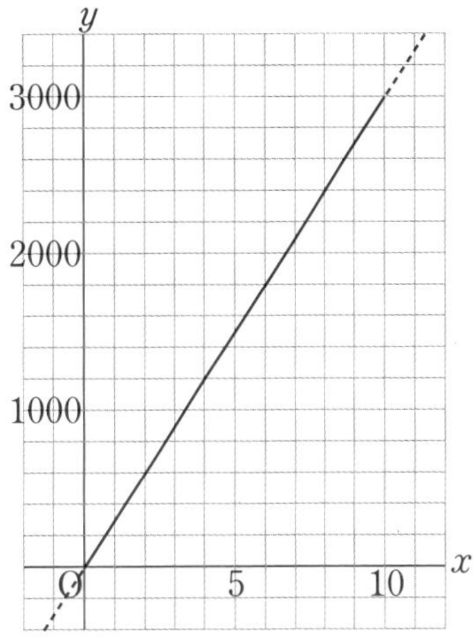

(4)　1.2 km＝1200 m

$y=300x$ に $y=1200$ を代入すると，

$1200=300x$　　$x=4$

したがって，**4 分後**

8　反比例の関係 $y=\dfrac{8}{x}$ のグラフ上に，2 点 A，B をとります。また，右の図のように，y 軸上に点 P，Q，x 軸上に点 R，S を，それぞれとり，AR と BQ の交点を M とします。この図で，色のついた部分の面積は，斜線(しゃせん)の部分の面積と等しくなります。その理由を説明しなさい。

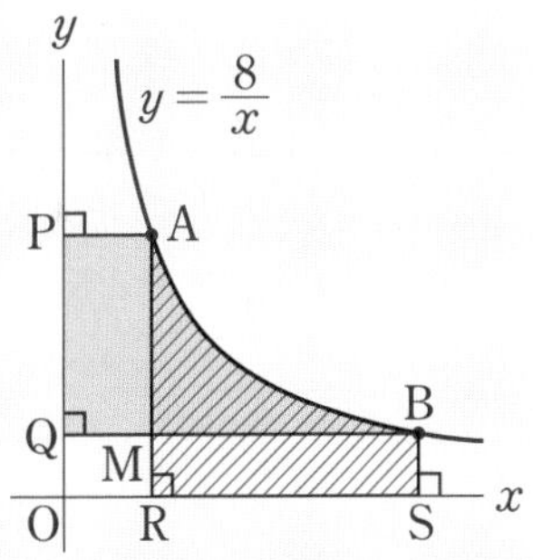

ガイド　色のついた部分を，四角形 **PQMA** と図形 **AMB** に分け，斜線の部分を，四角形 **MRSB** と図形 **AMB** に分けます。四角形 **PQMA** と四角形 **MRSB** の面積が等しければ，色をつけた部分の面積は斜線の部分の面積と等しくなります。

解答例　点 A，B はどちらも $y=\dfrac{8}{x}$ のグラフ上の点だから，x 座標と y 座標の値の積は 8 になる。よって，OR×OP＝8，OS×OQ＝8 となって，四角形 PORA＝四角形 QOSB＝8

四角形 PQMA＝四角形 PORA－四角形 QORM

四角形 MRSB＝四角形 QOSB－四角形 QORM

したがって，四角形 PQMA＝四角形 MRSB　……①

色のついた部分の面積＝四角形 PQMA＋図形 AMB　……②

斜線の部分の面積＝四角形 MRSB＋図形 AMB　……③

①，②，③から，色のついた部分の面積は斜線の部分の面積と等しい。

5章 平面図形

1節 直線と図形

かりんさんのいる場所はどこ？

かりんさんは，友だちと会うことになりました。
いまいる場所について，電話で話しています。

かりん：観光案内所と博物館の間にある，川と平行な道路を，駅の方向に進んでね。
友だち：うん，わかった。
かりん：次に，城と展望台を結ぶ直線上にある交差点まで来たら，そこで，川の方向に直角に曲がってね。
あとはまっすぐ進むと左側にあるよ。
友だち：なるほど。
かりんさんのいる場所は［　　　］だね。
かりん：あたり！
友だち：いまから向かうから待っててね。

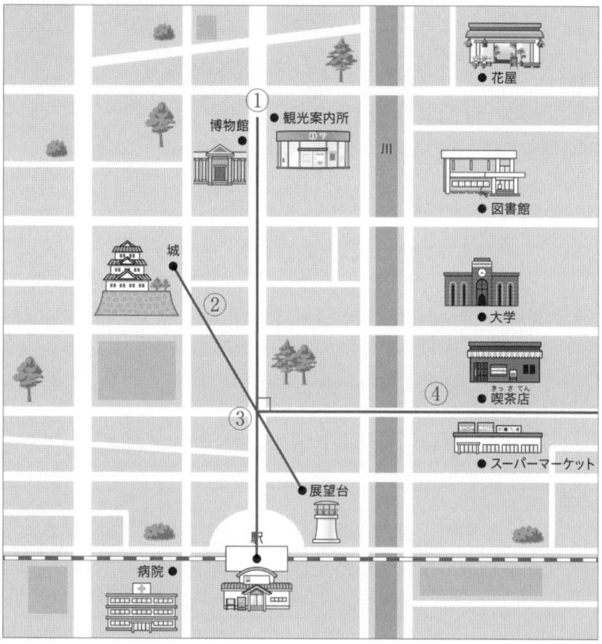

説明しよう　教科書 p.147

かりんさんのいる場所の見つけ方を説明しましょう。

解答例　電話での会話にしたがって，かりんさんのいる場所を見つける。(上の図)
① 観光案内所と博物館の間の道路に直線をひく。
② 城と展望台を結ぶ直線をひく。
③ ①の直線と②の直線が交わる点を見つける。
④ ③で見つけた点を通って，①の直線に垂直な直線をひく。
④の直線にあたる道路を進んだとき，左側にある建物を見つける。(喫茶店)

1 直線と図形

学習のねらい

平面上にかかれた図形の中で，簡単なものは，直線でできた図形です。直線，線分がつくる図形について，基本的な性質を考えます。

教科書のまとめ　テスト前にチェック

□**直線**
▶まっすぐに限りなくのびている線を**直線**といいます。

□**線分と半直線**
▶直線の一部分で，両端のあるものを**線分**といいます。また，1点を端として一方にだけのびたものを**半直線**といいます。

□**2点A，B間の距離**
▶2点A，Bを結ぶ線分ABの長さを，**2点A，B間の距離**といいます。
線分ABの長さを，ABと表すことがあります。

□**角**
▶1つの点からひいた2つの半直線のつくる図形が角です。
右の図のような角を，角ABCといい，
∠ABCと表します。
∠ABCは，∠Bや∠bと表すこともあります。

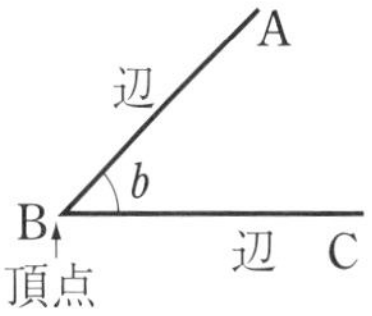

▶∠ABCと書いて，∠ABCの大きさを表すことがあります。

□**交点**
▶右の図の点Oのように，2つの線が交わる点を**交点**といいます。

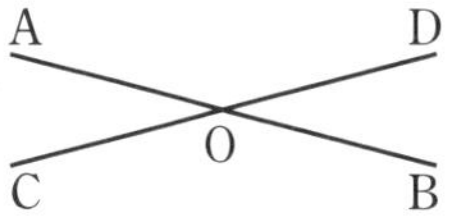

□**垂直と垂線**
▶2直線AB，CDが交わってできる角が直角であるとき，ABとCDは**垂直**であるといい，**AB⊥CD**と表します。このとき，その一方を他方の**垂線**といいます。

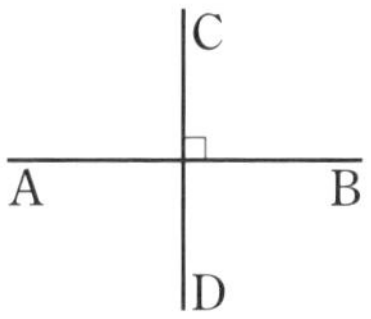

□**点Cと直線ABとの距離**
▶右の図で，点Cから直線ABに垂線をひき，直線ABとの交点をHとします。
この線分CHの長さを，
点Cと直線ABとの距離といいます。

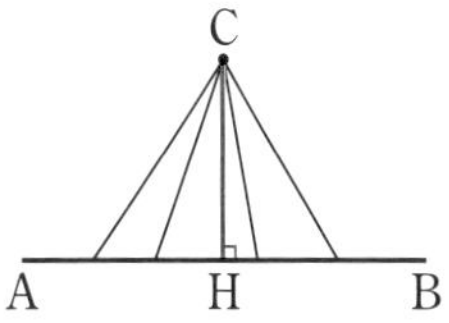

□**平行**
▶2直線AB，CDが交わらないとき，ABとCDは**平行**であるといい，**AB∥CD**と表します。

□**平行な2直線ℓ，m間の距離**
▶$\ell \parallel m$ のとき，点Pを，ℓ上のどこにとっても，点Pと直線mとの距離は一定です。この一定の距離を，**平行な2直線ℓ，m間の距離**といいます。

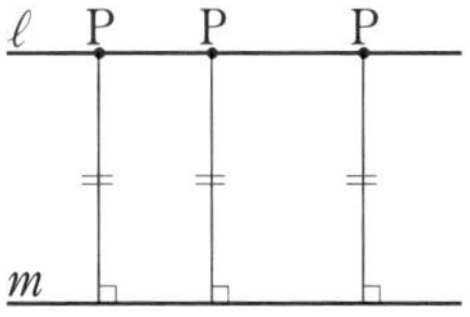

□**三角形**
▶3点A，B，Cを頂点とする三角形ABCを**△ABC**と表します。

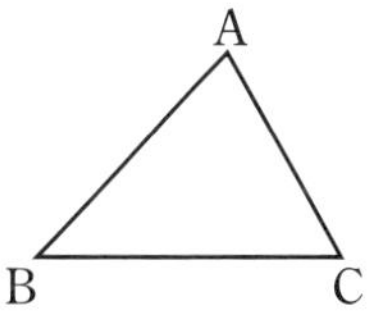

直線と角について学びましょう。

問1 左の図で，かりんさんの家は線分 AB 上にあります。
また，けいたさんの家は直線 BC 上にあります。
2人の家を，それぞれ，㋐〜㋔から選びなさい。(図は省略)

教科書 p.148

ガイド 線分 AB と直線 BC を作図して考えます。
線分 AB は，点Aと点Bが両端になりますが，直線 BC には両端がないことに注意します。

解答

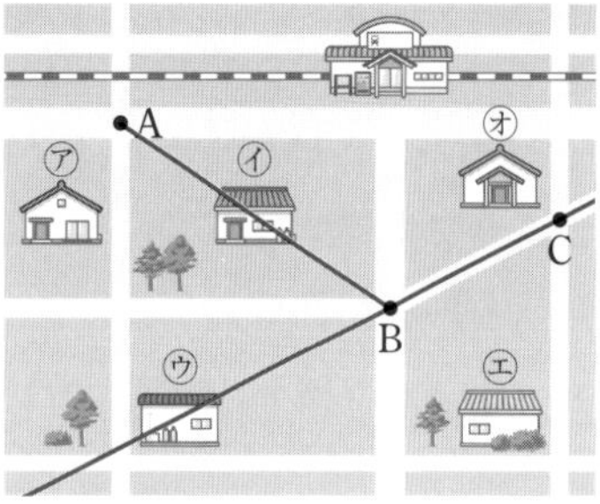

左の図のように作図して求める。
かりんさんの家は線分 AB 上にあるから，㋑
けいたさんの家は直線 BC 上にあるから，㋒

問2 下の図に示した角を，記号∠を使って表しなさい。
また，その角の大きさを，分度器を使って測りなさい。

教科書 p.149

(1)

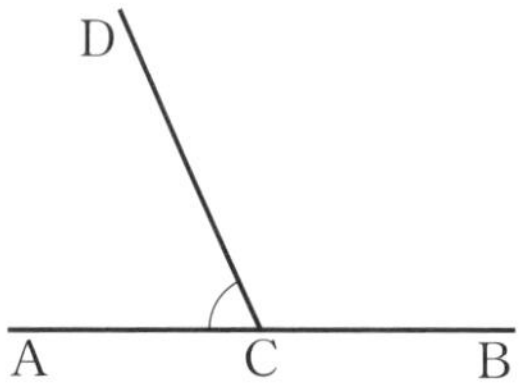

(2)

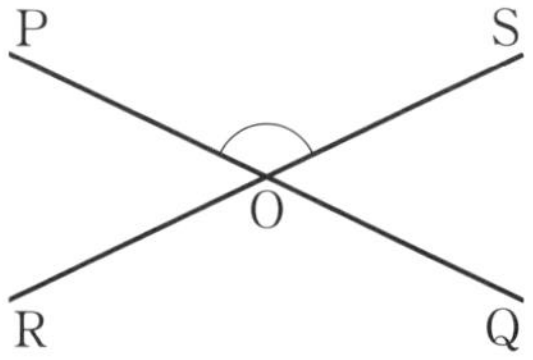

ガイド 角の頂点を表す文字をまん中にし，辺上の点の文字とあわせて，3つの文字で表します。
また，他の角とまぎらわしくないときは，∠C，∠O と表してもよいですが，そうでないときは，3つの文字で角を表します。

解答 (1) ∠ACD (または，∠DCA)，65°
(2) ∠POS (または，∠SOP)，130°

垂直な2直線，平行な2直線について学びましょう。

● 垂直な2直線

左の直線を，右の図のように折ってみましょう。
このとき，もとの直線と折り目の直線は交わります。
2本の直線は，どんな関係になるでしょうか。
(直線の図は省略)

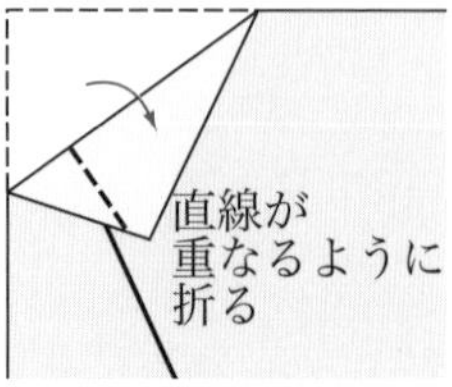

教科書 p.150

ガイド 教科書の左の図（直線）を，実際に折って確かめてみましょう。

解答 直線と紙の端Pとが重なった点をP′とするとき，点P′が直線上のどこになるように重ねても，**もとの直線と折り目の直線は，垂直になる**。

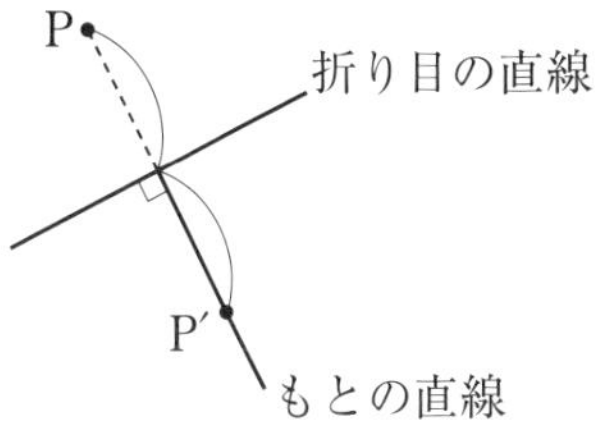

問3 右の図のひし形で，垂直な線分を，記号⊥を使って表しなさい。 教科書 p.150

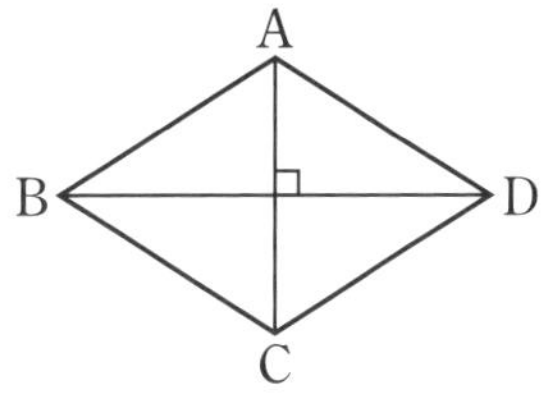

ガイド 2直線が交わってできる角が直角であるとき，2直線は垂直であるといいます。

解答 **AC⊥BD** （または，**BD⊥AC**）

問4 右の図で，点Aから2つの直線 ℓ，m に，それぞれ垂線をひきなさい。また，点Aと直線 ℓ，m との距離を，それぞれ測りなさい。（図は省略） 教科書 p.151

ガイド 垂線をひくときは，1組の三角定規を，右の図のように使います。
右の図で，点Aから垂線AHをひいたとき，この線分AHの長さを，点Aと直線 ℓ との距離といいます。

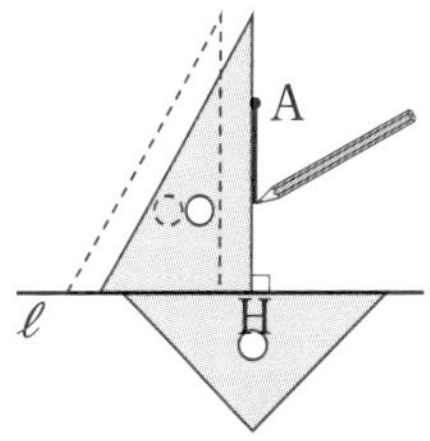

解答 右の図

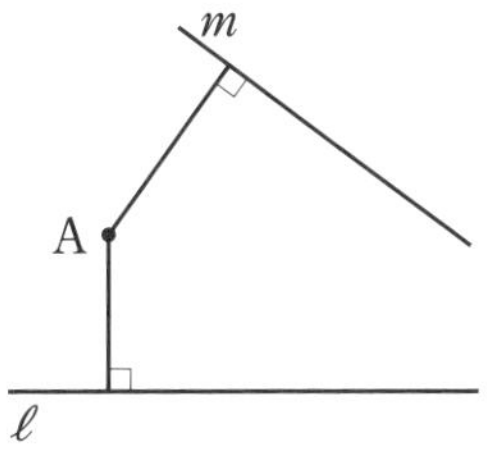

（かき方）
1組の三角定規を使って，点Aから直線 ℓ，m に，それぞれ垂線をひく。
点Aと直線 ℓ との距離…**1.5 cm**（**15 mm**）
点Aと直線 m との距離…**2 cm**（**20 mm**）

● 平行な2直線

問5 右の図の台形で，平行な線分を，記号∥を使って表しなさい。 教科書 p.151

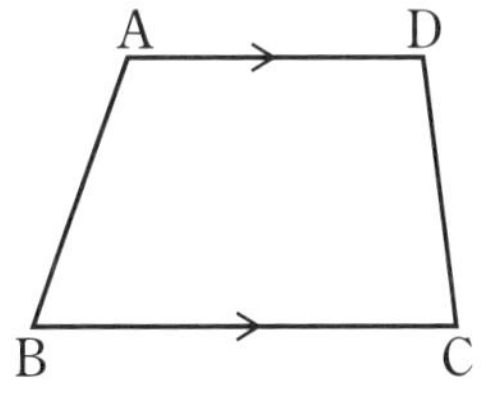

ガイド 台形の上底と下底は，平行になっています。

解答 **AD∥BC**

5章 平面図形

問 6 ノートに直線 AB をかき，直線 AB と平行で，直線 AB との距離が 2 cm となる直線をひきなさい。
このような直線は，何本ひけますか。

教科書 p.151

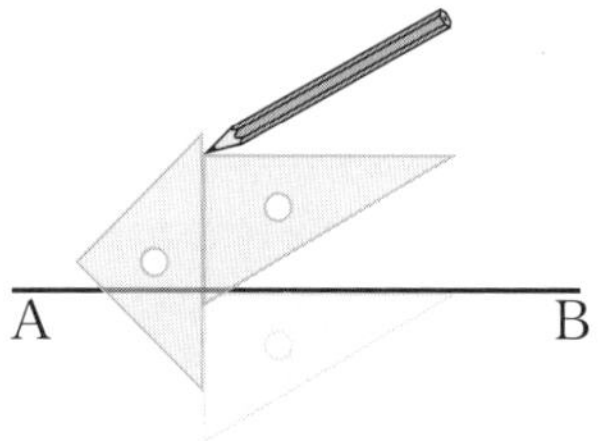

ガイド (かき方)

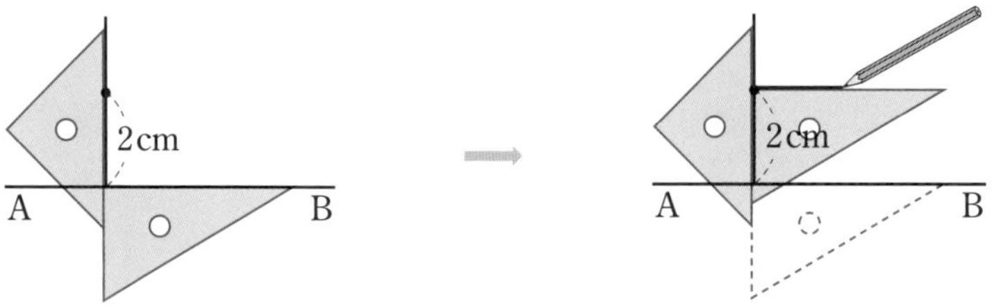

直線 **AB** に垂線をひく。
直線 **AB** から **2 cm** の点をとる。

直線 **AB** から **2 cm** の点を通る
平行線をひく。

解答

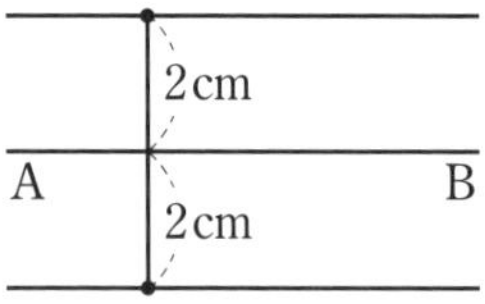

左の図
直線 AB に平行な直線は，直線 AB の上側と下側にあわせて **2 本**ひける。

問 7 (教科書) 147 ページで，かりんさんのいる場所はどこですか。

教科書 p.152

ガイド 観光案内所と博物館の間の道路にひいた直線と，城と展望台を結ぶ線分との交点を通る，直線(と川) の垂線をひきます。その垂線にあたる道路の左側にある建物です。

解答 **喫茶店**

三角形の表し方について学びましょう。

問 8 右の図の中にあるすべての三角形を，
記号△を使って表しなさい。

教科書 p.152

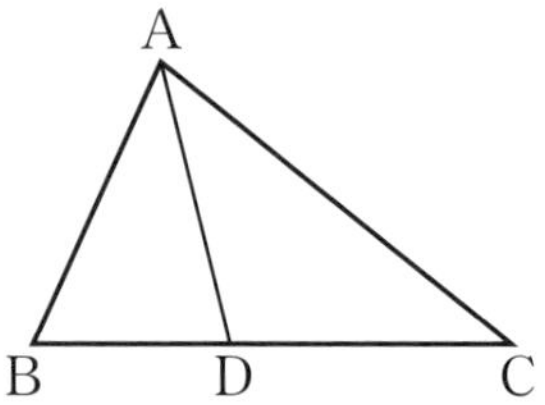

ガイド 3 点 **A**，**B**，**C** を頂点とする三角形 **ABC** を △**ABC** と表します。
ふつう，記号の順番は，左まわりで書くことが多いです。

解答 **△ABC，△ABD，△ADC**

問 9 次のような △ABC をかきなさい。 教科書 p.152

(1) AB＝5 cm，BC＝6 cm，CA＝4 cm

(2) AB＝6 cm，BC＝6 cm，∠B＝30°

(3) BC＝6 cm，∠B＝60°，∠C＝45°

ガイド 三角形は，次のような方法でかくことができます。

① 3 つの辺の長さを使ってかく → (1)の三角形

② 2 つの辺の長さと，その間の角の大きさを使ってかく → (2)の三角形

③ 1 つの辺の長さと，その両端の角の大きさを使ってかく → (3)の三角形

解答 (1)

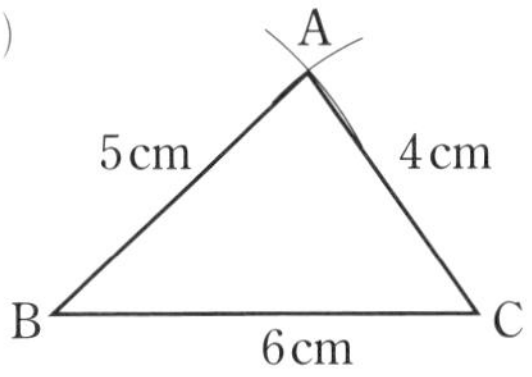

(かき方)
はじめに，BC＝6 cm をとる。
点Bを中心に半径 5 cm の円をかく。
点Cを中心に半径 4 cm の円をかく。
2 つの円の交点をAとして，線分 AB，AC をひく。

(2)

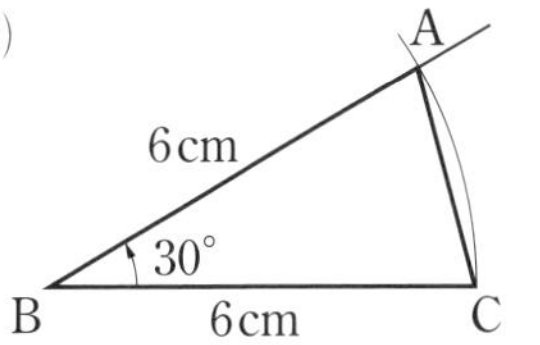

(かき方)
はじめに，BC＝6 cm をとる。
次に，∠ABC＝30° となるような半直線を点Bからひく。
点Bを中心に半径 6 cm の円をかき，点Bからひいた半直線との交点をAとして，線分 AC をひく。

(3)

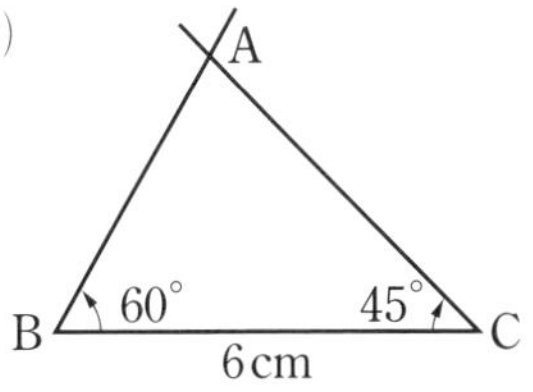

(かき方)
はじめに，BC＝6 cm をとる。
次に，∠ABC＝60° となるような半直線を点Bから，∠ACB＝45° となるような半直線を点Cからひき，2 つの半直線の交点をAとする。

問10 AB＝BC＝CA＝5 cm である △ABC をかきなさい。 教科書 p.152

ガイド **AB＝BC＝CA だから，正三角形です。3 つの辺の長さを使ってかきます。**

解答

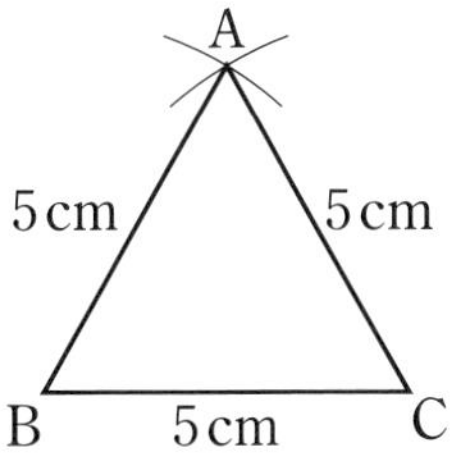

(かき方)
はじめに，BC＝5 cm をとる。
点Bと点Cを中心にして，半径 5 cm の円をかく。
2 つの円の交点をAとして，線分 AB，ACをひく。

❷節 移動と作図

図形を動かして重ねてみよう

下の図は，正方形の折り紙を，右の図のように折って，はさみを入れ，ひろげたものです。

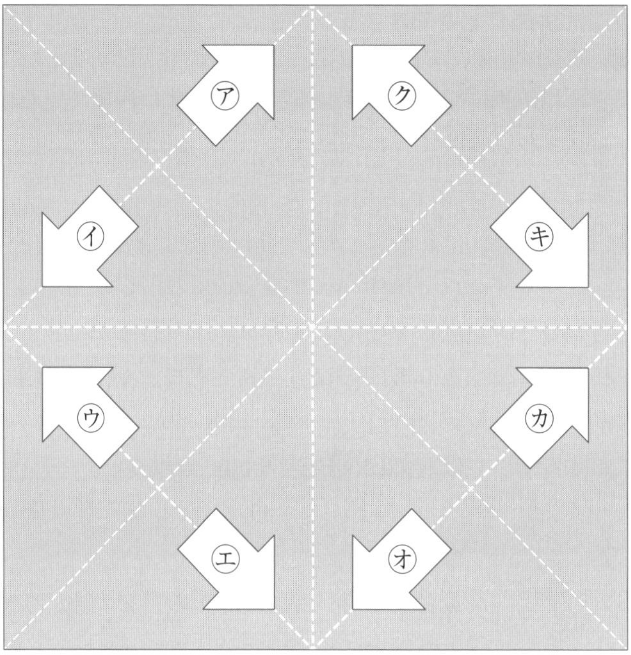

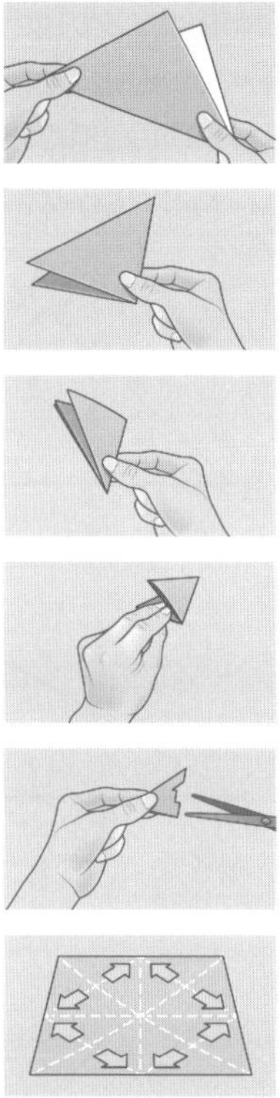

話しあおう

教科書 p.153

折り紙をひろげてできた上の図で，㋐の図形をもとにすると，ほかの図形は，㋐をどのように動かしたものとみることができるでしょうか。

解答例 ㋐の図形をずらしたものや，まわしたもの，折り返したものがある。

- ずらしたもの…㋕
- まわしたもの…㋑，㋒，㋓，㋔，㋖，㋗
- 折り返したもの…㋑，㋓，㋕，㋗

1 図形の移動

学習のねらい

図形の形と大きさを変えない移動として，平行移動，回転移動，対称移動の意味とその基本の性質を，操作を通して調べていきます。

教科書のまとめ テスト前にチェック

□移動
▶ある図形を，形と大きさを変えないで，ほかの位置に移すことを**移動**といいます。

□平行移動
▶平面上で，図形を，一定の方向に，一定の長さだけずらして移すことを**平行移動**といいます。

□回転移動
▶平面上で，図形を，1つの点Oを中心として，一定の角度だけまわして移すことを**回転移動**といいます。
このとき，中心とした点Oを**回転の中心**といいます。

□点対称移動
▶回転移動の中で，特に，180° の回転移動を**点対称移動**といいます。

□対称移動
▶平面上で，図形を，1つの直線 ℓ を折り目として，折り返して移すことを**対称移動**といいます。
このとき，折り目とした直線 ℓ を**対称の軸**といいます。

□垂直二等分線
▶線分の両端からの距離が等しい線分上の点を，その線分の**中点**といいます。
▶線分の中点を通り，その線分と垂直に交わる直線を，その線分の**垂直二等分線**といいます。

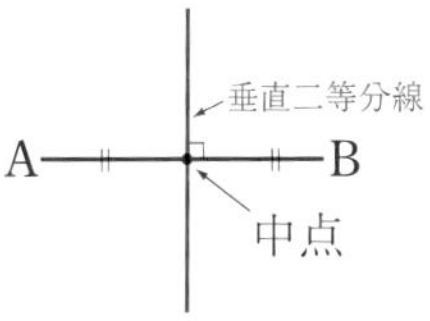

□組み合わせた移動
▶平行移動，回転移動，対称移動の3つを組み合わせると，図形はどんな位置にでも移すことができます。

図形の移動の意味と性質について学びましょう。

● 平行移動

問 1 例1 で，対応する点を結んだ線分 AP，BQ，CR の間には，どんな関係がありますか。 教科書 p.154

ガイド 平行移動は，平面上で，図形を，一定の方向（平行）に，一定の長さ（同じ長さ）だけずらして移すので，そのことから考えます。
方眼を利用して，線分の関係や長さを確かめましょう。

解答 線分 AP，BQ，CR は，どの線分どうしも平行である。
また，線分の長さはすべて等しい。

問 2 前ページ(教科書 p.154)の **例 1** で，△ABC を，矢印 MN の方向に，その長さだけ平行移動した図をかきなさい。 教科書 p.155

ガイド 平行移動では，対応する点を結んだ線分どうしは平行で，その長さはすべて等しい。
このことから三角定規を使って作図しますが，ここでは方眼の上にかかれているので，それを利用します。
右の図のように方眼のます目を数えて，点 A，B，C が，それぞれ移動する点 P′，Q′，R′ を見つけます。

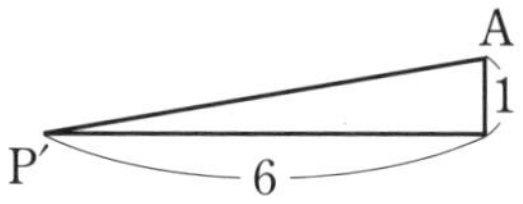

解答

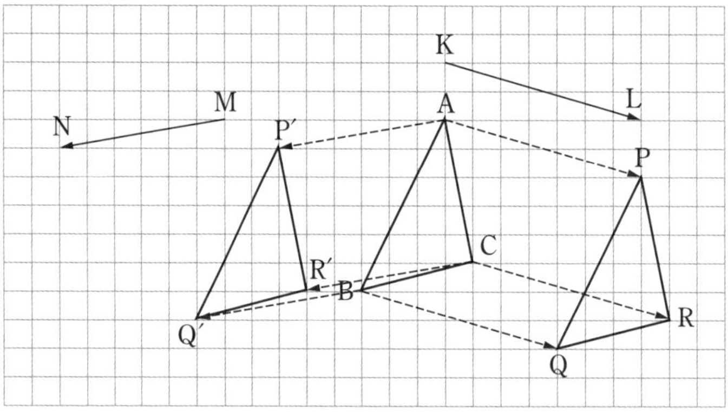

(△ABC が △P′Q′R′ に移動する。)

問 3 右の図の △ABC を，点Aを点Pに移すように，平行移動した図をかきなさい。 教科書 p.155

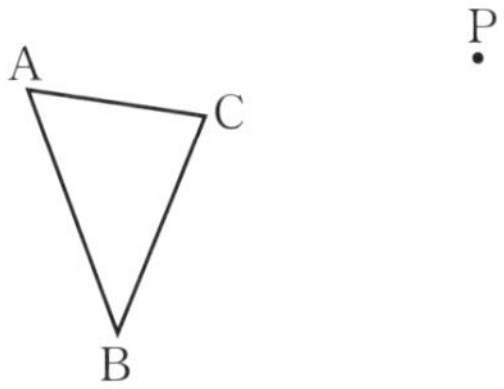

ガイド 方眼の上にかかれていないので，1組の三角定規を使って，作図します。
点 C，B を通って，それぞれ線分 AP に平行な直線をひき，
AP=CR，AP=BQ
となる点 R，Q を決めます。

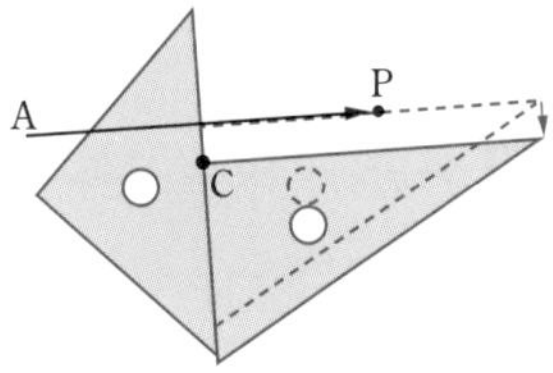

解答

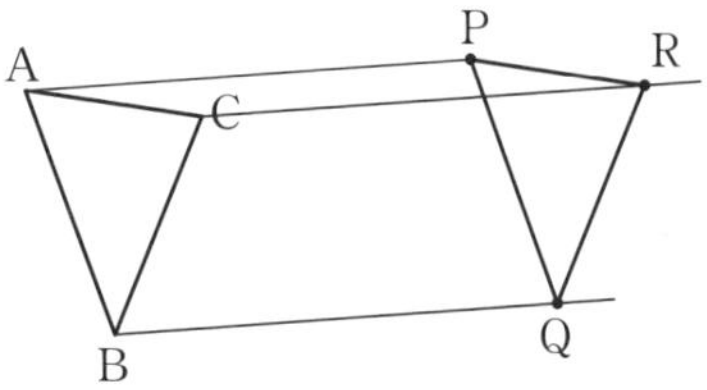

(△ABC が △PQR に移動する。)

参考 R と Q の位置を決めるのに，コンパスを使って，AP の長さを測りとり，AP=CR，AP=BQ となる点 R，Q を決めるとよい。

● 回転移動

問 4 例2 で，対応する点A，P と回転の中心Oを結んだ線分OA，OP の長さについて，どんなことがいえますか。 教科書 p.155

ガイド 回転移動では，平面上で，図形を，1つの点を中心として，一定の角度だけまわして移すことから考えます。

解答 **線分OA とOP の長さは等しい。**

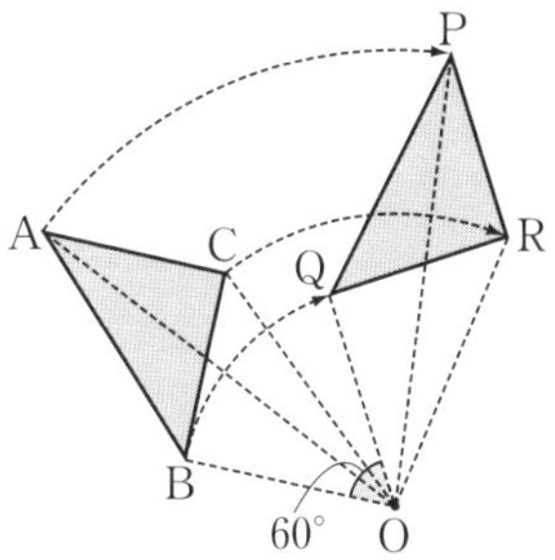

(コンパスを使ってかいたとき，コンパスの開いた幅(はば)は変わらないことからもわかる。)

参考 回転移動では，対応する点は，回転の中心からの距離が等しく，対応する点と回転の中心とを結んでできた角の大きさはすべて等しくなります。

OA＝OP，OB＝OQ，OC＝OR

∠AOP＝∠BOQ＝∠COR（＝60°）

問 5 前ページ(教科書 p.155)の 例2 で，△ABC を，点O を回転の中心として，180° だけ回転移動した図をかきなさい。 教科書 p.156

ガイド **180° の回転移動では，対応する点と回転の中心は，それぞれ1つの直線上にあります。**

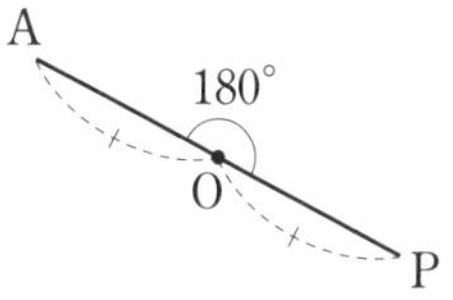

解答 **右の図**(△ABC が，△PQR に移動する。)

(AOP は直線で，OA＝OP
BOQ は直線で，OB＝OQ
COR は直線で，OC＝OR)

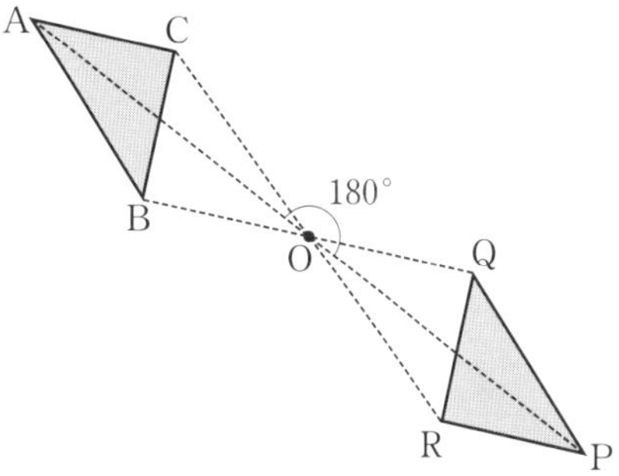

参考 180° の回転移動を点対称移動といいます。

● 対称移動

問 6 例3 で，対応する点を結んだ線分 AP，BQ，CR と対称の軸 ℓ との間には，どんな関係がありますか。 教科書 p.156

ガイド 点Pは，直線 ℓ を折り目として，点Aを折り返した位置になっています。
点Q，Rも同じことがいえます。

解答

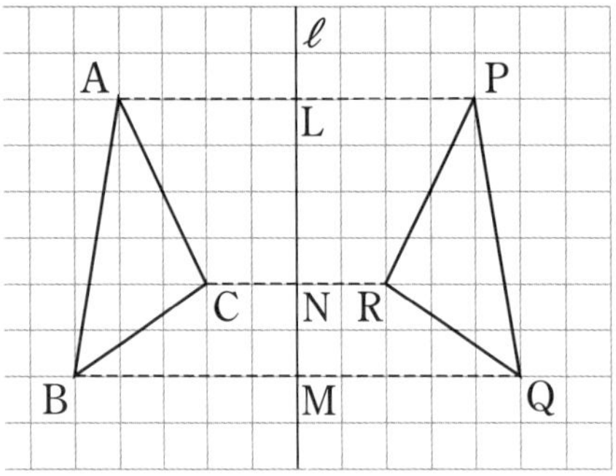

対称の軸 ℓ と AP，BQ，CR との交点をそれぞれ L，M，N とすると，

$AP\perp\ell$，$BQ\perp\ell$，$CR\perp\ell$

$AL=PL$，$BM=QM$，$CN=RN$

になっている。

したがって，**線分 AP，BQ，CR は対称の軸 ℓ と垂直に交わり，その交点で 2 等分される。**

参考 対称移動では，対応する点を結んだ線分は，対称の軸と垂直に交わり，その交点で 2 等分されます。

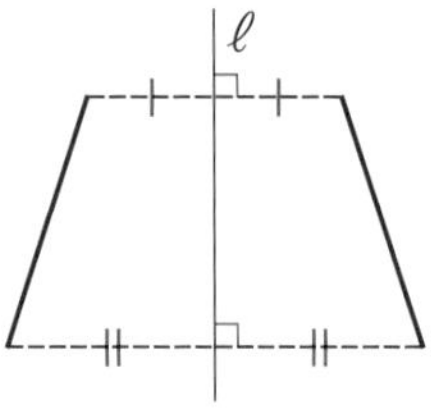

問 7 前ページ（教科書 p.156）の 例3 で，△ABC を，直線 m を対称の軸として，対称移動した図をかきなさい。 教科書 p.157

ガイド 方眼のます目を利用して，移動した点を見つけて，三角形をかきます。
対応する点と直線 m との距離が，それぞれ等しくなるように点をとりましょう。

解答

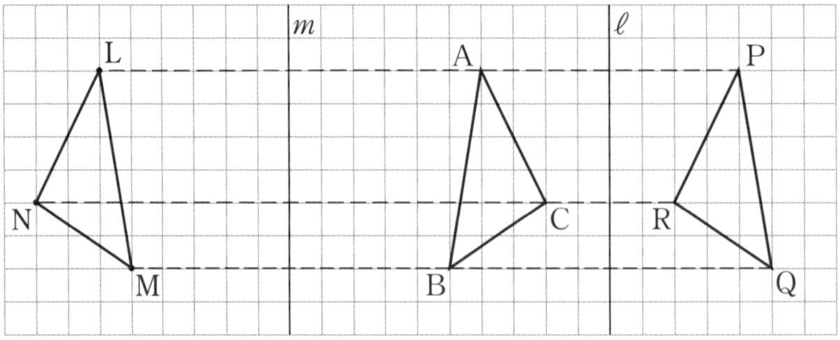

（△ABC が，△LMN に移動する。）

参考 直線 m は，線分 AL，BM，CN の垂直二等分線になっています。

3つの移動を組み合わせて，図形を移すことを考えましょう。

説明しよう

教科書 p.158

下(右)の図は，△ABC を △PQR の位置に移す移動のようすを示しています。どのように移動しているか，**例4** にならって説明しましょう。

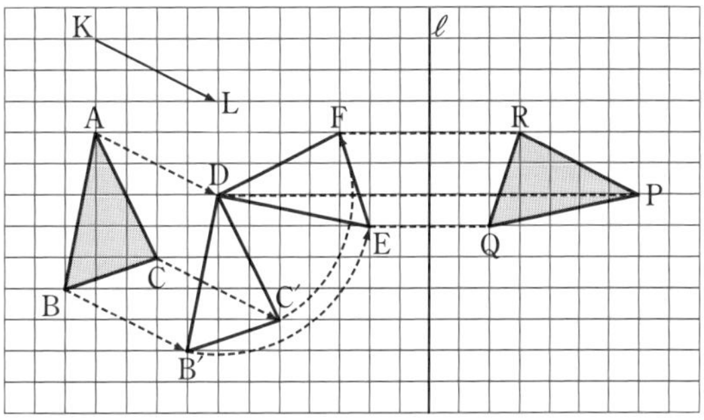

ガイド 平行移動，回転移動，対称移動の3つを組み合わせて使うと，図形はどのような位置にでも移すことができます。

解答例 △ABC を，矢印 KL の方向に，その長さだけ平行移動し，その後，点Dを回転の中心として，反時計まわりに 90° だけ回転移動し，さらに，直線 ℓ を対称の軸として，対称移動している。

練習問題

1 図形の移動 p.159

1 正方形ABCDの対角線の交点Oを通る線分を，右の図のようにひくと，合同な8つの直角二等辺三角形ができます。

このうち，次の□にあてはまる三角形をいいなさい。

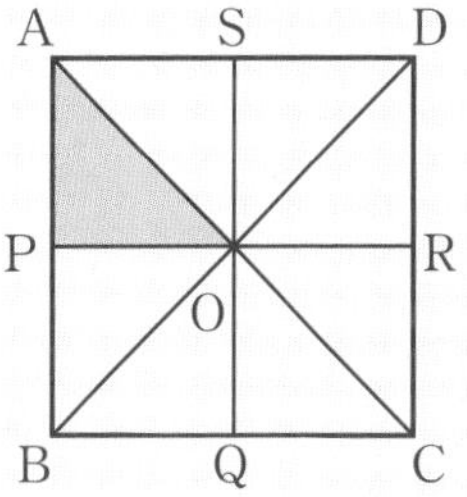

(1) △OAP を平行移動すると，□と重なる。

(2) △OAP を，PR を対称の軸として，対称移動すると，□と重なる。

(3) △OAP を，点Oを回転の中心として，回転移動すると，□，□，□と重なる。

(4) △OAP を，点Oを回転の中心として，時計まわりに 90° 回転移動し，さらに PR を対称の軸として，対称移動すると，□と重なる。

ガイド (1) △OAP と同じ向きになっている三角形をさがします。

(4) △OAP を，点Oを回転の中心として，時計まわりに 90° 回転移動すると，△ODS と重なります。

解答 (1) **△COQ**

(2) **△OBP**

(3) **△ODS，△OCR，△OBQ**

(4) **△OCQ**

参考 どの頂点がどの頂点に移るかを考えて，三角形の頂点を対応する順に記号で表します。

5章 平面図形

2 基本の作図

学習のねらい

直線をひくための定規と，円をかいたり，線分の長さをうつしとったりするためのコンパスだけを使って，いろいろな作図をすることについて学習します。

教科書のまとめ **テスト前にチェック**

□線分の垂直二等分線の作図

▶❶ 線分の両端の点 A，B を，それぞれ中心として，等しい半径の円をかき，この 2 円の交点を P，Q とする。

❷ 直線 PQ をひく。

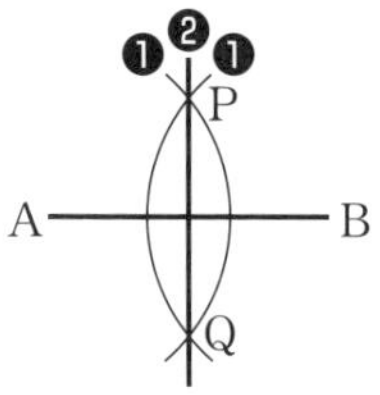

□角の二等分線

▶∠XOY を 2 等分する半直線を，∠XOY の**二等分線**(にとうぶんせん)といいます。

□角の二等分線の作図

▶❶ 点Oを中心とする円をかき，半直線 OX，OY との交点を，それぞれ，P，Q とする。

❷ 2 点 P，Q を，それぞれ中心として，半径 OP の円をかき，その交点の 1 つをRとする。

注 OP と PR の長さは等しくなくてもよい。

❸ 半直線 OR をひく。

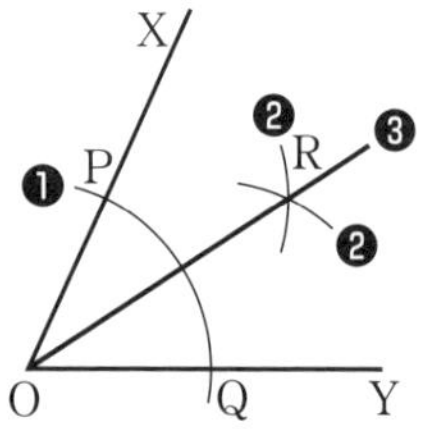

□垂線の作図

▶(ア) 直線 XY 上の点 P を通る XY の垂線の作図（図 1）

❶ 点Pを中心とする円をかき，直線 XY との交点を A，B とする。

❷ 線分 AB の垂直二等分線をひく。

注 直線上の 1 点を通る垂線は，180° の角の二等分線と考えて作図することもできます。

(イ) 直線 XY 上にない点Pを通る XY の垂線の作図（図 2）

❶ 点Pを中心とする円をかき，直線 XY との交点を A，B とする。

❷ 2 点 A，B を，それぞれ中心として，半径 PA の円をかき，その交点の 1 つをQとする。

❸ 直線 PQ をひく。

図 1

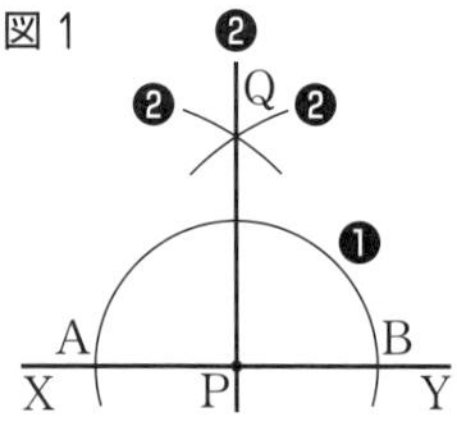

図 2

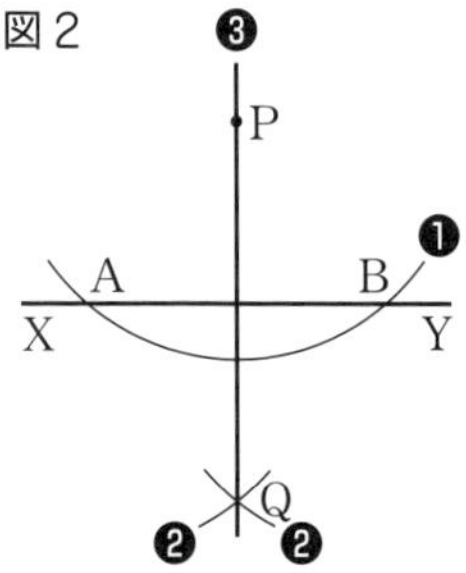

作図のしかたについて学びましょう。

● 線分の垂直二等分線の作図

問 1 ノートに △ABC をかいて，次の作図をしなさい。 教科書 p.161

(1) 辺 BC の垂直二等分線　　(2) 辺 AB の中点

ガイド (1) 線分の垂直二等分線の作図

❶ 線分の両端の点 A，B を，それぞれ中心として，等しい半径の円をかき，この 2 円の交点を P，Q とする。

❷ 直線 PQ をひく。

(2) 中点の作図

線分の中点は，線分 AB の垂直二等分線と線分 AB の交点になります。

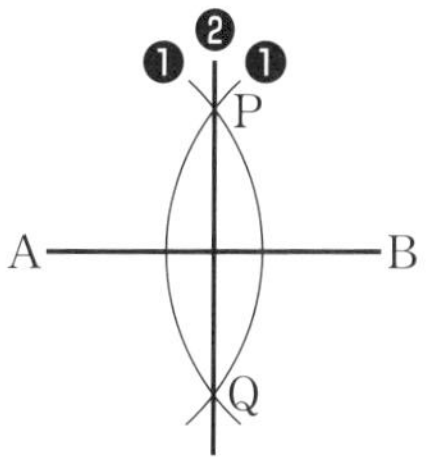

解答 (作図)

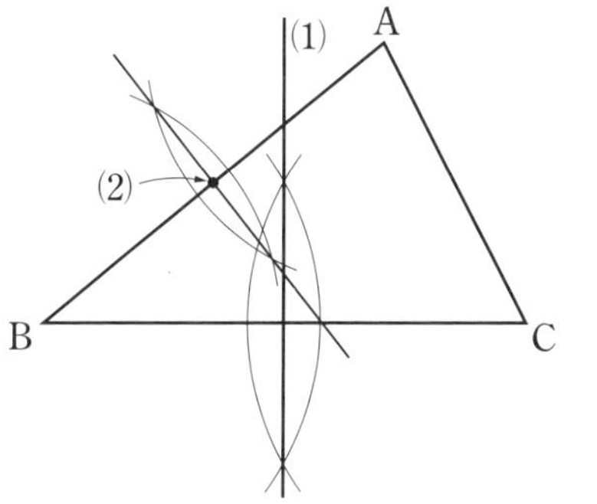

● 角の二等分線の作図

問 2 下の図で，∠XOY の二等分線を，それぞれ作図しなさい。(図は省略) 教科書 p.161

ガイド 角の二等分線の作図

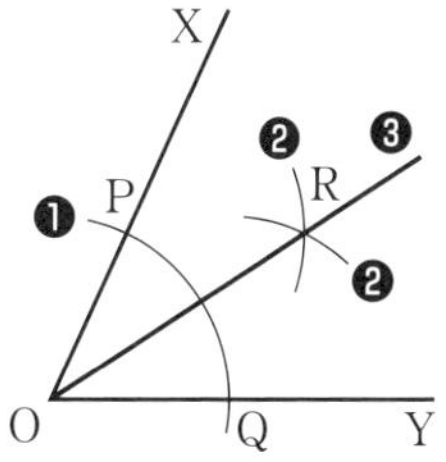

❶ 点 O を中心とする円をかき，半直線 OX，OY との交点を，それぞれ，P，Q とする。

❷ 2 点 P，Q を，それぞれ中心として，半径 OP の円をかき，その交点の 1 つを R とする。

❸ 半直線 OR をひく。

解答 (作図) (1)

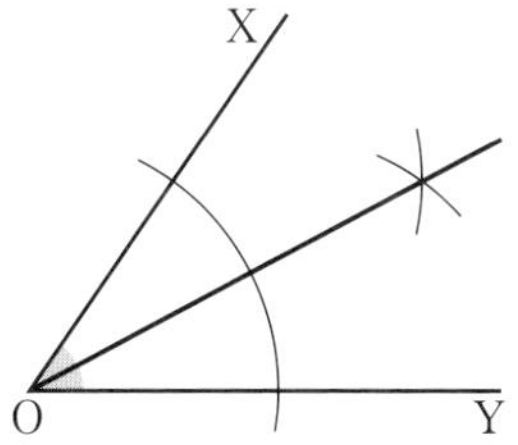

(2)

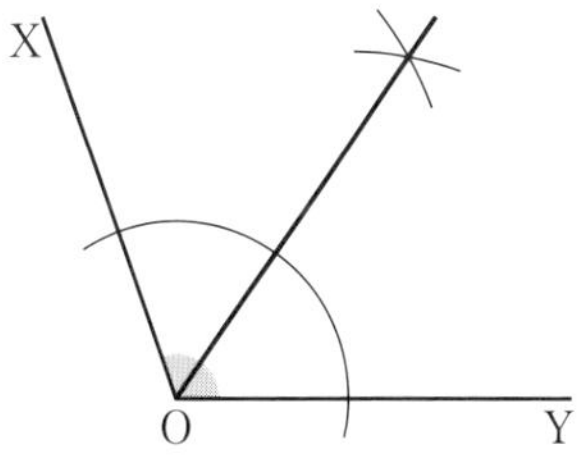

● 直線上の１点を通る垂線の作図

教科書 p.162

右の図のように，直線 XY とその直線上の点Pがあります。点Pを通る直線 XY の垂線を，ひし形の対角線と考えてかくとき，どこにひし形をつくればよいでしょうか。

ガイド ひし形は，次の性質があります。

① 辺の長さがすべて等しい。

② 向かいあう辺は平行で，向かいあう角の大きさは等しい。

③ ２本の対角線は垂直で，それぞれの中点で交わる。

解答例 **点Pがひし形の対角線の交点となるようにつくればよい。**

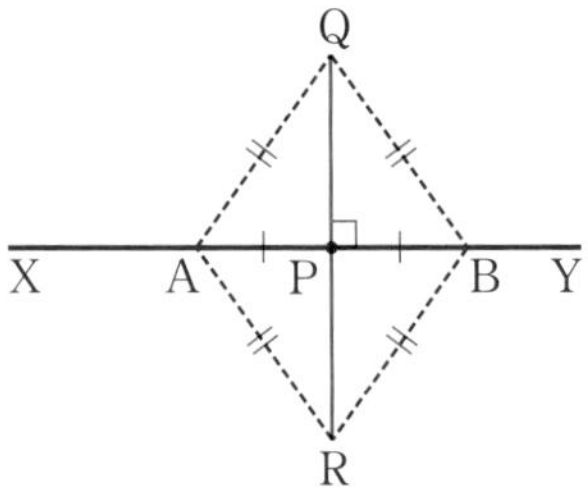

（説明） 直線 XY 上に一方の対角線をとると考えて，上の性質の③から，直線 XY 上に点Pから距離が等しい２点 A，B をとる。

２点 A，B から距離が等しい２点 Q，R をとると，①から四角形 QARB はひし形になる。このとき，QR は点Pを通るひし形のもう一方の対角線となって，③から QR⊥AB である。

問３ 教科書 p.162

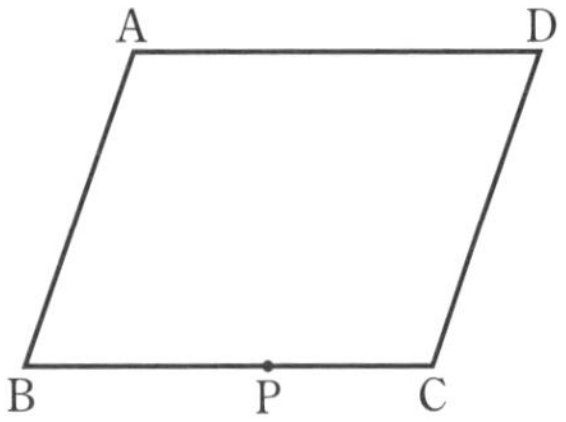

左の図の平行四辺形 ABCD で，点Pを通る辺 BC の垂線を作図しなさい。

❓ 辺 BC を底辺とみたときの高さはどの部分かな。

ガイド

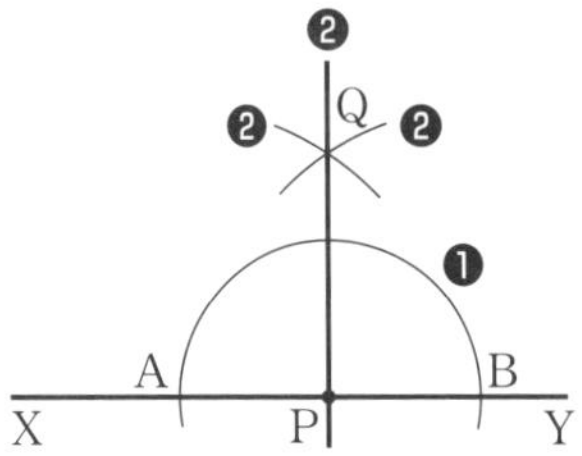

直線 XY 上の点Pを通る XY の垂線の作図を利用します。

〈直線上の１点を通る垂線の作図〉

└→ 180° の角の二等分線を考える。

❶ 点Pを中心とする円をかき，直線 XY との交点を A，B とする。

❷ 線分 AB の垂直二等分線をひく。

解答 （作図）

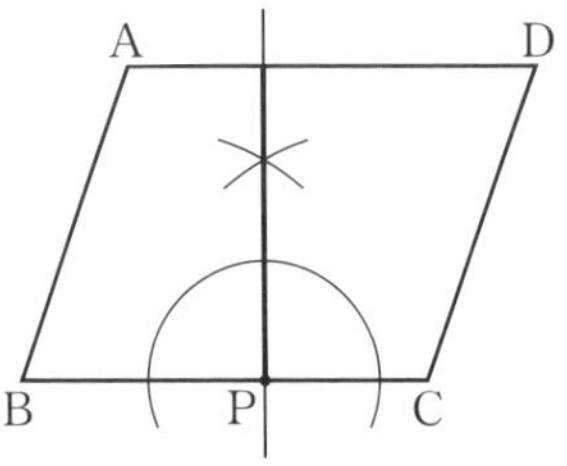

❓ 上の図の，**太い線の部分**

● 直線上にない１点を通る垂線の作図

右の図のように，直線 XY とその直線上にない点Pがあります。点Pを通る直線 XY の垂線を，ひし形の対角線と考えてかくとき，どこにひし形をつくればよいでしょうか。

教科書 p.163

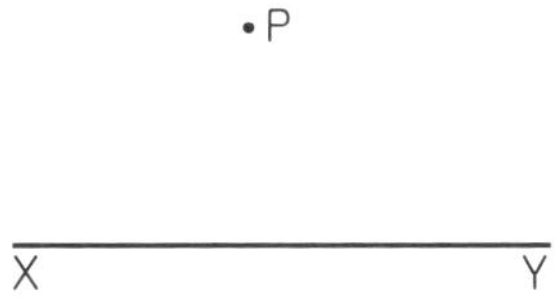

ガイド 教科書 162 ページの ひろげよう と同じように，ひし形の性質から考えます。

解答 **点Pを１つの頂点として，Pととなりあう２つの頂点が直線 XY 上にあるひし形をつくればよい。**

（説明）　前のページのひし形の性質①から，直線 XY 上に点Pからの距離が等しい２点A，Bをとる。

２点A，Bから AP（BP）と距離が等しい点Qを直線 XY の反対側にとると，四角形 PAQB はひし形になる。このとき，PQ，AB はひし形の対角線となるから，③から PQ⊥AB である。

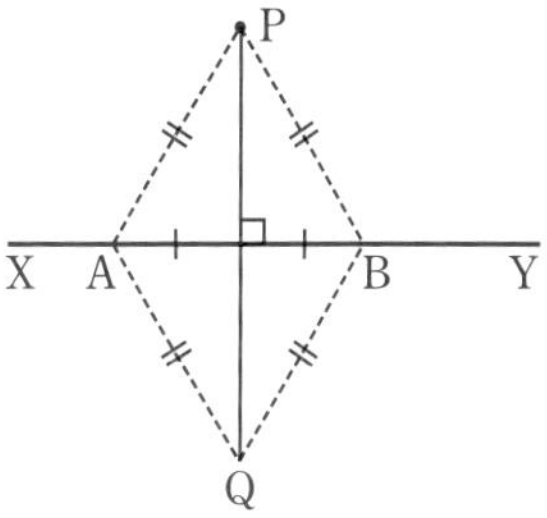

問 4 右の図の △ABC で，頂点Aを通る直線 BC の垂線を作図しなさい。（図は省略）

教科書 p.163

❓ 辺 BC を底辺とみたときの高さはどの部分かな。

ガイド

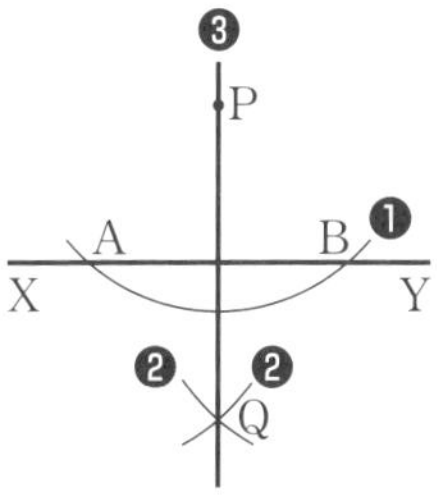

直線 XY 上にない点Pを通る XY の垂線の作図を利用します。

〈直線上にない１点を通る垂線の作図〉

❶　点Pを中心とする円をかき，直線 XY との交点をA，Bとする。

❷　２点A，Bを，それぞれ中心として，半径 PA の円（または，同じ半径の円）をかき，その交点の１つをQとする。

❸　直線 PQ をひく。

解答 （作図）

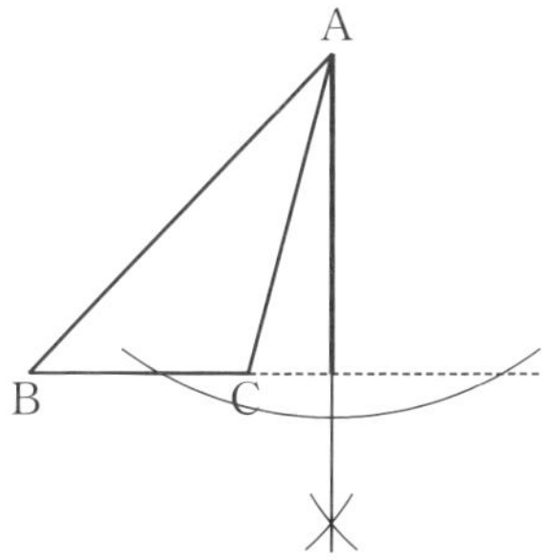

❓ 上の図の，**太い線の部分**

3 図形の移動と基本の作図の利用

学習のねらい

ここまでに学習した図形の移動や基本の作図を使って，実際の場面で問題を解決し，理解を深めます。
また，角の二等分線や垂線の作図を応用して，いろいろな角度を作図します。

教科書のまとめ　テスト前にチェック

□図形の移動の利用
▶ 例　直線ではないコースで，最短の道のりを見つける。
例　複雑な図形の面積を，簡単な図形にして求める。（右の図）

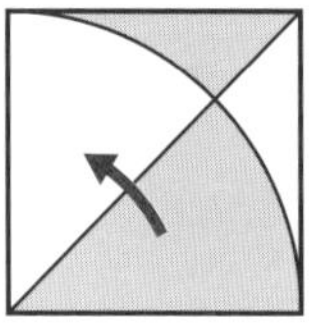

□基本の作図の利用
▶角の二等分線や垂線の作図を使って，45° や 30° などの角を作図することができます。

どこで水を飲ませる？

放牧場から川によって小屋へ帰る道のりを最短にするために，次の問題を考えました。

右の図で，放牧場を点 A，小屋を点Bとします。また，草原と川の境目を直線 ℓ とみたとき，羊が水を飲む地点を，ℓ 上の点Pとします。このとき，AP+PB が最短となる点Pの位置を求めなさい。

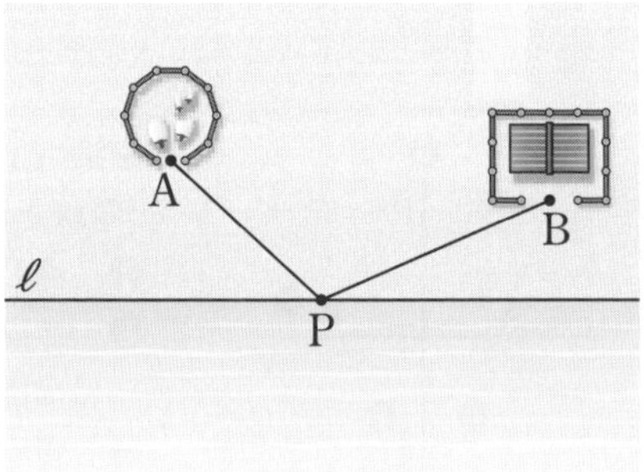

説明しよう

教科書 p.164

AP+PB=A′P+PB となることを説明しましょう。また，このことを使って，AP+PB が最短となる点Pの位置の求め方を説明しましょう。

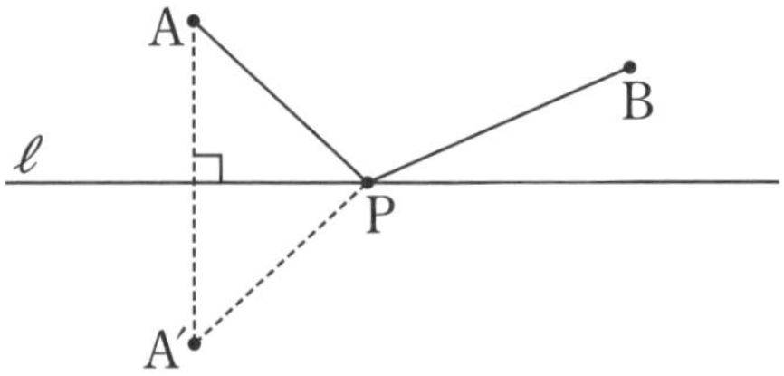

解答例　点 A′ は，直線 ℓ を対称の軸として，点Aを対称移動した点であるから，AP=A′P となる。
よって，AP+PB=A′P+PB
AP+PB が最短となるのは，A′P+PB が最短となるときで，A′，P，B が一直線上にあるときだから，線分 A′B を作図して，直線 ℓ との交点をPとすればよい。

問 1　前ページの場面で，羊が歩く道のりが最短になるような水を飲ませる位置Pを，右の図に作図して求めなさい。(図は省略)　教科書 p.165

ガイド　**直線上にない1点を通る垂線の作図を利用して，点Aから直線 ℓ に垂線をひきます。**

解答　(作図)

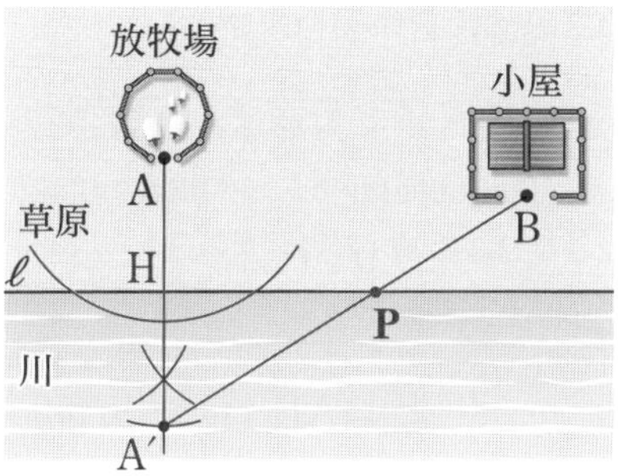

点Aから直線 ℓ に垂線をひき，交点をHとする。その垂線上に AH＝A′H となる点 A′ をとる。線分 A′B をひき，直線 ℓ との交点をPとする。

参考　点Bを，直線 ℓ を対称の軸として対称移動した点を B′ とし，B′ とAを結んでも作図できます。

話しあおう　教科書 p.165

川をはさんだ2軒(けん)の家C，Dがあります。
CとDの間を移動できるように，川に垂直に橋をかけます。
移動する道のりを最短にするには，どこに橋をかければよいでしょうか。(図は省略)

解答例　(作図)

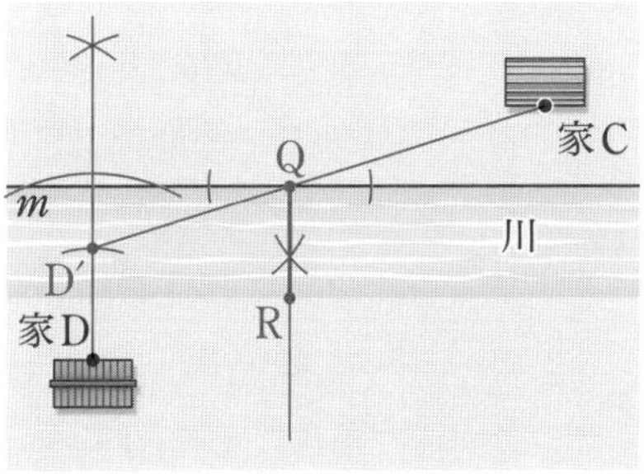

橋の両端を点Q，Rとし，家C側の，草原と川の境目を直線 m とみる。
どこに橋をかけても橋の長さは同じだから，CQ＋RD の長さが最短になればよい。
点Dから直線 m に垂線をひき，点Dを川幅の分だけ平行移動した点を D′ とする。
線分 CD′ をひき，直線 m との交点をQとする。
このとき，CQ＋QR＋RD＝CQ＋QD′＋QR で，CQ＋QD′ は一直線だから，
CQ＋QR＋RD は最短になる。
よって，上の図の QR の部分に橋をかければよい。

● いろいろな角の作図

問 2　正三角形を作図しなさい。また，それを利用して 30° と 15° の角を作図しなさい。　教科書 p.165

ガイド　正三角形の 1 つの角が 60° であることを利用します。
30°，15° は，それぞれ 60°，30° の角の二等分線を作図します。

解答　(作図)

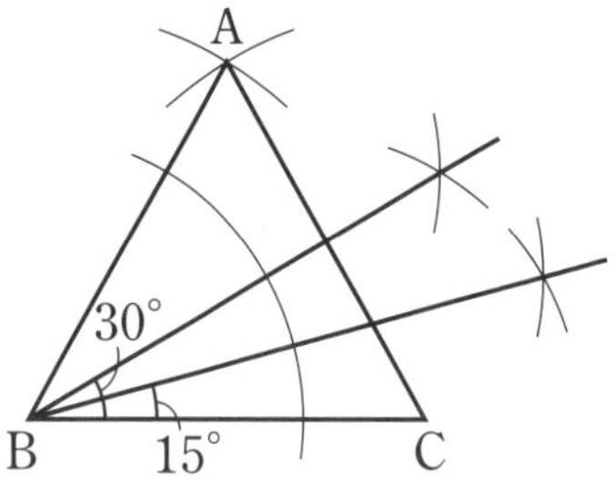

- 正三角形は，3 辺の長さが等しい三角形を作図する。まず，ノートに辺 BC をかき，点 B，C をそれぞれ中心として，BC と等しい半径の円をかく。その交点を A とすると △ABC は正三角形となり，∠B＝60° となる。
- 30° は，∠B の二等分線を作図すればよい。
- 15° は，30° の角の二等分線を作図すればよい。

話しあおう　教科書 p.165

75° の角を作図するには，どうすればよいでしょうか。

解答例　(作図)

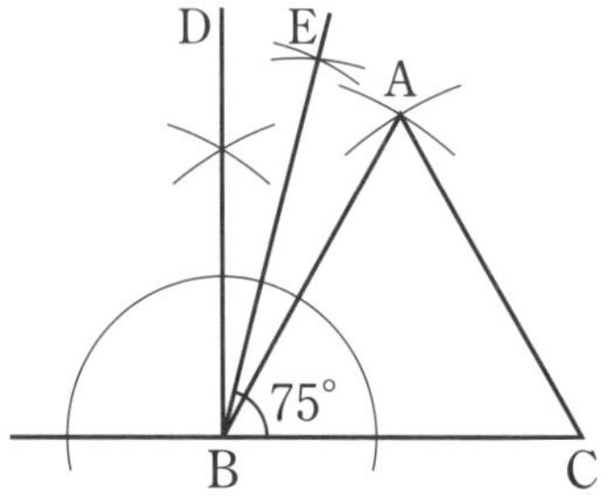

- 正三角形 ABC を作図すると，
∠ABC＝60°
∠B を通る辺 BC の垂線 BD をひくと，∠DBA＝90°－60°＝30° だから，
その二等分線 BE をひくと，
∠EBA＝15°
よって，∠EBC＝60°＋15°＝75°

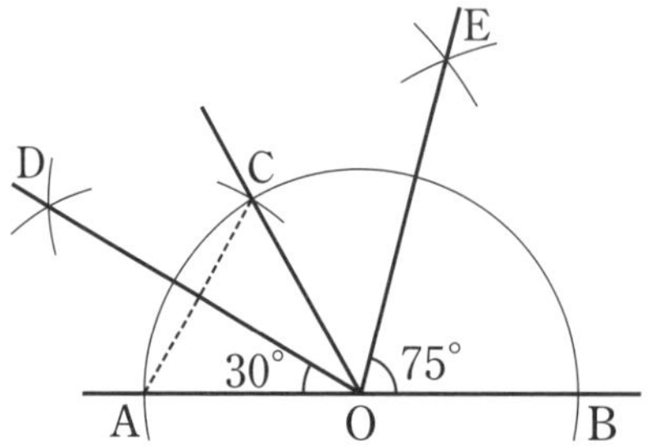

- 直線 AB 上に点 O をとり，正三角形 CAO を作図する。
∠COA の二等分線 OD をひくと，
∠DOA＝30° だから，
∠DOB＝180°－30°＝150°
よって，∠DOB の二等分線 OE をひくと，∠EOB＝150°×$\frac{1}{2}$＝75°
- 75°＝45°＋30° と考えて，90° の半分の角と 60° の半分の角を作図すると，あわせた角が 75° になる。

❸節 円とおうぎ形

みんなで仲よく分けよう

買ってきたケーキをみんなで分けて食べることにしました。

下の道具の上にケーキを置いて，1/5 がかいてある5本の線にそってケーキを切ると，5等分することができます。

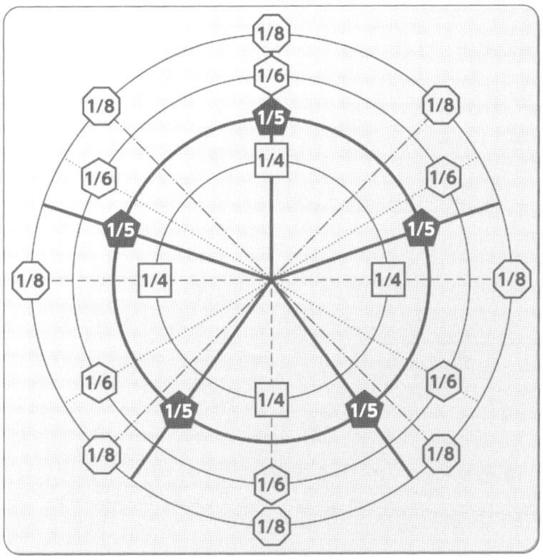

話しあおう

教科書 p.166

この道具を使うと，ケーキを5等分することができるのはなぜでしょうか。

解答例

- 1/5 の線は，円の中心のまわりの角を5等分している。また，円周も5等分されているから，この線によって円の面積は5等分されているといえる。
  よって，この道具の上にケーキを置いて，線にそって切ると，ケーキの底面の面積を5等分することができるので，ケーキを5等分できる。
- 1/5 の線で分けられた5つの部分はすべて，線の長さは半径なので等しく，円周の一部である部分の長さも等しいので，合同になっているといえる。
  だから，この線にそってケーキを切ると，底面が合同なケーキ5個に分けることができる。

参考

- 円の中心とケーキの中心があっていないと，ケーキの大きさは5等分されません。
- 1/5は，$\frac{1}{5}$ を表していて，日常生活の中でも使われることがあります。

1 円とおうぎ形の性質

学習のねらい

円やおうぎ形について調べることを通して，図形の合同について学習します。
また，円周を等分することによって，正多角形がかけることを学習します。

教科書のまとめ　テスト前にチェック

□円
▶点Oを中心とする円を，**円O**といいます。

□弧 AB
▶円周上に2点A，Bをとるとき，円周のAからBまでの部分を，**弧**ABといい，$\overset{\frown}{AB}$と表します。

□弦 AB
▶$\overset{\frown}{AB}$の両端の点を結んだ線分を，**弦**ABといいます。

□中心角
▶下の右の図で，∠AOBを，$\overset{\frown}{AB}$に対する**中心角**といいます。

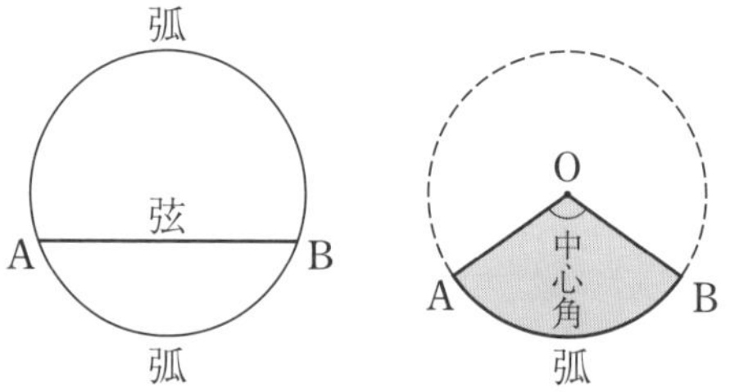

□円と直線
▶円と直線が1点だけを共有するとき，直線は円に**接する**といいます。また，右の図のように，直線ℓが円Oに接しているとき，直線ℓを円Oの**接線**，点Aを**接点**といいます。

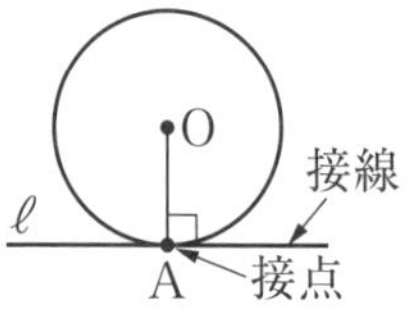

□円の接線の性質
▶円の接線は，その接点を通る半径に垂直です。

□おうぎ形
▶円Oの2つの半径OA，OBと$\overset{\frown}{AB}$で囲まれた図形を，**おうぎ形**OABといいます。
また，おうぎ形の2つの半径がつくる角を，そのおうぎ形の**中心角**といいます。

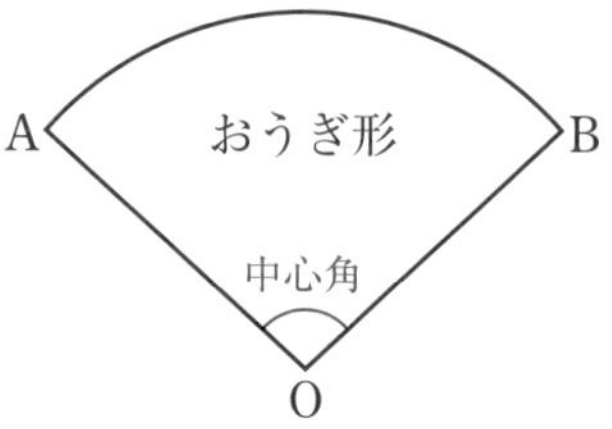

円の弧と弦について学びましょう。

問1　教科書 p.167

右の図の円Oで，点P，Q，Rは，それぞれ，円周上の点，円の内部の点，円の外部の点です。
このとき，線分OPとOQ，OPとORの長さの関係を，それぞれ不等号を使って表しなさい。

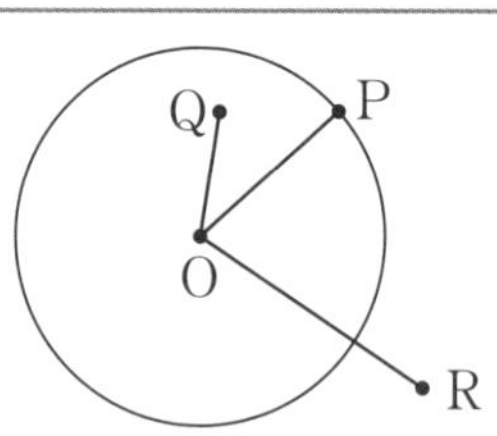

ガイド　大小関係を不等号を使って表します。また，線分OPは円Oの半径であることに着目します。

解答　直観的にもわかるが，直線上にOQ，OP，ORをとって，くらべてもよい。

OP＞OQ，OP＜OR

問 2 円の中心を通る弦のことを何といいますか。 教科書 p.167

ガイド 弦は円周上の 2 点を結んだ線分のことです。
実際に図をかいてみて考えます。

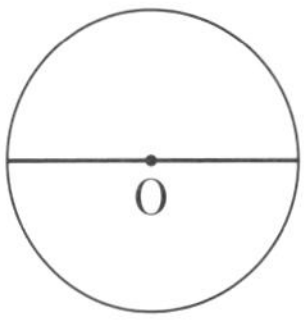

解答 **直径**

参考 直径は，もっとも長い弦であるといえます。

問 3 弦 AB が直径のとき，$\overset{\frown}{AB}$ に対する中心角は何度ですか。 教科書 p.167

ガイド ∠AOB は半回転の角とみることができます。

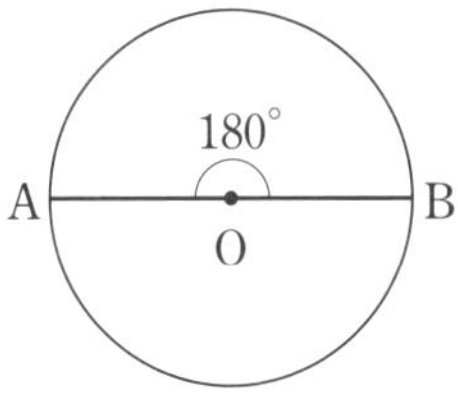

解答 **180°**

問 4 上の図で，直径 m と弦 AB との間には，どんな関係がありますか。(図は省略) 教科書 p.168

ガイド 円は線対称な図形だから，直径 m と弦 AB との交点を P とすると，
AP＝BP，$m \perp$ AB になっています。
また，直径 m が対称の軸になっています。

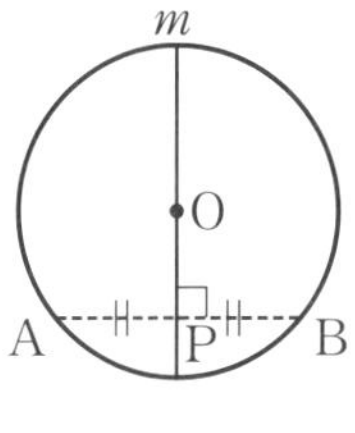

解答 **直径 m は弦 AB の垂直二等分線になっている。**

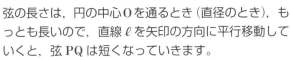

円の接線について学びましょう。

円Oで，半径 OA に垂直な直線 ℓ と円周との交点を P，Q とします。直線 ℓ を矢印の方向に平行移動していくと，点 P，Q はどうなるでしょうか。 教科書 p.168

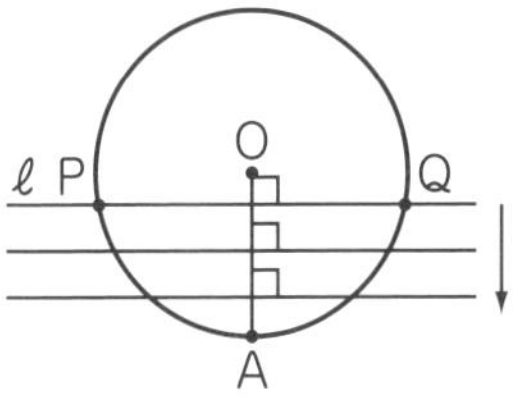

ガイド 弦の長さは，円の中心Oを通るとき (直径のとき)，もっとも長いので，直線 ℓ を矢印の方向に平行移動していくと，弦 PQ は短くなっていきます。

解答例 直線 ℓ を平行移動していくと，点PとQはしだいに近づいていく。

問 5 円Oの周上の点Aを接点とする接線 ℓ を作図しなさい。 教科書 p.168

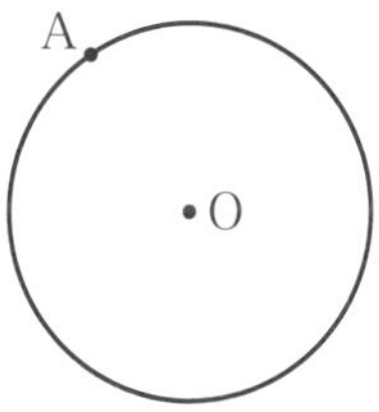

ガイド 円の接線は，その接点を通る半径に垂直になっています。

解答 （作図）

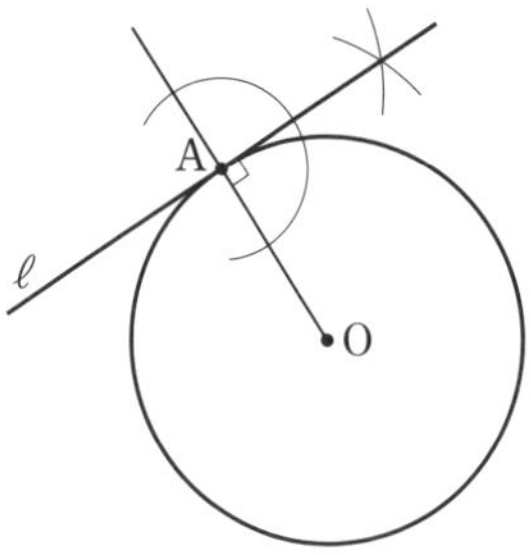

直線 OA をひく。
点Aを通って，OA に垂直な直線 ℓ をひく。
この直線 ℓ がこの円の接線である。

おうぎ形について学びましょう。

問6 半径 3 cm で，中心角が次の大きさのおうぎ形を，それぞれかきなさい。 教科書 p.169

(1) 45°　(2) 180°　(3) 240°

ガイド まず，3 cm の線分をひき，一方の端から，分度器を使ってそれぞれの角度を測ります。
次に，この端を中心として，コンパスで半径 3 cm の弧をかけばよいです。

解答 （作図）

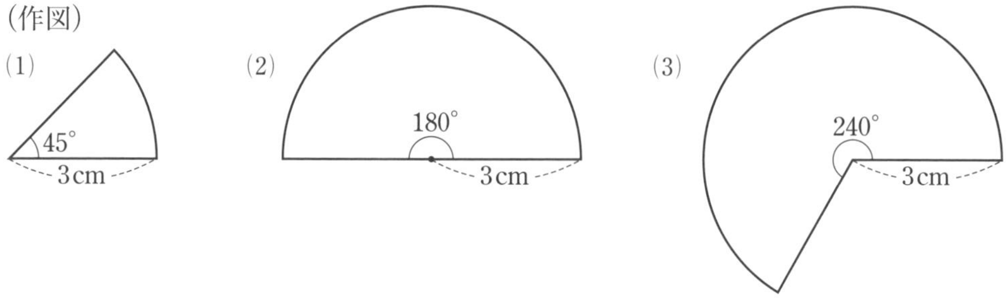

説明しよう 教科書 p.169

右の図は，おうぎ形 OAB の $\overset{\frown}{AB}$ 上に，

$\overset{\frown}{AC}=\overset{\frown}{BC}$

となる点Cを作図したものです。
作図の手順と，この関係が成り立つ理由を説明しましょう。

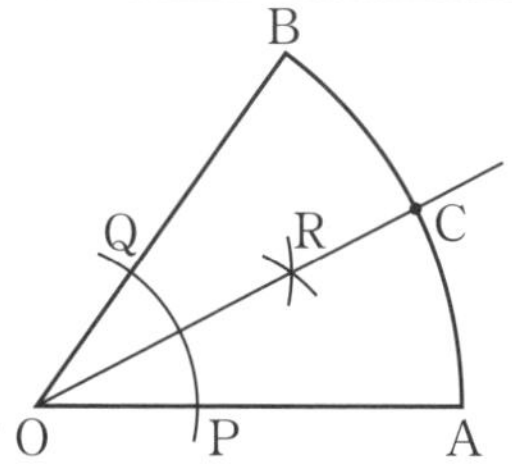

ガイド 半径と中心角が等しい 2 つのおうぎ形は合同で，その弧の長さは等しくなります。

解答例 〈作図の手順〉

❶ 点Oを中心とする円をかき，半径 OA，OB との交点をそれぞれ P，Q とする。
❷ 2 点 P，Q をそれぞれ中心として等しい半径の円をかき，その交点の 1 つを R とする。
❸ 半直線 OR をひき，$\overset{\frown}{AB}$ との交点を C とする。

〈$\overset{\frown}{AC}=\overset{\frown}{BC}$ が成り立つ理由〉
半直線 OR は ∠AOB の二等分線なので，∠AOC＝∠BOC である。
半径と中心角が等しいおうぎ形 OAC とおうぎ形 OCB は合同で，弧の長さは等しい。
よって，$\overset{\frown}{AC}=\overset{\frown}{BC}$ となる。

2 円とおうぎ形の計量

学習のねらい 円の周の長さと面積の求め方を学習し，おうぎ形を円の一部とみて，おうぎ形の弧の長さと面積の求め方についても調べます。

教科書のまとめ **テスト前にチェック**

□円周率

▶円周率は，円周の直径に対する割合であり，ふつうπ（パイ）で表します。 （π→3.14159…）

□円の周の長さと面積

▶半径rの円の周の長さをℓ，面積をSとすると，

周の長さ　$\ell=2\pi r$

面積　　　$S=\pi r^2$

□おうぎ形の弧の長さと面積

▶半径r，中心角a°のおうぎ形の弧の長さをℓ，面積をSとすると，

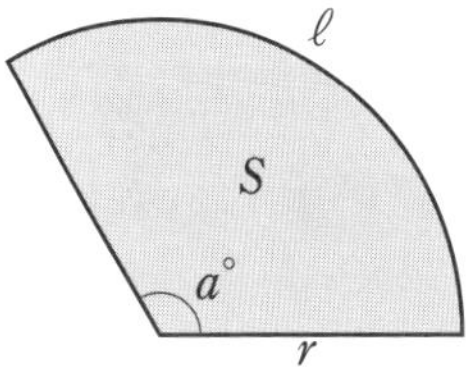

弧の長さ　$\ell=2\pi r\times\dfrac{a}{360}$

面積　　　$S=\pi r^2\times\dfrac{a}{360}$

▶半径の等しい円とおうぎ形では，次の比例式が成り立ちます。

(おうぎ形の弧の長さ)：(円の周の長さ)＝(中心角の大きさ)：360

(おうぎ形の面積)：(円の面積)＝(中心角の大きさ)：360

円の周の長さと面積の求め方について学びましょう。

海の中を走る道路「東京湾アクアライン」の換気施設「風の塔」がある人工島は，直径が約 194 m の円の形をしています。
この人工島の周の長さと面積を求める式を書きましょう。 教科書 p.170

ガイド 円の周の長さ＝直径×円周率，円の面積＝半径×半径×円周率

解答 **周の長さは 194×3.14 (m)**，
円の半径は 194÷2＝97 (m) だから，**面積は 97×97×3.14 (m^2)**

参考 計算すると，周の長さは 609.16 m，面積は 29544.26 m^2 となります。

問 1 直径 20 cm の円の周の長さと面積を求めなさい。 教科書 p.170

ガイド 半径rの円の周の長さをℓ，面積をSとすると，$\ell=2\pi r$，$S=\pi r^2$
円周率はπを用いて表します。

解答 円の半径は 20÷2＝10 (cm) だから，周の長さは $2\pi r=2\pi\times10=20\pi$ (cm)　　**20π cm**
面積は $\pi r^2=\pi\times10^2=100\pi$ (cm^2)　　**100π cm^2**

おうぎ形の弧の長さと面積の求め方について学びましょう。

問 2　下の図のおうぎ形の弧の長さは，同じ半径の円の周の長さの何倍ですか。
また，おうぎ形の面積は，同じ半径の円の面積の何倍ですか。　教科書 p.171

(1)
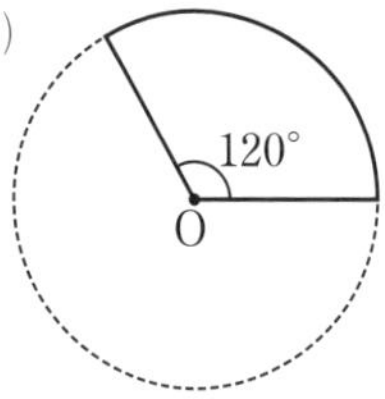

(2)
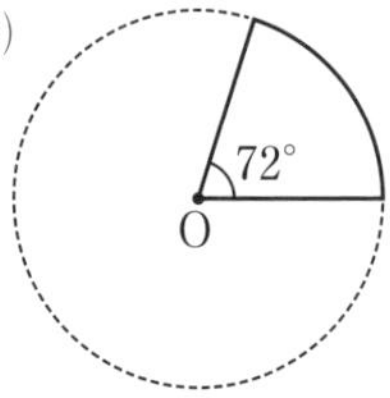

(3)
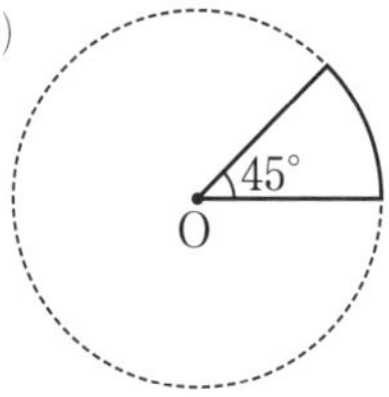

ガイド　(1)　おうぎ形の弧の長さも面積も，同じ半径の円の周の長さや面積の $\frac{120}{360}=\frac{1}{3}$（倍）です。
（↳中心角が 120°）

(2)　$\frac{72}{360}=\frac{1}{5}$（倍）　(3)　$\frac{45}{360}=\frac{1}{8}$（倍）

解答　弧の長さも面積も，(1)　$\frac{1}{3}$ 倍　(2)　$\frac{1}{5}$ 倍　(3)　$\frac{1}{8}$ 倍

問 3　次のようなおうぎ形の弧の長さと面積を求めなさい。　教科書 p.172

(1)　半径 6 cm，中心角 60°

(2)　半径 4 cm，中心角 225°

ガイド　半径 r，中心角 a° のおうぎ形の弧の長さを ℓ，面積を S とすると，

$$\ell=2\pi r\times\frac{a}{360},\quad S=\pi r^2\times\frac{a}{360}$$

解答　(1)　弧の長さ…$\ell=2\pi\times6\times\frac{60}{360}=2\pi$ (cm)　　**2π cm**

面　積…$S=\pi\times6^2\times\frac{60}{360}=6\pi$ (cm^2)　　**6π cm^2**

(2)　弧の長さ…$\ell=2\pi\times4\times\frac{225}{360}=5\pi$ (cm)　　**5π cm**

面　積…$S=\pi\times4^2\times\frac{225}{360}=10\pi$ (cm^2)　　**10π cm^2**

教科書 p.172

右の図で，印をつけた角は，すべて同じ大きさになっています。このとき，おうぎ形 OAC とおうぎ形 OAD で，次の比を求めましょう。

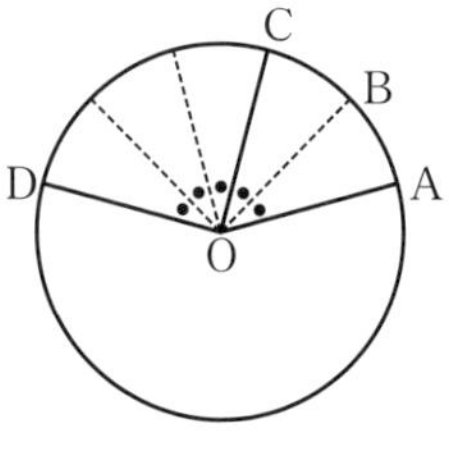

(1)　中心角 ∠AOC と ∠AOD の大きさの比

(2)　$\overset{\frown}{AC}$ と $\overset{\frown}{AD}$ の長さの比

(3)　おうぎ形 OAC とおうぎ形 OAD の面積の比

(1)〜(3)から，2 つのおうぎ形の中心角の大きさの比と弧の長さや面積の比について，どんなことがわかるでしょうか。

ガイド 半径と中心角が等しい2つのおうぎ形は合同です。
おうぎ形 OAC とおうぎ形OAD が，おうぎ形 OAB の何個分になるかで考えます。

解答 (1) **2：5**　　(2) **2：5**　　(3) **2：5**

1つの円では，おうぎ形の弧の長さや面積の比は，中心角の大きさの比と等しくなる。

参考 また，1つの円では，おうぎ形の弧の長さや面積は，中心角の大きさに比例することもわかります。

問 4 上の **例題1** のおうぎ形の面積を求めなさい。(図は省略)　　教科書 p.173

ガイド 半径 r，中心角 $a°$ のおうぎ形の面積を S とすると，$S=\pi r^2\times\frac{a}{360}$

解答 **例題1** より，半径 6 cm，中心角 240° だから，面積…$S=\pi\times6^2\times\frac{240}{360}=24\pi\ (\mathrm{cm}^2)$

または，$S:36\pi=240:360$　　これを解くと，$S=24\pi\ (\mathrm{cm}^2)$　　**24π cm²**

問 5 半径 9 cm，弧の長さ 5π cm のおうぎ形の中心角の大きさと面積を求めなさい。　　教科書 p.173

ガイド 半径 9 cm の円の周の長さを求め，中心角を $x°$ として比例式をつくります。

解答 半径 9 cm の円の周の長さは 18π cm だから，このおうぎ形の中心角を $x°$ とすると，

$$5\pi:18\pi=x:360$$

これを解くと，$18\pi\times x=5\pi\times360$

└ π でわって，$18\times x=5\times360$

$$x=100$$

中心角 100°

面積…$S=\pi\times9^2\times\frac{100}{360}=\frac{45}{2}\pi\ (\mathrm{cm}^2)$

面積 $\frac{45}{2}\pi$ cm²

参考
- 中心角の大きさを求めるのに，おうぎ形の弧の長さの公式 $\ell=2\pi r\times\frac{a}{360}$ を使って，次のように求めることができます。
中心角を $x°$ とすると，

$$5\pi=2\pi\times9\times\frac{x}{360}\longrightarrow 2\times9\times\frac{x}{360}=5\longrightarrow\frac{x}{20}=5\longrightarrow x=100$$

└ π でわる，両辺を入れかえる

- 教科書「自分から学ぼう編」p.41〜42 のおうぎ形の面積の公式 $S=\frac{1}{2}\ell r$ を使うと，中心角の大きさを求めなくてもおうぎ形の面積を求めることができます。

$$S=\frac{1}{2}\times5\pi\times9=\frac{45}{2}\pi\ (\mathrm{cm}^2)$$

5章 章末問題　学びをたしかめよう

教科書 p.174～175

1 下の図のように，4点A，B，C，Dがあります。
このとき，次の直線や線分，半直線を図にかき入れなさい。(図は省略)
(1) 直線AB　(2) 線分CD　(3) 半直線AD

ガイド (2) 両端をC，Dとする直線をひきます。
(3) 点Aを端として，点Dの方に直線をのばします。

解答 (作図)

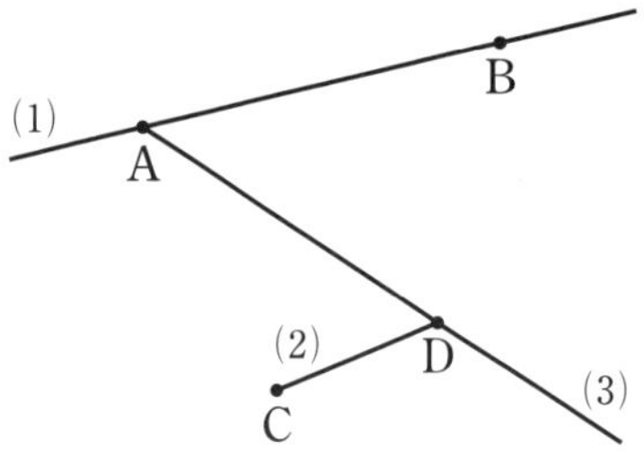

p.148 問1

2 次の□にあてはまることばや記号をいいなさい。
(1) 2直線AB，CDが交わってできる角が直角であるとき，ABとCDは□であるといい，AB□CDと表す。
(2) 2直線AB，CDが交わらないとき，ABとCDは□であるといい，AB□CDと表す。

ガイド 2つの直線が交わってできる角が直角のときは垂直，交わらないときは平行です。

解答 (1) (順に) 垂直，⊥　p.150 問3　(2) (順に) 平行，//　p.151 問5

3 下の図の㋐～㋔の三角形は，すべて合同な正三角形です。
次の(1)～(3)のそれぞれについて，あてはまる三角形をすべて選びなさい。

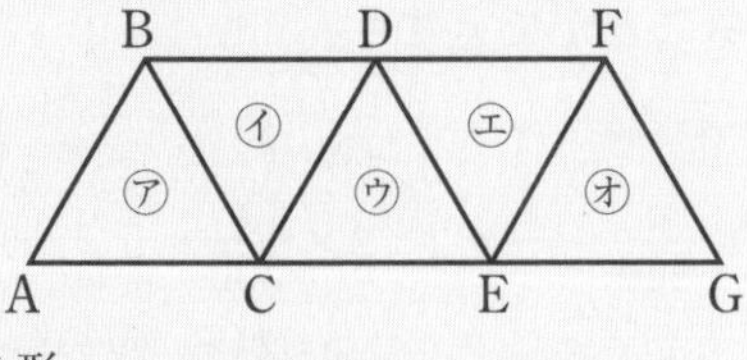

(1) ㋐を，平行移動した三角形
(2) ㋐を，点Cを回転の中心として回転移動した三角形
(3) ㋐を，線分BCを対称の軸として対称移動した三角形

ガイド 移動には，平行移動，回転移動，対称移動があります。
平行移動…平面上で，図形を，一定の方向に，一定の長さだけずらして移す。
回転移動…平面上で，図形を，1つの点Oを中心として，一定の角度だけまわして移す。
対称移動…平面上で，図形を，1つの直線ℓを折り目として，折り返して移す。

解答　(1)　ウ，オ　　(2)　イ，ウ　　(3)　イ　p.159 1

参考　(1)　ウは，アを AC の方向に，AC の長さだけ平行移動したもの

オは，アを AC の方向に，AC の 2 倍の長さだけ平行移動したもの

(2)　イは，アを点Cを回転の中心として，時計まわりに 60° だけ回転移動したもの

ウは，アを点Cを回転の中心として，時計まわりに 120° だけ回転移動したもの

エは，アを(3)でイに対称移動し，さらに BD の方向に BD の長さだけ平行移動したもの，などといえます。

4　右の図の △ABC で，次の作図をしなさい。(図は省略)

(1)　辺 AB の垂直二等分線

(2)　∠ACB の二等分線

(3)　頂点Aを通る辺 BC の垂線

解答　(作図)

(1)　辺 AB の両端 A，B をそれぞれ中心として，等しい半径の円をかく。

この 2 つの円の交点を P，Q とすると，直線 PQ が，辺 AB の垂直二等分線である。

p.161 問1

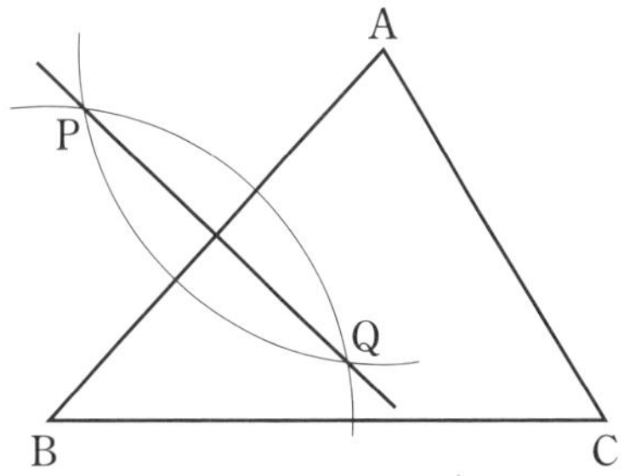

(2)　点Cを中心とする円をかき，辺 AC，BC との交点を，それぞれ P，Q とする。

次に，2 点 P，Q をそれぞれ中心として，半径 CP の円をかき，その交点の 1 つを R とする。C と R を結んだ半直線が，∠ACB の二等分線である。

p.161 問2

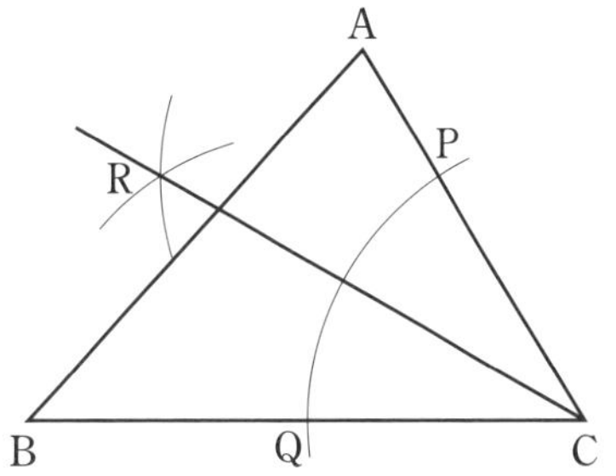

(3)　頂点Aを中心とする円をかき，辺 BC との交点を，それぞれ P，Q とする。

次に，2 点 P，Q をそれぞれ中心として，等しい半径の円をかき，その交点の 1 つを R とする。直線 AR が頂点Aを通る辺 BC の垂線である。

p.163 問4

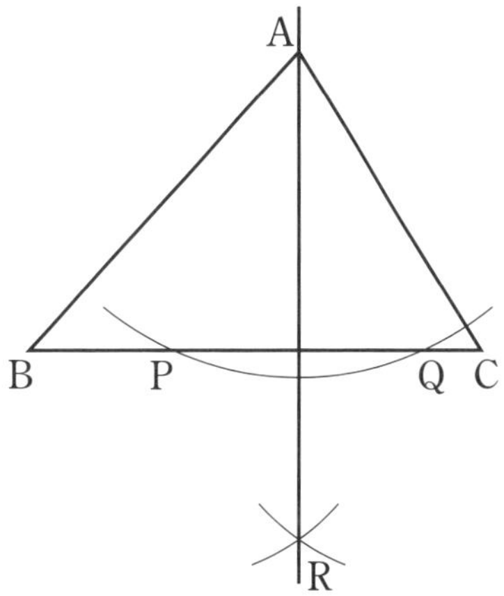

5 右の図について，次の□にあてはまることばをいいなさい。

(1) 円周のAからBまでの部分を，□ABといい，$\overset{\frown}{AB}$と表す。

また，$\overset{\frown}{AB}$の両端の点を結んだ線分を，□ABという。

(2) ∠AOBを，$\overset{\frown}{AB}$に対する□という。

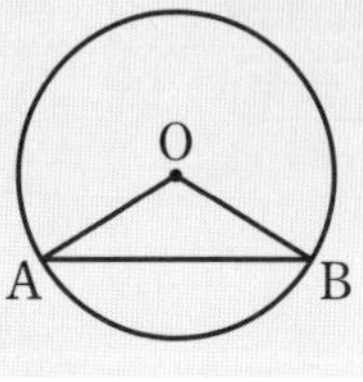

解答 (1) (順に) **弧，弦**

(2) **中心角**

(1)，(2) p.167

6 右の円Oで，点Aが接点となるように，この円の接線 ℓ を作図しなさい。(図は省略)

ガイド 円の接線は，その接点を通る半径に垂直です。

解答 (作図)

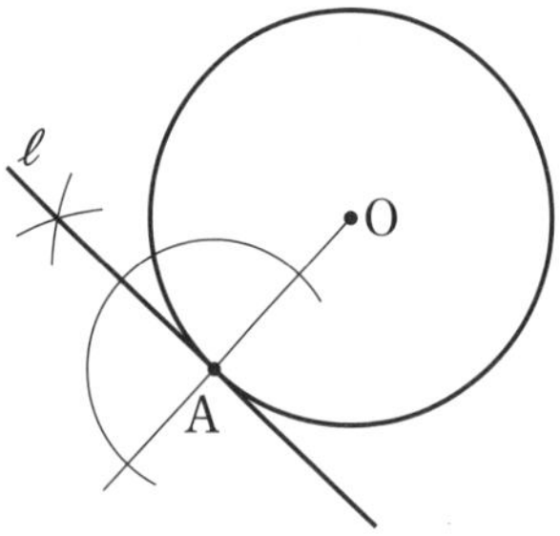

直線OAをひく。

点Aを通って，OAに垂直な直線 ℓ をひく。

p.168 問5

7 半径8cmの円の周の長さと面積を求めなさい。

ガイド 半径 r の円の周の長さ ℓ と面積 S を求める公式は，

$\ell=2\pi r$，$S=\pi r^2$

解答 周の長さ…$\ell=2\pi\times8=16\pi$ (cm)　　**16π cm**

面　　積…$S=\pi\times8^2=64\pi$ (cm²)　　**64π cm²**

p.170 問1

8 半径6cm，中心角150°のおうぎ形の弧の長さと面積を求めなさい。(図は省略)

ガイド 半径 r，中心角 a° のおうぎ形の弧の長さ ℓ と面積 S を求める公式は，

$\ell=2\pi r\times\dfrac{a}{360}$，　$S=\pi r^2\times\dfrac{a}{360}$

解答 弧の長さ…$\ell=2\pi\times6\times\dfrac{150}{360}=5\pi$ (cm)　　**5π cm**

面　　積…$S=\pi\times6^2\times\dfrac{150}{360}=15\pi$ (cm²)　　**15π cm²**

p.172 問3

5章 章末問題　学びを身につけよう

教科書 p.176〜177

テストによく出る

1 左の図の △ABC を，直線 ℓ を対称の軸として対称移動した図をかきなさい。(図は省略)

ガイド 対応する点を結んだ線分は，対称の軸と垂直に交わり，その交点で 2 等分されます。

解答 (かき方)

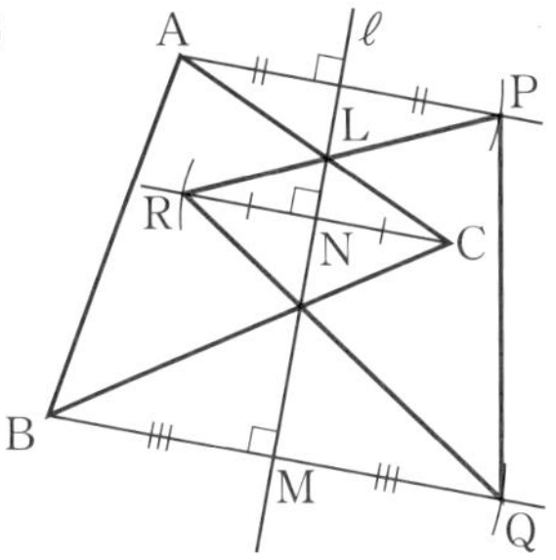

1 組の三角定規を使って，点 A，B，C から ℓ に垂線をひき，ℓ との交点をそれぞれ，L，M，N とする。
AL＝PL，BM＝QM，CN＝RN
となる P，Q，R をコンパスを使って求める。
(測ってもよい)
△PQR が対称移動した図である。

参考 点Aを通る ℓ の垂線をひくとき，教科書 163 ページで学習した，「直線上にない 1 点を通る垂線の作図」の方法で作図してもよいでしょう。

テストによく出る

2 左の図のように，2 点 A，B と円Oがあります。
円Oの周上にあって，AP＝BP となる点Pを作図しなさい。(図は省略)

ガイド AP＝BP となる点Pは，線分 AB の垂直二等分線上にあります。したがって，その垂直二等分線と円Oの周との交点がPです。交点Pは 2 つあります。

解答 (作図)

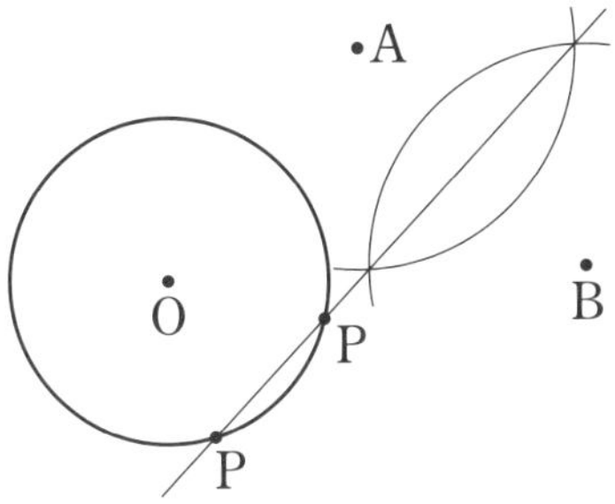

ミスに注意
図形や点を求めるとき，答えが 2 つあることがある。必ず確認しよう。

テストによく出る

3

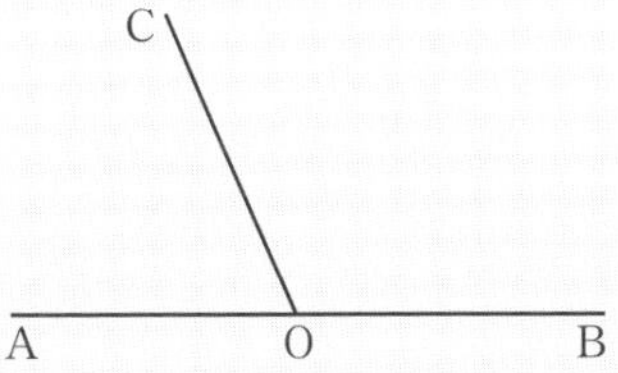

左の図は，直線 AB 上の点Oから，半直線 OC をひいたものです。
∠AOC，∠BOC のそれぞれの二等分線 OP，OQ を作図しなさい。
このとき，∠POQ の大きさは何度になりますか。

ガイド 一直線によってできる角は 180° です。よって，∠AOC＋∠BOC＝180° です。

解答 (作図)

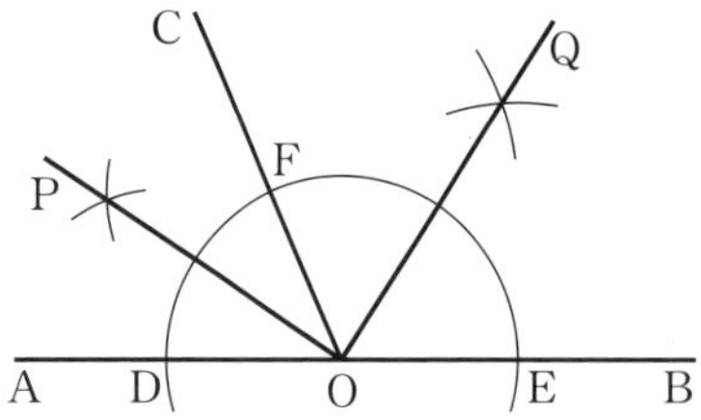

点Oを中心とする円をかき，OA，OB，OCとの交点をそれぞれ，D，E，Fとする。
点D，Fをそれぞれ中心とする同じ半径の円をかき，その交点とOを通る半直線OPが∠AOCの二等分線である。同じようにして，∠BOCの二等分線OQをひく。

$$\angle POQ=\frac{1}{2}\angle AOC+\frac{1}{2}\angle BOC=\frac{1}{2}(\angle AOC+\angle BOC)=\frac{1}{2}\times180^\circ=90^\circ$$

$\angle POQ=90^\circ$

テストによく出る

4 次の問いに答えなさい。
(1) 半径6 cm，面積30π cm^{2}のおうぎ形の中心角の大きさを求めなさい。
(2) 中心角240°，弧の長さ12π cmのおうぎ形の半径を求めなさい。

ガイド (1) 半径の等しい円とおうぎ形では，(おうぎ形の面積)：(円の面積)＝(中心角の大きさ)：360
(2) 弧の長さと中心角の関係から比例式をつくります。

解答 (1) 半径6 cmの円の面積は36π cm^{2}だから，中心角をx°とすると，

$30\pi:36\pi=x:360$
$36\pi\times x=30\pi\times360$ （πでわって，36でわる）
$x=30\times10$
$x=300$

300°

(2) 半径をr cmとすると，

$12\pi:2\pi r=240:360$
$2\pi r\times240=12\pi\times360$ （2πでわって，120でわる）
$2r=18$
$r=9$

9 cm

参考 $\ell=2\pi r\times\dfrac{a}{360}$ を使って，$12\pi=2\pi r\times\dfrac{240}{360}$ として求めてもよいです。

テストによく出る

5 下の図の色のついた部分の面積を求めなさい。

(1)
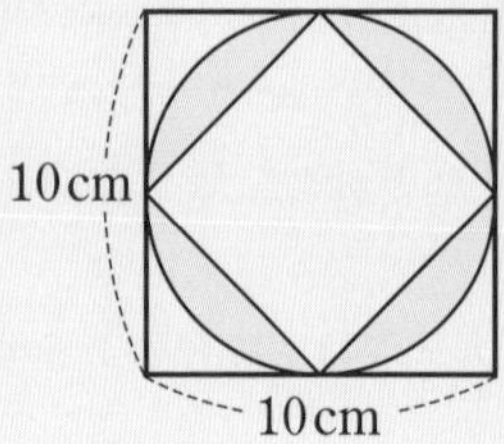

(2)
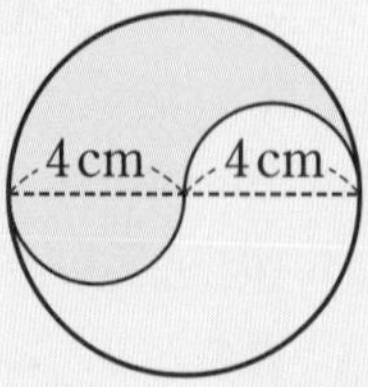

(3)
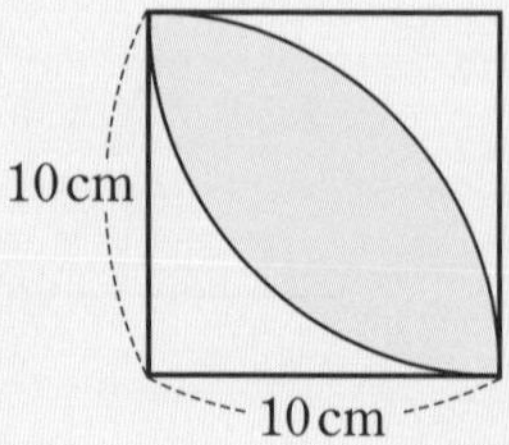

ガイド (1) 中の正方形は，外の正方形の半分の大きさになっています。

(2) 小さい半円部分を，180° 回転移動します。

(3) 半径 10 cm の円の $\frac{1}{4}$ の面積から直角二等辺三角形の面積をひいて考えます。

解答 (1) (半径 5 cm の円の面積)−(中の正方形の面積)

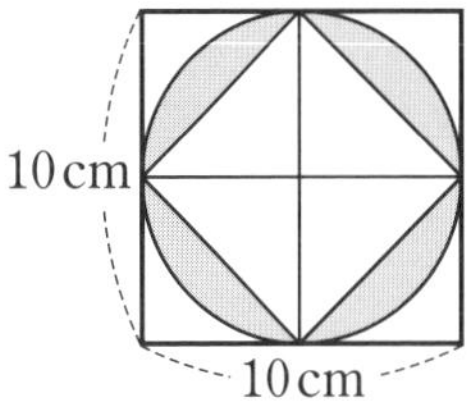

$=\pi\times5^2-10\times10\times\frac{1}{2}$

$=25\pi-50\ (\text{cm}^2)$

<u>**$25\pi-50\ (\text{cm}^2)$**</u>

(2) 半円部分を，180° 回転移動すると，半径 4 cm の円の半分の面積になるから，

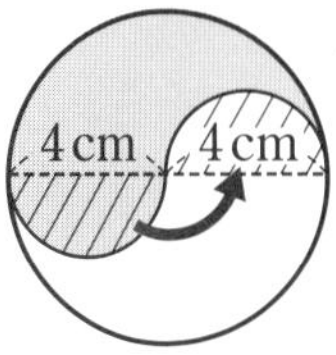

$\pi\times4^2\times\frac{1}{2}=8\pi\ (\text{cm}^2)$

<u>**$8\pi\ \text{cm}^2$**</u>

(3) {(おうぎ形 BAC の面積)−(△ABC の面積)}×2

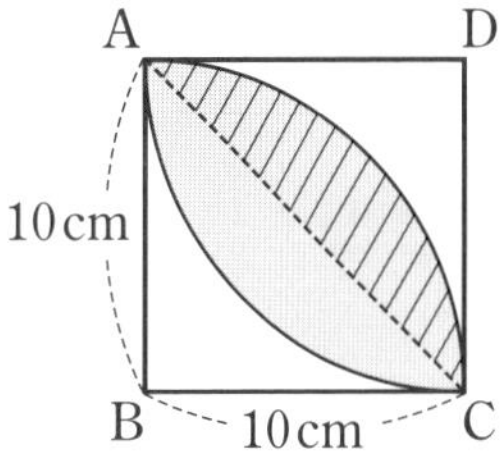

$=\left(\pi\times10^2\times\frac{1}{4}-\frac{1}{2}\times10\times10\right)\times2$

$=(25\pi-50)\times2$

$=50\pi-100\ (\text{cm}^2)$

<u>**$50\pi-100\ (\text{cm}^2)$**</u>

6 右の図のように，半径 8 cm，中心角 90° のおうぎ形 OAB を，OB を直径とする半円によって 2 つに分けます。このとき，2 つの図形 P，Q の周の長さと面積を，それぞれ求めなさい。

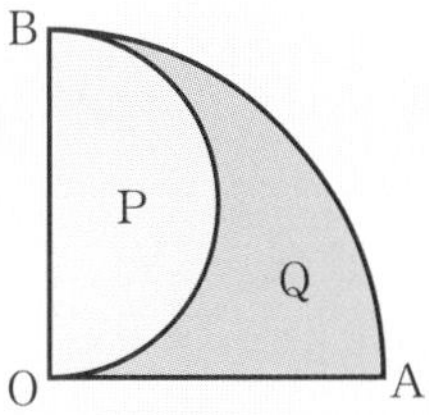

ガイド 半径 r の円の周の長さを ℓ，面積を S とすると，$\ell=2\pi r$，$S=\pi r^2$

解答 P の周の長さ…$8\pi\times\frac{1}{2}+8=4\pi+8\ (\text{cm})$ <u>**$4\pi+8\ (\text{cm})$**</u>

P の面積…$\pi\times4^2\times\frac{1}{2}=16\pi\times\frac{1}{2}=8\pi\ (\text{cm}^2)$ <u>**$8\pi\ \text{cm}^2$**</u>

Q の周の長さ…$\overset{\frown}{AB}+\overset{\frown}{BO}+OA=16\pi\times\frac{1}{4}+8\pi\times\frac{1}{2}+8$

$=4\pi+4\pi+8=8\pi+8\ (\text{cm})$ <u>**$8\pi+8\ (\text{cm})$**</u>

Q の面積…$(P+Q)-P=\pi\times8^2\times\frac{1}{4}-8\pi=64\pi\times\frac{1}{4}-8\pi=8\pi\ (\text{cm}^2)$ <u>**$8\pi\ \text{cm}^2$**</u>

参考 P と Q は形は違っていても，面積は同じになります。

7 右の図で，$\overset{\frown}{BC}$，$\overset{\frown}{CD}$，$\overset{\frown}{DA}$ の長さは，それぞれ，$\overset{\frown}{AB}$ の長さの 2 倍，3 倍，4 倍になっています。
このとき，$\angle x$，$\angle y$ の大きさを求めなさい。

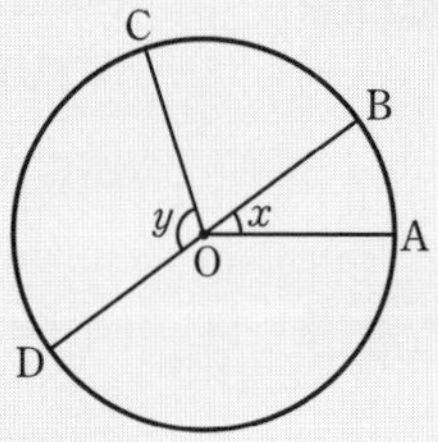

ガイド 1つの円では，おうぎ形の弧の長さや面積は，中心角の大きさに比例します。

解答 円Oで，弧の長さが 2 倍，3 倍，4 倍になると，中心角の大きさも 2 倍，3 倍，4 倍になる。よって，$\angle BOC=2\angle x$，$\angle y=3\angle x$，$\angle DOA=4\angle x$ であるから，

$\angle x+2\angle x+3\angle x+4\angle x=360^\circ$　　$10\angle x=360^\circ$　　$\angle x=36^\circ$

$\angle y=3\times 36^\circ=108^\circ$

$\angle x=36^\circ$，$\angle y=108^\circ$

8 右の図で，A 門とB門から同じ距離にあり，売店Cからの距離が最短となるところにベンチを置こうと思います。
このとき，ベンチを置く位置Pを，右の図に作図して求めなさい。(図は省略)

ガイド 点Aと点Bから同じ距離にある点は，2 点を結ぶ線分の垂直二等分線上にあります。
その垂直二等分線に点Cから垂線をひいて，距離が最短となる点を求めます。

解答 (作図)

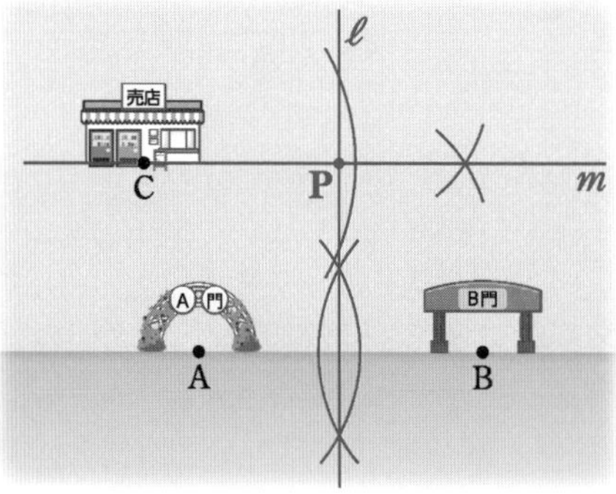

線分 AB の垂直二等分線 ℓ をひく。
点Cを通り，直線 ℓ に垂直な直線 m をひく。
直線 ℓ と m の交点をPとする。

9 右の図で，頂点Aを通り，△ABC の面積を 2 等分する直線を作図しなさい。(図は省略)

ガイド 頂点Aと辺 BC の中点を通る直線をひくと，△ABC は底辺の長さと高さが等しい三角形 2 つに分けられます。

解答 (作図)

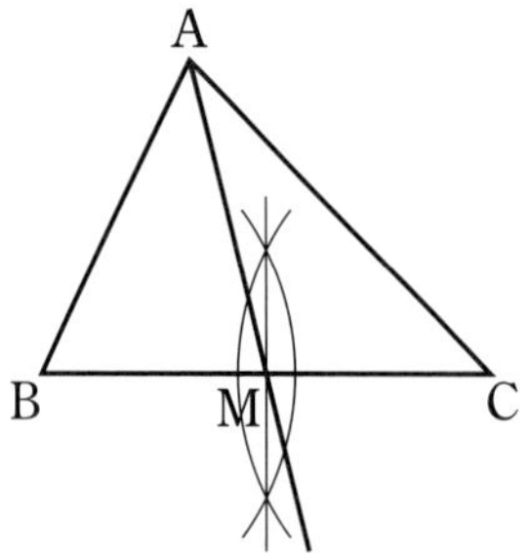

辺 BC の垂直二等分線をひき，辺 BC との交点を M とする。
頂点Aと点 M を通る直線をひく。

6章 空間図形

1節 立体と空間図形

立体をなかま分けしよう

下の写真の建物は，次のページ（教科書 p. 179）の㋐～㋖のどの立体とみることができるでしょうか。（写真は省略）

解答 愛媛県総合科学博物館…㋔　北九州市役所…㋓　名古屋（なごや）市科学館…㋕
青森県観光物産館アスパム…㋐　仁摩（にま）サンドミュージアム…㋑
習志野（ならしの）市営水道第2給水場…㋒

話しあおう　教科書 p. 179

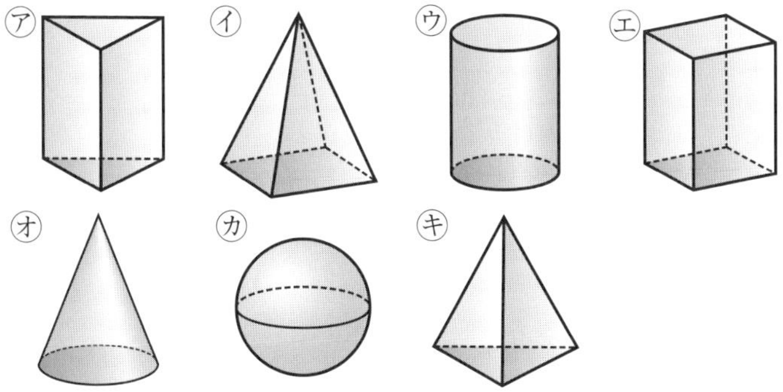

㋐～㋖の立体を，いろいろな見方でなかま分けしましょう。
また，どのようになかま分けしたのかを説明しましょう。

解答例 次のような観点でなかま分けする。

- 面がすべて平面か，曲面もあるか
  すべて平面…㋐，㋑，㋓，㋖　曲面もある…㋒，㋔，㋕
- 上の面が平面か，とがっているか
  平面…㋐，㋒，㋓　とがっている…㋑，㋔，㋖　どちらでもない…㋕
- 底面の形で分ける
  三角形…㋐，㋖　四角形…㋑，㋓　円…㋒，㋔
- 側面の形で分ける
  三角形…㋑，㋖　長方形…㋐，㋓
- 横から水平に切ったときの切り口の形で分ける
  三角形…㋐，㋖　四角形…㋑，㋓　円…㋒，㋔，㋕

1 いろいろな立体

学習のねらい

基本的な立体として，角柱と角錐，円柱と円錐があります。ここでは，見取図や展開図に加えて投影図を考えて，立体の性質についてくわしく調べます。

教科書のまとめ　**テスト前にチェック**

□角錐と円錐

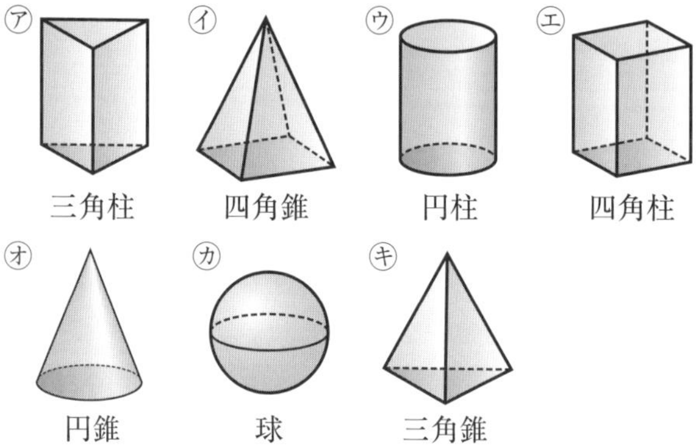

▶㋑，㋖のような立体を**角錐**，㋔のような立体を**円錐**といいます。

□角錐と円錐の底面，側面，頂点

▶角錐や円錐でも，右の図のように，**底面**と**側面**があります。また，図の点Aを，それぞれ，角錐，円錐の**頂点**といいます。

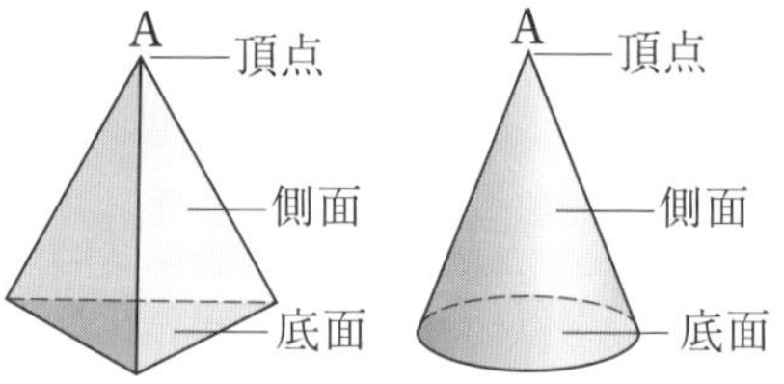

▶角錐で，底面が三角形，四角形，五角形，…のものを，それぞれ，三角錐，四角錐，五角錐，…といいます。

□多面体

▶いくつかの平面で囲まれた立体を**多面体**といい，その面の数によって，四面体，五面体，六面体，…といいます。

□投影図

▶立体を，真正面から見た図を**立面図**，真上から見た図を**平面図**といいます。立面図と平面図をあわせて，**投影図**といいます。

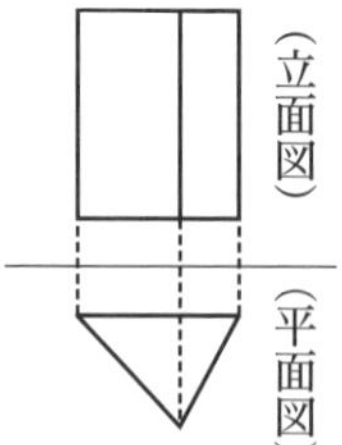

□底面が正多角形である角柱

▶角柱のうち，底面が，正三角形，正方形，正五角形，…であるものを，それぞれ，正三角柱，正四角柱，正五角柱，…といいます。

□底面が正多角形である角錐

▶角錐のうち，底面が，正三角形，正方形，正五角形，…で，側面がすべて合同な二等辺三角形であるものを，それぞれ，正三角錐，正四角錐，正五角錐，…といいます。

■ 立体の特徴について考えましょう。

上の㋑，㋔，㋖の立体に共通する特徴は何でしょうか。（図は 184 ページ）

教科書 p.180

解答例 **さきのとがった立体である。**

参考 ㋑，㋖のような立体を角錐，㋔のような立体を円錐といいます。
また，底面の形から，㋑は四角錐，㋖は三角錐といいます。

■ いくつかの平面で囲まれた立体について学びましょう。

前ページの㋐～㋖の立体で，平面だけで囲まれているものはどれでしょうか。
また，それらの立体は，それぞれ，いくつの平面で囲まれているでしょうか。
（図は 184 ページ）

教科書 p.181

ガイド 平らな面を平面といい，曲がった面を曲面といいます。
底面と側面をあわせた，すべての面の数を考えます。

解答 平面だけで囲まれたもの…㋐，㋑，㋓，㋖
㋐… 5 つの平面，㋑… 5 つの平面，㋓… 6 つの平面，㋖… 4 つの平面

参考 平面と曲面で囲まれているもの…㋒，㋔
曲面だけで囲まれているもの…㋕

問 1

教科書 p.181

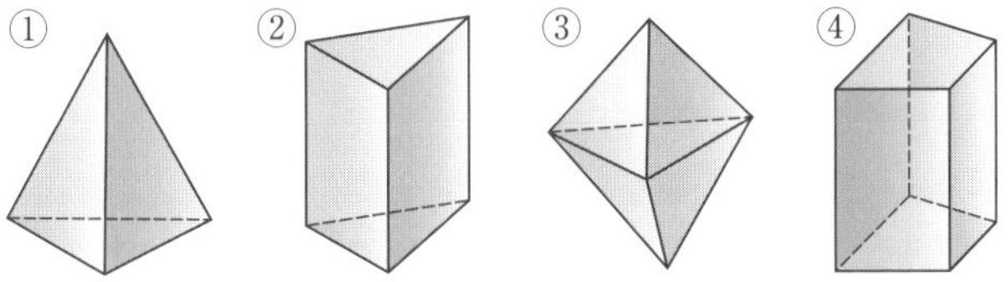

上の①～④の多面体は，それぞれ何面体ですか。

ガイド いくつかの平面で囲まれた立体を多面体といい，その面の数によって，四面体，五面体，六面体，……といいます。

解答 ① **四面体**　② **五面体**　③ **六面体**　④ **六面体**

問 2 面の数がもっとも少ない多面体は，何面体ですか。

教科書 p.181

ガイド 立体をつくるのに，最少でいくつの面が必要かを考えます。

解答 **四面体**

参考 四面体とは三角錐のことで，すべての面が三角形でできています。

見取図，展開図のほかに，立体を平面に表す方法を学びましょう。

教科書 p.182

右の三角柱を真正面から見ると，どんな形に見えるでしょうか。また，真上から見ると，どんな形に見えるでしょうか。

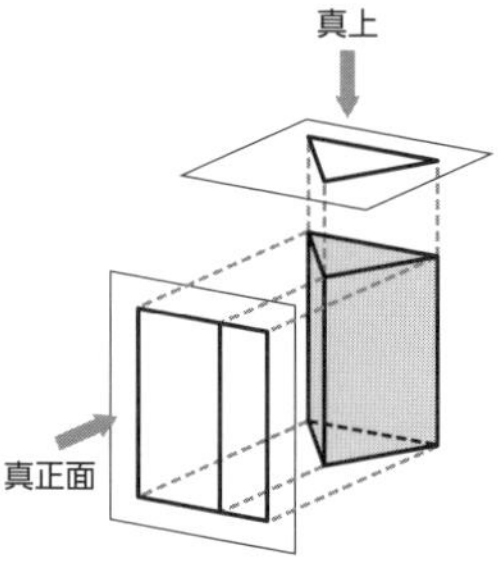

ガイド 真正面からは，2つの側面，真上からは，底面が見えます。

解答 真正面…**長方形**，真上…**三角形**

問3 179ページの㋐〜㋖のうち，右の投影図で表される立体を選びなさい。

教科書 p.182

❓ この立体は見取図や展開図で表すことができるかな。

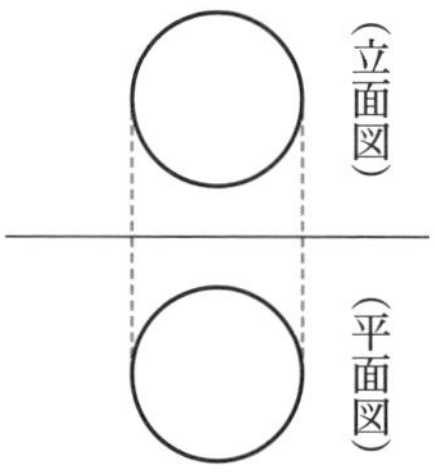

ガイド 真上から見ても，真正面から見ても，円に見える立体です。

解答 ㋕（**球**）

❓ 球は見取図や展開図で表すことが**できない**。

いろいろな立体の特徴を，見取図や展開図，投影図を使って調べましょう。

● 角柱と角錐

問4 上の展開図をもとにして三角柱をつくるとき，点Aと重なる点に○の印をつけなさい。

教科書 p.183

また，辺ABと重なる辺に〰〰の印をつけなさい。（図は省略）

ガイド 頭の中で立体を組み立てて考えてみるか，方眼紙に展開図をかき，切り取って組み立ててみましょう。

解答 右の図

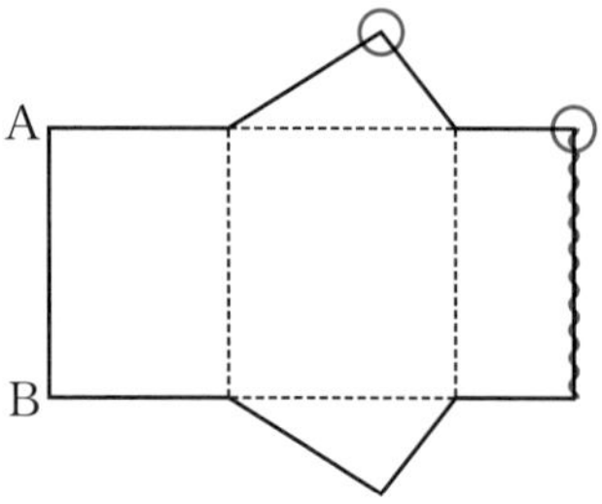

問 5 正三角柱の側面の３つの長方形について，どんなことがいえますか。 教科書 p.183

❓ 見取図，展開図，投影図のどれを使って調べるとわかるかな。

ガイド 底面は正三角形だから，３つの辺の長さはすべて等しくなっています。

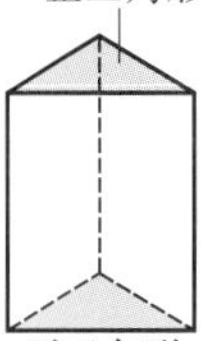

解答 ３つの長方形は，すべて横の長さ（正三角形の１辺）が等しく，縦の長さ（高さは共通）が等しいから，**３つとも合同な長方形になっている。**

❓ **展開図**を使うとよい。

問 6 右の図のような，底面が正方形で，４つの側面のすべてが二等辺三角形である四角錐があります。下の図で，この四角錐の展開図を完成させなさい。(図は省略) 教科書 p.184

ガイド 底面の正方形の１辺を底辺とする，他の側面と合同な二等辺三角形をかきます。

解答 正方形の下の辺の中点から４マス分の高さをとって，側面の二等辺三角形をかく。

展開図は右の図

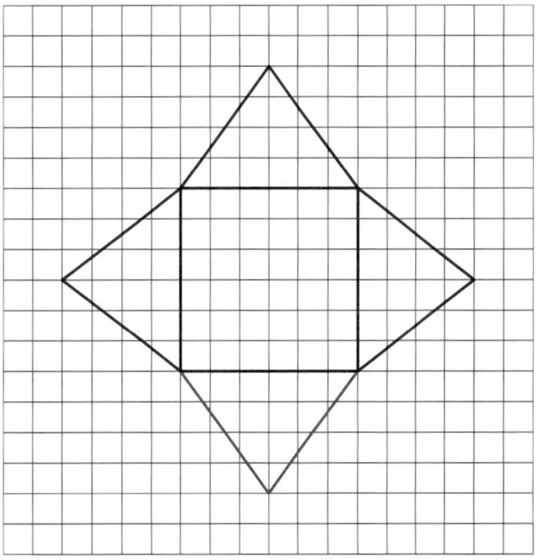

問 7 右の展開図をもとにして四角錐をつくるとき，点Aと重なる点に○の印をつけなさい。(図は省略) 教科書 p.184

ガイド わかりやすいところから，重ならない頂点を消していきましょう。

解答

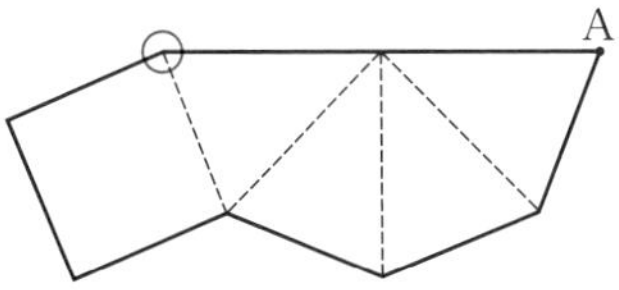

問 8 右の(1)，(2)の投影図で表される立体を，下の(ア)〜(エ)から選びなさい。 教科書 p.185

(ア) 直方体　(イ) 三角柱

(ウ) 三角錐　(エ) 四角錐

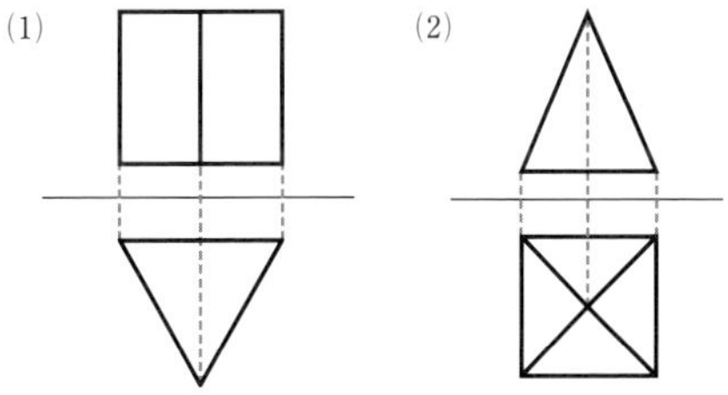

6章 空間図形

ガイド 直線の上の部分は真正面から見た図（立面図），下の部分は真上から見た図（平面図）です。

解答 (1)　立面図が長方形で，平面図が三角形になっているから，(イ)　**三角柱**

(2)　立面図が三角形で，平面図が四角形になっているから，(エ)　**四角錐**

● 円柱と円錐

教科書 p.185

下の写真のような，ごみ取り用ローラーのシートを１周分はがすと，どんな図形になるでしょうか。（写真は省略）

ガイド 写真のようすから考えます。円柱の側面を切りひらいた形になります。

解答 **長方形**（１辺の長さがローラーの幅（はば），他の辺の長さが（外側の）円の１周分の長方形）

問 9 教科書 p.186

右のような，底面の直径が 3 cm で，高さが 5 cm の円柱があります。下の図で，この円柱の展開図を完成させなさい。（図は省略）

また，完成させた展開図を組み立てて円柱をつくるとき，線分 AB と重なるところに〜〜〜の印をつけなさい。

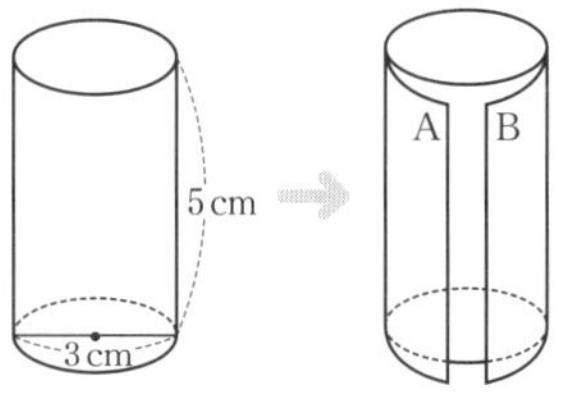

ガイド 円柱では，2 つの底面は合同な円で，側面の展開図は長方形になります。
展開図の長方形の横の長さ **AB** は，底面の円周の長さと等しく，縦の長さは円柱の高さと等しくなります。

解答 側面の展開図の長方形の縦の長さは 5 cm，横の長さ AB は底面の円周の長さと等しく，

$3\times3.14=9.42$ (cm)

となる。

展開図は右の図

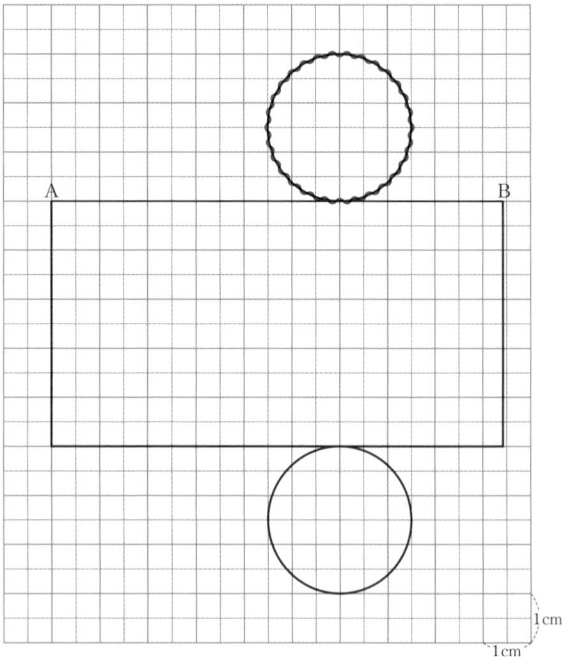

右の写真のような，アイスクリームの包み紙をひらくと，どんな図形になるでしょうか。（写真は省略）

教科書 p.187

ガイド 写真のようすから考えます。円錐の側面を切りひらいてうつした形になります。

解答 おうぎ形

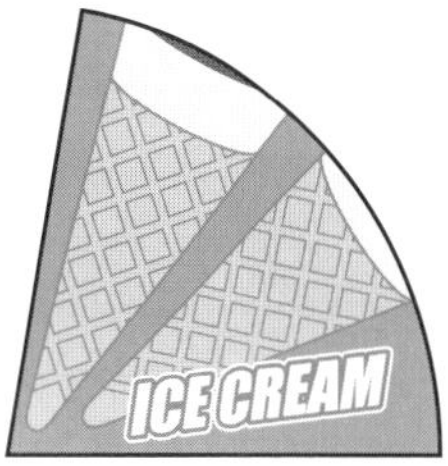

問10 上の展開図をもとにして円錐をつくるとき，$\overset{\frown}{AB}$ と重なるところに〰〰の印をつけなさい。（図は省略）

教科書 p.187

ガイド 円錐の底面は１つの円で，側面は曲面です。また，側面の展開図はおうぎ形になります。おうぎ形の弧の長さは，底面の円周の長さと等しくなります。

解答 右の図

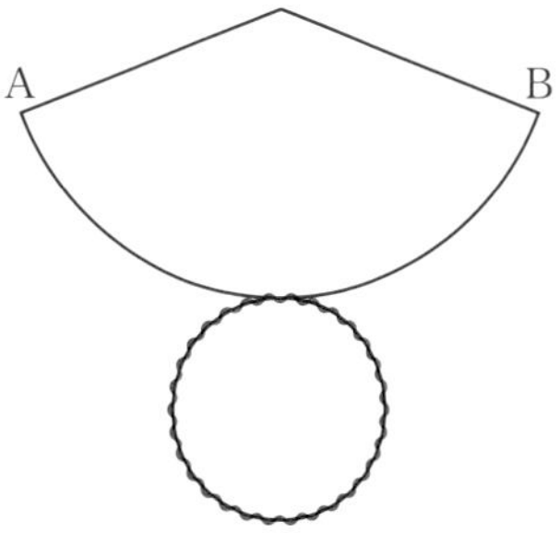

問11 右の(1)，(2)の投影図で表される立体を，下の(ア)〜(エ)から選びなさい。

(ア)　円柱　　(イ)　円錐

(ウ)　球　　(エ)　角錐

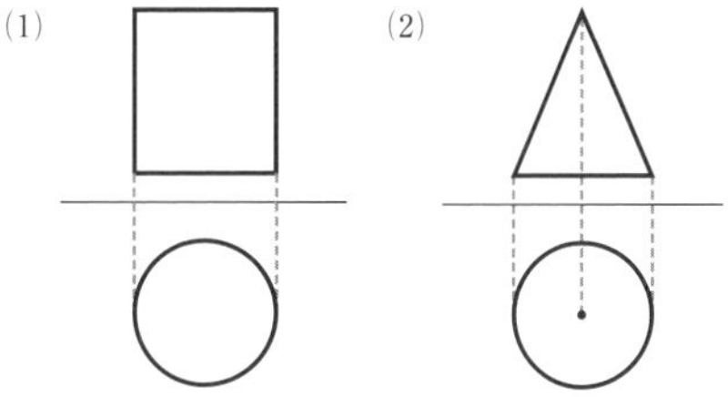

教科書 p.187

ガイド どちらも平面図が円であるから，底面が円である立体を考えます。立面図から，円柱か円錐かを判断します。

解答 (1)　立面図が長方形で，平面図が円になっているから，(ア)　**円柱**

(2)　立面図が三角形で，平面図が円になっているから，(イ)　**円錐**

話しあおう

教科書 p.187

ある立体の投影図をかいたところ，右の図のように，立面図と平面図が合同な長方形になりました。どのような立体と考えられるでしょうか。

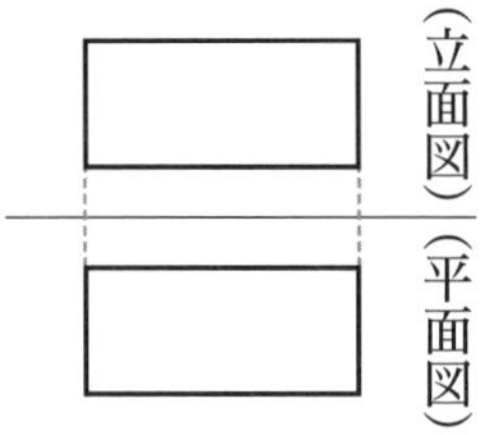

解答例

- 立面図と平面図が合同な長方形になっているから，**正四角柱**
- 問11 のように，円柱も，立面図が長方形になり，円柱を横にして置くと平面図も立面図と合同な長方形になる。よって，**円柱**
- 右のように，**底面が直角二等辺三角形である三角柱**を横にして置いても，立面図と平面図が合同な長方形になる。

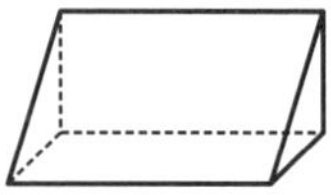

- ほかにも，底面が右の図のような立体などが考えられる。

(例)

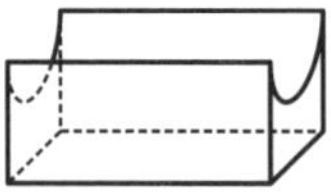

まとめよう

教科書 p.188

これまでに，平面上で立体を調べる方法として，見取図，展開図，投影図を学んできました。それらの図の特徴を，下の見取図の例（省略）を参考にしてまとめましょう。

解答例

	特徴
展開図	こんなときに便利 • 立体を構成している面の形や辺の長さを正確に確認したいとき こんなところに注意 • 組み立てられる展開図にするため，面のつなげ方に注意が必要。 • 面や辺の位置関係がわかりにくい。
投影図	こんなときに便利 • 立体をいろいろな方向から見た形をもとに，立体の特徴をとらえたいとき こんなところに注意 • 異なる立体でも投影図が同じになる場合があるから，投影図だけで必ず立体を特定できるわけではない。

2 空間内の平面と直線

学習のねらい

空間図形を考えるとき，基礎になるのは平面と直線です。ここでは，平面と直線についての基本を学習し，さらに，平面と直線の位置関係について考えます。

教科書のまとめ **テスト前にチェック**

□**平面**
▶平面とは，平らに限りなくひろがっている面をいいます。

□**平面の決定**
▶同じ直線上にない３点を通る平面は１つしかありません。また，交わる２直線をふくむ平面，平行な２直線をふくむ平面も１つしかありません。

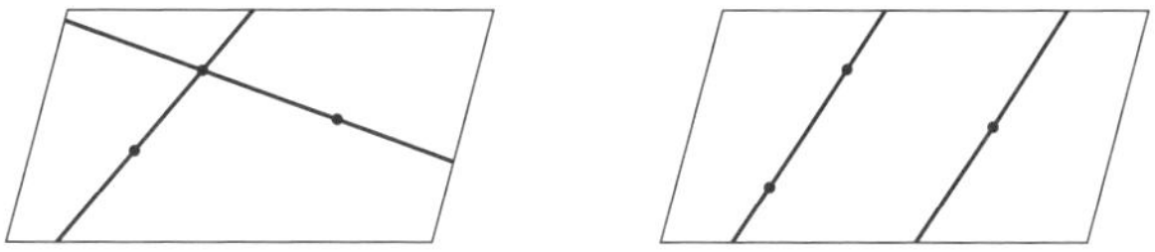

交わる２直線　　　平行な２直線

□**ねじれの位置**
▶空間内の２直線が，平行でなく，交わらないとき，その２直線は，**ねじれの位置**にあるといいます。

□**２直線の位置関係**
▶空間内の２直線 ℓ，m の位置関係には，次の３つの場合があります。

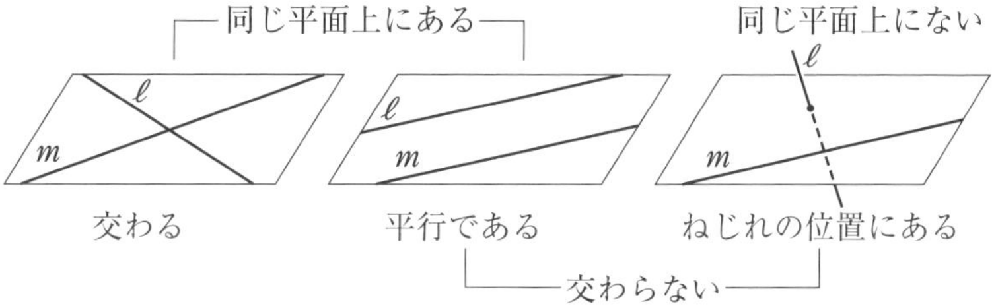

交わる　　　平行である　　　ねじれの位置にある

□**直線と平面の位置関係**
▶直線 ℓ と平面Pの位置関係には，次の３つの場合があります。

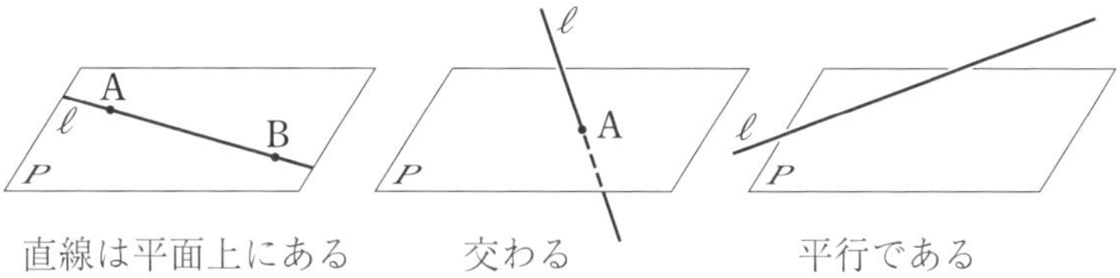

直線は平面上にある　　　交わる　　　平行である

□**直線と平面の垂直**
▶直線 ℓ が，その平面Pとの交点Aを通る平面P上のすべての直線と垂直であるとき，直線 ℓ と平面Pは**垂直**であるといいます。
▶このとき，直線 ℓ を平面Pの**垂線**といいます。

□**点と平面との距離**
▶点Aから平面Pに垂線AHをひいたとき，線分AHの長さを，**点Aと平面Pとの距離**といいます。

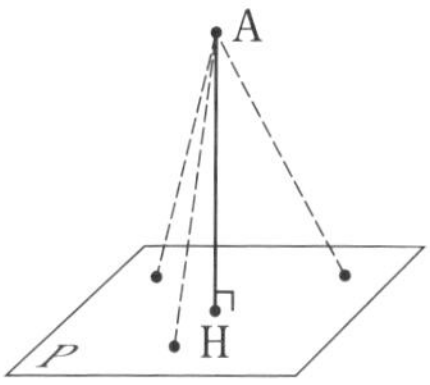

□**２平面の位置関係**
▶２つの平面P，Qの位置関係には，次の２つの場合があります。

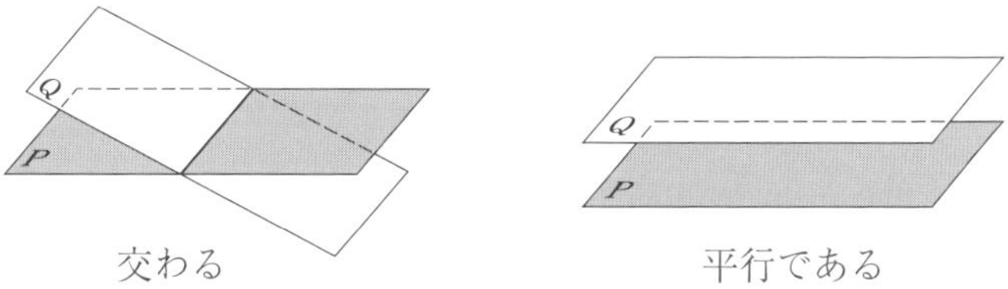

交わる　　　平行である

平面が1つに決まる場合について考えましょう。

教科書 p.189

右の写真の中から，平面や直線とみることができるものを見つけましょう。
(写真は省略)

解答例
〈平面とみることができるもの〉 **床(ゆか)，壁(かべ)，ふすま，テーブルの上の面，天井** など
〈直線とみることができるもの〉 **障子(しょうじ)の桟(さん)，畳(たたみ)やふすまのふち，天井の線** など

説明しよう　教科書 p.190

カメラで撮影(さつえい)するときに用いられる三脚(さんきゃく)の脚(あし)が3本である理由を説明しましょう。

ガイド　平面が1つに決まる条件から考えてみましょう。

解答例
脚が4本では，先端の4つの点によって平面が1つに決まるとは限らず，三脚がぐらつくことがあるため。
脚が3本ならば，先端の3つの点によって平面が1つに決まるから，三脚は安定する。

2直線の位置関係について考えましょう。

教科書 p.190

右の図の立方体で，辺を直線とみたとき，直線CGと交わる直線はどれでしょうか。また，直線CGと交わらない直線はどれでしょうか。

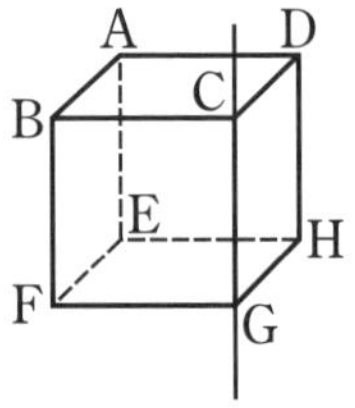

ガイド　辺を延長して考えてみましょう。

解答
交わる直線…**直線BC，直線CD，直線FG，直線GH**
交わらない直線…**直線BF，直線AE，直線DH，直線AB，**
直線EF，直線AD，直線EH

問1　2本の鉛筆(えんぴつ)を2つの直線とみて，2直線のいろいろな位置関係を示しなさい。　教科書 p.191

ガイド　空間内の2直線が，平行でなく，交わらないとき，その2直線は，ねじれの位置にあるといいます。

解答例

問２ 右の図の正四角錐で，次の関係にある直線をすべていいなさい。

教科書 p.191

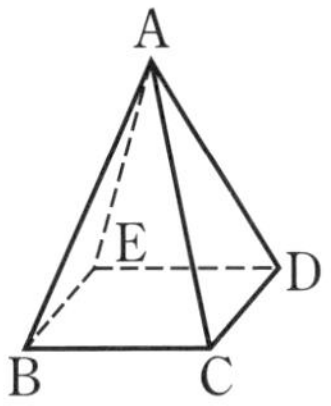

(1) 直線 BC と交わる直線

(2) 直線 BC と平行な直線

(3) 直線 BC とねじれの位置にある直線

ガイド 空間内の２直線が，同じ平面上にない場合，その２直線は，ねじれの位置にあるといいます。

解答

(1) **直線 AB，直線 BE，直線 AC，直線 CD**

(2) **直線 ED**

(3) **直線 AE，直線 AD**

話しあおう

教科書 p.191

身のまわりから，平行やねじれの位置にある２直線とみることができるものを見つけましょう。

ガイド 空間内の２直線のうち，次のものを見つけます。
平行…同じ平面上にあって交わらない　　ねじれの位置…同じ平面上にない

解答例 〈平行とみることができるもの〉

窓ガラスの上下・左右のわく，橋のらんかん　など

〈ねじれの位置とみることができるもの〉

立体交差する道路や線路，教室の柱と蛍光灯，車道と歩道橋　など

■ 直線と平面の位置関係について考えましょう。

教科書 p.192

右の図の立方体で，辺を直線，面を平面とみたとき，直線 BC と平面 EFGH は，どんな位置関係にあるでしょうか。また，直線 BC とほかの５つの平面は，どんな位置関係にあるでしょうか。

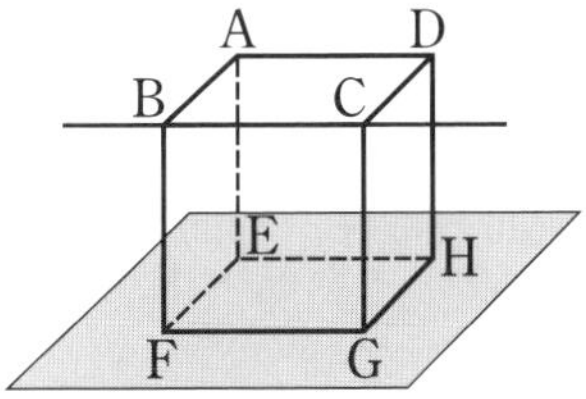

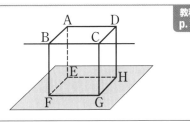

ガイド 辺も面も限りなく続いていると考えて，直線 BC と平面の位置関係を，交わる，平行である（交わらない），直線は平面上にある，の３つの場合に分けてみましょう。

解答

直線 BC と平面 EFGH…**平行である**

直線 BC と平面 ABCD…**直線は平面上にある**

直線 BC と平面 ABFE…**交わる（垂直である）**

直線 BC と平面 DCGH…**交わる（垂直である）**

直線 BC と平面 BFGC…**直線は平面上にある**

直線 BC と平面 AEHD…**平行である**

直線と平面の位置関係には，３つの場合があるね

6章 空間図形

問 3　教科書 p.192

右の図の三角柱で，次の関係にある直線をすべていいなさい。

(1)　平面 ABC 上にある直線

(2)　平面 ABC と垂直な直線

(3)　平面 ABC と平行な直線

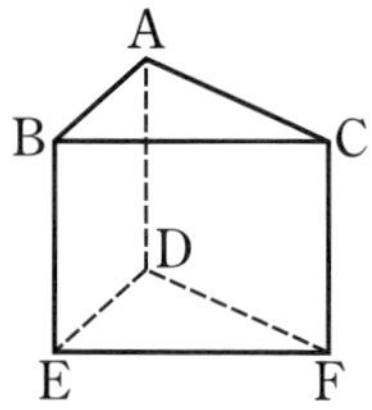

ガイド　9 つある辺すべてについて，1 つ 1 つ考えていきます。平面 ABC と平行な平面 DEF 上にある辺は，すべて平面 ABC と平行です。

解答

(1)　**直線 AB，直線 BC，直線 CA**

(2)　**直線 AD，直線 BE，直線 CF**

(3)　**直線 DE，直線 EF，直線 FD**

問 4　教科書 p.193

右の図のように，立方体の一部を切り取ってできた三角錐があります。次の面を底面としたときの高さは，どこの長さになりますか。

(1)　面 BCD を底面としたとき

(2)　面 ACD を底面としたとき

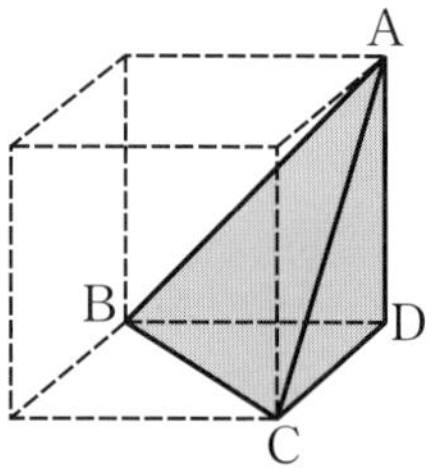

ガイド　角錐や円錐では，頂点と底面との距離を，角錐や円錐の高さといいます。

解答

(1)　**線分 AD の長さ** (三角錐の頂点はAで，辺 AD は底面 BCD に垂直になっている。)

(2)　**線分 BD の長さ** (三角錐の頂点はBで，辺 BD は底面 ACD に垂直になっている。)

話しあおう　教科書 p.193

身のまわりから，平面とその垂線とみることができるものを見つけましょう。

解答例　**地面と電柱，地面と鉄棒の支柱**　など

2 平面の位置関係について考えましょう。

教科書 p.194

右の図の立方体で，面を平面とみたとき，平面 ABCD と平面 EFGH は，どんな位置関係にあるでしょうか。

また，平面 ABCD と，平面 EFGH 以外の 4 つの平面は，どんな位置関係にあるでしょうか。(図は省略)

ガイド　面は限りなく続いていると考えます。2 つの平面の位置関係は 2 つの場合に分けられます。

解答

平面 ABCD と平面 EFGH…**交わらない (平行である)**

平面 ABCD と平面 BFGC，平面 CGHD，平面 AEHD，平面 BFEA…**交わる**

問 5

教科書 p.194

右の図のように，立方体を 2 つに切って三角柱をつくりました。
この三角柱で，次の関係にある平面をすべていいなさい。

(1) 平面 ABC と平行な平面

(2) 平面 ABED と垂直な平面

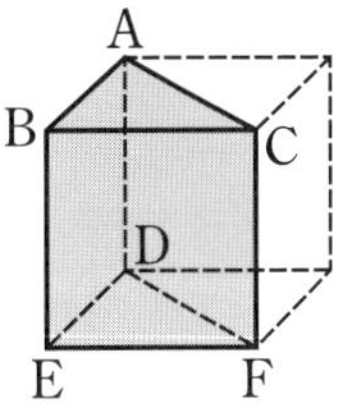

ガイド 右の図のように，平面 P と平面 Q が交わっていて，平面 Q が，平面 P に垂直な直線 ℓ をふくんでいるとき，2 つの平面 P，Q は垂直であるといいます。

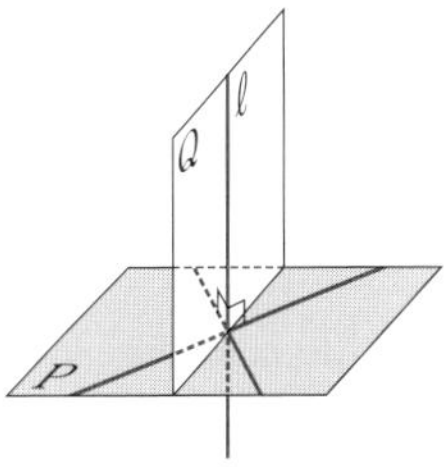

解 答

(1) **平面 DEF**

(2) **平面 ABC，平面 DEF，平面 BEFC**

話しあおう

教科書 p.195

身のまわりから，垂直に交わる 2 平面とみることができるものを見つけましょう。

解答例 **天井と壁，壁と床，タンスの横の板と背の板** など

練習問題 2 空間内の平面と直線 p.195

1 右のような，直方体から三角柱を切り取った立体について，次の関係にある直線や平面をすべていいなさい。

(1) 直線 AE と平行な直線

(2) 直線 AE とねじれの位置にある直線

(3) 直線 AE がふくまれる平面

(4) 平面 AEFB と垂直な平面

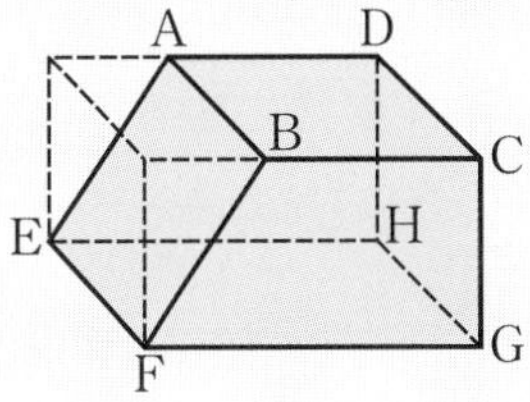

ガイド 辺や面は，限りなく続いていると考えます。

(2) 直線 AE と平行でなく，交わらない直線です。

(3) 直線 AE をふくむ平面は 2 つあります。

(4) 平面 AEFB に垂直な直線をふくんでいる平面を考えます。

解 答

(1) **直線 BF**

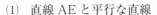

(2) **直線 BC，直線 FG，直線 CD，直線 GH，直線 CG**

(3) **平面 AEFB，平面 AEHD**

(4) **平面 AEHD，平面 BFGC**

3 立体の構成

学習のねらい

面や線をある条件によって動かすとき，どんな形ができるかを考え，そのことから基本的な立体について学習します。

教科書のまとめ　テスト前にチェック

□面を平行に動かしてできる立体

▶角柱や円柱は，1つの多角形や円を，その面に垂直な方向に，一定の距離だけ平行に動かしてできる立体とみることができます。

□面を回転させてできる立体

▶円柱，円錐，球のように，1つの平面図形を，その平面上の直線 ℓ のまわりに1回転させてできる立体を**回転体**(かいてんたい)といい，直線 ℓ を**回転の軸**(かいてん じく)といいます。

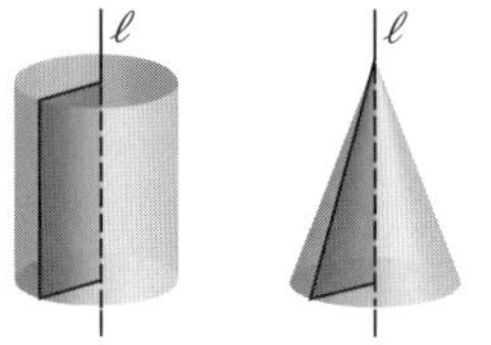

□線を動かしてできる立体

▶角柱や円柱の側面は，多角形や円に垂直に立てた線分ABを，その周にそって1まわりさせてできたものとみることができます。
このとき，1まわりさせた線分ABを，その角柱や円柱の**母線**(ぼせん)といいます。

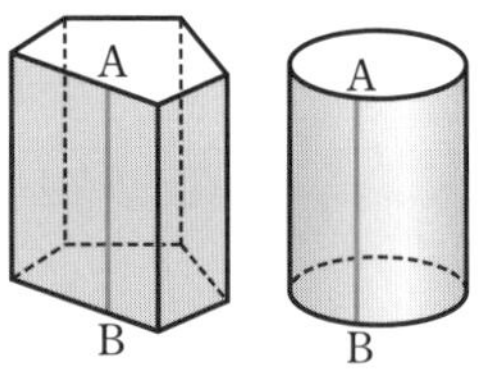

▶円錐の側面は，底面の円周上の点Bを，その周にそって1まわりさせるとき，頂点Aと点Bを結ぶ線分ABが動いてできたものとみることができます。
この場合も，線分ABを，円錐の母線といいます。

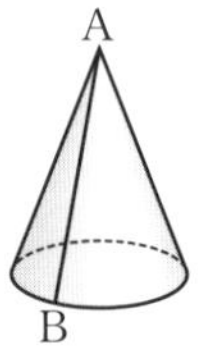

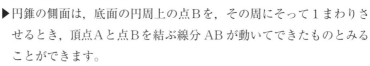

面や線を動かしてできる立体について考えましょう。

● 面を平行に動かしてできる立体

百人一首の札や10円硬貨(こうか)を，右の写真のようにたくさん積み重ねると，どんな立体ができるでしょうか。(写真は省略)

教科書 p.196

ガイド 写真をよく見て考えてみましょう。枚数が多いほど，高さが高い角柱や円柱ができます。
正方形のものを積み重ねると，高さが正方形の1辺の長さと等しいとき，立方体になります。

解答 百人一首の札…**四角柱(直方体)**，10円硬貨…**円柱**

問1 三角柱は，どんな図形を，どのように動かしてできる立体とみることができますか。

教科書 p.196

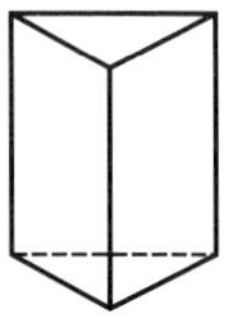

解答 **三角形を，その面に垂直な方向に，一定の距離だけ平行に動かしてできる立体とみることができる。**

● 面を回転させてできる立体

教科書 p.196

下(右)の(1)〜(3)の図形を，それぞれ直線 ℓ のまわりに1回転させると，どんな立体ができるでしょうか。

(1) 長方形　(2) 直角三角形　(3) 半円

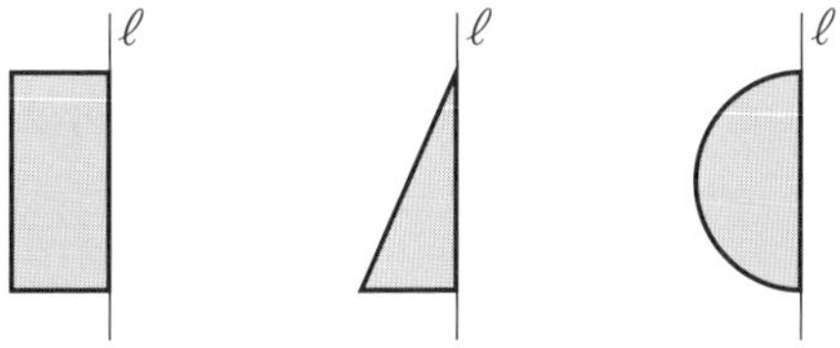

ガイド 実際に工作用紙などを，長方形，直角三角形，半円に切り抜いて，竹ひごなどのまわりに1回転させてみましょう。

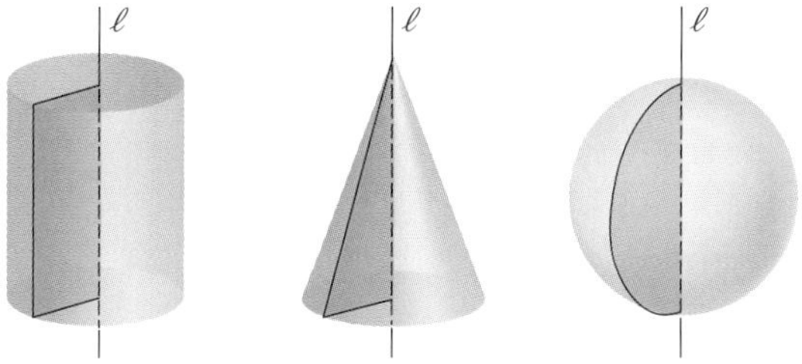

解答 (1) **円柱**　(2) **円錐**　(3) **球**

参考 できる円柱や円錐の高さは，長方形の縦の長さや直角三角形の高さと同じに，できる球の半径は，半円の半径と同じになります。

問2 右の図形を，直線 ℓ を回転の軸として1回転させてできる立体は，㋐，㋑のどちらですか。

教科書 p.197

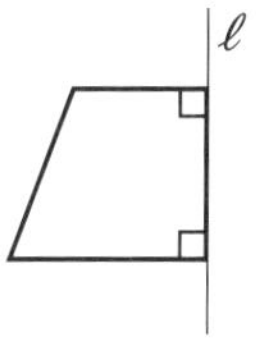

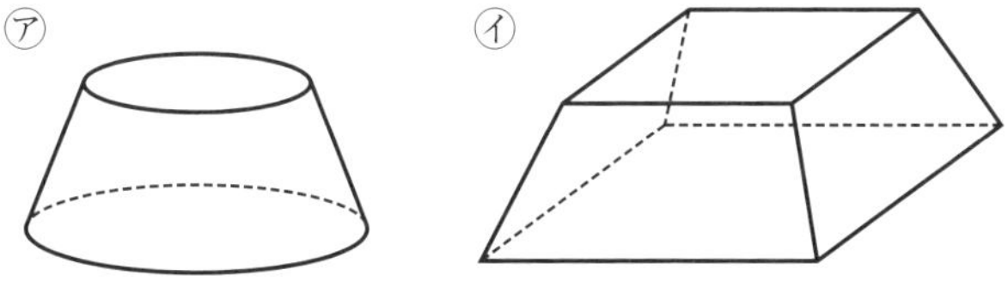

ガイド 図の台形を直線 ℓ のまわりに1回転させると，上底と下底の線分が動いたあとは円になります。

解答 円錐を切り取ったような形になる。　㋐

問3 円錐を，回転の軸をふくむ平面で切ると，その切り口はどんな図形になりますか。また，回転の軸に垂直な平面で切ると，切り口はどんな図形になりますか。

教科書 p.197

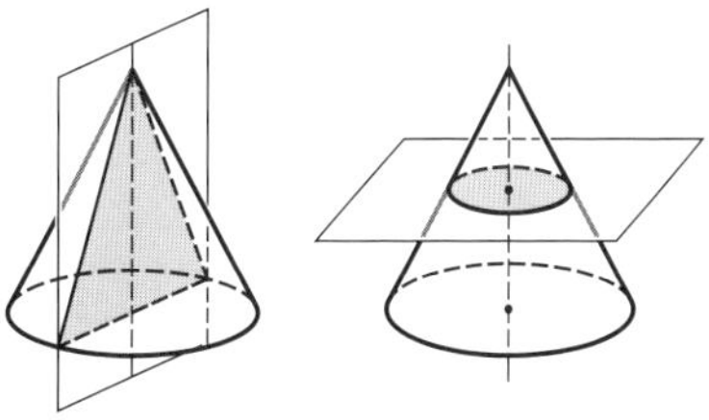

ガイド 直角三角形を1回転させたことをもとにして，切り口の三角形の辺の長さなどについて考えます。

解答 回転の軸をふくむ平面で切る…**二等辺三角形**
回転の軸に垂直な平面で切る…**円**

● 線を動かしてできる立体

教科書 p.197

右の図のように，線分 AB を，多角形や円に垂直に立てたまま，その周にそって1まわりさせます。
このとき，線分 AB が動いたあとは，それぞれどんな図形になるでしょうか。

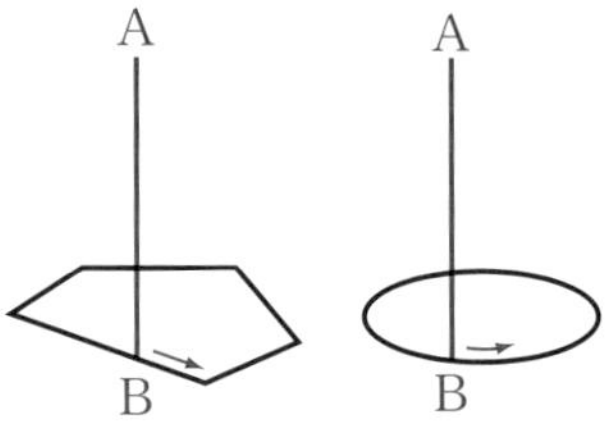

ガイド 実際に竹ひごなどを多角形や円に垂直に立てたまま，その周にそって1まわりさせてみましょう。

解答 **右の図のような立体の側面になる。**

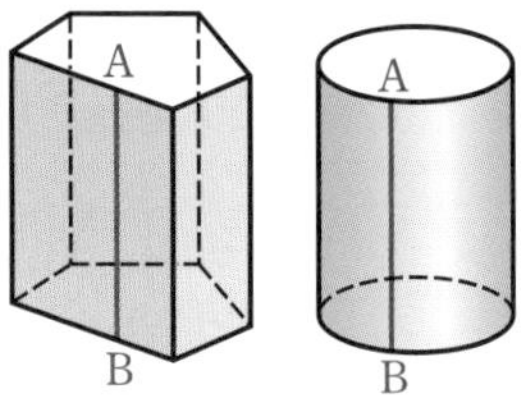

五角柱　　円柱

参考 上のように，1まわりさせた線分を，その角柱や円柱の**母線**といいます。
円錐の場合も，線分 AB を，円錐の母線といいます。

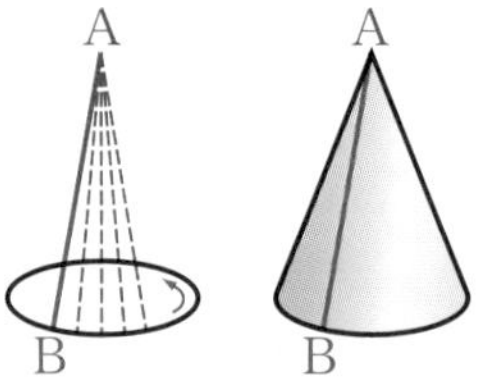

まとめよう

教科書 p.198

身のまわりには，次の(ア)〜(ウ)とみることができるものがいろいろあります。

(ア)　面を平行に動かしてできる立体
(イ)　面を回転させてできる立体
(ウ)　線を動かしてできる立体

このような立体を見つけ，次の(1)，(2)についてレポートを書きましょう。

(1)　見取図
(2)　どのようにしてできた立体とみることができるか

ガイド 身のまわりにある立体を，これまでに学習した見方で考察してレポートにまとめます。

解答例 〈見つけたもの〉　茶筒

(1)　見取図

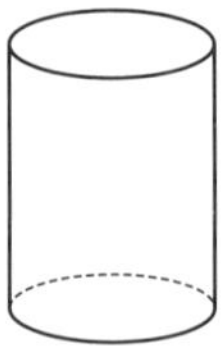

円柱になっている。

(2)　(ア)面を平行に動かしてできる立体

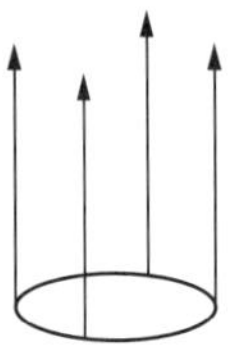

円を，その面に垂直な方向に，一定の距離だけ平行に動かしてできた立体。
(平行移動する距離は茶筒の高さ。円は茶筒の底面の円の大きさ。)

(イ)面を回転させてできる立体

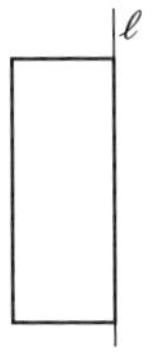

長方形を，直線 ℓ を回転の軸として1回転させてできた立体。

(長方形の縦は茶筒の高さ。横は茶筒の底面の円の半径の長さ。)

(ウ)線を動かしてできる立体

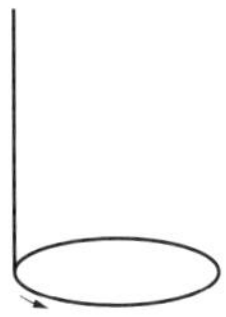

茶筒の側面は，円に垂直に立てた線分を，その周にそって1まわりさせてできたもの。

(線分の長さは茶筒の高さ。円は茶筒の底面の円の大きさ。)

練習問題　3 立体の構成　p.199

1 右の図の直方体は，どの面を，どのように動かしてできる立体とみることができますか。

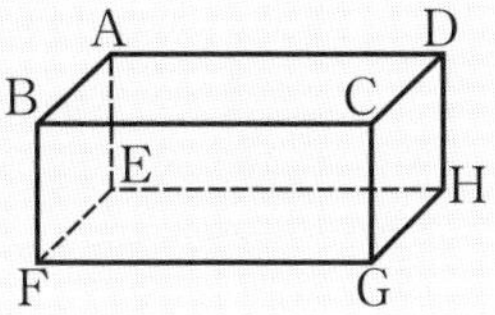

ガイド 1つの面を決めて，その面に垂直な方向に高さの分だけ動かします。

解答例
- 面 ABFE を，この面に垂直な方向に辺 FG の長さだけ平行に動かしてできる立体
- 面 BFGC を，この面に垂直な方向に辺 CD の長さだけ平行に動かしてできる立体
- 面 EFGH を，この面に垂直な方向に辺 CG の長さだけ平行に動かしてできる立体

2 右の回転体は，どんな平面図形を回転させてできる立体とみることができますか。直線 ℓ を回転の軸として，その平面図形をかきなさい。

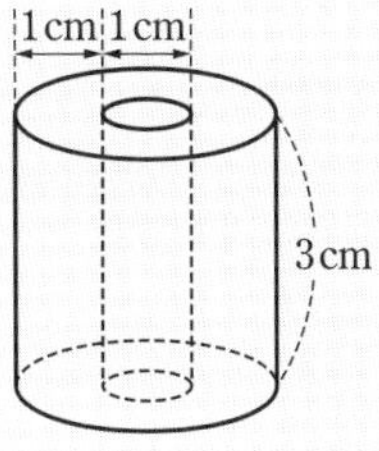

ガイド 円柱は，長方形を直線 ℓ を回転の軸として1回転させてできます。
外側の円柱の底面の円の半径は **1.5 cm**，
内側の円柱の底面の円の半径は **0.5 cm**
になります。

解答 右の図

縦の長さ 3 cm，横の長さ 1 cm の長方形を直線 ℓ から 0.5 cm 離(はな)して，ℓ を回転の軸として1回転させたものとみることができる。

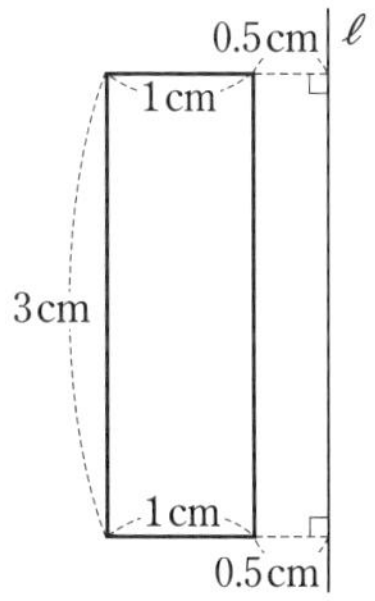

❷節 立体の体積と表面積

大きさの順は？

けいたさんは，2人の友だちといっしょに食べるゼリーをつくりました。
ゼリーをつくるのに使った3つの容器は，下の㋐～㋒です。

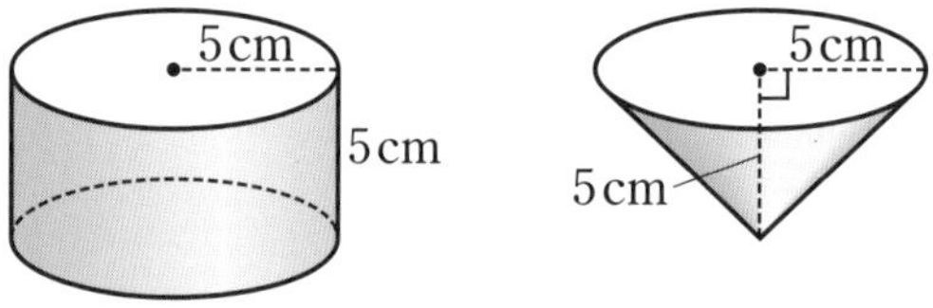
㋐ 円柱
5cm
5cm
㋑ 円錐
5cm
5cm
㋒ 半球
5cm
5cm

どのゼリーを食べるかを，3人で話しあっています。

いちばん
大きいのを
食べたいな
円錐の形の
ゼリーよりも
円柱の形の
ゼリーの方が
大きいね

話しあおう

教科書 p.200

上の㋐～㋒の容器で，容積の大きさの順はどうなるでしょうか。

解答例

- 円柱の体積は求められるが，円錐や，球の半分の体積は求められないからわからない。
- ㋒は㋐の中にはいりそうで，㋑は㋒の中にはいりそうだから，大きさの順に並べると，㋐，㋒，㋑
- 円柱は，底から上の面までへこんでいるところがないから，円柱がいちばん大きい。
- 円錐と半球では，真横から見ると半球の方がふくらんでいるから，半球の方が大きい。

参考 ㋐の体積…$\pi \times 5^2 \times 5 = 125\pi$ (cm³)

㋑の体積…$\frac{1}{3} \times \pi \times 5^2 \times 5 = \frac{125}{3}\pi$ (cm³)

㋒の体積…$\frac{4}{3} \times \pi \times 5^3 \times \frac{1}{2} = \frac{250}{3}\pi$ (cm³)

となります。㋑や㋒の体積の求め方は，この節で学びます。

1 立体の体積

学習のねらい
基本的な立体についての理解を深め，それらの体積を求める公式を学び，公式を利用していろいろな立体の体積を求めることができるようにします。

教科書のまとめ　テスト前にチェック

□底面積
▶立体の１つの底面の面積を**底面積**（ていめんせき）といいます。

□角柱，円柱の体積
▶角柱，円柱の底面積を S，高さを h，体積を V とすると，

$$V=Sh$$

特に，円柱では，底面の円の半径を r，高さを h，体積を V とすると，

$$V=\pi r^2h$$

□角錐，円錐の体積
▶角錐，円錐の底面積を S，高さを h，体積を V とすると，

$$V=\frac{1}{3}Sh$$

特に，円錐では，底面の円の半径を r，高さを h，体積を V とすると，

$$V=\frac{1}{3}\pi r^2h$$

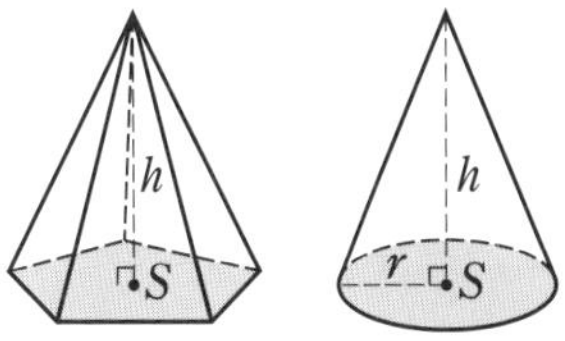

□球の体積
▶半径 r の球の体積を V とすると，

$$V=\frac{4}{3}\pi r^3$$

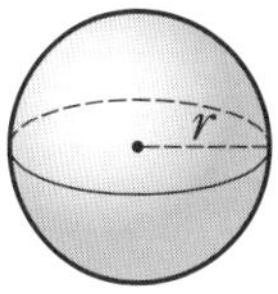

■ 立体の体積について考えましょう。

● 角柱，円柱の体積

問1 次の立体の体積を求めなさい。　教科書 p.201

(1) 三角柱　(2) 四角柱　(3) 円柱

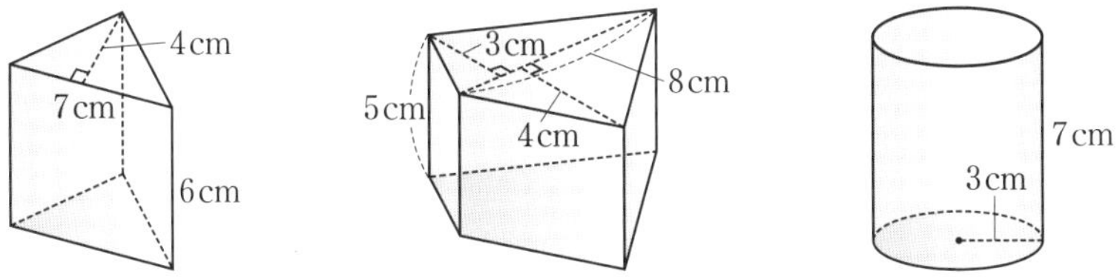

ガイド 角柱の底面積を S，高さを h，体積を V とすると，$V=Sh$
円柱の底面の円の半径を r，高さを h，体積を V とすると，$V=\pi r^2h$

解答
(1) $\frac{1}{2}\times7\times4\times6=84$ (cm³)　　**84 cm³**

(2) $\left(\frac{1}{2}\times8\times3+\frac{1}{2}\times8\times4\right)\times5=140$ (cm³)　　**140 cm³**

(3) $\pi\times3^2\times7=63\pi$ (cm³)　　**63π cm³**

6章 空間図形

● 角錐，円錐の体積

教科書 p.202

右の図のような，底面が合同で，高さの等しい円柱と円錐の容器があります。円柱の容器には，円錐の容器の何杯分(なんばい)の水がはいるでしょうか。

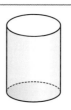

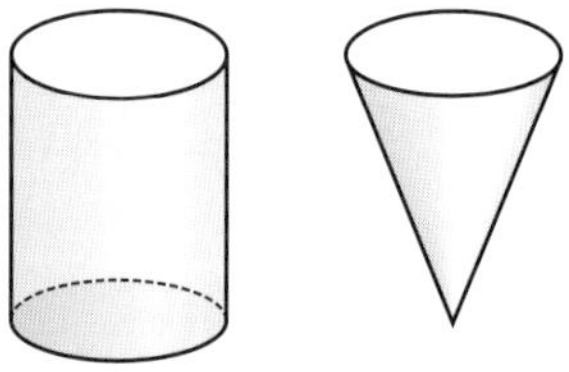

ガイド 実際に，立体模型に水を入れてみるとよくわかります。

解答 円柱の容器には，円錐の容器の **3 杯分**の水がはいる。

問 2 教科書 p.203

次の立体の体積を求めなさい。

(1) 底面が 1 辺 8 cm の正方形で，高さが 15 cm の正四角錐

(2) 底面の半径が 6 cm で，高さが 20 cm の円錐

ガイド

(1) 角錐の底面積を S，高さを h，体積を Vとすると，$V=\frac{1}{3}Sh$

(2) 円錐の底面の円の半径を r，高さを h，体積を Vとすると，$V=\frac{1}{3}\pi r^2 h$

解答

(1) $\frac{1}{3}\times8\times8\times15=320\ (\mathrm{cm}^3)$ **$320\ \mathrm{cm}^3$**

(2) $\frac{1}{3}\times\pi\times6^2\times20=240\pi\ (\mathrm{cm}^3)$ **$240\pi\ \mathrm{cm}^3$**

話しあおう 教科書 p.203

右の図のような，直角三角形 ABC があります。この三角形を回転させて，次の(ア)，(イ)の立体をつくります。
この 2 つの立体の体積はどちらが大きくなるでしょうか。

(ア) 直線 AB を回転の軸として 1 回転させてできる立体

(イ) 直線 AC を回転の軸として 1 回転させてできる立体

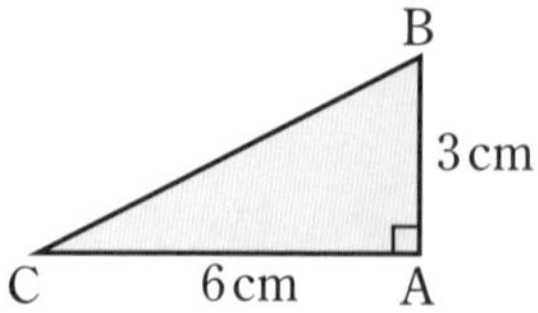

ガイド 下の図のような円錐ができます。

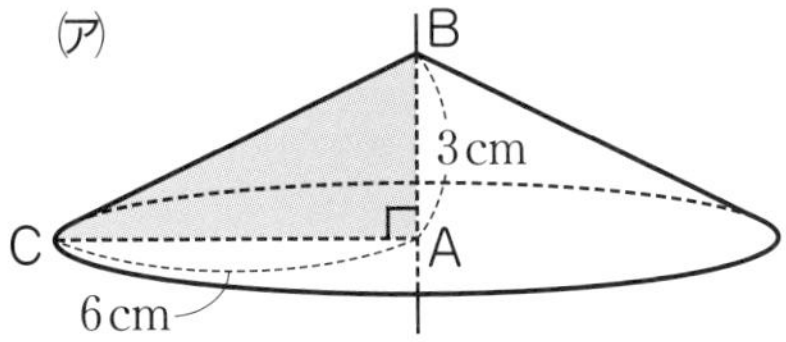

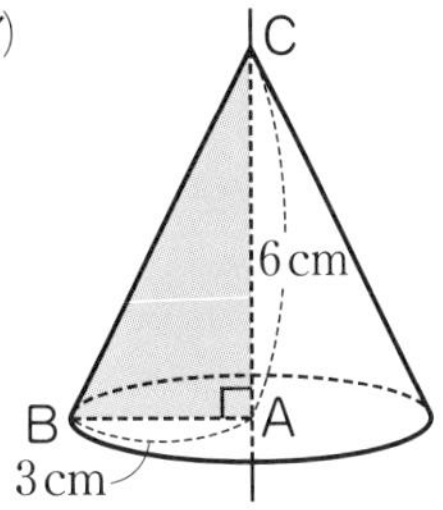

解答 (ア) $\frac{1}{3}\times\pi\times6^2\times3=36\pi\,(\mathrm{cm}^3)$

(イ) $\frac{1}{3}\times\pi\times3^2\times6=18\pi\,(\mathrm{cm}^3)$

(ア)の方が大きい

同じ三角形を回転させても，体積は等しくならないね

● 球の体積

教科書 p.203

右の図のような，半径 5 cm の半球の容器㋐と，底面の半径が 5 cm，高さが 10 cm の円柱の容器㋑があります。
容器㋑には，容器㋐の何杯分の水がはいるでしょうか。

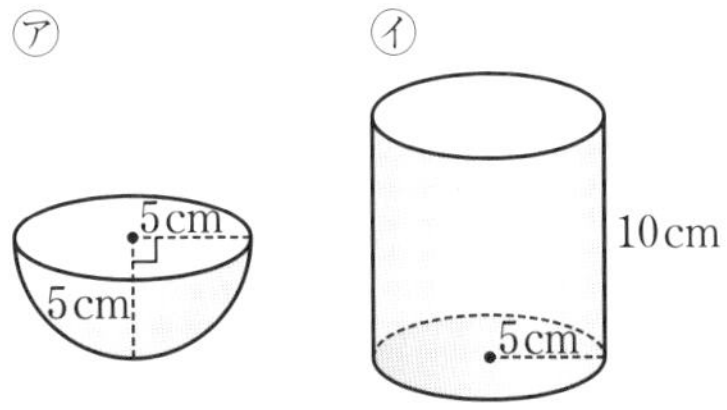

ガイド 実際に，立体模型に水を入れて実験するとよくわかります。

解答 容器㋐と㋑を使って実験すると，容器㋑には容器㋐の **3 杯分の水がはいる**ことがわかる。

参考 ㋑の円柱の体積

$\pi\times5^2\times10=\pi\times5^2\times5\times2=2\pi\times5^3\,(\mathrm{cm}^3)$

㋐の半球の体積

$\left(㋑の円柱の体積の\ \frac{1}{3}\ とすると,\right)$

$\frac{1}{3}\times(2\pi\times5^3)\,(\mathrm{cm}^3)$

球の体積は，　$2\times\frac{1}{3}\times2\pi\times5^3=\frac{4}{3}\pi\times5^3$

$\xrightarrow{公式}\ \frac{4}{3}\pi\times(半径)^3$

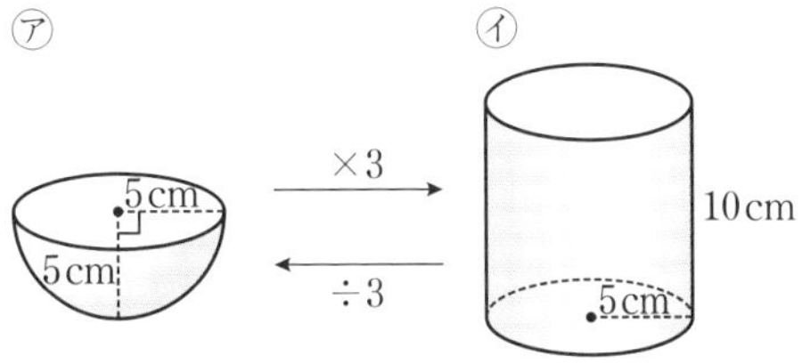

球の体積は半球の体積の 2 倍だね

6章 空間図形

問 3　次の球の体積を求めなさい。　教科書 p.204

(1)　半径 3 cm　　　(2)　直径 8 cm

ガイド　半径 r の球の体積を V とすると，$V=\frac{4}{3}\pi r^3$

解答　(1)　$\frac{4}{3}\pi\times3^3=\frac{4\times3\times3\times\cancel{3}^{1}}{\cancel{3}_{1}}\pi=4\times9\pi=36\pi$ (cm³)　　**36π cm³**

(2)　半径は 4 cm だから，

$\frac{4}{3}\pi\times4^3=\frac{4}{3}\pi\times64=\frac{256}{3}\pi$ (cm³)　　**$\frac{256}{3}\pi$ cm³**

練習問題　　1 立体の体積　p.204

1　次の(ア)，(イ)の立体の体積は，どちらが大きいですか。

(ア)　底面の半径が 4 cm で，高さが 2 cm の円柱

(イ)　底面の半径が 4 cm で，高さが 5 cm の円錐

ガイド　(ア)　円柱の底面の円の半径を r，高さを h，体積を V とすると，$V=\pi r^2h$

(イ)　円錐の底面の円の半径を r，高さを h，体積を V とすると，$V=\frac{1}{3}\pi r^2h$

解答　(ア)　$\pi\times4^2\times2=32\pi$ (cm³)

(イ)　$\frac{1}{3}\times\pi\times4^2\times5=\frac{80}{3}\pi$ (cm³)

だから，**(ア)の体積の方が大きい。**

(ア)

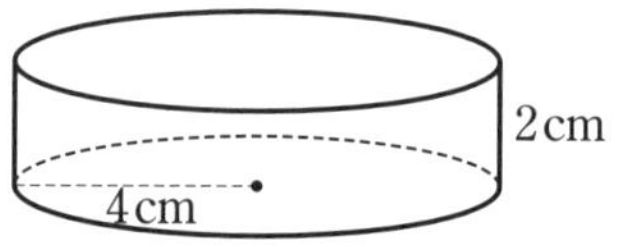

(イ)

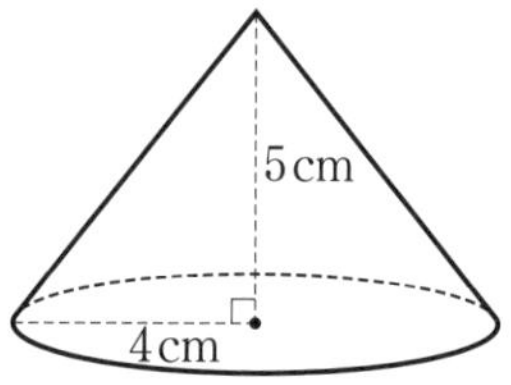

参考　(ア)と(イ)の底面は合同だから，(ア)の円柱と体積が等しいのは，高さ 2×3=6 (cm) の円錐です。

円錐の体積は，
底面が合同で，
高さが等しい円柱の
体積の $\frac{1}{3}$ になるよ

2　200 ページの㋐〜㋒の容器で，㋑の容積は㋐の容積の何倍ですか。
また，㋒の容積は㋐の容積の何倍ですか。(図は省略)

ガイド　㋒の容積は，半径 5 cm の球の体積の半分と考えます。

解答　㋐　$\pi\times5^2\times5=125\pi$ (cm³)

㋑　$\frac{1}{3}\times\pi\times5^2\times5=\frac{125}{3}\pi$ (cm³)　　㋒　$\frac{4}{3}\times\pi\times5^3\times\frac{1}{2}=\frac{250}{3}\pi$ (cm³)

$\frac{125}{3}\pi\div125\pi=\frac{1}{3}$　　**㋑は㋐の $\frac{1}{3}$ 倍**

$\frac{250}{3}\pi\div125\pi=\frac{2}{3}$　　**㋒は㋐の $\frac{2}{3}$ 倍**

2 立体の表面積

学習のねらい

角柱，円柱，角錐，円錐についての理解を深め，それらの表面積の求め方を学びます。
また，球の表面積を，公式を使って求めることを学習します。

教科書のまとめ　テスト前にチェック

□立体の表面積　▶立体の表面全体の面積を**表面積**(ひょうめんせき)，側面全体の面積を**側面積**(そくめんせき)といいます。

注　底面積は，立体の１つの底面の面積です。

□球の表面積　▶半径 r の球の表面積を S とすると，

$$S=4\pi r^2$$

■ 立体の表面積について考えましょう。

● 角柱，円柱の表面積

右の図のような，体積の等しい三角柱と直方体があります。
２つの立体の表面全体の面積は等しいでしょうか。

教科書 p.205

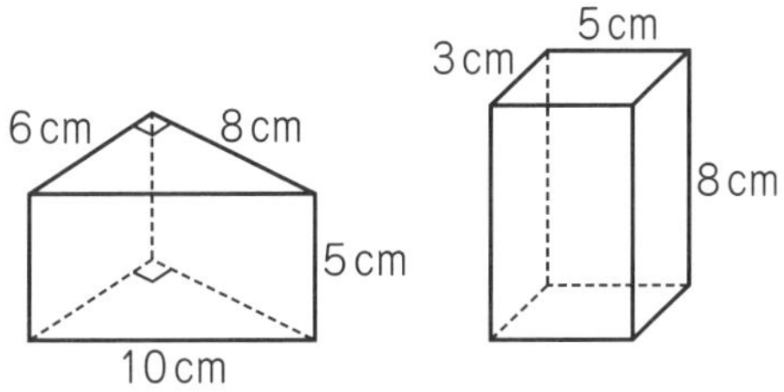

ガイド　三角柱の表面全体の面積は，側面の長方形３つ分の面積と，底面の合同な三角形２つ分の面積の合計です。
直方体の表面全体の面積は，合同な長方形２つずつ３組分の面積の合計です。

解答　三角柱…$5\times6+5\times10+5\times8+6\times8\div2\times2=168\ (\text{cm}^2)$
直方体…$3\times5\times2+8\times3\times2+8\times5\times2=158\ (\text{cm}^2)$　　よって，等しくない。

問１　上の(ひろげよう)の直方体の表面積を求めなさい。
三角柱と直方体では，どちらの表面積が大きいですか。

教科書 p.205

ガイド　立体の表面全体の面積を表面積といいます。展開図で考えるとわかりやすいです。

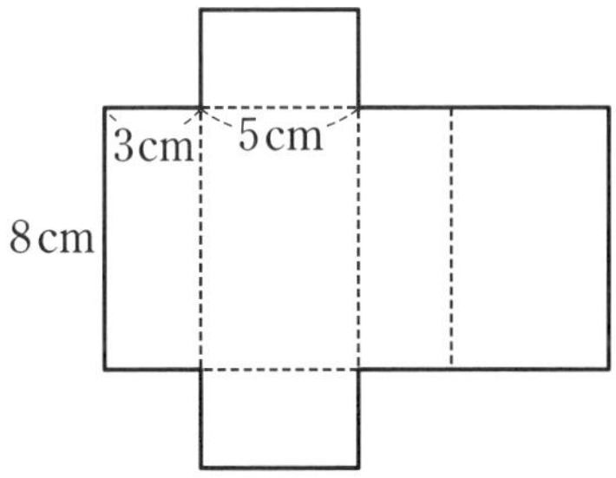

解答　3 cm×5 cm の面を底面とみると，
側面積…$8\times(3\times2+5\times2)=128\ (\text{cm}^2)$
底面積…$3\times5=15\ (\text{cm}^2)$
よって，表面積…$128+15\times2=158\ (\text{cm}^2)$

表面積…158 cm²，三角柱の表面積の方が大きい。

6章　空間図形

問 2　上の **例 1** の円柱の表面積を求めなさい。 教科書 p.206

ガイド　円柱の表面積＝側面積＋底面積×2

解 答　底面は半径 4 cm の円だから，底面積は，$\pi\times4^2=16\pi\ (\mathrm{cm}^2)$

したがって，表面積は，$\underset{\text{側面積}}{\underline{80\pi}}+16\pi\times2=112\pi\ (\mathrm{cm}^2)$　　**112π cm^2**

問 3　底面の半径が 3 cm で，高さが 6 cm の円柱の側面積と表面積を求めなさい。 教科書 p.206

ガイド　展開図で考えるとわかりやすいです。
側面の展開図は長方形で，横の長さは底面の円周の長さになります。

解 答　側面積は，$6\times2\pi\times3=36\pi\ (\mathrm{cm}^2)$

底面積は，$\pi\times3^2=9\pi\ (\mathrm{cm}^2)$

よって，表面積は，$36\pi+9\pi\times2=54\pi\ (\mathrm{cm}^2)$

側面積 36π cm^2，表面積 54π cm^2

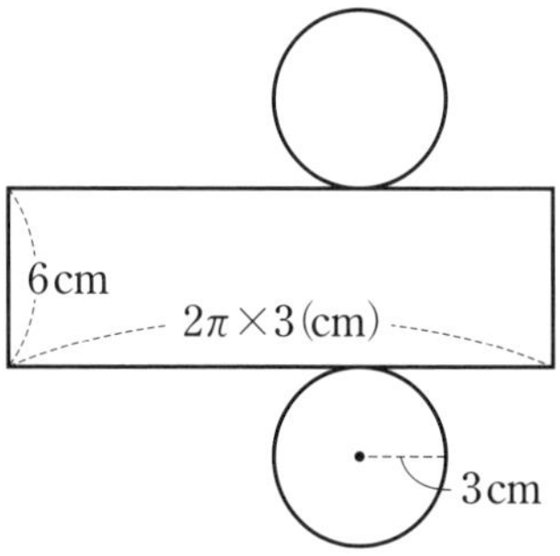

● 角錐，円錐の表面積

問 4　右の正四角錐の表面積を求めなさい。 教科書 p.207

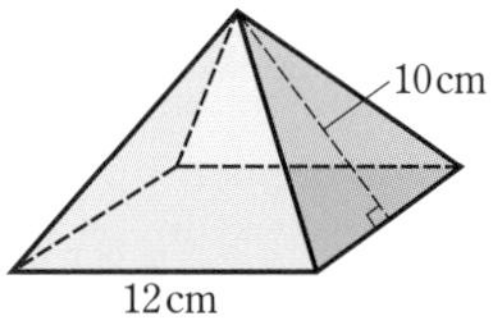

ガイド　角錐の表面積＝底面積＋側面積
（側面積 → 二等辺三角形が 4 つ（ここでは 4 つが合同））

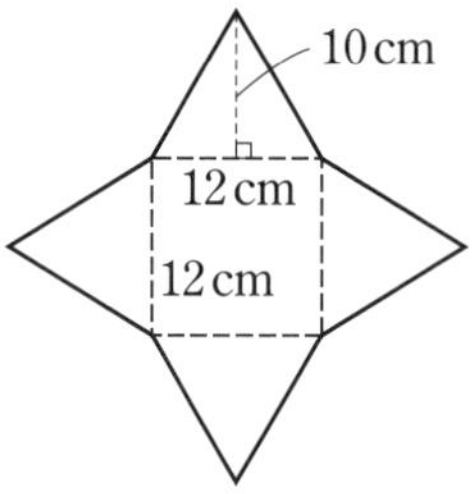

解 答　$\underset{\text{底面積}}{\underline{12\times12}}+\underset{\text{側面積}}{\underline{\left(\frac{1}{2}\times12\times10\right)\times4}}=384\ (\mathrm{cm}^2)$

384 cm^2

問 5　底面の半径が 2 cm で，母線の長さが 5 cm の円錐の側面積を求めなさい。 教科書 p.208

ガイド　この円錐の側面の展開図を考えると，半径 **5 cm** のおうぎ形で，その弧（こ）の長さは，底面の円の周の長さに等しくなります。

解答 側面の展開図は，半径 5 cm のおうぎ形で，その中心角を x° とすると，

$\underline{(2\pi\times2):(2\pi\times5)}=x:360$

これを解くと，　　（2π でわる。）

$2:5=x:360$

$5x=2\times360\quad x=144$

したがって，側面積は，

$\pi\times5^2\times\dfrac{144}{360}=\pi\times5^2\times\dfrac{2}{5}=10\pi\ (\text{cm}^2)$　　　**$\underline{10\pi\ \text{cm}^2}$**

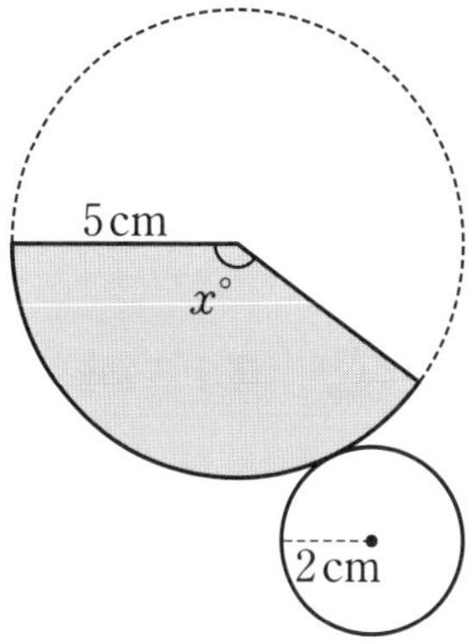

参考
- (おうぎ形の面積)：(円の面積)＝(おうぎ形の弧の長さ)：(円の周の長さ)
  を利用して，側面積 S を求めることもできます。
  $S:(\pi\times5^2)=(2\pi\times2):(2\pi\times5)$
  $S:(\pi\times5^2)=2:5\ \rightarrow\ 5S=2\times\pi\times5^2\ \rightarrow\ S=10\pi\ (\text{cm}^2)$
- 底面積は，$\pi\times2^2=4\pi\ (\text{cm}^2)$ だから，表面積は，$4\pi+10\pi=14\pi\ (\text{cm}^2)$ です。

問 6 右の円錐の表面積を求めなさい。　教科書 p.208

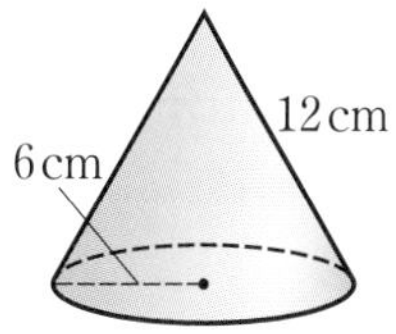

ガイド 円錐の表面積＝底面積＋側面積

解答 側面の展開図は，半径 12 cm のおうぎ形で，その中心角を x° とすると，

$\underline{(2\pi\times6):(2\pi\times12)}=x:360$　　（$2\pi\times6$ でわる。）

$1:2=x:360$

$x=180$

したがって，側面積は，

$\pi\times12^2\times\dfrac{180}{360}=\pi\times12^2\times\dfrac{1}{2}=72\pi\ (\text{cm}^2)$

よって，表面積は，

$\pi\times6^2+72\pi=108\pi\ (\text{cm}^2)$　　　**$\underline{108\pi\ \text{cm}^2}$**

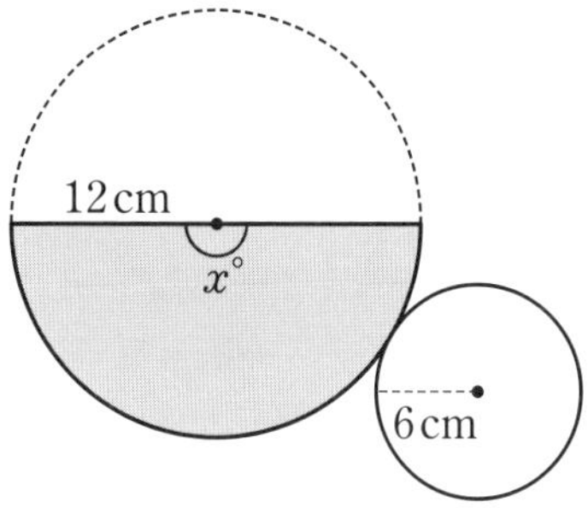

● 球の表面積

問 7 次の球の表面積を求めなさい。　教科書 p.208

(1)　半径 3 cm　　　　(2)　直径 8 cm

ガイド 半径 r の球の表面積を S とすると，$S=4\pi r^2$

解答
(1)　$4\pi\times3^2=36\pi\ (\text{cm}^2)$　　　**$\underline{36\pi\ \text{cm}^2}$**
(2)　半径は 4 cm だから，$4\pi\times4^2=64\pi\ (\text{cm}^2)$　　　**$\underline{64\pi\ \text{cm}^2}$**

説明しよう

教科書 p.208

右の写真㋐のように，半径 5 cm の半球に，ひもを巻きつけます。巻きつけたひもの長さを 2 倍にして，これを写真㋑のように，平面上で巻いて円をつくると，その半径はおよそ 10 cm になります。その理由を，球の表面積の公式を使って説明しましょう。(写真は省略)

ガイド 球の表面積の公式　$S=4\pi r^2$

解答例 半径 5 cm の半球に巻きつけたひもの面積は，半径 5 cm の球の表面積の半分だから，これを 2 倍にすると，半径 5 cm の球の表面積に等しくなる。

半径 10 cm の円の面積は，　$\pi\times10^2=100\pi\ (\text{cm}^2)$

半径 5 cm の球の表面積は，公式 $S=4\pi r^2$ を使うと，$4\pi\times5^2=100\pi\ (\text{cm}^2)$

したがって，この 2 つの面積は同じになるから，写真のような結果になる。

練習問題

2 立体の表面積　p.209

1 右の図形を，直線 ℓ を回転の軸として 1 回転させてできる立体の表面積を求めなさい。

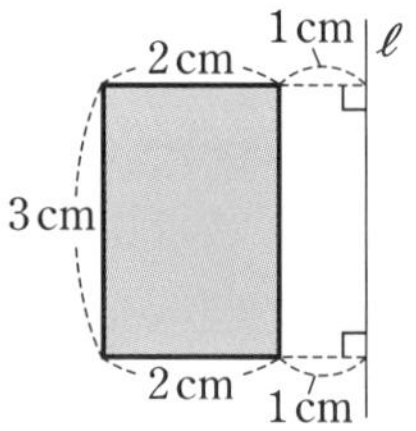

ガイド できる立体の表面積＝(底面の半径が 3 cm の円柱の側面積)
＋(底面の半径が 1 cm の円柱の側面積)
＋(半径 3 cm の円の面積－半径 1 cm の円の面積)×2
└底面積

解答 右の図のような立体ができるから，

$3\times2\pi\times3+3\times2\pi\times1+(\pi\times3^2-\pi\times1^2)\times2$

$=18\pi+6\pi+8\pi\times2=40\pi\ (\text{cm}^2)$　　**40π cm²**

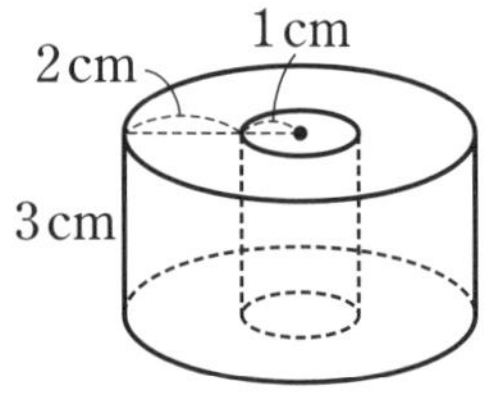

2 半径 6 cm の球を，中心 O を通る平面 P で切った半球があります。この半球を，さらに，O を通り平面 P に垂直な 2 つの平面で切り取って，右の図のような立体をつくりました。この立体の体積と表面積を求めなさい。

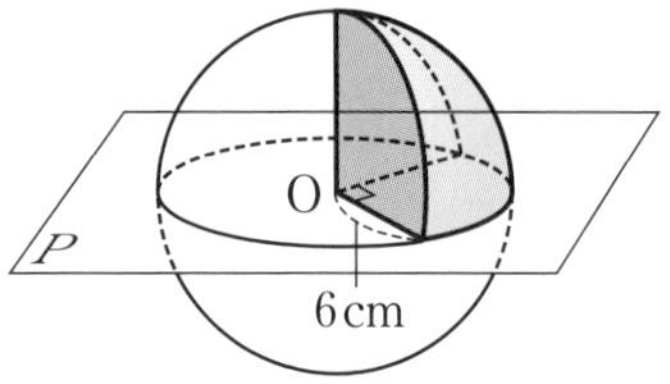

ガイド 半球の $\frac{1}{4}$，つまり，球の $\frac{1}{8}$ の立体になっています。

解答 • 体積は半径 6 cm の球の $\frac{1}{8}$ だから，$\frac{4}{3}\pi\times6^3\times\frac{1}{8}=\pi\times\frac{4\times6\times6\times6}{3\times8}=36\pi\ (\text{cm}^3)$

• 立体の表面積＝$\left(\text{球の表面積}\times\frac{1}{8}\right)$＋(中心角 90° のおうぎ形の面積)×3

よって，$4\pi\times6^2\times\frac{1}{8}+\pi\times6^2\times\frac{90}{360}\times3=45\pi\ (\text{cm}^2)$　　**体積 36π cm³，表面積 45π cm²**

6 章 章末問題　学びをたしかめよう

教科書 p.210〜211

1 次の(1)〜(3)の多面体は，それぞれ何面体ですか。

(1) 七角錐　　(2) 立方体　　(3) 五角柱

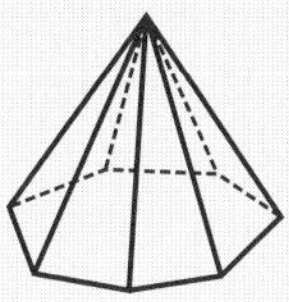
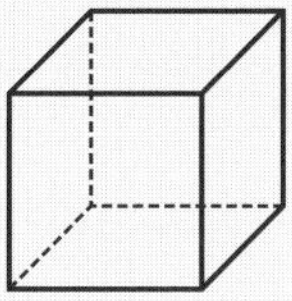
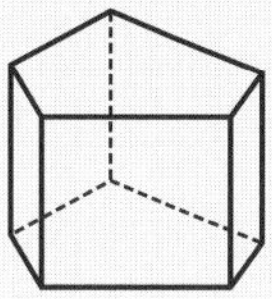

ガイド いくつかの平面で囲まれた立体を多面体といいます。
多面体は，立体を囲んでいる面の数によって，四面体，五面体，……のようにいいます。

解答 (1) **八面体**　　(2) **六面体**　　(3) **七面体**

p.181 問1

2 次の(1)〜(3)の投影図で表される立体を，下の㋐〜㋔から選びなさい。

(1)
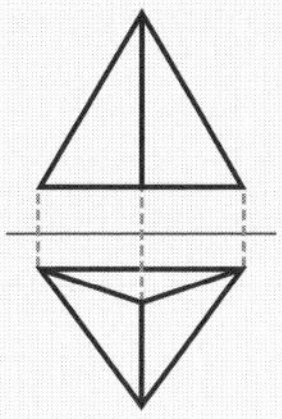
(2)
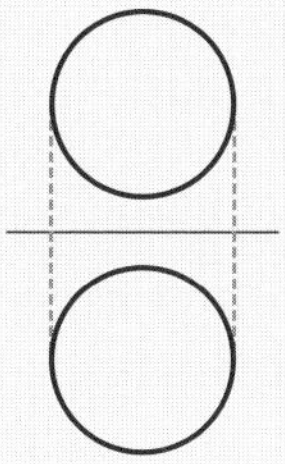
(3)
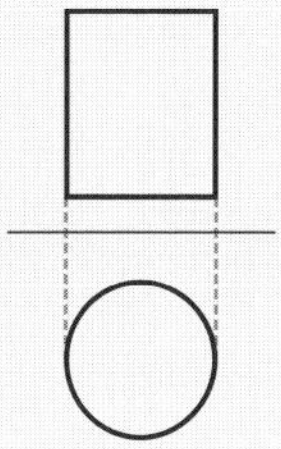

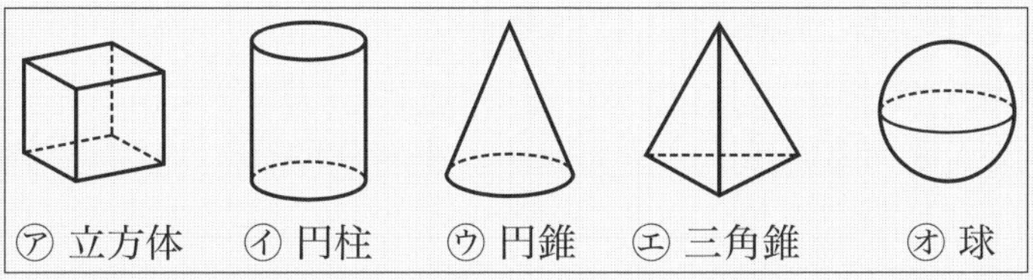

ガイド 直線の上側が真正面から見た図（立面図），下側が真上から見た図（平面図）です。
立面図と平面図をあわせて，投影図といいます。

解答 (1) ㋓　　(2) ㋔　　(3) ㋑

p.185 問8

3 右の図の三角柱について，□にあてはまることばや記号をいいなさい。

(1) 直線 BE と直線 AC は，□の位置にある。

(2) 直線 CF と平行な平面は，平面□である。

(3) 平面 ABC と平行な平面は，平面□である。

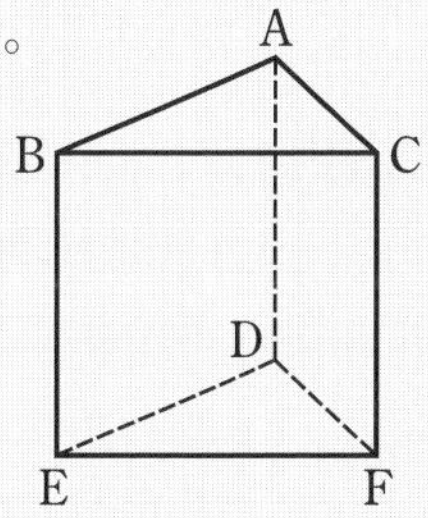

ガイド (1) 直線 BE と直線 AC は同じ平面上にありません。
(2) 直線と平面の位置関係には，直線は平面上にある，交わる，平行である，の 3 つの場合があります。
(3) 2 つの平面の位置関係には，交わる，平行である，の 2 つの場合があります。

解答 (1) **ねじれ**　(2) **ABED**　(3) **DEF**

p.191 問2　p.192 問3　p.194 問5

4 右の図の直方体で，次の関係にある直線や平面をすべていいなさい。

(1) 直線 BC と平行な直線
(2) 直線 CG とねじれの位置にある直線
(3) 平面 EFGH と垂直な直線
(4) 平面 EFGH と平行な平面
(5) 平面 ABFE と垂直な平面

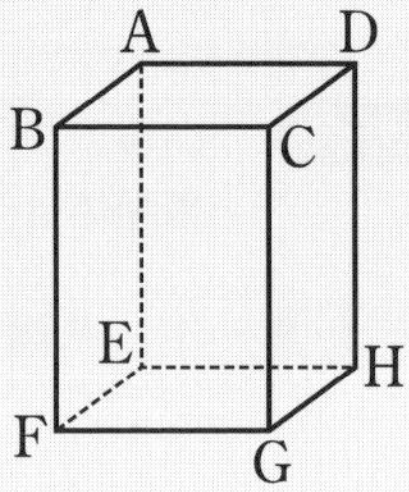

ガイド (1) 平行な直線は，同じ平面上にあります。
(3) 平面と直線 ℓ の交点を通る平面上の 2 つの直線と直線 ℓ が，それぞれ垂直であるとき，直線 ℓ と平面は垂直であるといいます。
(5) 2 つの平面が交わっていて，一方の平面がもう一方の平面に垂直な直線をふくんでいるとき，2 つの平面は垂直であるといいます。

解答
(1) **直線 AD，直線 EH，直線 FG**
(2) **直線 AB，直線 AD，直線 EF，直線 EH**　(1)(2) p.191 問2
(3) **直線 AE，直線 BF，直線 CG，直線 DH**　p.192 問3
(4) **平面 ABCD**
(5) **平面 ABCD，平面 BFGC，平面 EFGH，平面 AEHD**　(4)(5) p.194 問5

5 **2** の㋐〜㋔の立体について，次の問いに答えなさい。
(1) 回転体とみることができる立体をすべて選びなさい。
(2) 多角形や円を，その面に垂直な方向に，平行に動かしてできる立体とみることができるものをすべて選びなさい。

ガイド 1 つの平面図形を，その平面上の直線 ℓ のまわりに 1 回転させてできる立体を回転体といいます。また，角柱や円柱は，1 つの多角形や円を，その面に垂直な方向に，一定の距離だけ平行に動かしてできる立体とみることができます。

解答 (1) ㋑は長方形を，1 つの辺を回転の軸として，㋒は直角三角形を，直角をはさむ辺を回転の軸として，㋔は半円を，直径を回転の軸として回転させてできる立体とみることができる。　<u>㋑，㋒，㋔</u>　p.197 問2
(2) ㋐は正方形を，㋑は円を，その面に垂直な方向に，一定の距離だけ平行に動かしてできる立体とみることができる。　<u>㋐，㋑</u>　p.196 問1

6 次の立体の体積と表面積を求めなさい。

(1) 三角柱

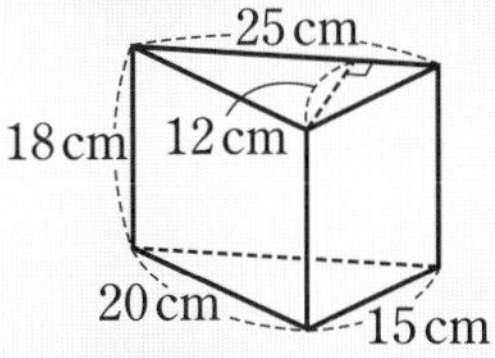

(2) 円柱

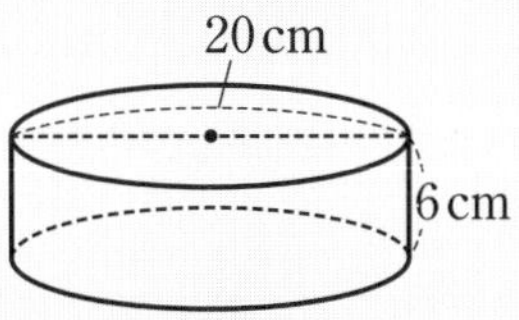

(3) 正四角錐

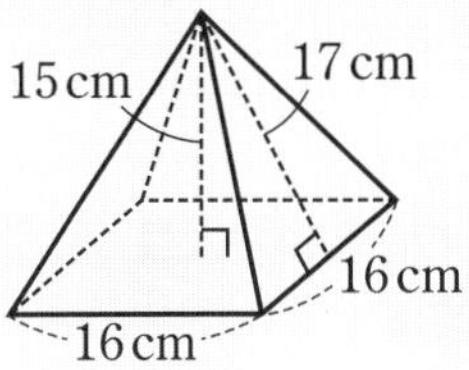

(4) 球

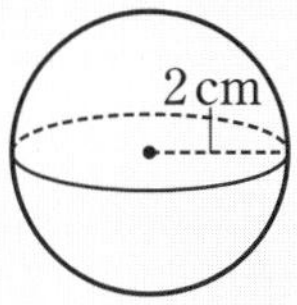

ガイド

(1) 角柱の体積… $V=Sh$

(2) 円柱の体積… $V=\pi r^2 h$

円柱の表面積は，展開図をかくとわかりやすいです。

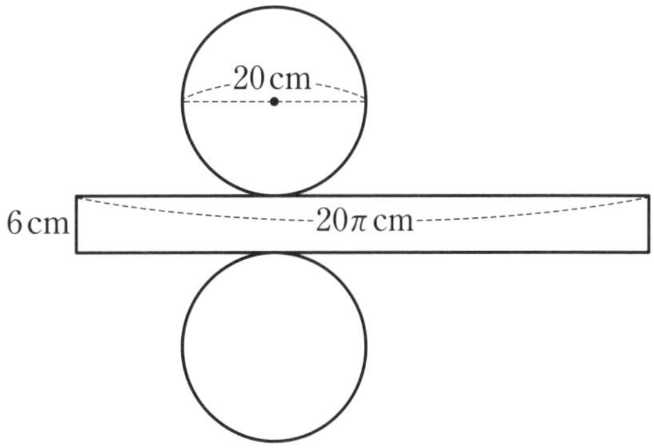

(3) 角錐の体積… $V=\frac{1}{3}Sh$

(4) 球の体積… $V=\frac{4}{3}\pi r^3$

球の表面積… $S=4\pi r^2$

解答

(1) 体　積… $\frac{1}{2}\times 25\times 12\times 18=2700\ (\text{cm}^3)$　　**体　積　$2700\ \text{cm}^3$** p.201 問1

表面積… $18\times(20+25+15)+\left(\frac{1}{2}\times 25\times 12\right)\times 2$

$=1380\ (\text{cm}^2)$　　**表面積　$1380\ \text{cm}^2$** p.205 問1

(2) 体　積… $\pi\times 10^2\times 6=600\pi\ (\text{cm}^3)$　　**体　積　$600\pi\ \text{cm}^3$** p.201 問1

表面積… $6\times 20\pi+\pi\times 10^2\times 2=320\pi\ (\text{cm}^2)$　　**表面積　$320\pi\ \text{cm}^2$** p.206 問2

(3) 体　積… $\frac{1}{3}\times 16\times 16\times 15=1280\ (\text{cm}^3)$　　**体　積　$1280\ \text{cm}^3$** p.203 問2

表面積… $16\times 16+\left(\frac{1}{2}\times 16\times 17\right)\times 4=800\ (\text{cm}^2)$　　**表面積　$800\ \text{cm}^2$** p.207 問4

(4) 体　積… $\frac{4}{3}\pi\times 2^3=\frac{4}{3}\pi\times 8=\frac{32}{3}\pi\ (\text{cm}^3)$　　**体　積　$\frac{32}{3}\pi\ \text{cm}^3$** p.204 問3

表面積… $4\pi\times 2^2=16\pi\ (\text{cm}^2)$　　**表面積　$16\pi\ \text{cm}^2$** p.208 問7

6章 章末問題　学びを身につけよう

教科書 p.212〜213

テストによく出る

1 右の図のような展開図を組み立ててできる立体について，次の問いに答えなさい。

(1) この立体の辺の数と頂点の数を，それぞれいいなさい。

(2) 点Aと重なる点をすべていいなさい。

(3) 辺CDと辺HIの位置関係をいいなさい。

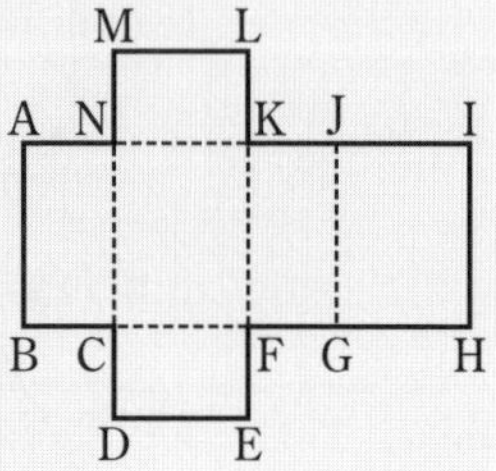

ガイド 直方体（四角柱）ができます。できる立体の見取図をかいて考えましょう。
(3) 辺と辺の位置関係…交わる（垂直もふくむ）・平行である・ねじれの位置にある

解答 (1) 辺の数…**12本**，頂点の数…**8個**

(2) 組み立てると，右の図のような直方体ができる。
点Aと重なる点…**点I，点M**

(3) 辺CDと辺HIは交わっていて，直方体の交わった辺はすべて垂直であるから，辺CDと辺HIは**垂直**である。

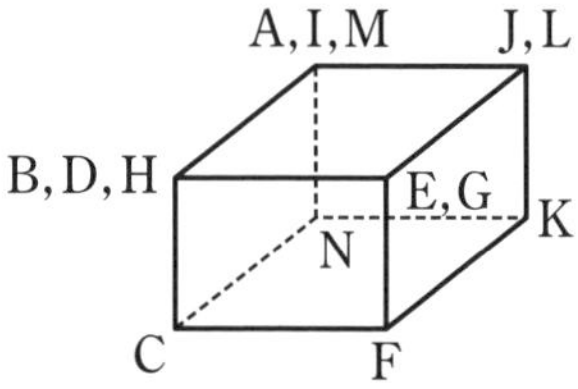

2 立方体の表面に，右の図のように頂点Aから辺BCを通って頂点Gまで，ひもをゆるまないようにかけます。ひもの長さがもっとも短くなるときのひもの通る線を，下の展開図にかき入れなさい。（展開図は省略）

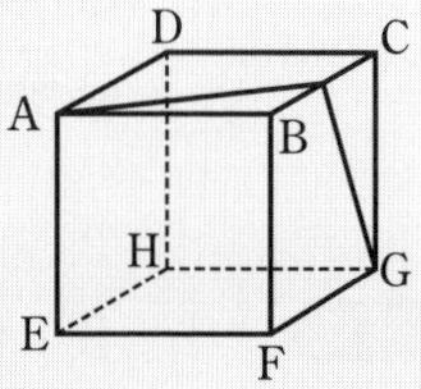

ガイド ひもは，頂点Aから辺**BC**の上を通り，頂点Gまでかけます。
ひもの長さがもっとも短くなるのは，ひもが展開図上の線分**AG**と一致するときです。

解答 展開図に残りの頂点をかき入れると，右の図のようになる。
ひもの通る線は，辺BCの上を通る線分AGをひけばよい。
右の図

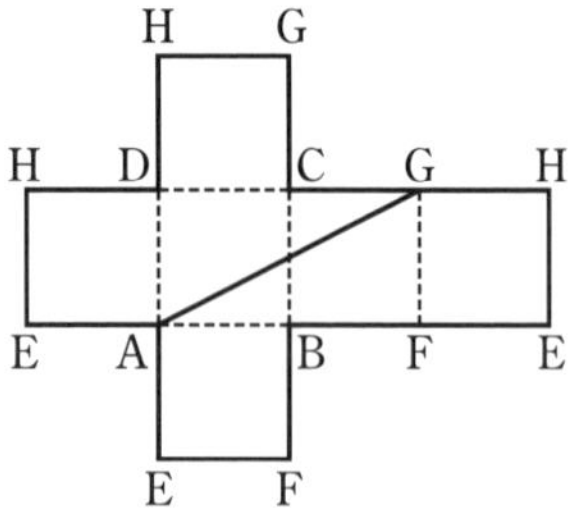

テストによく出る

3 空間内にある平面や直線について，次の(ア)〜(エ)のうち，正しいものをすべて選びなさい。

(ア) 1つの平面に平行な2直線は平行である。

(イ) 1つの平面に平行な2平面は平行である。

(ウ) 1つの直線に垂直な2直線は平行である。

(エ) 1つの直線に垂直な2平面は平行である。

ガイド　イメージしやすいように右のような直方体で考えます。

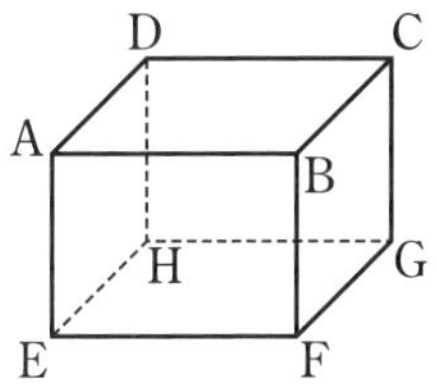

解答　(ア)　平面 ABCD に平行な 2 直線，EF と EH のように交わる場合や，ねじれの位置にある場合がある。

(ウ)　直線 AB に垂直な 2 直線，AD と AE のように交わる場合や，AD と BF のようにねじれの位置にある場合がある。

よって，正しいものは，<u>(イ)，(エ)</u>

テストによく出る

4　次の立体の体積と表面積を求めなさい。

(1)

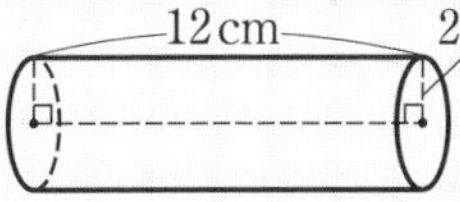

(2)

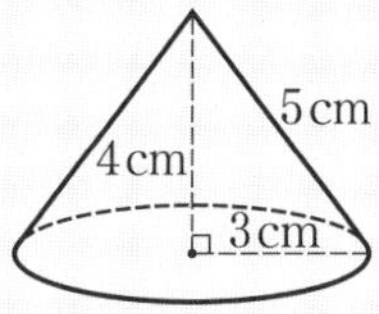

ガイド　表面積は，それぞれ展開図をかいて考えます。

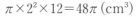

解答　(1)　〈体積〉

$\pi\times2^2\times12=48\pi\,(\mathrm{cm}^3)$　　　**<u>48π cm³</u>**

〈表面積〉

側面の長方形の縦の長さは，底面の円の周の長さに等しいから，$4\pi\,(\mathrm{cm})$

よって，側面積は，$4\pi\times12=48\pi\,(\mathrm{cm}^2)$

底面積は，$\pi\times2^2=4\pi\,(\mathrm{cm}^2)$ だから，

表面積は，$48\pi+4\pi\times2=56\pi\,(\mathrm{cm}^2)$　　　**<u>56π cm²</u>**

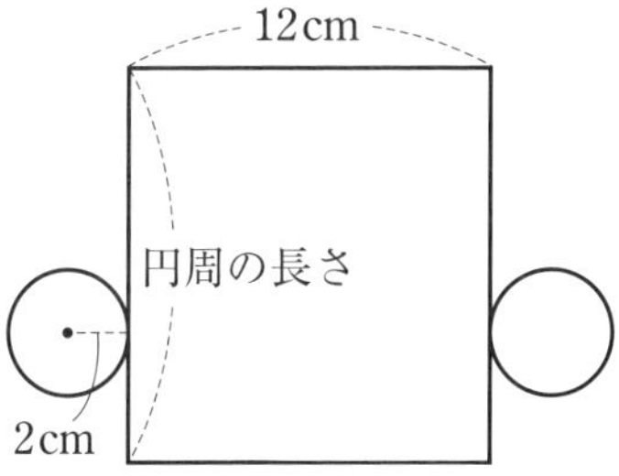

(2)　〈体積〉

$\dfrac{1}{3}\times\pi\times3^2\times4=12\pi\,(\mathrm{cm}^3)$　　　**<u>12π cm³</u>**

〈表面積〉

側面の展開図は，半径 5 cm のおうぎ形で，その中心角を $x°$ とすると，

$(2\pi\times3):(2\pi\times5)=x:360$

これを解くと，　$3:5=x:360$

$x=216$

したがって，側面積は，

$\pi\times5^2\times\dfrac{\overset{3}{\cancel{216}}}{\underset{5}{\cancel{360}}}=15\pi\,(\mathrm{cm}^2)$

表面積は，$\pi\times3^2+15\pi=24\pi\,(\mathrm{cm}^2)$　　　**<u>24π cm²</u>**

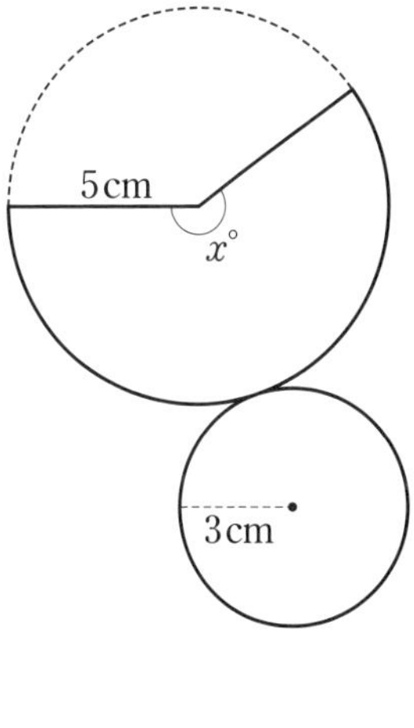

テストによく出る

5　1 辺が 6 cm の正方形の折り紙を折って，右の図のような三角錐をつくりました。

(1)　この三角錐で，辺 AD と垂直な辺をすべていいなさい。

(2)　この三角錐の体積を求めなさい。

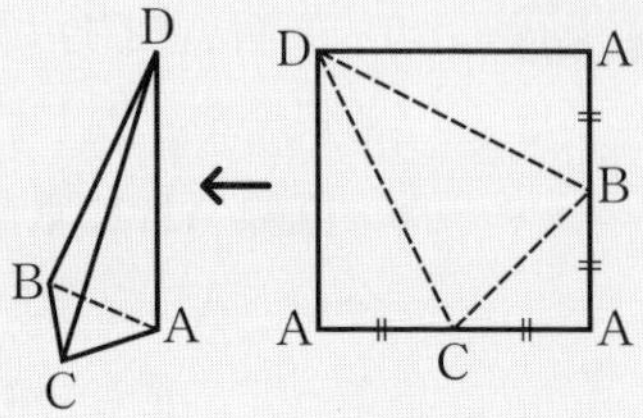

ガイド　実際に正方形の折り紙を折って調べるとわかりやすくなります。

解答　(1)　展開図より，AD⊥AB，AD⊥AC だから，この三角錐で辺 AD と辺 AB，辺 AD と辺 AC は垂直である。**辺 AB，辺 AC**

(2)　辺 AD は面 ABC に垂直であるから，この三角錐の高さになる。

$$\frac{1}{3}\times\left(\frac{1}{2}\times3\times3\right)\times6=9\ (\mathrm{cm}^3)$$

9 cm³

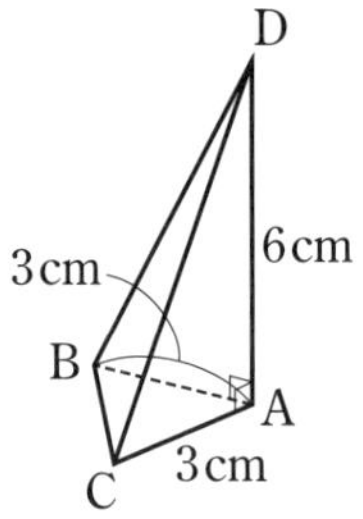

テストによく出る

6　右の図の △ABC は，辺 AB の長さが 10 cm で，∠C＝90° の直角三角形です。この三角形を，辺 AC を回転の軸として 1 回転させてできる立体の展開図をかいてみると，側面が半円になりました。
この立体の表面積を求めなさい。

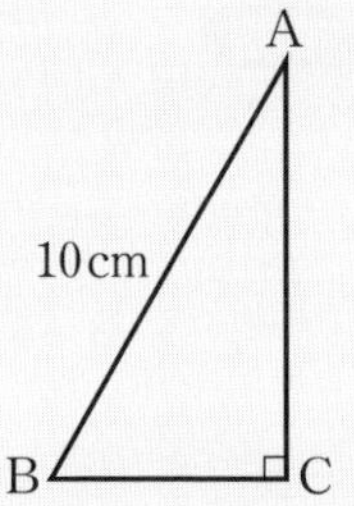

ガイド　展開図をかいて考えます。

解答　半円の弧の長さは，$\ell=2\pi\times10\times\dfrac{180}{360}$

$=10\pi$ (cm)

だから，底面の円周は，10π cm

底面の半径を r cm とすると，

$2\pi r=10\pi$

$r=5$

表面積は，$\pi\times5^2+\pi\times10^2\times\dfrac{180}{360}=25\pi+50\pi=75\pi\ (\mathrm{cm}^2)$

75π cm²

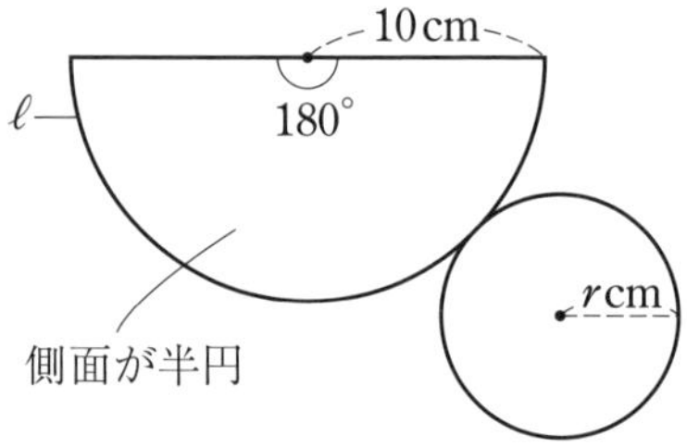

7　下の図形を，直線 ℓ を回転の軸として 1 回転させてできる立体の体積と表面積を求めなさい。

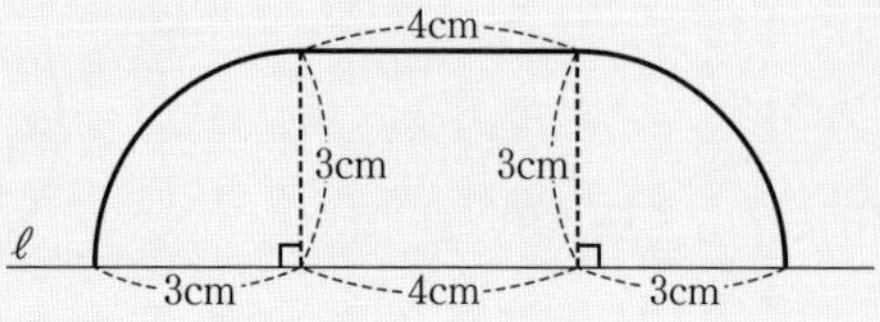

ガイド 半球 2 つで球ができます。

解答 〈体積〉 $\frac{4}{3}\pi\times3^3+\pi\times3^2\times4=36\pi+36\pi$

$=72\pi\,(\text{cm}^3)$

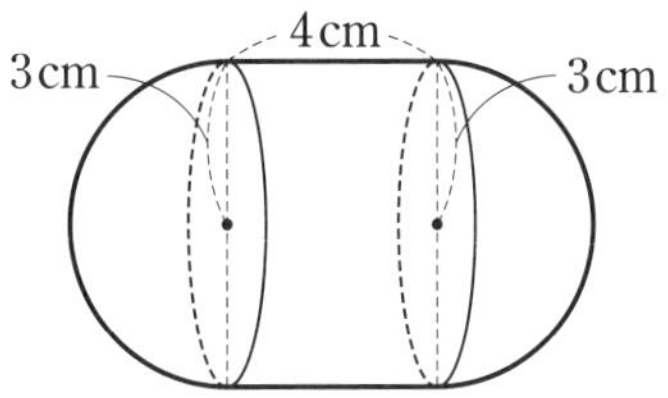

72π cm^3

〈表面積〉 重なる部分があるので，

球の表面積＋<u>円柱の側面積</u>になる。

$4\pi\times3^2+\underline{6\pi\times4}=36\pi+24\pi=60\pi\,(\text{cm}^2)$

↑円柱の側面の長方形

60π cm^2

8 水がはいった直方体の容器を，下の図のように，水面が △AFH になるところまで傾(かたむ)けました。

残っている水の量は，はじめにはいっていた水の量の何倍になりますか。

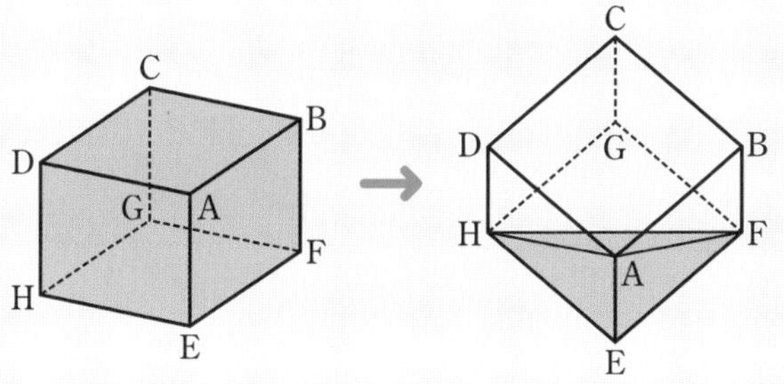

ガイド 水が残っている部分は，底面が △**EFH** で高さが **AE** の三角錐になります。

解答 底面が △EFH で高さが AE の三角錐の体積は，底面と高さが同じ三角柱の体積の $\frac{1}{3}$ である。

底面が △EFH で高さが AE の三角柱の体積は，もとの直方体の体積の $\frac{1}{2}$ であることから，残っている水の量は，はじめにはいっていた水の量の，$\frac{1}{2}\times\frac{1}{3}=\frac{1}{6}$（倍）になる。

$\frac{1}{6}$ 倍

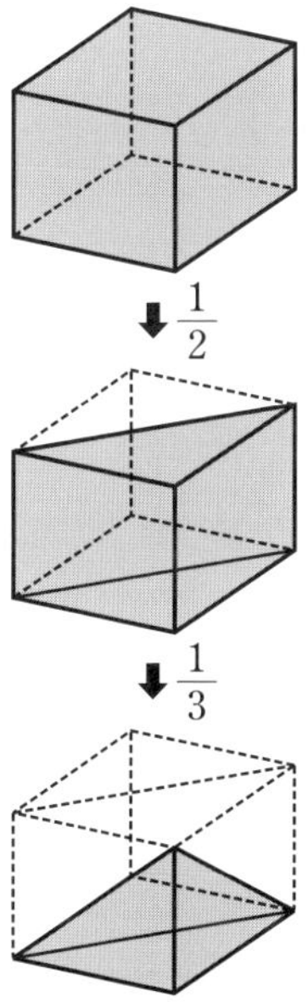

7章 データの活用

1節 ヒストグラムと相対度数

ゆっくり落ちる紙の形や大きさは？

かりんさんは，この前コンサートに行ったときに，紙ふぶきが降ってきたことを思い出し，3年生を送る会でも紙ふぶきを降らせたいと考えました。

話しあった結果，かりんさんたちは，1枚1枚ができるだけゆっくり落ちる紙ふぶきをつくることにしました。

紙ふぶきに使う紙1枚1枚の滞空時間が，できるだけ長くなるようにしたいね
紙の形や大きさを変えて，滞空時間がより長いものをみつけよう

話しあおう

教科書 p.215

どんな形や大きさの紙が，滞空時間がより長くなるでしょうか。
また，それを調べるには，どうすればよいでしょうか。

解答例

〈どんな形や大きさの紙が，滞空時間がより長くなるか〉

- 形………正方形や円のような形の方が抵抗が大きいので長い
  細長いテープのような形の方が抵抗が大きいので長い
  形は関係ない　など
- 大きさ…大きい方が抵抗が大きいので長い
  小さい方が軽いので長い
  大きさは関係ない　など

〈調べるにはどうすればよいか〉

- 面積が同じで形の違う紙，同じ形で面積が違う紙をつくって，何度もくり返し実験をして，ストップウォッチで滞空時間をはかる。
- 同じ条件で実験をする。(高さ，風，落とし方など)
- 実験回数はなるべく多くする。

1 データを活用して，問題を解決しよう

学習のねらい 目的に応じて必要なデータを収集し，表やグラフに整理して，データの傾向や特徴を調べます。

教科書のまとめ **テスト前にチェック**

□最小値，最大値
▶データの値の中で，もっとも小さい値を**最小値**，もっとも大きい値を**最大値**といいます。

□範囲
▶最大値と最小値の差を，分布の**範囲**といいます。

範囲＝最大値－最小値

□階級
▶データを右の表のように整理したとき，整理した１つ１つの区間を，**階級**といいます。

□度数
▶各階級にはいるデータの個数を，その階級の**度数**といいます。

□度数分布表
▶階級に応じて，度数を右のように整理した表を**度数分布表**といいます。

(ア)の滞空時間

滞空時間（秒）	度数（回）
1.80 以上 ～ 2.00 未満	1
2.00 ～ 2.20	11
2.20 ～ 2.40	22
2.40 ～ 2.60	12
2.60 ～ 2.80	4
計	50

□累積度数
▶最初の階級から，ある階級までの度数の合計を**累積度数**といいます。

□ヒストグラム
▶階級の幅を横，度数を縦とする長方形を並べた右のようなグラフを，**ヒストグラム**，または，柱状グラフといいます。

(ア)の滞空時間

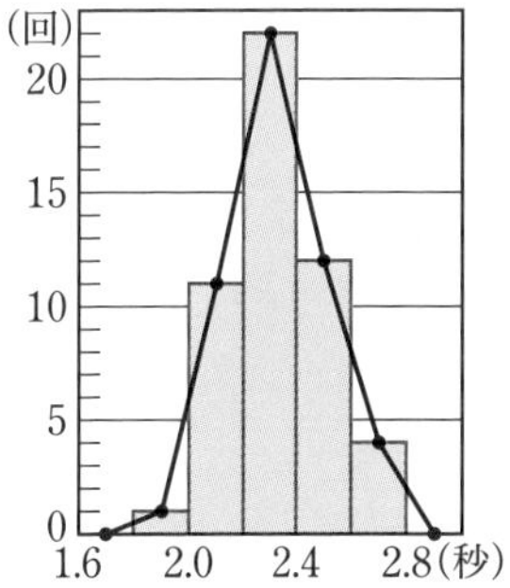

□度数分布多角形
▶ヒストグラムの１つ１つの長方形の上の辺の中点を，順に線分で結んでできた折れ線グラフを，**度数分布多角形**といいます。

注 度数折れ線ともいいます。

□代表値
▶平均値，中央値，最頻値のように，データの値全体を代表する値を**代表値**といいます。

□階級値
▶度数分布表で，それぞれの階級のまん中の値を**階級値**といいます。度数分布表では，度数のもっとも多い階級の階級値を最頻値として用います。

□相対度数
▶それぞれの階級の度数の，全体に対する割合を，その階級の**相対度数**といいます。

$$相対度数=\frac{階級の度数}{度数の合計}$$

□累積相対度数
▶最初の階級から，ある階級までの相対度数の合計を**累積相対度数**といいます。

疑問 1　紙の大きさはどちらがいいのかな

■ 散らばりのようすを示す値を使ってくらべましょう。

問 1　(イ)の滞空時間について，範囲を求めなさい。　教科書 p.217

ガイド　範囲＝最大値－最小値 で求めます。

解 答　(イ)の滞空時間について，

最大値は 3.04　　最小値は 2.36

だから，範囲は，3.04－2.36＝0.68（秒）　　**0.68 秒**

説明しよう　教科書 p.217

範囲をくらべると，(ア)と(イ)の滞空時間について，どんなことがいえるでしょうか。

ガイド　範囲の値が大きいほど，データの散らばりが大きいといえます。

解答例　(ア)の滞空時間の範囲は 0.84 秒，(イ)の滞空時間の範囲は 0.68 秒だから，**(ア)の方がデータの散らばりが大きい**といえる。

■ 表やグラフを使ってくらべましょう。

問 2　上の表 2 について，累積度数の空欄（くうらん）をうめなさい。（表は解答）　教科書 p.218

ガイド　最初の階級から，空欄のある階級までの度数の合計を求めます。

解 答　3.00 秒未満の累積度数は，

32＋15＝47（回）

（32 ← 2.80 秒未満の累積度数）

3.20 秒未満の累積度数は，

47＋3＝50（回）

表は，**右の図**

表 2　(イ)の滞空時間

滞空時間（秒）	度数（回）	累積度数（回）
2.20 以上 〜 2.40 未満	1	1
2.40 〜 2.60	13	14
2.60 〜 2.80	18	32
2.80 〜 3.00	15	**47**
3.00 〜 3.20	3	**50**
計	50	

問 3　(ア)と(イ)の滞空時間について，滞空時間が 2.60 秒未満であるのは，それぞれ何回ですか。　教科書 p.218

ガイド　2.60 秒未満の累積度数になります。表 1 について，累積度数を求めます。

解 答　表 1 で，2.60 秒未満の累積度数は，

1＋11＋22＋12＝46（回）

表 2 で，2.60 秒未満の累積度数は，14 回

よって，(ア)…**46 回**，(イ)…**14 回**

話しあおう

教科書 p.219

図 2，図 3 は，(ア)の滞空時間について，階級の幅を 0.05 秒と 0.50 秒にしてかいたヒストグラムです。これらを図 1 とくらべると，どんなことがいえるでしょうか。(図は省略)

ガイド データの傾向を読みとるのに，どの図が適しているかくらべます。

解答例

- データの傾向を読みとる場合，図 3 のように，階級の幅が大きすぎると，ほとんどが同じ階級になってしまい，データの傾向が見えにくくなる。
- 図 2 のように，階級の幅が小さすぎると，少ない度数や 0 の度数が多くあって，全体の傾向がとらえにくくなる。
- 図 1 のようなヒストグラムでは，全体の形，左右のひろがりのようす，頂上の位置などがとらえやすい。だから，ヒストグラムをつくる場合，図 1 がいちばん適している。

問 4

教科書 p.221

右の図は，(ア)の滞空時間の度数分布多角形です。
この図に，前ページ (教科書 p.220) の図 5 をもとにして，(イ)の滞空時間の度数分布多角形をかき入れなさい。(図は省略)

ガイド ヒストグラムの 1 つ 1 つの長方形の上の辺の中点を，順に線分で結びます。ただし，両端(りょうたん)では度数 0 の階級があるものと考えて，線分を横軸(じく)までのばして，折れ線グラフ (度数分布多角形) をつくります。

解答 右の図の赤のグラフ

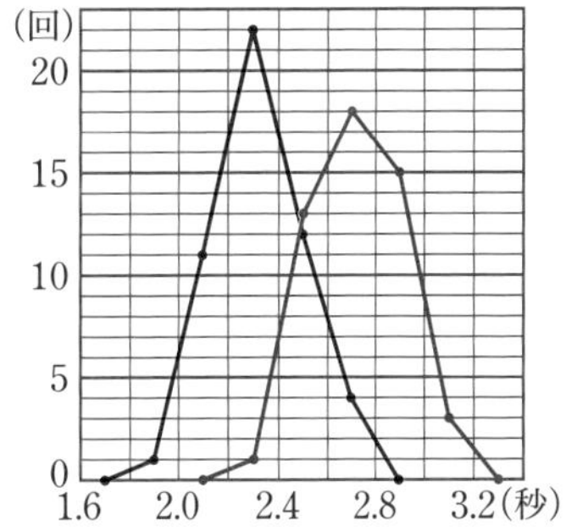

話しあおう

教科書 p.221

問 4 でかいた度数分布多角形から，(ア)と(イ)のどちらが滞空時間が長いといえるでしょうか。

解答例 (ア)も(イ)も，ほぼ中央に頂上がある山型になっていて，左右の広がりもあまり変わらない。そして，(イ)の度数分布多角形の方が，(ア)よりも全体的に右の方 (滞空時間が長い方) にあるので，(イ)の方が滞空時間が長いといえる。

■ 代表値を使ってくらべましょう。

問 5

教科書 p.222

右の表で，各階級の階級値の空欄をうめなさい。
また，この表をもとにして，(ア)と(イ)の滞空時間の最頻値を，それぞれ答えなさい。
(表は省略)

ガイド 度数分布表では，それぞれの階級のまん中の値を階級値とします。

例えば，2.80 秒以上 3.00 秒未満の階級値は，$\frac{2.80+3.00}{2}=2.90$（秒）として求めます。

また，度数分布表では，度数のもっとも多い階級の階級値を最頻値とします。

解答 階級値は右の表

(ア)の最頻値

…2.20 秒以上 2.40 秒未満の階級の階級値だから，**2.30 秒**

(イ)の最頻値

…2.60 秒以上 2.80 秒未満の階級の階級値だから，**2.70 秒**

(ア)と(イ)の滞空時間

滞空時間（秒）	階級値（秒）	(ア) 度数（回）	(イ) 度数（回）
1.80 以上 〜 2.00 未満	**1.90**	1	0
2.00 〜 2.20	**2.10**	11	0
2.20 〜 2.40	**2.30**	22	1
2.40 〜 2.60	**2.50**	12	13
2.60 〜 2.80	**2.70**	4	18
2.80 〜 3.00	2.90	0	15
3.00 〜 3.20	**3.10**	0	3
計		50	50

話しあおう

教科書 p.222

平均値，中央値，最頻値から，(ア)と(イ)のどちらが滞空時間が長いといえるでしょうか。

ガイド これまでに調べた(ア)と(イ)の代表値を整理すると，次のようになります。

	平均値	中央値	最頻値
(ア)	2.32 秒	2.34 秒	2.30 秒
(イ)	2.72 秒	2.70 秒	2.70 秒

解答例
- (イ)の方が滞空時間が長い。
  平均値，中央値，最頻値とも，(イ)の方が長いので，(イ)の方が滞空時間が長いといえる。

話しあおう

教科書 p.223

これまで，(ア)と(イ)の滞空時間について，次のように，いろいろな方法で整理しました。
これらのことから，(ア)と(イ)のどちらが滞空時間が長いといえるでしょうか。
理由もあわせて説明しましょう。(表や図は省略)

ガイド 教科書 221，222 ページの 話しあおう で出た意見や，ほかのデータをもとに，判断します。

解答例 (ア)と(イ)の滞空時間の度数分布表やヒストグラムを見ると，(イ)のデータの方が全体的に滞空時間が長い。度数分布多角形をくらべると，(イ)の度数分布多角形の方が全体的に右の方にある。また，代表値でくらべても，すべて(イ)の方が滞空時間が長い。

だから，(イ)の方が滞空時間が長いといえる。

疑問 2 紙の形はどちらがいいのかな

■ 度数分布表やヒストグラムを使ってくらべましょう。

問 6 前ページ（教科書 p.224）の表 2 で，2.40 秒以上 2.60 秒未満の階級の相対度数を求めなさい。 教科書 p.225

ガイド 相対度数$=\dfrac{\text{階級の度数}}{\text{度数の合計}}$ です。小数第 2 位まで求めます。

解答 2.40 秒以上 2.60 秒未満の階級の度数は 1 で，度数の合計は 30 だから，相対度数は，

$\dfrac{1}{30}=0.03\dot{3}\cdots$ **0.03**

問 7 224 ページの(ウ)の滞空時間について，相対度数と累積相対度数を求め，右の表の空欄をうめなさい。（表は省略） 教科書 p.226

ガイド まず，各階級の相対度数を，小数第 2 位まで求めます。
累積相対度数は，最初の階級からある階級までの相対度数の合計です。
いちばん上の相対度数と累積相対度数の空欄には，同じ数値がはいります。

解答 右の図

(ウ)の滞空時間

滞空時間（秒）	度数（回）	相対度数	累積相対度数
2.40 以上 ～ 2.60 未満	1	**0.03**	**0.03**
2.60 ～ 2.80	1	**0.03**	**0.06**
2.80 ～ 3.00	5	0.17	**0.23**
3.00 ～ 3.20	5	0.17	**0.40**
3.20 ～ 3.40	9	**0.30**	**0.70**
3.40 ～ 3.60	3	**0.10**	**0.80**
3.60 ～ 3.80	3	**0.10**	**0.90**
3.80 ～ 4.00	1	**0.03**	**0.93**
4.00 ～ 4.20	2	**0.07**	**1.00**
計	30	**1.00**	

問 8 (イ)と(ウ)の滞空時間について，滞空時間が 3.00 秒未満であるのは，それぞれ全体の何%ですか。 教科書 p.226

ガイド 3.00 秒未満の累積相対度数を百分率で表します。

解答 (イ)の 3.00 秒未満の累積相対度数は，0.94 だから，**94%**
(ウ)の 3.00 秒未満の累積相対度数は，0.23 だから，**23%**

問9 教科書 p.226

下の図は，前ページ（教科書 p.225）の表3から，(イ)の滞空時間の相対度数を，度数分布多角形に表したものです。
この図に，(ウ)の滞空時間の度数分布多角形をかき入れなさい。（図は省略）

解答 右の赤のグラフ

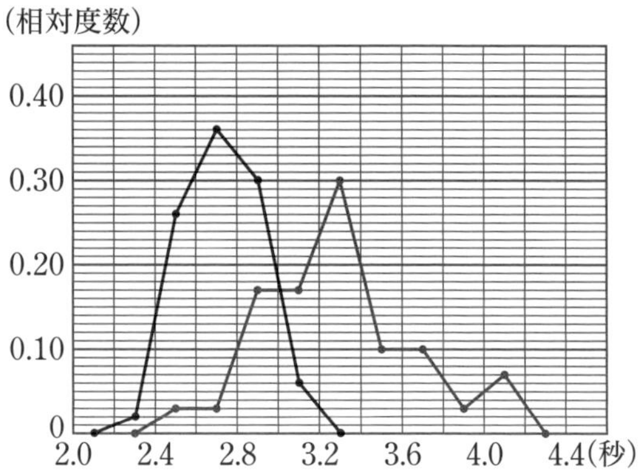

話しあおう 教科書 p.227

これまでに調べたことから，(イ)と(ウ)のどちらが滞空時間が長いといえるでしょうか。理由もあわせて説明しましょう。（表や図は省略）

ガイド 教科書226ページの 問8 ，227ページの表，度数分布多角形をもとに，判断します。

解答例 問8 で，滞空時間が3.00秒未満であるのは，(イ)が94%，(ウ)が23%である。
また，(イ)と(ウ)の滞空時間の度数分布多角形から，(ウ)の方がデータは散らばっているが，どちらも山型で，(ウ)の方が全体的に右の方にある。
また，平均値，中央値，最頻値でくらべても，すべて(ウ)の方が滞空時間が長い。
だから，(ウ)の方が滞空時間が長いといえる。

話しあおう 教科書 p.227

疑問1 と 疑問2 では，紙の大きさや形を変えて実験しました。滞空時間をもっと長くするためには，どんなことを調べればよいでしょうか。

解答例
- 円や星形など，さらに別の形についても調べる。
- 紙の材質や，厚さを変えて調べる。

など

参考 調べてみたいことについては，現実的に実験できることかどうかを検討する必要があります。例えば，やぶれやすい形や材質で多数回の実験をするのは，現実的ではありません。

2 整理されたデータから読みとろう

学習のねらい

収集したデータを整理したグラフや表から，必要な情報を読みとります。目的によって，代表値や範囲，度数分布表やヒストグラムを組み合わせて考えることを学びます。

教科書のまとめ　テスト前にチェック

□グラフを読みとる
▶意図的な整理のしかたがされていないか，グラフの目もりのつけ方などにも注意して読みとるようにします。

□分布のようすを読みとる
▶目的によって，代表値，範囲，度数分布表，ヒストグラムなどを組み合わせて，データの傾向を読みとるようにします。

□度数分布表から平均値を求める
▶１つの階級にはいっているデータの値は，すべてその階級の階級値であると考えます。その合計をデータの個々の値の合計と考えると，平均値を求めることができます。

$$平均値=\frac{(階級値×度数)の合計}{度数の合計}$$

■ グラフを読みとりましょう。

話しあおう

教科書 p.229

けいたさんはこのグラフを見て，次のように考えました。(グラフは省略)

遊園地Ａにくらべて，遊園地Ｂの方が入場者数の増え方が大きいね

けいたさんの考えは正しいでしょうか。

ガイド　グラフの目もりに気をつけて読みとりましょう。
遊園地Ａと遊園地Ｂのグラフでは，１目もりの大きさがそれぞれいくつになっているか，まず，確認します。

解答例　遊園地Ａのグラフは，１目もりが 20 万人，遊園地Ｂのグラフは，１目もりが２万人だから，Ａの入場者数は，約 10 万人ずつ増えているのに対して，Ｂの入場者数は，約 2.5 万人ずつ増えているといえる。
よって，けいたさんの考えは正しくない。

データの分布のようすを読みとりましょう。

教科書 p.230

2つの容器A，Bに，卵が10個ずつはいっています。
それぞれの容器にはいった卵の重さの違いを調べるため，
卵の重さを1個ずつはかると，右の表のようになりました。
これらの平均値，中央値は，それぞれ次のようになります。

容器A……平均値 50.5 g，中央値 50.6 g

容器B……平均値 50.5 g，中央値 50.6 g

容器AとBの卵の重さの分布のようすは，
ほぼ同じといってよいでしょうか。

卵の重さ (g)

容器 A	容器 B
50.1	43.2
48.7	50.3
50.5	57.1
52.1	53.7
47.8	50.2
48.4	44.9
52.2	50.9
50.7	55.3
53.3	45.8
51.2	53.6

ガイド 散らばりのようすを調べるために，範囲を求めてみます。

解答例 容器Aの最大値は 53.3 g，最小値は 47.8 g だから，卵の重さの範囲は，

$53.3-47.8=5.5$ (g)

容器Bの最大値は 57.1 g，最小値は 43.2 g だから，卵の重さの範囲は，

$57.1-43.2=13.9$ (g)

よって，平均値や中央値は同じだが，**容器Bの卵の重さの方が，散らばって分布しているといえる。**

度数分布表から平均値を求めましょう。

教科書 p.231

右のようなアンケートで，睡眠時間を調査したとき，
回答をした人の睡眠時間の平均値は，どのように考え
ればよいでしょうか。

睡眠時間アンケート

平日1日にどれくらいの
時間寝ていますか。

1 4時間未満
2 4時間以上〜6時間未満
3 6時間以上〜8時間未満

ガイド アンケートの回答から1人1人の具体的なデータはわからないので，それぞれの選択肢を階級として，その階級値をもとに平均値を求めることを考えます。

解答例 $平均値=\dfrac{データの個々の値の合計}{データの個数}$ であるが，アンケートからデータの個々の値はわからない。かわりに，選択肢を階級として，その階級にはいっているデータの値をすべて階級値と考えると，平均値を求めることができる。

(「4時間未満」は，2時間以上4時間未満と考える。)

(階級値×度数) の合計を個々のデータの値の合計として，度数の合計でわって求める。

問1 右の表は，1年3組の通学時間をまとめたものです。
右の表の空欄をうめて，1年3組の通学時間の平均値と最頻値を求めなさい。
また，中央値がふくまれる階級も答えなさい。(表は省略)

教科書 p.231

ガイド まず，各階級の階級値を求めます。
例えば，10分以上20分未満の階級値は，$\frac{10+20}{2}=15$（分）として求めます。他の階級の階級値も同じようにして求めます。
次に，各階級の（階級値）×（度数）を求めて，その和を度数の合計でわると平均値が求められます。

解答 〈階級値〉

$\frac{0+10}{2}=5$，$\frac{10+20}{2}=15$，

$\frac{20+30}{2}=25$，$\frac{40+50}{2}=45$，

$\frac{50+60}{2}=55$

〈階級値×度数〉

5×5＝25

15×9＝135

25×11＝275

45×2＝90

55×1＝55

合計は，25＋135＋275＋105＋90＋55＝685

1年3組　通学時間

階級(分)	階級値(分)	度数(人)	階級値×度数
0以上～10未満	**5**	5	**25**
10　～20	**15**	9	**135**
20　～30	**25**	11	**275**
30　～40	35	3	105
40　～50	**45**	2	**90**
50　～60	**55**	1	**55**
計		31	**685**

〈平均値〉

$\frac{685}{31}=22.09\cdots$（分）　　　**約22.1分**

〈最頻値〉

度数のもっとも多い階級の階級値だから，20分以上30分未満の階級の階級値で，
25分

〈中央値がふくまれる階級〉

度数の合計が31人だから，中央値は時間が少ない方から数えて16番目の値である。
よって，中央値がふくまれる階級は，**20分以上30分未満の階級**

参考 中央値がふくまれる階級は20分以上30分未満の階級とわかりますが，ふつうは，この階級の階級値25分を中央値とすることはありません。

❷節 データにもとづく確率

駒を投げるときの面の出かたは？

将棋の駒を使った，「まわり将棋」というすごろくに似た遊びがあります。
けいたさんとかりんさんは，次のようなルールで，この遊びをやってみることにしました。

ルール

❶ 将棋盤のかどのますに，それぞれ，自分の駒を置く。

❷ 別の駒を1枚投げ，その出かたによって，次の(ア)〜(オ)のますの数だけ，自分の駒を外周にそって進める。

(ア) 表向き	(イ) 裏向き	(ウ) 横向き	(エ) 上向き	(オ) 下向き
1ます	0ます	5ます	10ます	20ます

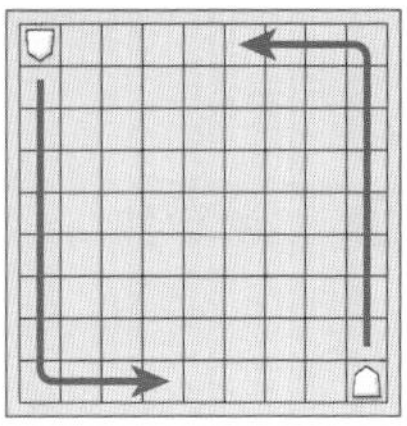

❸ 2人が交互に❷をくり返し，さきに外周を1周進んだ方を勝ちとする。

(ア)〜(オ) の5通りの出やすさはどれくらい違うのかな

話しあおう

教科書 p.233

(ア)〜(オ)のうち，もっとも出やすいのはどれでしょうか。
また，そのことを確かめるにはどうしたらよいでしょうか。

解答例

〈出やすさ〉

- (ア)と(イ)の出やすさは同じで，この2つがもっとも出やすいと思う。
- 表だけに文字があるので，表の方が軽く，(ア)の方が(イ)より少し出やすいと思う。

〈確かめ方〉

- 何度もくり返し投げて，出かたを記録して確かめる。
- 何人かでくり返し実験して，結果を合計して確かめる。
- 100回，200回よりも，もっと多くの回数の実験が必要だと思う。

1 相対度数と確率

学習のねらい　いくつかの具体例を通して，あることがらの起こりやすさの程度を表す数（確率）について学習します。

教科書のまとめ　**テスト前にチェック**

□確率の意味　▶あることがらの起こりやすさの程度を表す数を，そのことがらの起こる**確率**（かくりつ）といいます。

あることがらの起こる確率は，多数回の実験の結果や多くのデータをもとにして，そのことがらの起こった相対度数で表すことができます。

$$\text{相対度数}=\frac{\text{あることがらの起こった回数}}{\text{全体の回数}}$$

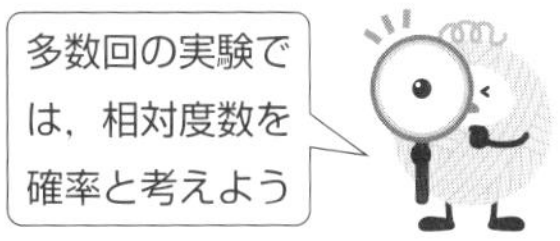

多数回の実験では，相対度数を確率と考えよう

話しあおう

教科書 p.234

上（下のガイド）のグラフから，(ア)の出た相対度数のばらつきや変化について，どんなことがいえるでしょうか。

ガイド

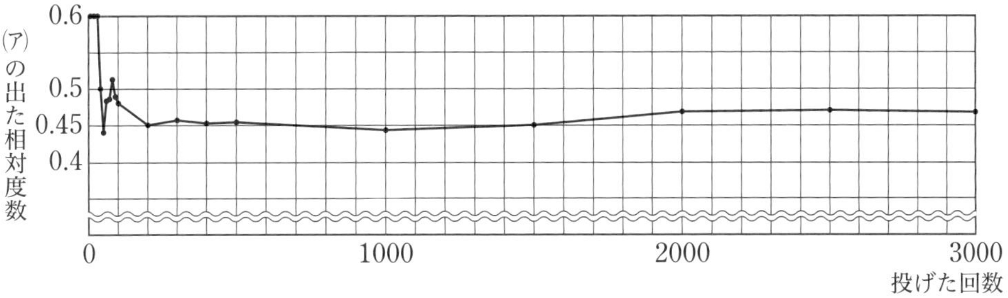

グラフは，投げた回数を横軸に，(ア)の出た相対度数を縦軸に示しています。

$$\text{(ア)の出た相対度数}=\frac{\text{(ア)の出た回数}}{\text{投げた回数}}$$

はじめのころのグラフの上，下のゆれと，200 回以上投げたときの一定の割合に近づいていくようすを，ことばで表現します。

解答例

- 投げた回数が少ないうちは，(ア)の出た相対度数のばらつきは大きいが，回数が多くなると，そのばらつきは小さくなっている。
- 投げた回数が多くなるにつれて，(ア)の出た相対度数は，0.47 に近い値になっている。

参考　将棋の駒を 1 枚投げて駒の出かたを調べる実験をしてみると，n 回の実験をして駒が表向きになることが r 回起こったとき，$\frac{r}{n}$ がいつも 0.47 になるわけではありません。しかし，n を限りなく大きくすると，$\frac{r}{n}$ が 0.47 になることがほぼ確実です。

このようなことがらを，「大数（たいすう）の法則」といいます。

問 1

教科書 p.235

前ページ（教科書 p.234）の実験の結果で，(イ)，(ウ)，(エ)の出る確率を，小数第 2 位まで，それぞれ求めなさい。

ガイド

回数	10	20	30	40	50	60	70	80	90	100	200	300	400	500	1000	1500	2000	2500	3000
(ア)	6	12	18	20	22	29	34	41	44	48	90	137	181	227	443	676	936	1177	1402
(イ)	4	7	11	16	23	26	31	33	40	46	94	141	187	229	457	692	905	1121	1342
(ウ)	0	1	1	3	3	3	3	3	3	3	8	10	18	25	60	80	98	128	155
(エ)	0	0	0	1	2	2	2	3	3	3	8	12	14	19	39	51	60	73	99
(オ)	0	0	0	0	0	0	0	0	0	0	0	0	0	0	1	1	1	1	2

(イ)の出る確率は，(イ)の出た相対度数，つまり，$\dfrac{\text{(イ)の出た回数}}{\text{投げた回数}}$ で表します。

表では，はじめから 100 回までは 10 回ごとに記録し，100 回から 500 回までは 100 回ごと，500 回から 3000 回までは 500 回ごとに記録したものを示していますが，確率を求める場合は，もっとも多い実験の結果から求めます。

解答

3000 回投げたとき，(イ)は 1342 回出ているので，

$\dfrac{1342}{3000}=0.447\cdots\cdots$　　**約 0.45**

(ウ)は 155 回出ているので，

$\dfrac{155}{3000}=0.051\cdots\cdots$　　**約 0.05**

(エ)は 99 回出ているので，

$\dfrac{99}{3000}=0.033$　　**約 0.03**

話しあおう

教科書 p.235

233 ページのルールについて，けいたさんとかりんさんは，見なおしをしようと思っています。あなたなら，(ア)〜(オ)の出かたによって，進むますの数をどう決めますか。理由もあわせて答えましょう。

解答例

(ア)と(イ)はそのままとして，(ウ)の出る確率は(ア)のおよそ $\dfrac{1}{9}$ だから，進むますの数は(ア)の 9 倍にして 9 ます，(エ)の出る確率は(ア)のおよそ $\dfrac{1}{15}$ だから，15 倍にして 15 ます進めるとする。

(オ)は，ほぼ出ることはないので，出たら勝ちとする。

問 2 2枚の硬貨(こうか)を投げるとき，表と裏の出かたは，

(ア)　2枚とも表

(イ)　1枚は表で1枚は裏

(ウ)　2枚とも裏

教科書 p.235

の3通りあります。下の表は，2枚の硬貨を何回も投げて，(ア)～(ウ)の出た回数をまとめたものです。(ア)～(ウ)のうち，もっとも出やすいのはどれですか。（表はガイド）

ガイド

回数	200	400	600	800	1000	1500	2000	2500	3000
(ア)	47	99	152	206	254	373	500	619	747
(イ)	103	207	306	403	502	746	995	1249	1509
(ウ)	50	94	142	191	244	381	505	632	744

表から，相対度数を求めるとわかりますが，3000回投げたとき，いちばん多く出た出かたが，もっとも出やすいと考えられます。

解答 表から，(イ)は3000回中1509回出ているので，**(イ)がもっとも出やすい**といえる。

参考 (イ)の出る確率は，(ア)や(ウ)の約2倍になっています。このことから，(イ)は，表－裏，裏－表の2通りの出かたをふくんでいることがわかります。このような確率については，2年でくわしく学習します。

実験をおこなうことができないことがらの確率について考えましょう。

教科書 p.236

下の表は，日本の年次ごとの出生児数を示したものです。
それぞれの年の出生女児数の出生児総数に対する割合を計算し，
小数第2位まで求めましょう。

年次	出生男児数（人）	出生女児数（人）	出生児総数（人）	女児の割合
2007	559847	529971	1089818	0.49
2008	559513	531643	1091156	
2009	548993	521042	1070035	
2010	550742	520562	1071304	
2011	538271	512535	1050806	
2012	531781	505450	1037231	
2013	527657	502159	1029816	
2014	515533	488006	1003539	
2015	515452	490225	1005677	
2016	501880	475098	976978	

（厚生労働省）

ガイド 女児の割合＝$\dfrac{\text{出生女児数}}{\text{出生児総数}}$ で求めます。計算は，電卓(でんたく)で小数第3位まで求め，第3位を四捨五入して，小数第2位までの数にします。

解答 （　）内は小数第3位まで求めた値を示している。

2007年 0.49（0.486），2008年 0.49（0.487），2009年 0.49（0.486），2010年 0.49（0.485），2011年 0.49（0.487），2012年 0.49（0.487），2013年 0.49（0.487），2014年 0.49（0.486），2015年 0.49（0.487），2016年 0.49（0.486）

問3　上の ひろげよう の表から，日本で男児の生まれる確率を求めなさい。(表は省略)　教科書 p.236

ガイド　男児の生まれる確率は，男児の割合，つまり，$\dfrac{\text{出生男児数}}{\text{出生児総数}}$ で求めます。小数第3位を四捨五入して，小数第2位までの数にします。

解答　(　) 内は小数第3位まで求めた値を示している。

2007年 0.51 (0.513)，2008年 0.51 (0.512)，2009年 0.51 (0.513)，2010年 0.51 (0.514)，2011年 0.51 (0.512)，2012年 0.51 (0.512)，2013年 0.51 (0.512)，2014年 0.51 (0.513)，2015年 0.51 (0.512)，2016年 0.51 (0.513)

約 0.51

問4　ある旅行会社がおこなっているイルカウォッチングツアーでは，これまで160回ツアーを実施(じっし)したうち，イルカに遭遇(そうぐう)できたのは120回でした。このことから，このツアーに参加したときにイルカに遭遇できる確率は，どのくらいだと考えられますか。　教科書 p.236

ガイド　イルカに遭遇できる確率＝$\dfrac{\text{イルカに遭遇できた回数}}{\text{ツアーの回数}}$ で求めます。

解答　$\dfrac{120}{160}=0.75$

約 0.75

確率を使って考えましょう。

問5　上の表をもとにして，次の問いに答えなさい。(表は省略)　教科書 p.237

(1)　到着するまでにかかる時間として，もっとも起こりやすいのは何分以上何分未満ですか。

(2)　35分以上40分未満で到着する場合と，40分以上45分未満で到着する場合は，どちらが起こりやすいですか。

(3)　到着するまでにかかる時間が35分未満である確率を求めなさい。

ガイド　相対度数や累積相対度数を確率とみて，判断に用いることがあります。

(1)(2)　度数 (相対度数) が大きいほど起こりやすいと考えます。

(3)　35分未満の累積相対度数を，確率とみます。

解答

(1)　度数がもっとも多い階級だから，**25分以上30分未満**

(2)　**35分以上40分未満の方が起こりやすい。**

(3)　**約 0.76**

参考　この問題には，「日曜日の午前中で，晴れている日のデータ」という条件があります。この条件にあてはまらない日では，所要時間は変わる可能性があり，確率も同じではないといえます。

7章 章末問題　学びをたしかめよう

教科書 p.238

1 あるクラスの10人について，先月読んだ本の冊数を調べたところ，下のような結果になりました。
この結果について，最小値，最大値，範囲を求めなさい。

14，5，7，2，18，5，9，13，11，8

ガイド 範囲＝最大値－最小値

解答 最小値…2冊，最大値…18冊，範囲…18－2＝16　16冊

p.217 問1

2 下の表は，R中学校とS中学校の1年生について，握力（あくりょく）を調べ，その結果をまとめたものです。（表は省略）

(1) 上の表の空欄をうめなさい。
(2) S中学校で，握力が35 kg未満の生徒は何人ですか。
(3) 握力が40 kg未満の生徒の割合が大きいのは，どちらの中学校ですか。

ガイド
(1) 相対度数＝$\dfrac{\text{階級の度数}}{\text{度数の合計}}$
(2) S中学校の35 kg未満の累積度数を調べます。
(3) R中学校とS中学校の生徒の人数が違うので，累積相対度数でくらべます。

解答 (1)

1年生　握力

握力(kg)	R中学校 度数(人)	R中学校 相対度数	R中学校 累積相対度数	S中学校 度数(人)	S中学校 相対度数	S中学校 累積相対度数
15以上～20未満	1	0.03	0.03	8	0.04	0.04
20～25	3	**0.08**	**0.11**	27	0.13	**0.17**
25～30	6	0.16	**0.27**	48	0.23	**0.40**
30～35	10	**0.26**	**0.53**	59	0.28	**0.68**
35～40	8	0.21	**0.74**	45	0.21	**0.89**
40～45	7	**0.18**	**0.92**	14	0.07	**0.96**
45～50	2	0.05	**0.97**	7	0.03	**0.99**
50～55	1	0.03	**1.00**	2	0.01	**1.00**
計	38	1.00		210	1.00	

p.226 問7

(2) 8＋27＋48＋59＝142　**142人**

p.218 問3

(3) 40 kg未満の累積相対度数は，R中学校が0.74，S中学校が0.89だから，**S中学校**

p.226 問8

3 下の表は，ボタンAとBを何回も投げて，表と裏の出た回数をまとめたものです。AとBでは，どちらの方が，表が出やすいといえますか。

ボタン＼出た面	表	裏	合計
A	1220	1580	2800
B	1403	2097	3500

ガイド 表の結果から，表が出た相対度数を，それぞれ求めてくらべます。

解答 表が出た相対度数は，Aは，$\frac{1220}{2800}=0.4357\cdots$，Bは，$\frac{1403}{3500}=0.4008\cdots$

で，投げた回数もかなり多い。

よって，**Aの方が表が出やすい**といえる。

p.235 問2

7章 章末問題　学びを身につけよう

教科書 p.239

テストによく出る

1 次の(1)〜(4)にあてはまるものを，㋐〜㋓のヒストグラムからすべて選びなさい。

(1) 範囲がもっとも大きいものはどれですか。

(2) 平均値がもっとも大きいものはどれですか。

(3) 平均値と中央値と最頻値がほとんど同じになるものはどれですか。

(4) 中央値が，40以上50未満の階級にふくまれているものはどれですか。

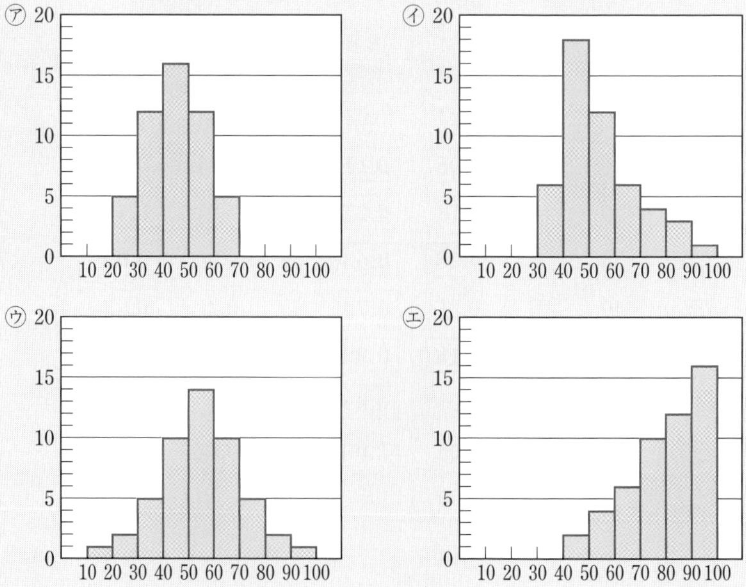

ガイド ヒストグラムの形から代表値，範囲を考える問題です。

解答 (1) ヒストグラムの左右の幅がもっともひろいものを選ぶ。

10 から 100 までひろがっている㋒が，もっとも範囲が大きい。 ㋒

(2) それぞれのデータの値を，そのデータがはいっている階級の階級値と考えて平均値を求めると，

㋐ (25×5＋35×12＋45×16＋55×12＋65×5)÷50＝45

㋑ (35×6＋45×18＋55×12＋65×6＋75×4＋85×3＋95×1)÷50＝54.4

㋒ (15×1＋25×2＋35×5＋45×10＋55×14＋65×10＋75×5＋85×2＋95×1)÷50＝55

㋓ (45×2＋55×4＋65×6＋75×10＋85×12＋95×16)÷50＝79.8

よって，平均値がもっとも大きいものは㋓と判断できる。 ㋓

(3) 中央値がふくまれている階級は，

㋐ 40 以上 50 未満　㋑ 50 以上 60 未満　㋒ 50 以上 60 未満

㋓ 80 以上 90 未満

最頻値は，度数のもっとも多い階級の階級値と考えて，

㋐ 45　㋑ 45　㋒ 55　㋓ 95

よって，平均値と中央値と最頻値がほとんど同じになるのは，㋐と㋒と判断できる。

㋐，㋒

(4) (3)より，中央値が 40 以上 50 未満の階級にふくまれているのは㋐である。 ㋐

参考 (3)からわかるように，ヒストグラムがほぼ左右対称な山型であるとき，平均値と中央値と最頻値は近い値になるといえます。

2 ある水泳チームでは，大会の 100 m 自由形に出場する選手を 1 人決めることになりました。右の表は，候補の 2 人の選手が，100 m を泳いだ記録を度数分布表にまとめたものです。あなたなら，A 選手と B 選手のどちらを出場選手にしますか。その理由もあわせて説明しなさい。(表は省略)

ガイド 各選手の記録の代表値などを判断材料とします。

解答例
- 記録の平均値は，

  A 選手…(53.25×0＋53.75×2＋54.25×2＋54.75×4＋55.25×6＋55.75×14＋56.25×8＋56.75×4)÷40＝55.6 (秒)

  B 選手…(53.25×4＋53.75×1＋54.25×4＋54.75×6＋55.25×5＋55.75×8＋56.25×13＋56.75×9)÷50＝55.53 (秒)

  記録の平均値が小さいので，B 選手を出場選手にする。
- 56.00 秒以上の記録の相対度数は，

  A 選手…(8＋4)÷40＝0.30

  B 選手…(13＋9)÷50＝0.44

  56.00 秒以上かかる確率は B 選手の方が高いと考えて，A 選手を出場選手にする。

7 章 データの活用

もっと練習しよう

教科書 p.240〜250

■利用のしかた

問題文はすべて省略しています。解答は教科書 p.251〜254 にのっています。理解しにくい問題には，ガイド に考え方をのせてあります。教科書の解答を見てもわからないときに利用しましょう。

1章　正の数・負の数

1

ガイド 正の数・負の数の加法について，次のことがいえます。

同符号(どうふごう)の 2 数の和

符号… 2 数と同じ符号

絶対値… 2 数の絶対値の和

$(+2)+(+6)=+(2+6)$
$(-2)+(-6)=-(2+6)$

異符号(いふごう)の 2 数の和

符号…絶対値の大きい方の符号

絶対値… 2 数の絶対値の大きい方から小さい方をひいた差

$(+2)+(-6)=-(6-2)$
$(-2)+(+6)=+(6-2)$

正の数・負の数の加法では，数の中に小数や分数があっても，計算のしかたに変わりはありません。分数の計算では，通分することが必要です。

解答

(1) $(-7)+(-11)=-(7+11)$
$=\mathbf{-18}$

(2) $(-19)+(+13)=-(19-13)$
$=\mathbf{-6}$

(3) $(-6.9)+(-1.1)=-(6.9+1.1)$
$=\mathbf{-8}$

(4) $(+8.2)+(-2.5)=+(8.2-2.5)$
$=\mathbf{+5.7}$

(5) $\left(-\frac{2}{3}\right)+\left(-\frac{4}{3}\right)=-\left(\frac{2}{3}+\frac{4}{3}\right)$
$=-\frac{6}{3}$
$=\mathbf{-2}$

(6) $\left(-\frac{1}{4}\right)+\left(+\frac{1}{2}\right)=\left(-\frac{1}{4}\right)+\left(+\frac{2}{4}\right)$
$=+\left(\frac{2}{4}-\frac{1}{4}\right)$
$=\mathbf{+\frac{1}{4}}$

2

ガイド 正の数・負の数の減法について，次のことがいえます。

正の数・負の数をひくには，符号を変えた数をたせばよい。

$(-5)-(+9)=(-5)+(-9)$
$(-7)-(-2)=(-7)+(+2)$

解答

(1) $(-8)-(+2)=(-8)+(-2)$
$=\mathbf{-10}$

(2) $0-(-9)=0+(+9)$
$=\mathbf{+9}$

(3) $(-3.4)-(-3.4)=(-3.4)+(+3.4)$
$=\mathbf{0}$

(4) $(+2.8)-(-5.4)=(+2.8)+(+5.4)$
$=\mathbf{+8.2}$

(5) $\left(-\frac{2}{3}\right)-\left(-\frac{5}{6}\right)=\left(-\frac{4}{6}\right)-\left(-\frac{5}{6}\right)=\left(-\frac{4}{6}\right)+\left(+\frac{5}{6}\right)=\mathbf{+\frac{1}{6}}$

(6) $\left(-\frac{1}{2}\right)-\left(+\frac{2}{3}\right)=\left(-\frac{3}{6}\right)-\left(+\frac{4}{6}\right)=\left(-\frac{3}{6}\right)+\left(-\frac{4}{6}\right)=\mathbf{-\frac{7}{6}}$

参考 正の数に符号をつけずに表して，

(1) $(-8)-(+2)=-8-2=-10$ のように計算してもよいです。

3

ガイド 加法と減法の混じった式では，正の項の和，負の項の和を，それぞれ求めてから計算することができます。
計算の結果が正の数のときは，符号 + を省くことができます。

解答
(1) $-6+21=\mathbf{15}$
　-6 と 21 の和とみる。

(2) $-4-3=\mathbf{-7}$
　-4 と -3 の和とみる。

(3) $7-12+18=7+18-12$
$=25-12$
$=\mathbf{13}$

(4) $13-4+6-12=13+6-4-12$
$=19-16$
$=\mathbf{3}$

(5) $-11+(-8)+26-10=-11-8+26-10$
$=26-11-8-10$
$=26-29$
$=\mathbf{-3}$

4

ガイド 負の数×正の数＝−(絶対値の積)
正の数×負の数＝−(絶対値の積)
負の数×負の数＝＋(絶対値の積)

$(-3)\times4=-(3\times4)$
$3\times(-4)=-(3\times4)$
$(-3)\times(-4)=+(3\times4)$

解答
(1) $(-3)\times5=-(3\times5)$
$=\mathbf{-15}$

(2) $(-15)\times4=-(15\times4)$
$=\mathbf{-60}$

(3) $7\times(-11)=-(7\times11)$
$=\mathbf{-77}$

(4) $12\times(-6)=-(12\times6)$
$=\mathbf{-72}$

(5) $(-6)\times(-13)=+(6\times13)$
$=\mathbf{78}$

(6) $(-16)\times(-5)=+(16\times5)$
$=\mathbf{80}$

5

ガイド 負の数÷正の数＝−(絶対値の商)
正の数÷負の数＝−(絶対値の商)
負の数÷負の数＝＋(絶対値の商)

$(-8)\div2=-(8\div2)$
$8\div(-2)=-(8\div2)$
$(-8)\div(-2)=+(8\div2)$

解答
(1) $(-12)\div3=-(12\div3)=\mathbf{-4}$

(2) $28\div(-14)=-(28\div14)=\mathbf{-2}$

(3) $(-52)\div(-13)=+(52\div13)=\mathbf{4}$

6

ガイド 正の数・負の数の乗除では，式の中に小数があっても，計算のしかたに変わりはありません。

解答
(1) $(-0.4)\times(-0.3)=+(0.4\times0.3)$
$=\mathbf{0.12}$

(2) $3.6\div(-0.6)=-(3.6\div0.6)$
$=\mathbf{-6}$

(3) $(-2.4)\div3=-(2.4\div3)$
$=\mathbf{-0.8}$

7

ガイド 2つの数の積が1になるとき，一方の数を，他方の数の逆数といいます。正の数・負の数でわるには，その数の逆数をかければよいです。

$\div\left(-\frac{2}{3}\right)$ は，
$\times\left(-\frac{3}{2}\right)$ だね

解答

(1) $\left(-\frac{2}{3}\right)\times\frac{5}{4}=-\left(\frac{2}{3}\times\frac{5}{4}\right)=\mathbf{-\frac{5}{6}}$

(2) $\frac{1}{2}\div\left(-\frac{1}{3}\right)=\frac{1}{2}\times(-3)=-\left(\frac{1}{2}\times3\right)=\mathbf{-\frac{3}{2}}$

(3) $\left(-\frac{3}{8}\right)\div\left(-\frac{9}{4}\right)=\left(-\frac{3}{8}\right)\times\left(-\frac{4}{9}\right)=+\left(\frac{3}{8}\times\frac{4}{9}\right)=\mathbf{\frac{1}{6}}$

8

ガイド 乗法と除法の混じった式では，乗法だけの式になおし，次に，結果の符号を決めてから計算することができます。

乗法だけの式の
計算結果の符号
・負の符号の個数が
偶数個…＋
奇数個…－

解答

(1) $(-3)\times4\times(-5)=+(3\times4\times5)=\mathbf{60}$

(2) $4\times(-3)\times(-25)\times(-9)=-(4\times3\times25\times9)$ （$4\times25=100$）

$=-(100\times27)=\mathbf{-2700}$

(3) $\left(-\frac{3}{5}\right)\div\frac{6}{5}\times\left(-\frac{2}{3}\right)=\left(-\frac{3}{5}\right)\times\frac{5}{6}\times\left(-\frac{2}{3}\right)$

$=+\left(\frac{3}{5}\times\frac{5}{6}\times\frac{2}{3}\right)=\mathbf{\frac{1}{3}}$

(4) $\frac{1}{3}\div\left(-\frac{1}{2}\right)\div\frac{1}{5}=\frac{1}{3}\times(-2)\times5=-\left(\frac{1}{3}\times2\times5\right)=\mathbf{-\frac{10}{3}}$

9

ガイド 4^3 の右上の小さい数3は，かけあわせる数4の個数を示したもので，これを指数といいます。

③個　指数
$4\times4\times4=4^{③}$

解答

(1) $(-4)^3=(-4)\times(-4)\times(-4)$

$=\mathbf{-64}$

(2) $-0.5^2=-(0.5\times0.5)$

$=\mathbf{-0.25}$

(3) $(-2^3)\times(-1)^2=\underline{-(2\times2\times2)}\times\underline{(-1)\times(-1)}$

$=(-8)\times1=\mathbf{-8}$

10

ガイド 四則（加法，減法，乗法，除法）が混じった式では，乗法，除法をさきに計算します。

解答

(1) $-2^2+6\div(-2)$

$=-4+(-3)$

$=\mathbf{-7}$

(2) $(-2)\times5+(-8)\div(-4)$

$=(-10)+2$

$=\mathbf{-8}$

(3) $(7-11)\div2-4$

$=(-4)\div2-4$

$=-2-4$

$=\mathbf{-6}$

(4) $10-\{-4-(4-7)\times6\}$

$=10-\{-4-(-3)\times6\}$

$=10-\{-4+18\}$

$=10-14=\mathbf{-4}$

2章　文字の式

文字式の表し方

① かけ算の記号 × を省いて書く。
② 文字と数の積では，数を文字の前に書く。
③ 同じ文字の積は，指数を使って書く。
④ わり算は，記号 ÷ を使わないで，分数の形で書く。
＊ 文字は，ふつうはアルファベットの順に書く。
＊ $1\times a$ は，a と書く。$(-1)\times a$ は，$-a$ と書く。(ただし，$0.1a$ はこのままでよい。)

1

解答 (1) $5\times a=\boldsymbol{5a}$　(2) $x\times(-1)\times x=\boldsymbol{-x^2}$

(3) $(m+n)\div 3=\boldsymbol{\dfrac{m+n}{3}}$　$\left(\boldsymbol{\dfrac{1}{3}(m+n)}\text{ でもよい。}\right)$

(4) $x\div y=\boldsymbol{\dfrac{x}{y}}$　(5) $a+b\div 5=\boldsymbol{a+\dfrac{b}{5}}$　$\left(\boldsymbol{a+\dfrac{1}{5}b}\text{ でもよい。}\right)$

(6) $x\div(-2)-y\times 4=\boldsymbol{-\dfrac{x}{2}-4y}$　$\left(\boldsymbol{-\dfrac{1}{2}x-4y}\text{ でもよい。}\right)$

2

解答 (1) $3x^2y=\boldsymbol{3\times x\times x\times y}$

(2) $\dfrac{a-b}{2}=\boldsymbol{(a-b)\div 2}$　$\left(\boldsymbol{\dfrac{1}{2}\times(a-b)}\text{ でもよい。}\right)$

(3) $\dfrac{x}{5}-4(y+z)=\boldsymbol{x\div 5-4\times(y+z)}$　$\left(\boldsymbol{\dfrac{1}{5}\times x-4\times(y+z)}\text{ でもよい。}\right)$

3

ガイド (2) 速さ＝道のり÷時間　　時速(km)の書き方は，km/h（h：hour(時)）

(3) 7％を分数で表すと $\dfrac{7}{100}$，小数で表すと 0.07 になります。

(4) 1割は10％だから，分数で表すと $\dfrac{10}{100}=\dfrac{1}{10}$，小数で表すと 0.1

解答 (1) $\boldsymbol{2x+6y}$ **(円)**　(2) $\boldsymbol{\dfrac{10}{x}}$ **(km/h)**

(3) $a\times\dfrac{7}{100}=\boldsymbol{\dfrac{7}{100}a}$ **(g)**　(**$\boldsymbol{0.07a}$ (g)** でもよい。)

(4) もとの値段の9割で買ったから，$\boldsymbol{\dfrac{9}{10}y}$ **(円)**　(**$\boldsymbol{0.9y}$ (円)** でもよい。)

4

ガイド 式の中の文字に数をあてはめることを代入するといいます。また，文字に数を代入するとき，その数を文字の値といい，代入して求めた結果を式の値といいます。

解答 (1) $2-5x=2-5\times(-5)$
$=2+25=\boldsymbol{27}$

(2) $-x+3=-(-5)+3$
$=5+3=\boldsymbol{8}$

(3) $-\dfrac{15}{x}=(-15)\div x$
$=(-15)\div(-5)=\boldsymbol{3}$

(4) $x^2=(-5)^2$
$=(-5)\times(-5)=\boldsymbol{25}$

(5) $-x^2=-(-5)^2=-\{(-5)\times(-5)\}=\mathbf{-25}$

5

ガイド 文字が 2 つ以上ある場合でも，同じように式の値を求めることができます。

解答 (1) $x+3y=-3+3\times4$
$=-3+12=\mathbf{9}$

(2) $3x-2y=3\times(-3)-2\times4$
$=-9-8=\mathbf{-17}$

(3) $-\frac{4}{3}x+y=\left(-\frac{4}{3}\right)\times(-3)+4=4+4=\mathbf{8}$

6

ガイド 計算法則 $mx+nx=(m+n)x$ を使って，項(こう)をまとめて計算することができます。
計算するとき，x，$-x$ は，それぞれ $1x$，$-1x$ と考えます。
文字と数が混じった式では，文字の部分が同じ項どうし，数の項どうしを，それぞれまとめます。

解答 (1) $12x-4x=(12-4)x$
$=\mathbf{8x}$

(2) $-3a+2a=(-3+2)a$
$=\mathbf{-a}$

(3) $y-\frac{1}{4}y=\left(1-\frac{1}{4}\right)y$
$=\mathbf{\frac{3}{4}y}$

(4) $a+5-6a=a-6a+5$
$=(1-6)a+5$
$=\mathbf{-5a+5}$

(5) $-13x+2-2x-5=-13x-2x+2-5$
$=(-13-2)x+2-5$
$=\mathbf{-15x-3}$

7

ガイド かっこがある式は，$a+(b+c)=a+b+c$，$a-(b+c)=a-b-c$
のようにしてかっこをはずすことができます。

解答 (1) $2x-(4x-7)=2x-4x+7$
$=\mathbf{-2x+7}$

(2) $8y+3+(4-2y)=8y+3+4-2y$
$=8y-2y+3+4$
$=\mathbf{6y+7}$

8

ガイド それぞれの式にかっこをつけ，記号＋，－でつなぎ，次に，かっこをはずして計算します。

解答 (1) 和 $(6x+7)+(8x+3)$
$=6x+7+8x+3$
$=6x+8x+7+3$
$=\mathbf{14x+10}$

差 $(6x+7)-(8x+3)$
$=6x+7-8x-3$
$=6x-8x+7-3$
$=\mathbf{-2x+4}$

(2) 和 $(-2x-5)+(-3x+4)$
$=-2x-5-3x+4$
$=-2x-3x-5+4$
$=\mathbf{-5x-1}$

差 $(-2x-5)-(-3x+4)$
$=-2x-5+3x-4$
$=-2x+3x-5-4$
$=\mathbf{x-9}$

9

ガイド 文字式に数をかける計算では，かける順序を変えると，数どうしの計算をすることができます。

解答 (1) $3x\times4=3\times x\times4$
$=3\times4\times x$
$=\mathbf{12x}$

(2) $-x\times(-2)=(-1)\times x\times(-2)$
$=(-1)\times(-2)\times x$
$=\mathbf{2x}$

(3) $2x\times\left(-\frac{3}{4}\right)=2\times x\times\left(-\frac{3}{4}\right)=2\times\left(-\frac{3}{4}\right)\times x=\mathbf{-\frac{3}{2}x}$

10

ガイド 文字式を数でわる計算では，次のようにして計算することができます。

$a\div b=\frac{a}{b}$　　$a\div\frac{n}{m}=a\times\frac{m}{n}$（逆数をかける）

解答 (1) $12x\div(-3)$
$=-\frac{12x}{3}$
$=-\frac{12\times x}{3}=\mathbf{-4x}$

(2) $-5x\div(-5)$
$=\frac{5x}{5}$
$=\frac{5\times x}{5}=\mathbf{x}$

(3) $8x\div\left(-\frac{4}{7}\right)$
$=8x\times\left(-\frac{7}{4}\right)$
$=8\times\left(-\frac{7}{4}\right)\times x=\mathbf{-14x}$

11

ガイド 項が 2 つ以上の式に数をかけるときは，$m(a+b)=ma+mb$ などを使います。

解答 (1) $6(a-3)$
$=6\times a+6\times(-3)$
$=\mathbf{6a-18}$

(2) $-3(2x+5)$
$=(-3)\times2x+(-3)\times5$
$=\mathbf{-6x-15}$

(3) $(3x-7)\times10$
$=3x\times10+(-7)\times10$
$=\mathbf{30x-70}$

(4) $(-3x+2)\times(-4)$
$=(-3x)\times(-4)+2\times(-4)$
$=\mathbf{12x-8}$

(5) $8\left(\frac{3}{4}x-5\right)$
$=8\times\frac{3}{4}x+8\times(-5)$
$=\mathbf{6x-40}$

(6) $\left(-2x+\frac{4}{3}\right)\times\left(-\frac{1}{2}\right)$
$=(-2x)\times\left(-\frac{1}{2}\right)+\frac{4}{3}\times\left(-\frac{1}{2}\right)$
$=\mathbf{x-\frac{2}{3}}$

12

ガイド 項が 2 つ以上の式を数でわるときは，$\frac{a+b}{m}=\frac{a}{m}+\frac{b}{m}$ を使います。

解答 (1) $(18x+9)\div3$
$=\frac{18x}{3}+\frac{9}{3}$
$=\mathbf{6x+3}$

(2) $(16a-8)\div(-8)$
$=-\frac{16a}{8}+\frac{8}{8}$
$=\mathbf{-2a+1}$

(3) $\left(-\frac{7}{2}x+8\right)\div 4$

$=\left(-\frac{7}{2}x+8\right)\times\frac{1}{4}$

$=\left(-\frac{7}{2}x\right)\times\frac{1}{4}+8\times\frac{1}{4}=\boldsymbol{-\frac{7}{8}x+2}$

(4) $(5x+20)\div\frac{5}{3}$

$=(5x+20)\times\frac{3}{5}$

$=5x\times\frac{3}{5}+20\times\frac{3}{5}=\boldsymbol{3x+12}$

(5) $(4x-3)\div\left(-\frac{1}{2}\right)$

$=(4x-3)\times(-2)$

$=4x\times(-2)+(-3)\times(-2)$

$=\boldsymbol{-8x+6}$

(6) $\left(20x-\frac{5}{3}\right)\div(-5)$

$=\left(20x-\frac{5}{3}\right)\times\left(-\frac{1}{5}\right)$

$=20x\times\left(-\frac{1}{5}\right)+\left(-\frac{5}{3}\right)\times\left(-\frac{1}{5}\right)$

$=\boldsymbol{-4x+\frac{1}{3}}$

13

ガイド 分数の形の式に数をかけるときは，かける数と分母が約分できれば約分しておきます。

解答 (1) $9\times\frac{5x-4}{3}$

$=3\times(5x-4)$

$=3\times 5x+3\times(-4)$

$=\boldsymbol{15x-12}$

(2) $\frac{-3x-2}{4}\times(-8)$

$=(-3x-2)\times(-2)$

$=(-3x)\times(-2)+(-2)\times(-2)$

$=\boldsymbol{6x+4}$

14

ガイド かっこがある式の計算では，かっこをはずし，さらに項をまとめます。

解答 (1) $3(2x-3)+2(3x+4)=6x-9+6x+8=\boldsymbol{12x-1}$

(2) $\frac{1}{2}(2y-6)-2(3y-3)=y-3-6y+6=\boldsymbol{-5y+3}$

15

ガイド 等号 = を使って，2 つの数量が等しい関係を表した式を等式といいます。等号の左側の式を左辺，右側の式を右辺，その両方をあわせて両辺といいます。
等式では，左辺と右辺を入れかえることができます。

$4a=b+1000$
左辺　右辺
⇓ 同じ
$b+1000=4a$

解答 (1) (今日の最高気温)=(昨日の最高気温)-2℃ だから，

$\boldsymbol{x=y-2}$ (単位はつけないこと)

(2) (毎日読んだ本のページ数)×7=(1 週間で読んだ本のページ数) より，$\boldsymbol{7a=b}$

(3) 3 個たりないということは，チョコレートの個数 (x 個) が配る個数 ($5y$ 個) より 3 個少ないということだから，$\boldsymbol{x=5y-3}$

(4) 1 g と x g の平均は $\frac{1+x}{2}$ (g) だから，$\boldsymbol{\frac{1+x}{2}=a}$

(5)　a 円の 20％ 引きは，$a\times\left(1-\frac{20}{100}\right)=\frac{80}{100}a$（円）だから，

$\boldsymbol{\frac{80}{100}a=b}$　（$\boldsymbol{0.8a=b}$ でもよい。）

16 **ガイド** 不等号を使って，2 つの数量の大小関係を表した式を不等式といいます。不等号の左側の式を左辺，右側の式を右辺，その両方をあわせて両辺といいます。

$4a<b+1000$（$4a$：左辺，$b+1000$：右辺）

解答 (1)　（ある数の 2 倍から 3 をひいた数）＜（もとの数）だから，$\boldsymbol{2x-3<x}$

(2)　1 個 a 円のメロンパン 5 個と 1 個 b 円のあんパン 3 個の代金は，

$5a+3b$（円）

1000 円で買うことができるのだから，

$\boldsymbol{5a+3b\leqq 1000}$　（$\boldsymbol{1000\geqq 5a+3b}$ でもよい。）

(3)　かかった時間 $\frac{x}{4}$（時間）が，3 時間より少なかったので，　$\boldsymbol{\frac{x}{4}<3}$

3章　方程式

1 **ガイド** 等式では，一方の辺の項（こう）を，符号を変えて，他方の辺に移すことができます。このことを移項するといいます。ここでは，数の項を移項します。

解答 (1)　$x-6=3$

左辺の -6 を右辺に移項して，

$x=3+6$

$\boldsymbol{x=9}$

(2)　$7x+4=-52$

左辺の 4 を右辺に移項して，

$7x=-52-4$

$7x=-56$

$\boldsymbol{x=-8}$

(3)　$6x-11=13$

左辺の -11 を右辺に移項して，

$6x=13+11$

$6x=24$

$\boldsymbol{x=4}$

(4)　$-5x+2=-78$

左辺の 2 を右辺に移項して，

$-5x=-78-2$

$-5x=-80$

$\boldsymbol{x=16}$

2 **ガイド** ここでは，文字の項を移項します。数の項だけでなく，文字の項も移項できます。

解答 (1)　$4x=180-2x$

右辺の $-2x$ を左辺に移項して，

$4x+2x=180$

$6x=180$

$\boldsymbol{x=30}$

(2)　$7x=12x-30$

右辺の $12x$ を左辺に移項して，

$7x-12x=-30$

$-5x=-30$

$\boldsymbol{x=6}$

3

ガイド 方程式を解くには，移項することによって，文字の項を一方の辺に，数の項を他方の辺に集めます。ふつう，文字の項を左辺に，数の項を右辺に集めます。

解答 (1) $7x+15=3x-5$

15 を右辺に，$3x$ を左辺に移項して，

$$7x-3x=-5-15$$
$$4x=-20$$
$$\boldsymbol{x=-5}$$

(2) $2x-18=-9-x$

-18 を右辺に，$-x$ を左辺に移項して，

$$2x+x=-9+18$$
$$3x=9$$
$$\boldsymbol{x=3}$$

(3) $7x+600=5x+780$

600 を右辺に，$5x$ を左辺に移項して，

$$7x-5x=780-600$$
$$2x=180$$
$$\boldsymbol{x=90}$$

(4) $15x+4=8x+4$

4 を右辺に，$8x$ を左辺に移項して，

$$15x-8x=4-4$$
$$7x=0$$
$$\boldsymbol{x=0}$$

4

ガイド かっこがある方程式は，分配法則を使って，かっこをはずしてから解きます。

$a(b+c)=ab+ac$

解答 (1) $4(x-2)=9x-23$

左辺のかっこをはずして，

$$4x-8=9x-23$$
$$4x-9x=-23+8$$
$$-5x=-15$$
$$\boldsymbol{x=3}$$

(2) $5(3-x)=15-x$

左辺のかっこをはずして，

$$15-5x=15-x$$
$$-5x+x=15-15$$
$$-4x=0$$
$$\boldsymbol{x=0}$$

(3) $3-x=4(2+x)$

右辺のかっこをはずして，

$$3-x=8+4x$$
$$-x-4x=8-3$$
$$-5x=5$$
$$\boldsymbol{x=-1}$$

(4) $9(2x-3)=7(x+4)$

両辺のかっこをはずして，

$$18x-27=7x+28$$
$$18x-7x=28+27$$
$$11x=55$$
$$\boldsymbol{x=5}$$

5

ガイド 分数をふくむ方程式では，両辺に分母の（最小）公倍数をかけて，分母をはらってから解くこともできます。

解答 (1) $\frac{2}{15}x=\frac{4}{5}$

両辺に 15 をかけて，

$$\frac{2}{15}x\times15=\frac{4}{5}\times15$$
$$2x=12$$
$$\boldsymbol{x=6}$$

(2) $x=\frac{2}{3}x-5$

両辺に 3 をかけて，

$$x\times3=\left(\frac{2}{3}x-5\right)\times3$$
$$3x=2x-15$$
$$\boldsymbol{x=-15}$$

(3) $\frac{x+1}{2}=\frac{1}{3}x+1$

両辺に 6 をかけて，

$\frac{x+1}{2}\times6=\left(\frac{1}{3}x+1\right)\times6$

$(x+1)\times3=2x+6$

$3x+3=2x+6$

$\boldsymbol{x=3}$

(4) $\frac{2x-1}{5}=\frac{3x-5}{4}$

両辺に 20 をかけて，

$\frac{2x-1}{5}\times20=\frac{3x-5}{4}\times20$

$(2x-1)\times4=(3x-5)\times5$

$8x-4=15x-25$

$-7x=-21$

$\boldsymbol{x=3}$

6

ガイド 比例式の外側の項の積と内側の項の積は等しくなります。この性質を使って比例式を解くことができます。

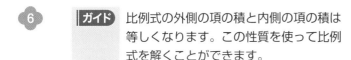

$a:b=c:d$ ならば，$ad=bc$

解答 (1) $x:6=3:2$

$2x=18$

$\boldsymbol{x=9}$

(2) $40:3=x:2$

$3x=80$

$\boldsymbol{x=\frac{80}{3}}$

(3) $150:120=800:x$

$150x=120\times800$

$x=\frac{\overset{4}{\cancel{120}}\times\overset{160}{\cancel{800}}}{\underset{\cancel{5}\ 1}{\cancel{150}}}$

$=4\times160=\boldsymbol{640}$

(4) $3:2x=2:5$

$4x=15$

$\boldsymbol{x=\frac{15}{4}}$

7

ガイド 代金の関係から方程式をつくります。ケーキ 1 個の値段を x 円とすると，

ケーキ 6 個と 80 円のプリン 1 個の代金…$6x+80$（円）

ケーキ 1 個と 150 円のジュース 1 本の代金…$x+150$（円）

解答 ケーキ 1 個の値段を x 円とすると，

$6x+80=4(x+150)$

これを解くと，

$3x+40=2(x+150)$

$3x+40=2x+300$

$x=260$

この解は問題にあっている。 ケーキ 1 個の値段　**260 円**

8

ガイド 2 通りの配り方から，折り紙の枚数と生徒の人数の関係は，次のようになります。

7 枚ずつ配るとき…(折り紙の枚数)$=7\times$(人数)-12

5 枚ずつ配るとき…(折り紙の枚数)$=5\times$(人数)

解答 生徒の人数を x 人とすると,

$$7x-12=5x$$

これを解くと,

$$2x=12$$

$$x=6$$

この解は問題にあっている。

折り紙の枚数は，$x=6$ を $7x-12$，$5x$ のどちらに代入しても求められる。

$5\times6=30$ (枚)　　生徒の人数　**6 人**，折り紙の枚数　**30 枚**

9 **ガイド** 時間$=\dfrac{道のり}{速さ}$ だから，家から駅までの道のりを x m とすると，分速 80 m では $\dfrac{x}{80}$ (分)，分速 200 m では $\dfrac{x}{200}$ (分) かかります。分速 80 m で進む方が分速 200 m で進むよりも 15 分多くかかることから，x についての方程式をつくります。

解答 家から駅までの道のりを x m とすると,

$$\frac{x}{80}=\frac{x}{200}+15$$

両辺に 400 をかけて,

$$\frac{x}{80}\times400=\left(\frac{x}{200}+15\right)\times400$$

$$5x=2x+6000$$

$$3x=6000$$

$$x=2000$$

この解は問題にあっている。　　家から駅までの道のり　**2000 m**

4章　変化と対応

1 **ガイド** x の値を決めると，それに対応して y の値がただ 1 つに決まるとき，y は x の関数であるといいます。

(ア)　(三角形の面積)=(底辺)×(高さ)×$\dfrac{1}{2}$

(イ)　例えば，6 の約数は 1，2，3，6 の 4 個，9 の約数の個数は 1，3，9 の 3 個，5 の約数の個数は 1，5 の 2 個など。

(ウ)　同じ体重の人は，みんな同じ身長であるとはいえません。

解答 (ア)　高さが決まっていないから，底辺 (x) が決まっても面積 (y) は 1 つには決まらないので，y は x の関数ではない。

(イ)　自然数 (x) を決めると，その約数の個数 (y) は 1 つに決まるので，y は x の関数である。

(ウ)　ある体重 (x) の人の身長 (y) はいろいろあるので，y は x の関数ではない。

(イ)

2

ガイド (1) 「4 以下」というのは，4 に等しいかそれより小さい数のことです。
(2) 「-3 以上」というのは，-3 に等しいかそれより大きい数のことです。
(3) 「2 未満」というのは，2 をふくまず，2 より小さい数のことです。

解答 (1) x のとる値が，4 以下のとき，

$x \leqq 4$

(2) x のとる値が，-3 以上のとき，

$x \geqq -3$

(3) x のとる値が，2 未満のとき，

$x < 2$

(4) x のとる値が，0 より大きく 3 より小さいとき，

$0 < x < 3$

(5) x のとる値が，-5 以上 -2 未満のとき，

$-5 \leqq x < -2$

3

ガイド y が x の関数で，その間の関係が，

$y = ax$　a は定数

で表されるとき，y は x に比例する といいます。
このとき，定数 a を比例定数といいます。

> 比例
> $y = ax$
> ↑ 比例定数（a）

解答 道のり＝速さ×時間 だから，時速 50 km の自動車が，x 時間に進む道のりを y km とするとき，x と y の関係を式に表すと，

$y = 50x$

となり，**y は x に比例する**ことがわかる。**比例定数は 50**

4

ガイド y は x に比例するから，$y = ax$ と表すことができます。
x と y の値を，それぞれ $y = ax$ に代入して，a の値を求めます。

解答 (1) 比例定数を a とすると，$y = ax$

$x = -2$ のとき $y = 20$ だから，

$20 = a \times (-2)$
$-2a = 20$　（左辺と右辺を入れかえる。）
$a = -10$

したがって，**$y = -10x$**

(2) 比例定数を a とすると，$y = ax$

$x = -3$ のとき $y = -18$ だから，

$-18 = a \times (-3)$
$-3a = -18$　（左辺と右辺を入れかえる。）
$a = 6$

したがって，**$y = 6x$**

5

ガイド 座標を表す数の組 $(a,\ b)$ では，a が x 座標，b が y 座標を表します。
点 C，D の座標は，x 座標，y 座標の順に表します。

解答 点 A，B …**右の図**

点 C(2，1)，点 D(5，−5)

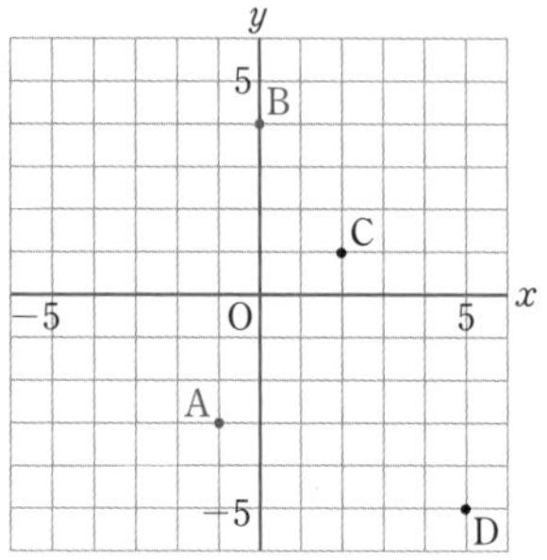

6

ガイド 比例の関係 $y=ax$ のグラフは，原点ともう1つの点（x 座標と y 座標がともに整数になる点をとれば，グラフがかきやすい）をとり，これらを通る直線をひいてかくことができます。

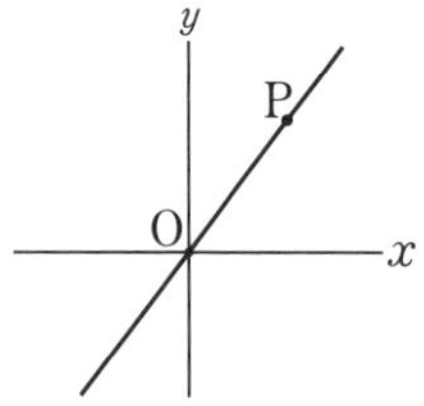

原点と他の1点をとる

解答 (1)　$y=4x$ のグラフ

　$x=1$ のとき $y=4$ だから，

原点と点 (1，4) を通る。

(2)　$y=\dfrac{2}{3}x$ のグラフ

　$x=3$ のとき，$y=2$ だから，

原点と点 (3，2) を通る。

(3)　$y=-\dfrac{3}{4}x$ のグラフ

　$x=4$ のとき，$y=-3$ だから，原点と点 (4，−3) を通る。

グラフは，**右の図**

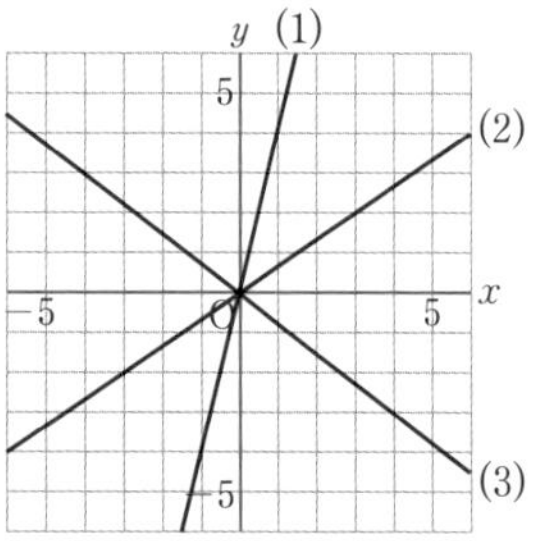

7

ガイド y が x の関数で，その間の関係が，

$$y=\frac{a}{x}\quad a \text{は定数}$$

で表されるとき，y は x に反比例する といいます。
このとき，定数 a を比例定数といいます。

反比例

$y=\dfrac{a}{x}$ ← 比例定数

解答 道のり＝速さ×時間 だから，道のりは，60×15＝900 (m)

この道のり 900 m を，分速 x m で進んだときにかかる時間を y 分とするとき，

$$\text{時間}=\frac{\text{道のり}}{\text{速さ}}$$

だから，x と y の関係を式に表すと，$\boldsymbol{y=\dfrac{900}{x}}$

となり，**y は x に反比例する**ことがわかる。**比例定数は 900**

8

ガイド y は x に反比例するから，$y=\dfrac{a}{x}$ と表すことができます。

x と y の値を，それぞれ $y=\dfrac{a}{x}$ に代入して，a の値を求めます。

解答 (1) 比例定数を a とすると，$y=\dfrac{a}{x}$

$x=4$ のとき $y=6$ だから，

$6=\dfrac{a}{4}$

左辺と右辺を入れかえる。

$\dfrac{a}{4}=6$

両辺に 4 をかける。

$a=24$

したがって，$y=\dfrac{24}{x}$

(2) 比例定数を a とすると，$y=\dfrac{a}{x}$

$x=3$ のとき $y=-\dfrac{5}{3}$ だから，

$-\dfrac{5}{3}=\dfrac{a}{3}$

左辺と右辺を入れかえる。

$\dfrac{a}{3}=-\dfrac{5}{3}$

両辺に 3 をかける。

$a=-5$

したがって，$y=-\dfrac{5}{x}$

9

ガイド 反比例 $y=\dfrac{a}{x}$ のグラフのかき方

- 対応する x と y の値の表をつくる。
- 表をもとに，x と y の値の組を座標とする点をとる。
- とった点を，なめらかな曲線になるように結ぶ。

x	…	-3	-2	-1	0	1	2	3	…
y					×				

0 でわることはできないから，$x=0$ に対応する y の値はない。

注意 グラフは，なめらかな曲線であって，折れ線で結んではいけません。

解答 (1) $y=\dfrac{4}{x}$

x	…	-4	-3	-2	-1	0	1	2	3	4	…
y	…	-1	$-\dfrac{4}{3}$	-2	-4	×	4	2	$\dfrac{4}{3}$	1	…

$\dfrac{4}{3}=1.3\cdots$ として目分量で点をとる。

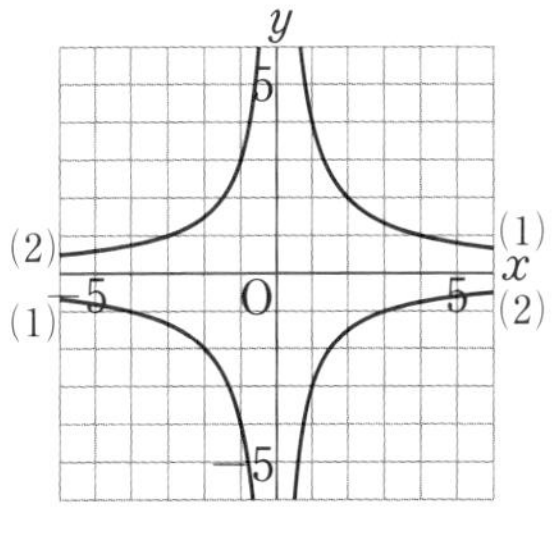

(2) $y=-\dfrac{3}{x}$

x	…	-6	-3	-2	-1	0	1	2	3	6	…
y	…	$\dfrac{1}{2}$	1	$\dfrac{3}{2}$	3	×	-3	$-\dfrac{3}{2}$	-1	$-\dfrac{1}{2}$	…

グラフは，**右の図**

10

ガイド (1)　y は x に比例するから，$y=ax$ と表すことができます。
$x=50$ のとき $y=150$ であることから，比例定数を求めます。
(2)　1.8 kg=1800 g です。(1)で求めた式に $y=1800$ を代入して x の値を求めます。

解答 (1)　クリップの重さは個数に比例するから，y は x に比例する。
$y=ax$ とすると，$x=50$ のとき $y=150$ だから，
$150=50a$　　$a=3$
よって，$y=3x$
(2)　1.8 kg=1800 g だから，$y=3x$ に $y=1800$ を代入すると，
$1800=3x$
$x=600$　　**600 個**

11

ガイド (1)　y は x に反比例するから，$y=\frac{a}{x}$ と表すことができます。
歯車 A，B がかみ合っているとき，A と B の (歯の数)×(1 秒間の回転数) は等しいことから，比例定数 a を求めます。
(2)　(1)で求めた式に $x=20$ を代入して y の値を求めます。

解答 (1)　2 つの歯車がかみ合っているとき，歯の数を x，1 秒間の回転数を y 回転とすると，xy は一定であるから，y は x に反比例する。
$y=\frac{a}{x}$ とすると，A の歯車の歯の数は 24，1 秒間の回転数は 5 だから，比例定数 a は，$24\times5=120$
よって，$y=\frac{120}{x}$
(2)　$y=\frac{120}{x}$ に $x=20$ を代入すると，
$y=\frac{120}{20}=6$　　**6 回転**

5章　平面図形

1

ガイド 回転移動では，次のことがいえます。
- 対応する点は，回転の中心からの距離が等しい。
- 対応する点と回転の中心とを結んでできた角の大きさはすべて等しい。

解答 右の図
線分 AC，AB を，それぞれ時計まわり(右まわり)に 45° だけ回転して，AC′，AB′ とする。
△AB′C′ が回転移動した図である。
(AC′=AC，AB′=AB，∠CAC′=45°，∠BAB′=45°)

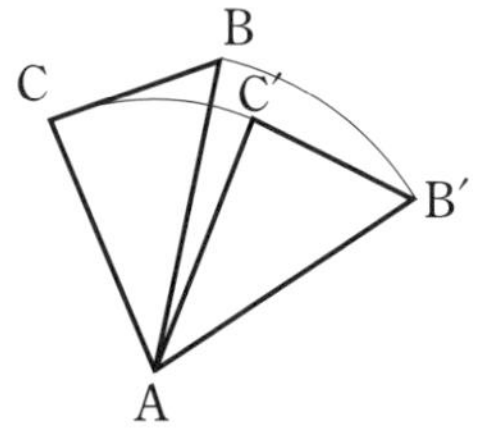

2

ガイド 対称移動では，次のことがいえます。
- 対応する点を結んだ線分は，対称の軸と垂直に交わり，その交点で2等分される。

解答 右の図

A，B，C から直線 ℓ に垂線をひき，ℓ との交点をそれぞれ，P，Q，R とする。
AP＝A′P，BQ＝B′Q，CR＝C′R となる点 A′，B′，C′ をそれぞれの垂線上にとる。
△A′B′C′ が対称移動した図である。

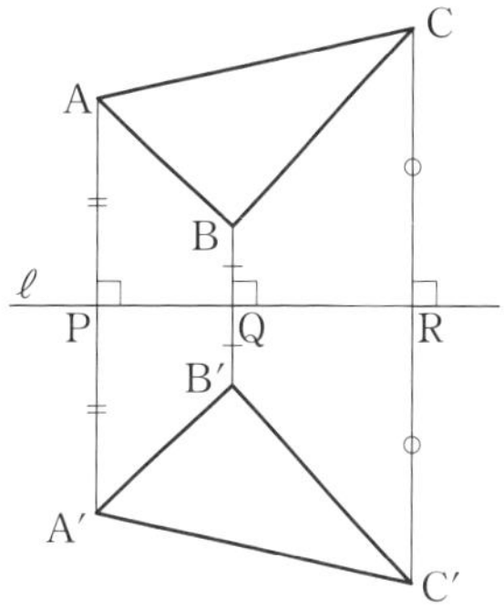

3

ガイド 線分 AB の垂直二等分線は，線分 AB を1つの対角線とするひし形 AQBP をつくることを考えると，作図することができます。
線分 AB の中点は，AM＝BM であることから，AB と PQ の交点として求められます。

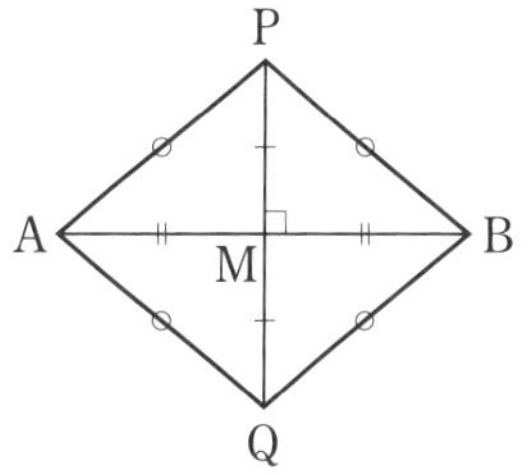

解答 右の図

(1) 線分の両端の点 A，B を，それぞれ中心として等しい半径の円をかく。この2円の交点を P，Q として，ひいた直線 PQ が直線 ℓ になる。

(2) (1)と同じようにして，線分 AB の垂直二等分線 PQ をひくと，AB と PQ の交点が求める中点 M になる。

(1)

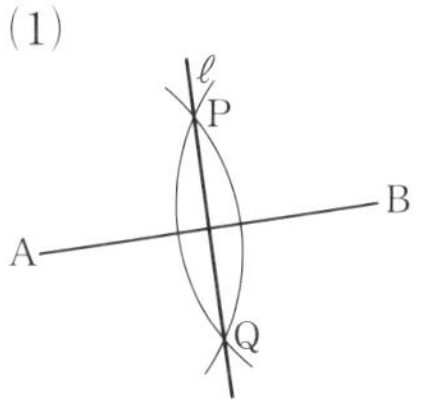

(2)

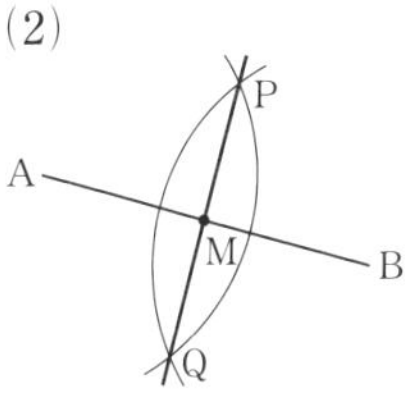

4

ガイド ∠XOY の二等分線は，半直線 OX，OY 上に2辺 OP，OQ をもつひし形 OQRP を考えると，作図することができます。

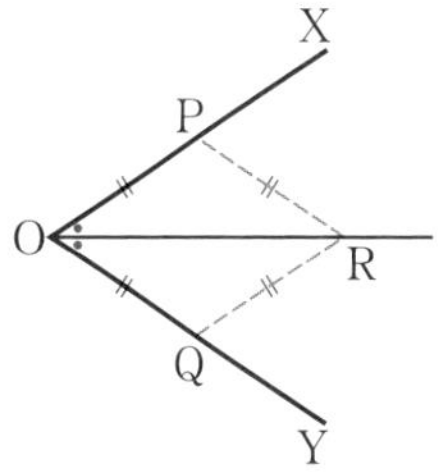

解答 下の図 (1)，(2)とも同じようにして作図する。

① 点Oを中心とする円をかき，半直線 OX，OY との交点を，それぞれ P，Q とする。

② 2点 P，Q を，それぞれ中心として，半径 OP の円をかく。

③ その交点の1つをRとし，半直線 OR をひく。

(1)

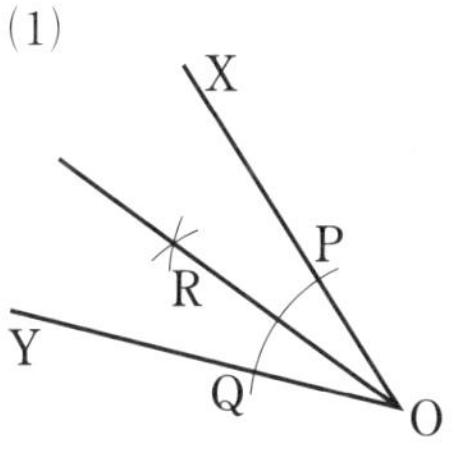

(2)

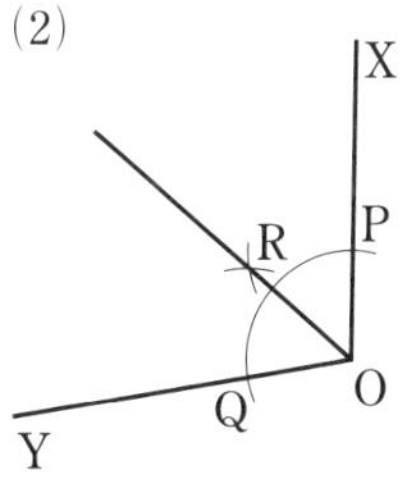

5

ガイド (1) 直線 ℓ 上にある点Pを通る ℓ の垂線をひきます。
(2) 直線 ℓ 上にない点Pを通る ℓ の垂線をひきます。

解答 下の図

(1) ① 点Pを中心とする円をかき，直線 ℓ との交点を A，B とする。
② 線分 ABの垂直二等分線をひく。

(2) ① 点Pを中心とする円をかき，直線 ℓ との交点を A，B とする。
② 2点 A，B を，それぞれ中心として，等しい半径の円をかき，その交点の1つをQとする。
③ 直線 PQ をひく。

(1)

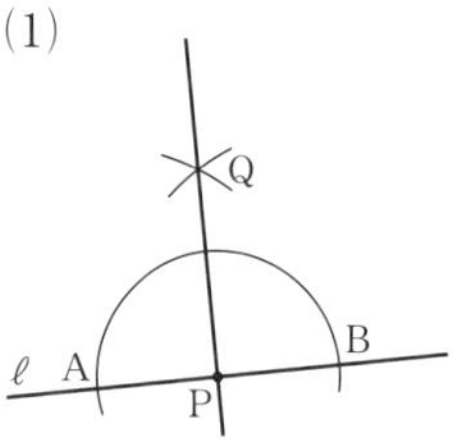

(2)

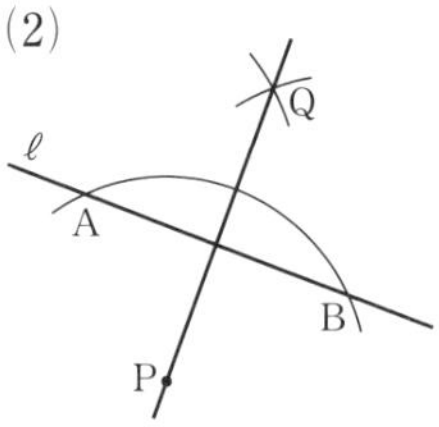

6

ガイド 直線 XY 上にある点Pを通る XY の垂線をひく方法を利用します。

解答 右の図

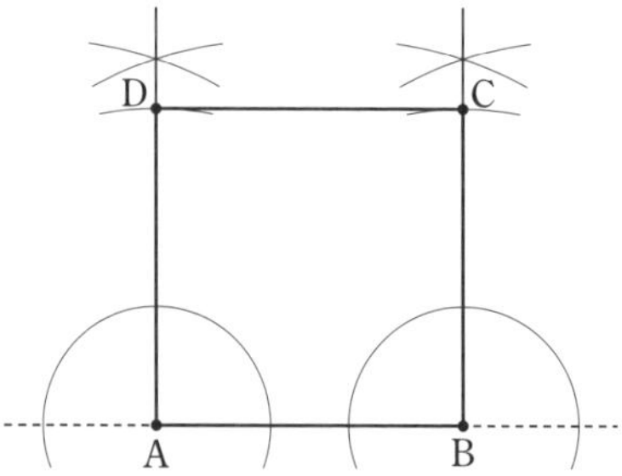

① 点Aを通る線分 ABの垂線をひく。
② 点Bを通る線分 ABの垂線をひく。
③ コンパスで ABの長さをうつしとり，①の垂線上にD，②の垂線上にCをとる。
④ 線分 DC をひく。

7

ガイド 半径 r の円の周の長さを ℓ，面積を S とすると，
周の長さ　$\ell=2\pi r$
面　　積　$S=\pi r^2$

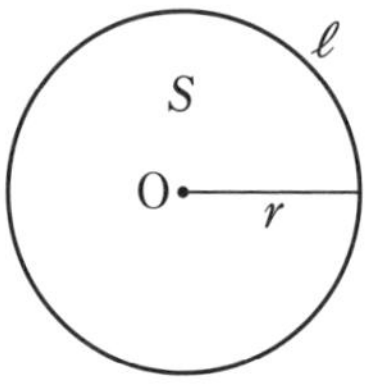

解答

(1) 周の長さ…$2\pi\times4=8\pi$ (cm)　　**8π cm**
面　　積…$\pi\times4^2=16\pi$ (cm²)　　**16π cm²**

(2) 周の長さ…$2\pi\times\dfrac{3}{2}=3\pi$ (cm)　　**3π cm**
面　　積…$\pi\times\left(\dfrac{3}{2}\right)^2=\dfrac{9}{4}\pi$ (cm²)　　**$\dfrac{9}{4}\pi$ cm²**

(3) 半径は 7 cm だから，
周の長さ…$2\pi\times7=14\pi$ (cm)　　**14π cm**
面　　積…$\pi\times7^2=49\pi$ (cm²)　　**49π cm²**

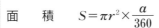

8

ガイド 半径 r，中心角 a° のおうぎ形の弧の長さを ℓ，面積を S とすると，

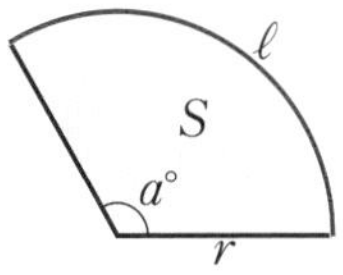

弧の長さ　$\ell=2\pi r\times\dfrac{a}{360}$

面　　積　$S=\pi r^2\times\dfrac{a}{360}$

解答 (1)　弧の長さ…$2\pi\times8\times\dfrac{45}{360}=2\pi\times8\times\dfrac{1}{8}=2\pi$ (cm)　　**2π cm**

（$\dfrac{45}{360}$ → $\dfrac{1}{8}$　さきに約分しておくとよい。）

面　　積…$\pi\times8^2\times\dfrac{45}{360}=\pi\times64\times\dfrac{1}{8}=8\pi$ (cm^2)　　**8π cm^2**

(2)　弧の長さ…$2\pi\times10\times\dfrac{54}{360}=2\pi\times10\times\dfrac{3}{20}=3\pi$ (cm)　　**3π cm**

面　　積…$\pi\times10^2\times\dfrac{54}{360}=\pi\times100\times\dfrac{3}{20}=15\pi$ (cm^2)　　**15π cm^2**

(3)　弧の長さ…$2\pi\times9\times\dfrac{80}{360}=2\pi\times9\times\dfrac{2}{9}=4\pi$ (cm)　　**4π cm**

面　　積…$\pi\times9^2\times\dfrac{80}{360}=\pi\times81\times\dfrac{2}{9}=18\pi$ (cm^2)　　**18π cm^2**

(4)　弧の長さ…$2\pi\times5\times\dfrac{225}{360}=2\pi\times5\times\dfrac{5}{8}=\dfrac{25}{4}\pi$ (cm)　　**$\dfrac{25}{4}\pi$ cm**

面　　積…$\pi\times5^2\times\dfrac{225}{360}=\pi\times25\times\dfrac{5}{8}=\dfrac{125}{8}\pi$ (cm^2)　　**$\dfrac{125}{8}\pi$ cm^2**

9

ガイド 半径の等しい円とおうぎ形では，

(おうぎ形の弧の長さ)：(円の周の長さ)＝(中心角の大きさ)：360

(おうぎ形の面積)：(円の面積)＝(中心角の大きさ)：360

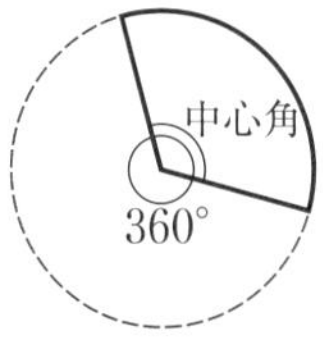

解答 半径 12 cm の円の周の長さは 24π cm だから，中心角を x° とすると，

$12\pi:24\pi=x:360$

これを解くと，

$24\pi\times x=12\pi\times360$

$x=180$

中心角　180°

> 比例式
> $a:b=c:d$
> ならば，
> $ad=bc$

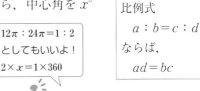

半径 12 cm の円の面積は 144π cm^2 だから，おうぎ形の面積を y cm^2 とすると，

$y:144\pi=180:360$　(180：360＝1：2 として計算するとよい。)

$2\times y=144\pi\times1$

$y=72\pi$　　**面積　72π cm^2**

(別解)

中心角を x° とすると,

$$12\pi=2\pi\times12\times\frac{x}{360}$$

これを解くと, $x=180$ 　　<u>180°</u>

おうぎ形の面積は,

$$\pi\times12^2\times\frac{180}{360}=72\pi\ (\mathrm{cm}^2)$$

<u>$72\pi\ \mathrm{cm}^2$</u>

公式

$$\ell=2\pi r\times\frac{a}{360}$$

$$S=\pi r^2\times\frac{a}{360}$$

参考 (別解)の中心角を求める等式では,はじめに両辺を 12π でわるとよい。

$$1=\overset{1}{\cancel{2}}\times1\times\frac{x}{\underset{180}{\cancel{360}}}\ \rightarrow\ \frac{x}{180}=1\ \rightarrow\ x=180$$

6章　空間図形

1

ガイド 空間内の2直線が同じ平面上にない場合,この2直線はねじれの位置にあるといいます。ある直線とねじれの位置にある直線は,交わる直線と平行な直線以外の直線であるといえます。

解答

(1) **直線 AB, DC, BF, CG**

(2) **直線 AD, EH, FG**

(3) 直線 FG と交わる直線は,直線 BF, CG, FE, GH

平行な直線は,直線 BC, AD, EH

よって,ねじれの位置にある直線は,これら以外の直線だから,

直線 AB, AE, DC, DH

2

ガイド 角柱と円柱の体積について,次の公式が成り立ちます。

角柱,円柱の底面積を S, 高さを h, 体積を V とすると,

$$V=Sh$$

特に,円柱では,底面の円の半径を r とすると,

$$V=\pi r^2h$$

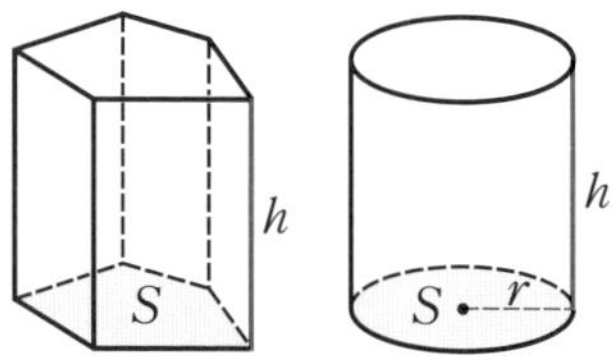

解答

(1) 底面は直角をはさむ2辺が 4 cm, 3 cm の直角三角形で,高さが 5 cm だから,体積 $=\left(\frac{1}{2}\times3\times4\right)\times5=30\ (\mathrm{cm}^3)$ 　　<u>**$30\ \mathrm{cm}^3$**</u>

(2) 底面は,底辺が 10 cm で高さが 4 cm の三角形と,底辺が 10 cm で高さが 2 cm の三角形を2つ合わせたもので,高さが 6 cm だから,

$$体積=\left(\frac{1}{2}\times10\times4+\frac{1}{2}\times10\times2\right)\times6$$

$$=30\times6$$

$$=180\ (\mathrm{cm}^3)$$

<u>**$180\ \mathrm{cm}^3$**</u>

(3) 底面は半径 4 cm の円で,高さが 8 cm だから,

体積 $=\pi\times4^2\times8=128\pi\ (\mathrm{cm}^3)$ 　　<u>**$128\pi\ \mathrm{cm}^3$**</u>

3

ガイド 角錐(かくすい)と円錐の体積について，次の公式が成り立ちます。

角錐，円錐の底面積を S，高さを h，体積を V とすると，

$$V=\frac{1}{3}Sh$$

特に，円錐では，底面の円の半径を r とすると，

$$V=\frac{1}{3}\pi r^2h$$

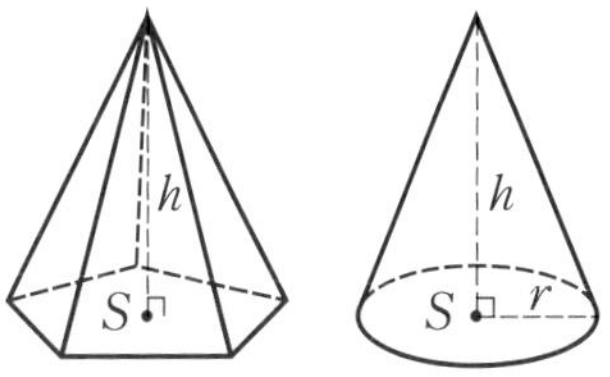

解答 (1) 底面は 1 辺が 7 cm の正方形で，高さが 12 cm だから，

体積$=\frac{1}{3}\times7^2\times12=196\ (\text{cm}^3)$ **196 cm³**

(2) 底面は半径が 8 cm の円で，高さが 6 cm だから，

体積$=\frac{1}{3}\times\pi\times8^2\times6=128\pi\ (\text{cm}^3)$ **128π cm³**

4

ガイド 球の体積について，次の公式が成り立ちます。

半径 r の球の体積を V とすると，

$$V=\frac{4}{3}\pi r^3$$

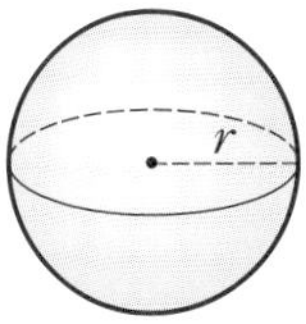

解答 (1) $\frac{4}{3}\pi\times7^3=\frac{4}{3}\pi\times343=\frac{1372}{3}\pi\ (\text{cm}^3)$ **$\frac{1372}{3}\pi$ cm³**

(2) 半径が 9 cm になるから，

$\frac{4}{3}\pi\times9^3=\frac{4}{\cancel{3}_1}\pi\times\cancel{9}^3\times9\times9=972\pi\ (\text{cm}^3)$ **972π cm³**

5

ガイド 三角柱，円柱の展開図は，それぞれ次のようになります。

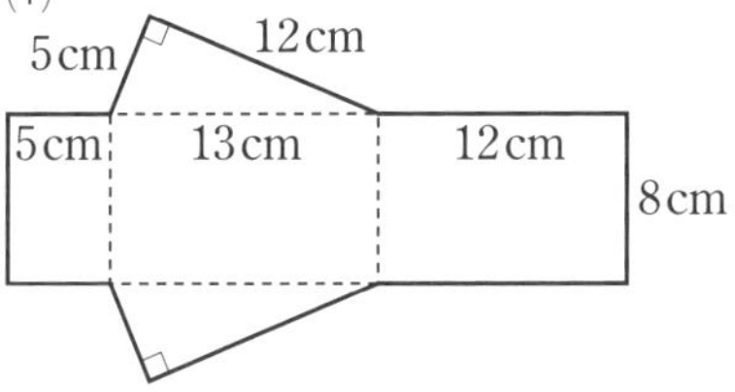

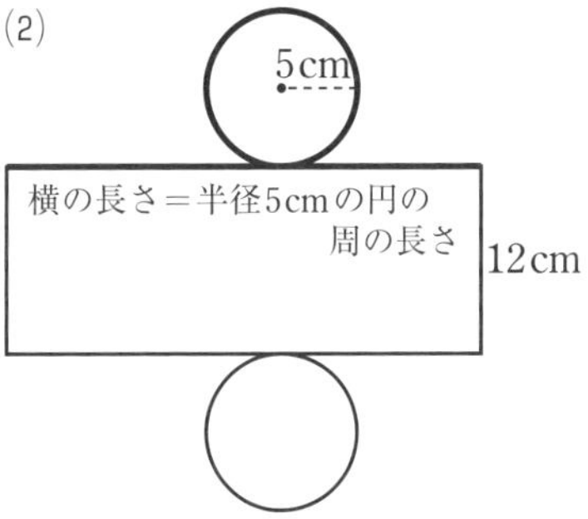

解答 (1) 側面積は，

$8\times(5+13+12)=240\ (\text{cm}^2)$ **240 cm²**

表面積は，$\left(\frac{1}{2}\times5\times12\right)\times2+240=300\ (\text{cm}^2)$ **300 cm²**

(2) 側面積は，$12\times\underline{2\pi\times5}=120\pi\ (\text{cm}^2)$ **120π cm²**

（$2\pi\times5$：長方形の横の長さ）

表面積は，$\pi\times5^2\times2+120\pi=170\pi\ (\text{cm}^2)$ **170π cm²**

6

ガイド 正四角錐(せいしかくすい)の底面は，1 辺 **10 cm** の正方形になっています。
正四角錐の展開図は，右の図のようになります。

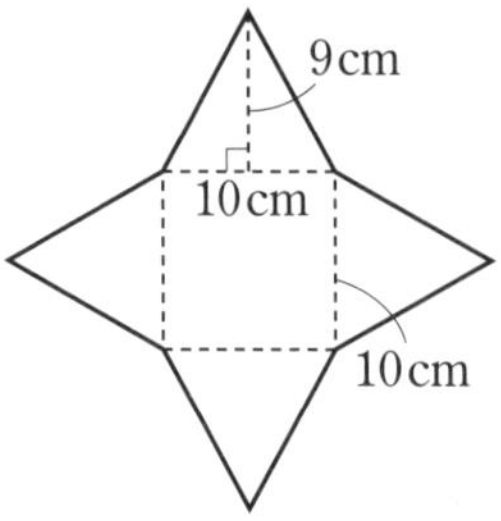

解答 側面積は，$\left(\frac{1}{2}\times10\times9\right)\times4=180\ (\text{cm}^2)$　　**180 cm²**

表面積は，$10\times10+180=280\ (\text{cm}^2)$　　**280 cm²**

7

ガイド 円錐の側面の展開図は，半径 **5 cm** のおうぎ形で，その弧の長さは，底面の円の周の長さに等しくなります。
(おうぎ形の弧の長さ)：(円の周の長さ)＝(中心角の大きさ)：**360**

解答 側面の展開図は，半径 5 cm のおうぎ形で，その中心角を x° とすると，

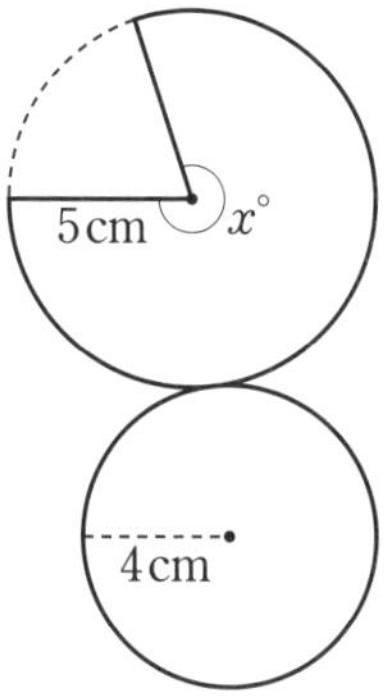

$$(2\pi\times4):(2\pi\times5)=x:360$$
$$4:5=x:360$$
$$5x=4\times360$$
$$x=288$$

側面積は，$\pi\times5^2\times\frac{288}{360}=\pi\times25\times\frac{4}{5}=20\pi\ (\text{cm}^2)$　　**20π cm²**

表面積は，$\pi\times4^2+20\pi=16\pi+20\pi=36\pi\ (\text{cm}^2)$　　**36π cm²**

8

ガイド 球の表面積については，次の公式が成り立ちます。
半径 r の球の表面積を S とすると，
$$S=4\pi r^2$$

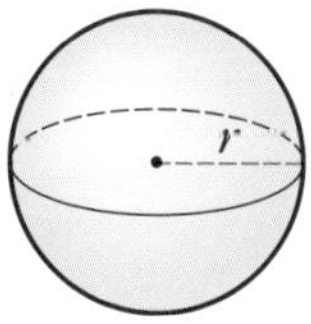

解答 (1) $4\pi\times8^2=4\pi\times64=256\pi\ (\text{cm}^2)$　　**256π cm²**

(2) 半径が 5 cm になるから，
$4\pi\times5^2=4\pi\times25=100\pi\ (\text{cm}^2)$　　**100π cm²**

m 自分から学ぼう 編

「自分から学ぼう編」では，興味・関心に応じて取り組むことができる数学を活用する課題や，本編で学習したことの理解を深めたり，さらに力を伸ばしたりするための問題をとり上げています。（全員が一律に学習する必要はありません。）

算数をふりかえろう

力をつけよう

学びをいかそう

算数をふりかえろう

自分から学ぼう編 p.7～12

速さ・道のり・時間 公園のりんごを食べたのはだれ？

自分から学ぼう編 p.7～8

学習のねらい

小学校で学習した，速さ・道のり・時間の求め方を復習します。

教科書のまとめ

□速さ・道のり・時間

▶速さ＝道のり÷時間　道のり＝速さ×時間
時間＝道のり÷速さ

□時速・分速・秒速

▶時速…1時間あたりに進む道のりで表した速さ
分速…1分間あたりに進む道のりで表した速さ
秒速…1秒間あたりに進む道のりで表した速さ

1 サルの歩く速さは，分速何mでしょうか。

ガイド 表から，サルの歩く速さは時速 **3 km** です。これを分速になおします。

解答 時速3kmを分速になおすと，
3 km＝3000 m　3000÷60＝50 (m)
分速 50 m

2 ウサギの歩く速さは，分速何mでしょうか。

ガイド 速さ＝道のり÷時間 です。

解答 600 m の道のりを12分で歩くから，ウサギの分速は，
600÷12＝50 (m)
分速 50 m

3 ウマの家から公園までの道のりは，何mでしょうか。

ガイド 道のり＝速さ×時間 です。

解答 分速120 m で20分かかる道のりだから，
120×20＝2400 (m)
2400 m

4 サル，ウサギ，ウマが，家から公園まで歩いて行くときにかかる時間は，それぞれ何分でしょうか。

ガイド 時間＝道のり÷速さ を使って，それぞれのかかる時間を求めます。

解答 サル…1500÷50＝30（分） **30分**

ウサギ…1000÷50＝20（分） **20分**

ウマ…2400÷80＝30（分） **30分**

参考 教科書の 参考 の 例1 で，速さ・道のり・時間の求め方や，時速・分速・秒速の関係を確認しましょう。

---

5 下の表の空欄(くうらん)をうめましょう。（表は省略）

ガイド それぞれの家を出た時刻，家に着いた時刻と，家から公園までにかかる時間から，公園に着いた時刻，公園を出た時刻を求めます。

解答 サル… 9時25分に家を出て，30分かかって公園に着いたから，

公園に着いた時刻は，9時55分

公園を出て，30分かかって，11時20分に家に着いたから，

公園を出た時刻は，10時50分

ウサギ… 9時45分に家を出て，20分かかって公園に着いたから，

公園に着いた時刻は，10時5分

公園を出て，20分かかって，11時15分に家に着いたから，

公園を出た時刻は，10時55分

ウマ… 9時20分に家を出て，30分かかって公園に着いたから，

公園に着いた時刻は，9時50分

公園を出て，30分かかって，11時40分に家に着いたから，

公園を出た時刻は，11時10分

表にまとめると，下のようになる。

	サル	ウサギ	ウマ
公園に着いた時刻	**9時55分**	**10時5分**	**9時50分**
公園を出た時刻	**10時50分**	**10時55分**	**11時10分**

公園のりんごを食べた犯人はだれでしょうか。

ガイド **わかっていること の1.から，犯人は10時には公園にいたが，11時にはいなかった動物です。**

解答 5 の表から，

10時に公園にいたのは，サルとウマ

11時に公園にいなかったのは，サルとウサギ

よって，犯人は**サル**

自分から学ぼう編

算数をふりかえろう

割合 いちばん多く食べたのは？

自分から学ぼう編 p.9〜10

学習のねらい

小学校で学習した，割合の求め方を復習します。

教科書のまとめ

□割合

▶ある量をもとにして，くらべる量がもとにする量の何倍にあたるかを表した数を，割合といいます。

▶割合＝くらべる量÷もとにする量
くらべる量＝もとにする量×割合
もとにする量＝くらべる量÷割合

割合を表す数	1	0.1	0.01
百分率	100％	10％	1％
歩合(ぶあい)	10割	1割	1分(ぶ)

1 去年収穫した本数から，サルが今年収穫(しゅうかく)した本数を求めましょう。

ガイド くらべる量＝もとにする量×割合 を使って求めます。
もとにする量は去年収穫した本数，今年収穫した本数の割合は $\frac{4}{5}$ です。

解答 サルが今年収穫した本数は，去年の本数の $\frac{4}{5}$ にあたるから，

$125\times\frac{4}{5}=100$ (本)

<u>**100本**</u>

2 ウサギが収穫した本数を求めましょう。

ガイド 80％を小数になおして計算します。

解答 ウサギが収穫した本数は，サルの本数の0.8倍にあたるから，
$100\times0.8=80$ (本)

<u>**80本**</u>

3 ウマが収穫した本数を求めましょう。

ガイド 割合が1より大きい場合は，くらべる量は，もとにする量より大きくなります。

解答 ウマが収穫した本数は，ウサギの本数の1.5倍にあたるから，
$80\times1.5=120$ (本)

<u>**120本**</u>

4 次の表の空欄(くうらん)をうめましょう。(表は省略)

ガイド それぞれの収穫した本数と，集まったときに持っていた本数から，食べた本数を求めます。

解答 それぞれの（収穫した本数）−（現在の本数）を求めると，
サル…100−90＝10（本）
ウサギ…80−75＝5（本）
ウマ…120−105＝15（本）
表にまとめると，右のようになる。

	サル	ウサギ	ウマ
現在の本数	90 本	75 本	105 本
収穫した本数	**100 本**	**80 本**	**120 本**
食べた本数	**10 本**	**5 本**	**15 本**

にんじんをいちばん多く食べたのはだれでしょうか。

ガイド ❹の表から考えます。

解答 食べた本数がいちばん多いのは，**ウマ**

参考 割 合

問 1 A町の面積は 16 km² で，そのうち 4 km² が住宅地です。
住宅地の面積は，A町の面積の何％ですか。

ガイド 割合を百分率で求めます。割合＝くらべる量÷もとにする量

解答 4÷16＝0.25
（4：くらべる量，16：もとにする量）
25％

問 2 ある中学校では，全校生徒 500 人のうち，40％が自転車で通学しています。自転車で通学しているのは何人ですか。

ガイド くらべる量を求めます。くらべる量＝もとにする量×割合

解答 500×0.4＝200（人）
（500：もとにする量，0.4：割合（40％→0.4））
200 人

問 3 けいたさんの家では，じゃがいもを育てています。
今年は 45 kg 収穫できて，去年の 1.5 倍でした。
去年は何 kg 収穫できましたか。

ガイド もとにする量を求めます。もとにする量＝くらべる量÷割合

解答 45÷1.5＝30（kg）
（45：くらべる量，1.5：割合）
30 kg

小数・分数　暗号を解読せよ

自分から学ぼう編 p.11〜12

学習のねらい　小学校で学習した，小数，分数の計算のしかたや，かける数やわる数と積や商の大きさの関係などを復習します。

Q1　2.5 より大きいのはどちらですか。　A 2.5×0.9　B 2.5×1.3

ガイド　かける数>1 のとき，積>かけられる数 になります。

解答　$1.3>1$ だから，2.5×1.3 の積は 2.5 より大きい。　**B**

Q2　$4.5\div0.75$ の答えはどちらですか。　A 6　B 0.6

ガイド　わる数とわられる数の小数点を同じけた数だけ右に移し，わる数を整数にして，筆算で計算します。

解答

$$\begin{array}{r} 6 \\ 0.75\overline{)\,4.50} \\ 4\,50 \\ \hline 0 \end{array}$$

A

Q3　$\frac{3}{5}$ と $\frac{2}{3}$ はどちらが大きいですか。　A $\frac{3}{5}$　B $\frac{2}{3}$

ガイド　分母のちがう分数の大きさは，通分してくらべます。
通分するときは，ふつう，分母の最小公倍数を分母にします。

解答　$\frac{3}{5}=\frac{9}{15}$，$\frac{2}{3}=\frac{10}{15}$　$\frac{9}{15}<\frac{10}{15}$ だから，$\frac{3}{5}<\frac{2}{3}$　**B**

Q4　3.6 より大きいのはどちらですか。　A $3.6\div0.4$　B $3.6\div1.2$

ガイド　わる数<1 のとき，商>わられる数 になります。

解答　$0.4<1$ だから，$3.6\div0.4$ の商は 3.6 より大きい。　**A**

Q5　4.2×1.4 の答えはどちらですか。　A 58.8　B 5.88

ガイド　右にそろえて書いて筆算し，積の小数点から下のけた数が，かけられる数とかける数の小数点から下のけた数の和になるように，小数点をうちます。

解答

$$
\begin{array}{rrrl}
 & 4. & 2 & \cdots 1\text{けた} \\
\times & 1. & 4 & \cdots 1\text{けた} \\
\hline
1 & 6 & 8 & \\
4 & 2 & & \\
\hline
5. & 8 & 8 & \cdots 2\text{けた}
\end{array}
$$

B

Q6

約分すると，$\frac{3}{4}$ になるのはどちらですか。　A $\frac{24}{28}$　B $\frac{24}{32}$

ガイド 約分するときは，分母と分子を同じ数でわります。

解答 $\frac{\overset{6}{\cancel{24}}}{\underset{7}{\cancel{28}}}=\frac{6}{7}$，$\frac{\overset{3}{\cancel{24}}}{\underset{4}{\cancel{32}}}=\frac{3}{4}$

B

Q7

$\frac{3}{8}\div\frac{2}{3}$ の答えはどちらですか。　A $\frac{9}{16}$　B $\frac{1}{4}$

ガイド 分数でわるわり算では，わる数の逆数をかけます。

解答 $\frac{3}{8}\div\frac{2}{3}=\frac{3}{8}\times\frac{3}{2}=\frac{3\times3}{8\times2}=\frac{9}{16}$

A

Q8

$\frac{3}{4}\times\frac{5}{6}$ の答えはどちらですか。　A $\frac{4}{5}$　B $\frac{5}{8}$

ガイド 分数のかけ算では，分母どうし，分子どうしを，それぞれかけます。

解答 $\frac{3}{4}\times\frac{5}{6}=\frac{\overset{1}{\cancel{3}}\times5}{4\times\underset{2}{\cancel{6}}}=\frac{5}{8}$

B

Q9

$\frac{3}{4}+\frac{2}{3}$ の答えはどちらですか。　A $\frac{17}{12}$　B $\frac{5}{7}$

ガイド 分母のちがう分数のたし算では，通分してから計算します。

解答 $\frac{3}{4}+\frac{2}{3}=\frac{9}{12}+\frac{8}{12}=\frac{17}{12}$

A

Q10

$\frac{4}{3}\times0.6$ の答えはどちらですか。　A 0.45　B $\frac{4}{5}$

ガイド 小数を分数で表して，分数だけのかけ算にして計算します。$0.6=\frac{\overset{3}{\cancel{6}}}{\underset{5}{\cancel{10}}}=\frac{3}{5}$

解答 $\frac{4}{3}\times0.6=\frac{4}{3}\times\frac{\overset{3}{\cancel{6}}}{\underset{5}{\cancel{10}}}=\frac{4\times\overset{1}{\cancel{3}}}{\underset{1}{\cancel{3}}\times5}=\frac{4}{5}$

B

解読した暗号は □□□□□□□□□□

解答 進み方は，右の図

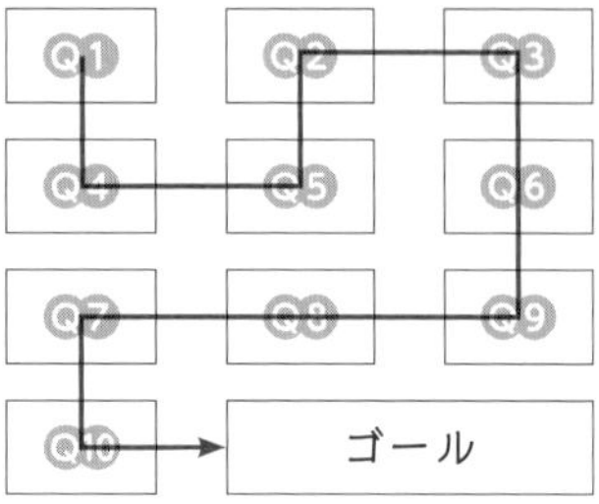

進んだ順にカードを並べると，

す う が く を た の し も う

となる。

◆1～4の問題は省略しています。

1 小数のかけ算，わり算

ガイド かけ算…右にそろえて書いて筆算します。積の小数点の位置に気をつけましょう。
わり算…わる数が整数になるように，わる数とわられる数の小数点を同じけた数だけ右に移して，筆算で計算します。

解答

(1)
```
   0.7
×   6
  4.2
```

(2)
```
   2.5
×   3
  7.5
```

(3)
```
    0.3
3)0.9
    9
    0
```

(4)
```
    1.2
7)8.4
  7
  1 4
  1 4
    0
```

(5)
```
    4.5
× 2 6
  27 0
  90
 117.0
```

(6)
```
     6.4
8)51.2
  48
   3 2
   3 2
     0
```

(7)
```
   0.5
× 1.3
   1 5
   5
 0.6 5
```

(8)
```
   3.8
× 0.5
 1.9 0
```

(9)
```
          2
0.2)0.4
          4
          0
```

(10)
```
            9
0.24)2.16
         2 16
            0
```

(11)
```
   1.5
× 2.3
   4 5
  3 0
 3.4 5
```

(12)
```
        0.3 4
7.5)2.5.5
      2 2 5
        3 0 0
        3 0 0
            0
```

2 分数のたし算，ひき算

ガイド 分母のちがう分数のたし算，ひき算は，通分してから計算します。答えが約分できるときは約分しておきます。仮分数の答えを帯分数になおす必要はありません。

解答

(1) $\frac{1}{2}+\frac{1}{4}=\frac{2}{4}+\frac{1}{4}=\mathbf{\frac{3}{4}}$

(2) $\frac{5}{6}+\frac{3}{8}=\frac{20}{24}+\frac{9}{24}=\mathbf{\frac{29}{24}}$

(3) $\frac{17}{10}+\frac{2}{15}=\frac{51}{30}+\frac{4}{30}=\frac{\overset{11}{\cancel{55}}}{\underset{6}{\cancel{30}}}=\mathbf{\frac{11}{6}}$

(4) $\frac{3}{5}-\frac{1}{3}=\frac{9}{15}-\frac{5}{15}=\mathbf{\frac{4}{15}}$

(5) $\frac{1}{4}-\frac{1}{8}=\frac{2}{8}-\frac{1}{8}=\mathbf{\frac{1}{8}}$

(6) $\frac{2}{3}-\frac{1}{6}=\frac{4}{6}-\frac{1}{6}=\frac{\overset{1}{\cancel{3}}}{\underset{2}{\cancel{6}}}=\mathbf{\frac{1}{2}}$

3 分数のかけ算，わり算

ガイド かけ算…$\frac{b}{a}\times\frac{d}{c}=\frac{b\times d}{a\times c}$　　わり算…$\frac{b}{a}\div\frac{d}{c}=\frac{b}{a}\times\frac{c}{d}$

計算の途中で約分できるときは約分しておきます。

解答

(1) $\frac{1}{3}\times\frac{1}{5}=\frac{1\times1}{3\times5}=\mathbf{\frac{1}{15}}$

(2) $\frac{2}{5}\times\frac{3}{7}=\frac{2\times3}{5\times7}=\mathbf{\frac{6}{35}}$

(3) $\frac{3}{4}\times\frac{4}{5}=\frac{3\times\overset{1}{\cancel{4}}}{\underset{1}{\cancel{4}}\times5}=\mathbf{\frac{3}{5}}$

(4) $3\times\frac{2}{7}=\frac{3}{1}\times\frac{2}{7}=\frac{3\times2}{1\times7}=\mathbf{\frac{6}{7}}$

(5) $\frac{2}{3}\div\frac{1}{5}=\frac{2}{3}\times\frac{5}{1}=\frac{2\times5}{3\times1}=\mathbf{\frac{10}{3}}$

(6) $\frac{1}{6}\div\frac{2}{5}=\frac{1}{6}\times\frac{5}{2}=\frac{1\times5}{6\times2}=\mathbf{\frac{5}{12}}$

(7) $\frac{10}{9}\div\frac{5}{3}=\frac{10}{9}\times\frac{3}{5}=\frac{\overset{2}{\cancel{10}}\times\overset{1}{\cancel{3}}}{\underset{3}{\cancel{9}}\times\underset{1}{\cancel{5}}}=\mathbf{\frac{2}{3}}$

(8) $4\div\frac{2}{3}=\frac{4}{1}\times\frac{3}{2}=\frac{\overset{2}{\cancel{4}}\times3}{1\times\underset{1}{\cancel{2}}}=\mathbf{6}$

4 小数と分数の計算

ガイド 小数を分数になおして計算します。かっこのある式では，かっこの中をさきに計算します。

解答

(1) $\frac{3}{5}\div\frac{6}{7}\times0.8=\frac{3}{5}\div\frac{6}{7}\times\frac{8}{10}=\frac{3}{5}\times\frac{7}{6}\times\frac{4}{5}=\frac{\overset{1}{\cancel{3}}\times7\times\overset{2}{\cancel{4}}}{5\times\underset{\cancel{2}\,1}{\cancel{6}}\times5}=\mathbf{\frac{14}{25}}$

(2) $0.9\times\frac{4}{7}\div0.6=\frac{9}{10}\times\frac{4}{7}\div\frac{6}{10}=\frac{9}{10}\times\frac{4}{7}\times\frac{5}{3}=\frac{\overset{3}{\cancel{9}}\times\overset{2}{\cancel{4}}\times\overset{1}{\cancel{5}}}{\underset{1\cancel{2}}{\cancel{10}}\times7\times\underset{1}{\cancel{3}}}=\mathbf{\frac{6}{7}}$

(3) $\frac{6}{5}\div(1.2\times0.8)=\frac{6}{5}\div\left(\frac{12}{10}\times\frac{8}{10}\right)=\frac{6}{5}\div\frac{6\times4}{5\times5}=\frac{6}{5}\div\frac{24}{25}=\frac{6}{5}\times\frac{25}{24}=\frac{\overset{1}{\cancel{6}}\times\overset{5}{\cancel{25}}}{\underset{1}{\cancel{5}}\times\underset{4}{\cancel{24}}}=\mathbf{\frac{5}{4}}$

(4) $\frac{3}{4}\div(1.8\div1.5)=\frac{3}{4}\div\left(\frac{18}{10}\div\frac{15}{10}\right)=\frac{3}{4}\div\left(\frac{9}{5}\times\frac{2}{3}\right)=\frac{3}{4}\div\frac{\overset{3}{\cancel{9}}\times2}{5\times\underset{1}{\cancel{3}}}=\frac{3}{4}\div\frac{6}{5}$

$=\frac{3}{4}\times\frac{5}{6}=\frac{\overset{1}{\cancel{3}}\times5}{4\times\underset{2}{\cancel{6}}}=\mathbf{\frac{5}{8}}$

力をつけよう

自分から学ぼう編 p. 13〜26

■利用のしかた

問題文はすべて省略しています。解答は「自分から学ぼう編」の p. 59〜62 にのっています。理解しにくい問題には，ガイド に考え方をのせてあります。「自分から学ぼう編」の解答を見てもわからないときに利用しましょう。

1章　正の数・負の数

自分から学ぼう編 p. 13〜14

1

ガイド　正の数・負の数の加法の計算は，次のようにまとめられます。

同符号(どうふごう)の 2 数の和 { 符号……2 数と同じ符号 / 絶対値…2 数の絶対値の和

異符号(いふごう)の 2 数の和 { 符号……絶対値の大きい方の符号 / 絶対値…2 数の絶対値の差

また，正の数・負の数をひくには，符号を変えた数をたします。
正の数に符号をつけずに表して，計算できるようにしましょう。
3 数以上の加法，減法は，加法の交換法則や結合法則を使って，正の項(こう)の和，負の項の和をそれぞれさきに求めてから計算するとよいでしょう。

解答

(1) $\mathbf{-4}$　(2) $\mathbf{-12}$　(3) $\mathbf{3.1}$

(4) $2.6+(-3.6)$
$=2.6-3.6=\mathbf{-1}$

(5) $(-4)+(-4)$
$=-4-4=\mathbf{-8}$

(6) $(-9)-(-9)$
$=-9+9=\mathbf{0}$

(7) $\frac{2}{3}-\frac{4}{3}$
$=\mathbf{-\frac{2}{3}}$

(8) $-\frac{2}{3}+\left(-\frac{1}{4}\right)$
$=-\frac{2}{3}-\frac{1}{4}$
$=-\frac{8}{12}-\frac{3}{12}=\mathbf{-\frac{11}{12}}$

(9) $9-17+21$
$=9+21-17$
$=30-17=\mathbf{13}$

(10) $-2.7+6.2-1.3$
$=6.2-2.7-1.3$
$=6.2-4=\mathbf{2.2}$

(11) $-\frac{2}{3}+\left(-\frac{5}{6}\right)-\frac{1}{12}$
$=-\frac{2}{3}-\frac{5}{6}-\frac{1}{12}$
$=-\frac{8}{12}-\frac{10}{12}-\frac{1}{12}=\mathbf{-\frac{19}{12}}$

(12) $\frac{1}{4}-\frac{7}{10}+\frac{2}{3}$
$=\frac{1}{4}+\frac{2}{3}-\frac{7}{10}$
$=\frac{15}{60}+\frac{40}{60}-\frac{42}{60}=\mathbf{\frac{13}{60}}$

(13) $-16-5+16-3$
$=16-16-5-3$
$=-5-3=\mathbf{-8}$

(14) $-14+(-7)+24-9$
$=-14-7+24-9$
$=24-14-7-9$
$=24-30=\mathbf{-6}$

2

ガイド 同符号の 2 数の積や商は，2 数の絶対値の積や商に正の符号をつけます。
異符号の 2 数の積や商は，2 数の絶対値の積や商に負の符号をつけます。
除法は，わる数の逆数をかけて乗法にします。
3 数以上の乗法では，乗法の交換法則や結合法則を使って，くふうして計算することができます。
乗法と除法が混じった式は，乗法だけの式になおして，結果の符号を決めてから計算します。
計算結果の符号は，負の数が奇数個のとき……－
　　　　　　　　　負の数が偶数個のとき……＋
となります。
分数の計算は，かならず約分して答えるようにしましょう。

解答 (1) $\mathbf{-80}$　(2) $\mathbf{90}$　(3) $\mathbf{0}$　(4) $\mathbf{-3}$　(5) $\mathbf{\dfrac{3}{7}}$　(6) $\mathbf{0}$

(7) $\dfrac{5}{3}\times\left(-\dfrac{9}{7}\right)=-\left(\dfrac{5}{\cancel{3}_{1}}\times\dfrac{\cancel{9}^{3}}{7}\right)=\mathbf{-\dfrac{15}{7}}$

(8) $-\dfrac{7}{4}\div\dfrac{21}{8}=\left(-\dfrac{\cancel{7}^{1}}{\cancel{4}_{1}}\right)\times\dfrac{\cancel{8}^{2}}{\cancel{21}_{3}}=\mathbf{-\dfrac{2}{3}}$

(9) $\mathbf{-4.2}$　(10) $\mathbf{-10}$　(11) $\mathbf{30}$

(12) $(-24)\div(-4)\div(-2)=(-24)\times\left(-\dfrac{1}{4}\right)\times\left(-\dfrac{1}{2}\right)=-\left(\cancel{24}^{\cancel{6}^{3}}\times\dfrac{1}{\cancel{4}_{1}}\times\dfrac{1}{\cancel{2}_{1}}\right)=\mathbf{-3}$

(13) $\dfrac{9}{7}\times\left(-\dfrac{2}{3}\right)\div\dfrac{3}{7}=-\left(\dfrac{\cancel{9}^{\cancel{3}^{1}}}{\cancel{7}_{1}}\times\dfrac{2}{\cancel{3}_{1}}\times\dfrac{\cancel{7}^{1}}{\cancel{3}_{1}}\right)=\mathbf{-2}$

(14) $9\div(-1)^2\div(-18)\times(-2)=9\div(+1)\div(-18)\times(-2)$

$=9\div(-18)\times(-2)=\cancel{9}^{1}\times\dfrac{1}{\cancel{18}_{\cancel{2}_{1}}}\times\cancel{2}^{1}=\mathbf{1}$

ミスに注意
$(-3)^2=(-3)\times(-3)=9$
$-3^2=-(3\times3)=-9$
違いに気をつけよう。

3

ガイド 計算の順序についてまとめておきましょう。
① 加法と減法だけの式，乗法と除法だけの式では，左から順に計算する。
② 四則が混じった式では，乗法，除法をさきに計算する。
③ かっこのある式では，かっこの中をさきに計算する。
④ 分配法則 $c\times(a+b)=c\times a+c\times b$ を利用して，簡単に計算できる場合がある。
分数と小数の混じった乗法，除法の計算では，小数を分数になおします。

解答 (1) $(-3)\times7+(-84)\div(-2^2)=(-3)\times7+(-84)\div(-4)$

$=-21+21=\mathbf{0}$

(2) $72\div(-9)+(-13)\times(-5)=-8+65=\mathbf{57}$

(3) $36-(-3)\times(-14-3^2)=36-(-3)\times(-14-9)$

$=36-(-3)\times(-23)$

$=36-69=\mathbf{-33}$

(4)　$16-\{-11-(9-12)\times 7\}=16-\{-11-(-3)\times 7\}$

$=16-\{-11-(-21)\}$

$=16-(-11+21)$

$=16-10=\mathbf{6}$

(5)　$23\times(-12)+23\times 112=23\times(-12+112)$

$=23\times 100=\mathbf{2300}$

(6)　$(-32)\times(-6)+(-18)\times(-6)=\{(-32)+(-18)\}\times(-6)$

$=(-32-18)\times(-6)$

$=(-50)\times(-6)=\mathbf{300}$

(7)　$\left(-\frac{5}{3}\right)\times 0.7+(-1.4)\div\left(-\frac{6}{5}\right)$

$=\left(-\frac{5}{3}\right)\times\frac{7}{10}+\left(-\frac{14}{10}\right)\times\left(-\frac{5}{6}\right)$

$=-\left(\frac{\overset{1}{\cancel{5}}}{3}\times\frac{7}{\underset{2}{\cancel{10}}}\right)+\frac{\overset{7}{\cancel{14}}}{\underset{2}{\cancel{10}}}\times\frac{\overset{1}{\cancel{5}}}{\underset{3}{\cancel{6}}}$

$=-\frac{7}{6}+\frac{7}{6}=\mathbf{0}$

(8)　$\left(-\frac{4}{3}\right)\times\left(-\frac{2}{5}\right)-\frac{8}{15}\div\frac{4}{3}$

$=\frac{4}{3}\times\frac{2}{5}-\frac{\overset{2}{\cancel{8}}}{\underset{5}{\cancel{15}}}\times\frac{\overset{1}{\cancel{3}}}{\underset{1}{\cancel{4}}}$

$=\frac{8}{15}-\frac{2}{5}$

$=\frac{8}{15}-\frac{6}{15}=\mathbf{\frac{2}{15}}$

(9)　$\frac{2}{3}\times(-6)^2+0.25\times(-2)^3-2^2$

$=\frac{2}{\underset{1}{\cancel{3}}}\times\overset{12}{\cancel{36}}+\frac{1}{\underset{1}{\cancel{4}}}\times(-\overset{2}{\cancel{8}})-4$

$=24-2-4$

$=\mathbf{18}$

(10)　$-2^2\times(-0.2)^2+\left(-\frac{2}{5}\right)^2$

$=-2^2\times\left(-\frac{1}{5}\right)^2+\left(-\frac{2}{5}\right)^2$

$=-4\times\frac{1}{25}+\frac{4}{25}=-\frac{4}{25}+\frac{4}{25}=\mathbf{0}$

4

ガイド　まず，負の数と正の数に分けます。

負の数は絶対値が大きいほど小さいことに注意します。

また，分数と小数をくらべるときは，$\frac{3}{4}=0.75$ と分数を小数になおしましょう。

解答　小さい順…$\mathbf{-6,\ -2,\ -1.5,\ -0.3,\ 0,\ 0.01,\ \frac{3}{4}}$

絶対値の小さい順…$\mathbf{0,\ 0.01,\ -0.3,\ \frac{3}{4},\ -1.5,\ -2,\ -6}$

5

ガイド　$-\frac{9}{4}=-2.25$ です。数直線に表すとわかりやすくなります。

解答　$-\frac{9}{4}=-2.25$ だから，-2.25 より大きく，3.95 より小さい整数は，

$-2,\ -1,\ 0,\ 1,\ 2,\ 3$ の **6 個**

6

ガイド 「3より小さい」場合，3はふくみません。

解答 -2，-1，0，1，2の**5個**

7

ガイド 28を素因数分解して，それぞれの素数の指数が偶数になるような自然数をかければよいです。つまり，$28\times\square=\bigcirc^2$ になるような自然数□をみつけます。

解答 28を素因数分解すると，$28=2^2\times7$ だから，7をかけると，

$$28\times7=2^2\times7\times7=2^2\times7^2=(2\times7)^2$$

となり，自然数 $2\times7=14$ の2乗になる。

2) 28
2) 14
7

7をかけると，14の2乗になる。

8

ガイド 450を素因数分解して，$450\div\square=\bigcirc^2$ になるような自然数□をみつけます。

解答 450を素因数分解すると，$450=2\times3^2\times5^2$ だから，2でわると，

$$450\div2=2\times3^2\times5^2\div2=3^2\times5^2=(3\times5)^2$$

となり，自然数 $3\times5=15$ の2乗になる。

2) 450
3) 225
3) 75
5) 25
5

2でわると，15の2乗になる。

9

ガイド かりんさんとけいたさんがAの段からどれだけ移動したかを，正の数，負の数を使って表します。
けいたさんは，5回勝ち，2回負けたことになります。

解答 かりんさんの移動は，2回勝ち，5回負けたから，

$(+2)\times2+(-1)\times5=4+(-5)=4-5=-1$ (段)

よって，Aの段より1段下にいる。

けいたさんの移動は，5回勝ち，2回負けたから，

$(+2)\times5+(-1)\times2=10+(-2)=10-2=8$ (段)

よって，Aの段より8段上にいる。

$8-(-1)=8+1=9$ (段)

したがって，**けいたさんは，かりんさんよりも9段上にいる。**

10

ガイド (前日の最高気温)＝(ある日の最高気温)－(前日との差)
4月4日の気温から順に前日の気温を求めます。

解答 4月3日の気温は，$\underset{\text{4月4日の最高気温}}{20}-\underset{\text{前日との差}}{(+2)}=20-2=18$ (°C)

4月2日の気温は，$18-(-3)=18+3=21$ (°C)

4月1日の気温は，$21-(+2)=21-2=19$ (°C)

したがって，□にあてはまる数は，**19**

2章　文字の式

自分から学ぼう編 p.15〜16

文字式を書くときの表し方を復習しておきましょう。

① かけ算の記号×を省いて書く。　例 $a\times b=ab$

② 文字と数の積では，数を文字の前に書く。　例 $a\times 3=3a$

③ 同じ文字の積は，指数を使って書く。　例 $a\times a=a^2$

④ わり算は，記号÷を使わないで，分数の形で書く。　例 $a\div 2=\frac{a}{2}$

⑤ 文字は，ふつうはアルファベットの順に書く。　例 $y\times x=xy$

⑥ 文字にかける1や −1の1は，省いて書く。　例 $1\times a=a$
$(-1)\times a=-a$

1

ガイド (1) 50円硬貨(こうか) a 枚の金額は，$50\times a=50a$ (円)
10円硬貨1枚の金額は，$10\times 1=10$ (円)
(2) 時間＝道のり÷速さ の式にあてはめます。

解答 (1) $50a+10$ (円)　　(2) $\frac{a}{80}$ (分)

2

ガイド 式の中の x に −4を，y に6を代入して計算します。
負の数を代入するときは，かっこをつけて代入し，符号を間違えないように注意しましょう。

解答 (1) $5x+4y=5\times(-4)+4\times 6$
$=-20+24$
$=4$

(2) $\frac{x}{2}-3y=-x\div 2-3y$
$=-(-4)\div 2-3\times 6$
$=2-18$
$=-16$

3

ガイド 文字の部分が同じ項は，計算法則 $mx+nx=(m+n)x$ を使ってまとめて計算します。
かっこがある式のかっこをはずすとき，かっこの前が−の場合は，かっこの中の各項の符号が変わることに気をつけます。
$a+(b+c)=a+b+c$　　$a-(b+c)=a-b-c$
かっこをはずしたあとは，同じ文字の項をまとめて計算します。
項が2つ以上の式に数をかけたり，式を数でわったりするには，
$m(a+b)=ma+mb$　　$\frac{a+b}{m}=\frac{a}{m}+\frac{b}{m}$
などを使って計算します。

解答

(1) $7a-1-4a+6$
$=7a-4a-1+6$
$=(7-4)a+5$
$=\mathbf{3a+5}$

(2) $\frac{2}{3}x-\frac{3}{2}x+x$
$=\left(\frac{2}{3}-\frac{3}{2}+1\right)x$
$=\left(\frac{4}{6}-\frac{9}{6}+\frac{6}{6}\right)x$
$=\mathbf{\frac{1}{6}x}$

(3) $4x+(-3+7x)$
$=4x-3+7x$
$=(4+7)x-3$
$=\mathbf{11x-3}$

(4) $9a-(8a+2)$
$=9a-8a-2$
$=(9-8)a-2$
$=\mathbf{a-2}$

(5) $6(1-2x)+3(x-2)$
$=6-12x+3x-6$
$=-12x+3x+6-6$
$=\mathbf{-9x}$

(6) $2(x+1)-4(8-0.5x)$
$=2x+2-32+2x$
$=2x+2x+2-32$
$=\mathbf{4x-30}$

(7) $(6x-27)\div(-3)$
$=-\frac{6x}{3}+\frac{27}{3}$
$=\mathbf{-2x+9}$

(8) $12\times\frac{4x-1}{3}$
$=\overset{4}{\cancel{12}}\times\frac{4x-1}{\underset{1}{\cancel{3}}}$
$=4(4x-1)$
$=\mathbf{16x-4}$

(9) $\frac{1}{3}(6x-9)-\frac{1}{2}(4x-8)$
$=2x-3-2x+4$
$=\mathbf{1}$

(10) $a-\{4a-(2a-3)+5\}$
$=a-(4a-2a+3+5)$
$=a-(2a+8)$
$=a-2a-8$
$=\mathbf{-a-8}$

(11) $\left(\frac{5}{6}x-\frac{3}{4}\right)\times18$
$=\frac{5}{\underset{1}{\cancel{6}}}x\times\overset{3}{\cancel{18}}-\frac{3}{\underset{2}{\cancel{4}}}\times\overset{9}{\cancel{18}}$
$=\mathbf{15x-\frac{27}{2}}$

(12) $\frac{y}{2}-1+\frac{y}{3}+\frac{2}{3}$
$=\left(\frac{1}{2}+\frac{1}{3}\right)y-1+\frac{2}{3}$
$=\left(\frac{3}{6}+\frac{2}{6}\right)y-\frac{1}{3}$
$=\mathbf{\frac{5}{6}y-\frac{1}{3}}$

4

ガイド (1)　兄が弟に c 円渡したあとの兄の所持金は，$a-c$ (円)，弟の所持金は，$b+c$ (円)になります。これらが等しいことから，数量の関係を等式に表します。

(2)　a 円の品物を 3 個買うと代金は，$a\times3=3a$ (円)

b 円の品物を 4 個買うと代金は，$b\times4=4b$ (円)

1000 円札を出しておつりがあったのだから，代金の合計は，1000 円より少ないことになります。

(3)　得点の平均点は，(平均点)=(合計点)÷(人数) で求められます。

合計点は，$a+b$ (点) だから，2 人の平均点は，$\frac{a+b}{2}$ (点) となります。これが，c 点より大きいことから，不等式に表します。

解答 (1)　$a-c=b+c$　(2)　$3a+4b<1000$ または，$1000>3a+4b$

(3)　$\frac{a+b}{2}>c$

5

ガイド 直方体の縦が a cm，横が b cm，高さが c cm です。

(1)　直方体の縦，横，高さにあたる辺は 4 本ずつあることから，等式の意味を考えます。

(2)　abc は，直方体の (縦)×(横)×(高さ) です。

解答 (1)　直方体のすべての辺の長さの和は，96 cm である。

(2)　直方体の体積は 120 cm^3 より小さい。

6

ガイド 文字式で積を表すとき，かけ算の記号×は省いて書きます。
また，わり算は記号÷を使わずに分数の形で書くことから考えます。

解答 (ア)　$\frac{1}{4}\times a-\frac{2}{3}\times a\times b=\frac{1}{4}a-\frac{2}{3}ab$ となるから，正しい。

(イ)　$1\times4\div a-2\times3\div a\div b=4\div a-6\div a\div b$

$$=\frac{4}{a}-\frac{6}{ab}$$

となるから，正しくない。

(ウ)　$a\div\frac{1}{4}-a\times b\div\frac{2}{3}=a\times4-a\times b\times\frac{3}{2}$

$$=4a-\frac{3}{2}ab$$

となるから，正しくない。

(エ)　$a\div4-2\times a\times b\div3=\frac{a}{4}-\frac{2ab}{3}$

$$=\frac{1}{4}a-\frac{2}{3}ab$$

となるから，正しい。　(ア)，(エ)

7

ガイド 長方形 ABCD の面積から，三角形 ABE，三角形 CEF，三角形 ADF の面積をひいた面積と考えましょう。

EC=8−a(cm)，CF=5−2=3(cm) です。

解答 三角形 AEF の面積は，

長方形 ABCD−三角形ABE−三角形CEF−三角形ADF で求められるから，

$$5\times8-\frac{1}{2}\times a\times5-\frac{1}{2}\times(8-a)\times3-\frac{1}{2}\times8\times2=40-\frac{5}{2}a-12+\frac{3}{2}a-8$$

$$=20-a$$

<u>**$20-a$ (cm²)**</u>

8

ガイド (1) 右の図のように考えると，必要な碁石(ごいし)の数は $(n-1)\times4$ (個) と表せます。どのように考えても，かっこをはずしてまとめた式は同じになります。

(2) 囲みの中の碁石の数を n を使って表して考えます。

(3) $(n-2)$ と $+4$ が何を表しているかを考えます。

解答 (1) (例) 上の図から，1 辺に n 個の碁石を並べるときに必要な碁石の数は，

$(n-1)\times4=4n-4$ (個)　　<u>**$4n-4$ (個)**</u>

(2) 右の図から，必要な碁石の数を n を使って表すと，

$n\times2+(n-2)\times2$ (個) となる。

したがって，(ウ)

(3) (例) $n-2$ は 1 辺の碁石の数より 2 個少ないから，

右の図の ⬭ で囲んだ部分を表している。

よって，四すみ以外の碁石の数は，$(n-2)\times4$ (個)

これに四すみの 4 個をたして，必要な碁石の数を，

$(n-2)\times4+4$ (個) と表している。

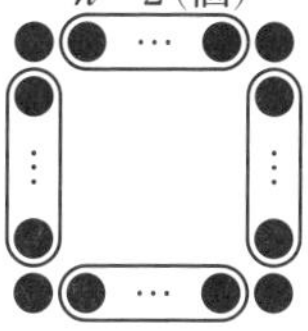

9

ガイド ・9% 増えた → 100+9=109 (%) になった

・7% 減った → 100−7=93 (%) になった

と考えて今年度の参加者の人数を，**a**，**b** を使って表します。

解答 今年度の男子の参加者は，昨年度より 9% 増えたから，

$a\times\frac{100+9}{100}=\frac{109}{100}a$ (人) と表せる。

また，今年度の女子の参加者は，昨年度より 7% 減ったから，

$b\times\frac{100-7}{100}=\frac{93}{100}b$ (人) と表せる。

よって，今年度の，男子と女子の参加者の合計は，$\frac{109}{100}a+\frac{93}{100}b$ (人)

3章　方程式

自分から学ぼう編 p.17〜18

〈一次方程式を解く手順〉
① 必要であれば，かっこをはずしたり，係数を整数にしたりする。
② 文字の項を一方の辺に，数の項を他方の辺に移項して集める。
③ $ax=b$ の形にする。
④ 両辺を x の係数 a でわる。

1

ガイド 方程式を解くとき，どの等式の性質を用いたらよいかを考えて使います。

〈等式の性質〉
❶ $A=B$ ならば，$A+C=B+C$
❷ $A=B$ ならば，$A-C=B-C$
❸ $A=B$ ならば，$A\times C=B\times C$
❹ $A=B$ ならば，$A\div C=B\div C$　（Cは0でない）

「移項」は等式の性質❶，❷によるもので，その項の符号を変えて他方の辺に移します。
移項するときは，ふつう，文字の項を左辺に，数の項を右辺に集めます。
また，かっこがある方程式は，かっこをはずしてから解きます。

解答

(1)
$$x+\frac{1}{4}=\frac{1}{3}$$
$$x=\frac{1}{3}-\frac{1}{4}$$
$$\boldsymbol{x=\frac{1}{12}}$$

(2)
$$\frac{x}{3}=-\frac{5}{6}$$
└両辺に3をかける。
$$\boldsymbol{x=-\frac{5}{2}}$$

(3)
$$7x=4x+6$$
$$7x-4x=6$$
$$3x=6$$
$$\boldsymbol{x=2}$$

(4)
$$4x-3=2x+1$$
$$4x-2x=1+3$$
$$2x=4$$
$$\boldsymbol{x=2}$$

(5)
$$x-5=8x-5$$
$$x-8x=-5+5$$
$$-7x=0$$
$$\boldsymbol{x=0}$$

(6)
$$2x+15=1-6x$$
$$2x+6x=1-15$$
$$8x=-14$$
$$x=-\frac{14}{8}$$
$$\boldsymbol{x=-\frac{7}{4}}$$

(7)
$$6x-21=4x+7$$
$$6x-4x=7+21$$
$$2x=28$$
$$\boldsymbol{x=14}$$

(8)
$$-7x+8=-x-7$$
$$-7x+x=-7-8$$
$$-6x=-15$$
$$x=\frac{15}{6}$$
$$\boldsymbol{x=\frac{5}{2}}$$

(9) $2(3x-1)=3x+5$

$6x-2=3x+5$

$6x-3x=5+2$

$3x=7$

$\boldsymbol{x=\frac{7}{3}}$

(10) $13=6-(4x-15)$

$13=6-4x+15$

$4x=6+15-13$

$4x=8$

$\boldsymbol{x=2}$

(11) $3(x-2)-(1+x)=13$

$3x-6-1-x=13$

$3x-x=13+6+1$

$2x=20$

$\boldsymbol{x=10}$

(12) $3x-2(4x-3)=-24$

$3x-8x+6=-24$

$3x-8x=-24-6$

$-5x=-30$

$\boldsymbol{x=6}$

2

ガイド 係数が小数のときは，両辺に **10** や **100** をかけて，係数を整数にします。
また，両辺を **10** や **100** などでわって，係数をできるだけ小さい整数にすると，解きやすくなります。
分数をふくむ方程式では，分母の公倍数を両辺にかけて分母をはらいます。

解答 (1) $2.3x-0.5=1.9x+2.3$

両辺に 10 をかけて，

$23x-5=19x+23$

$23x-19x=23+5$

$4x=28$

$\boldsymbol{x=7}$

(2) $0.5x+3=0.42x+0.6$

両辺に 100 をかけて，

$50x+300=42x+60$

$50x-42x=60-300$

$8x=-240$

$\boldsymbol{x=-30}$

(3) $30x+60=20x-100$

両辺を 10 でわって，

$3x+6=2x-10$

$3x-2x=-10-6$

$\boldsymbol{x=-16}$

(4) $100(y+1)=60(y+15)$

両辺を 20 でわって，

$5(y+1)=3(y+15)$

$5y+5=3y+45$

$5y-3y=45-5$

$2y=40$

$\boldsymbol{y=20}$

(5) $\frac{3}{4}x-\frac{1}{3}=\frac{x}{4}-\frac{5}{6}$

両辺に 12 をかけて，

$\left(\frac{3}{4}x-\frac{1}{3}\right)\times 12=\left(\frac{x}{4}-\frac{5}{6}\right)\times 12$

$9x-4=3x-10$

$9x-3x=-10+4$

$6x=-6$

$\boldsymbol{x=-1}$

(6) $\frac{x-4}{4}=\frac{-x+7}{2}$

両辺に 4 をかけて，

$\left(\frac{x-4}{4}\right)\times 4=\left(\frac{-x+7}{2}\right)\times 4$

$x-4=-2x+14$

$x+2x=14+4$

$3x=18$

$\boldsymbol{x=6}$

(7) $\frac{1}{2}(2x-3)=\frac{1}{3}(x-1)$

両辺に 6 をかけて,

$3(2x-3)=2(x-1)$

$6x-9=2x-2$

$6x-2x=-2+9$

$4x=7$

$\boldsymbol{x=\frac{7}{4}}$

(8) $\frac{x-1}{2}-\frac{x+1}{3}=1$

両辺に 6 をかけて,

$\left(\frac{x-1}{2}-\frac{x+1}{3}\right)\times 6=1\times 6$

$3(x-1)-2(x+1)=6$

$3x-3-2x-2=6$

$3x-2x=6+3+2$

$\boldsymbol{x=11}$

(9) $\frac{2}{3}x-\frac{2x-10}{5}=\frac{1}{10}x$

両辺に 30 をかけて,

$\left(\frac{2}{3}x-\frac{2x-10}{5}\right)\times 30=\frac{1}{10}x\times 30$

$20x-6(2x-10)=3x$

$20x-12x+60=3x$

$20x-12x-3x=-60$

$5x=-60$

$\boldsymbol{x=-12}$

(10) $\frac{2x+5}{3}-\frac{x+3}{2}=0$

両辺に 6 をかけて,

$\left(\frac{2x+5}{3}-\frac{x+3}{2}\right)\times 6=0\times 6$

$2(2x+5)-3(x+3)=0$

$4x+10-3x-9=0$

$4x-3x=-10+9$

$\boldsymbol{x=-1}$

3

ガイド $a:b=c:d$ のような，比が等しいことを表す式を比例式といいます。比例式の性質を使って，x の値を求めます。

$a:b=c:d$ ならば，$ad=bc$

ad
$a:b=c:d$
bc

解答

(1) $16:x=4:5$

$4x=80$

$\boldsymbol{x=20}$

(2) $9:6=x:8$

$6x=72$

$\boldsymbol{x=12}$

(3) $x:0.3=100:0.2$

$0.2x=0.3\times 100$

$0.2x=30$

$\boldsymbol{x=150}$

(4) $x:(14-x)=3:4$

$4x=3(14-x)$

$4x=42-3x$

$7x=42$

$\boldsymbol{x=6}$

4

ガイド 等式の性質を使って変形しています。
どの等式の性質を使っているかを考えましょう。

解答 等式の性質❹より，**等式の両辺を同じ数でわっても，等式が成り立つから。**

5

ガイド 参加者の人数を x 人として，計画した金額を 2 通りに表します。
550 円ずつ集めると 950 円少ないことから，計画した金額は，$550x+950$ (円)
600 円ずつ集めると 600 円多いことから，計画した金額は，$600x-600$ (円)

解答 参加者の人数を x 人とすると，

$$550x+950=600x-600$$
$$550x-600x=-600-950$$
$$-50x=-1550 \qquad x=31$$

この解は問題にあっている。 **31 人**

6

ガイド 時間＝$\dfrac{\text{道のり}}{\text{速さ}}$ で考えます。家から図書館までの道のりを x km として，
家を出た時刻から図書館の開館時刻までの時間について，2 通りに表します。
時速 15 km で進んだとき，$\dfrac{x}{15}$ 時間に 15 分をたして，$\dfrac{x}{15}+\dfrac{15}{60}$ (時間)
時速 8 km で進んだとき，$\dfrac{x}{8}$ 時間から 20 分をひいて，$\dfrac{x}{8}-\dfrac{20}{60}$ (時間)

解答 家から図書館までの道のりを x km とすると，

$$\frac{x}{15}+\frac{15}{60}=\frac{x}{8}-\frac{20}{60}$$
両辺に 120 をかける。
$$8x+30=15x-40$$
$$-7x=-70 \qquad x=10$$

この解は問題にあっている。 **家から図書館までの道のり 10 km**

ミスに注意
15 分を加えるとき，単位を時間になおすことに注意！

参考 時速 15 km で進んだときにかかる時間を x 時間として解いてもよいです。

$$15x=8\left(x+\frac{15}{60}+\frac{20}{60}\right)$$ ←15＋20 (分) 長くかかる。

$$15x=8x+\frac{14}{3} \qquad 7x=\frac{14}{3} \qquad x=\frac{2}{3}$$ よって，$15\times\dfrac{2}{3}=10$ (km)

7

ガイド 値札に書かれている金額を x 円として，買った値段を 2 通りに表します。
x 円の 3 割引きからさらに 150 円値引きしてもらったから，$\dfrac{7}{10}x-150$ (円)
x 円の $\dfrac{2}{3}$ の値段だから，$\dfrac{2}{3}x$ (円)

解答 値札に書かれている金額を x 円とすると，

$$\frac{7}{10}x-150=\frac{2}{3}x$$
両辺に 30 をかける。
$$21x-4500=20x$$
$$x=4500$$

この解は問題にあっている。 **4500 円**

自分から学ぼう編 力をつけよう

8

ガイド (1) $a+ab-b$ に $a=2$, $b=-3$ を代入して計算します。

(2) $a+ab-b$ に $a=3$, $b=x$ を代入したものを左辺, 11 を右辺として, 方程式をつくります。

解答 (1) $2*(-3)=2+2\times(-3)-(-3)=2-6+3=-1$ **−1**

(2) $3*x=3+3\times x-x=3+2x$ だから,

$3+2x=11$

$2x=8$　　$x=4$ **$x=4$**

9

ガイド (1) 1 年生の人数を x 人として, 並べた長いすの数を 2 通りに表します。

4 人ずつすわっていくと 12 人がすわれないことから, $\dfrac{x-12}{4}$ (脚(きゃく))

5 人ずつすわっていくと最後の 1 脚には 2 人だけがすわることから, $\dfrac{x+3}{5}$ (脚)

(2) $4x+12$ は, 長いすに 4 人ずつすわったときの生徒の人数を表しています。

解答 (1) 1 年生の人数を x 人とすると,

$\dfrac{x-12}{4}=\dfrac{x+3}{5}$ ← 3 人多いとちょうど 5 人ずつすわる。

$5(x-12)=4(x+3)$

$5x-60=4x+12$

$x=72$

この解は問題にあっている。 **72 人**

(2) $4x+12$ は長いすに 4 人ずつすわったときの生徒の人数, $5x-3$ は長いすに 5 人ずつすわったときの生徒の人数を表しているから, x は長いすの数を表している。

$4x+12=5x-3$

$-x=-15$

$x=15$ ← 長いすは 15 脚

1 年生の人数は, $4\times15+12=72$ (人)

この解は問題にあっている。 **x…長いすの数, 生徒の人数…72 人**

10

ガイド おもりCの重さを x g とすると, B は $x-50$ (g), A は $x-100$ (g) と表せます。

解答 おもりCの重さを x g とすると,

$(x-100)+(x-50)+x+120=540$

$3x-30=540$

$3x=570$

$x=190$

この解は問題にあっている。 **190 g**

4章　変化と対応

自分から学ぼう編
p. 19〜20

〈比例〉

- x の値が 2 倍，3 倍，4 倍，……になると，
  y の値も 2 倍，3 倍，4 倍，……になる。
- 比例の式　　$y=ax$　a は定数
- 比例のグラフ

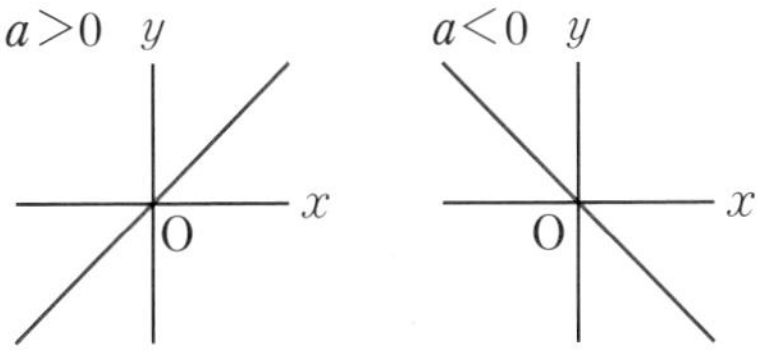

〈反比例〉

- x の値が 2 倍，3 倍，4 倍，……になると，
  y の値は $\frac{1}{2}$ 倍，$\frac{1}{3}$ 倍，$\frac{1}{4}$ 倍，……になる。
- 反比例の式　　$y=\frac{a}{x}$　a は定数
- 反比例のグラフ

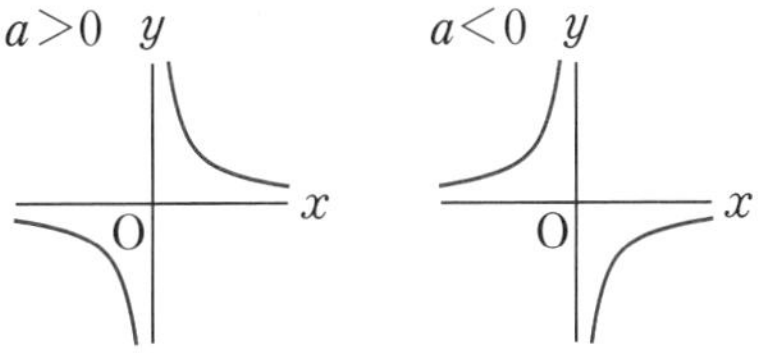

1

ガイド　まず，(1)〜(3)の数量関係を等式に表し，$y=$〜 の形に変形します。$y=ax$ であれば比例の関係，$y=\frac{a}{x}$ であれば反比例の関係です。

(3)　周の長さが 16 cm なので，縦と横をあわせた長さは 8 cm です。

解答　(1)　(底辺)×(高さ)×$\frac{1}{2}$=(三角形の面積) だから，

$$x\times y\times\frac{1}{2}=12$$

$$xy=24$$

$$\boldsymbol{y=\frac{24}{x}}$$ (反比例の関係 $y=\frac{a}{x}$ の式の形にあてはまる。)

(2)　(ペン 1 本の値段)×(本数)=(代金) であるから，

$$70x=y$$

$$\boldsymbol{y=70x}$$ (比例の関係 $y=ax$ の式の形にあてはまる。)

(3)　縦と横の長さの和は，16÷2=8 (cm)

縦を y cm，横を x cm とするのだから，

$$y+x=8$$

$$\boldsymbol{y=8-x}$$ (比例でも反比例でもない。)

比例するもの…(2)　反比例するもの…(1)

2

ガイド 比例では $\boldsymbol{y=ax}$，反比例では $\boldsymbol{y=\frac{a}{x}}$ に対応する $\boldsymbol{x}$，$\boldsymbol{y}$ の値を代入して，比例定数 $\boldsymbol{a}$ を求めて式に表します。

解答 (1) 比例定数を a とすると，$y=ax$

$x=9$ のとき $y=3$ だから，

$3=a\times9$

$a=\frac{1}{3}$ したがって，$\boldsymbol{y=\frac{1}{3}x}$

(2) 比例定数を a とすると，$y=\frac{a}{x}$

$x=-4$ のとき $y=5$ だから，

$5=\frac{a}{-4}$

$a=-20$ したがって，$y=-\frac{20}{x}$

$x=10$ のときの y の値は，

$y=-\frac{20}{10}=-2$ $\boldsymbol{y=-2}$

3

ガイド (1) $\boldsymbol{y=ax}$ に，$\boldsymbol{x=12}$，$\boldsymbol{y=-9}$ を代入して，$\boldsymbol{a}$ の値を求めます。

(2) 比例の関係を表す式に $\boldsymbol{x=-16}$ を代入して $\boldsymbol{y=10}$ になれば，点 $\boldsymbol{(-16,\ 10)}$ はこの直線上にあるといえます。

(3) 比例の関係を表す式に $\boldsymbol{y=6}$ を代入して，$\boldsymbol{x}$ の値を求めます。

解答 (1) $y=ax$ に $x=12$，$y=-9$ を代入すると，

$-9=a\times12$

$a=-\frac{9}{12}=-\frac{3}{4}$ $\boldsymbol{a=-\frac{3}{4}}$

(2) (1)より，比例の関係を表す式は，$y=-\frac{3}{4}x$

この式に $x=-16$ を代入すると，

$y=-\frac{3}{4}\times(-16)=12$ ←点 $(-16,\ 12)$ がこの直線上にある。

点 $\boldsymbol{(-16,\ 10)}$ はこの直線上にない。

(3) $y=-\frac{3}{4}x$ に $y=6$ を代入すると，

$6=-\frac{3}{4}x$

$x=-8$ $\boldsymbol{(-8,\ 6)}$

4

ガイド (1) $y=\dfrac{a}{x}$ に $x=1$, $y=4$ を代入して，a の値を求めます。

(2) (1)で求めた式に，$x=0.5$ を代入して $y=8$ になるかどうか調べます。

(3) (1)で求めた式に，$x=16$ を代入して，y の値を求めます。

解答 (1) $y=\dfrac{a}{x}$ に $x=1$，$y=4$ を代入すると，$4=\dfrac{a}{1}$ より，$a=4$

(2) (1)より，反比例の関係を表す式は，$y=\dfrac{4}{x}$

この式に $x=0.5$ を代入すると，

$y=\dfrac{4}{0.5}=4\div0.5=8$

点 (0.5, 8) は，この双曲線上にある。

(3) $y=\dfrac{4}{x}$ に $x=16$ を代入すると，

$y=\dfrac{4}{16}=\dfrac{1}{4}$ $\left(16,\ \dfrac{1}{4}\right)$

5

ガイド 3つの点を正しくとって三角形をかいたら，その三角形を囲む正方形を考えます。正方形の面積から，まわりの3つの直角三角形の面積をひいて求めます。

解答 三角形は，右の図の三角形 ABC

面積は，$6\times6-\left(\dfrac{1}{2}\times2\times6+\dfrac{1}{2}\times5\times4+\dfrac{1}{2}\times1\times6\right)$

$=36-19=17\ (\text{cm}^2)$ **17 cm²**

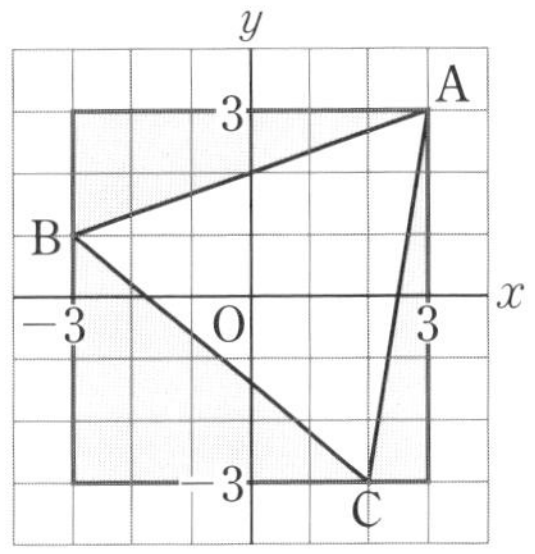

6

ガイド (1) かりんさんのグラフから，式を $y=ax$ として，グラフが通る点から a の値を求めます。けいたさんが8分後にいる位置は，グラフから読みとります。

(2) かりんさんと同じように，けいたさんの式も求めます。かりんさんが駅に着くまでにかかる時間から，けいたさんがいる位置を求めましょう。

解答 (1) かりんさんのグラフは比例のグラフで，点 (2, 400) を通っている。

比例定数を a とすると，$y=ax$

$x=2$ のとき $y=400$ だから，

$400=a\times2$

$a=200$ したがって，$y=200x$

この式に $x=8$ を代入すると，

$y=200\times8=1600$

だから，8分後，かりんさんは図書館から東に 1600 m のところにいる。

また，けいたさんは，グラフより，図書館から東に −600 m のところにいる。

よって，2人の間は，$1600-(-600)=2200$ (m) 離(はな)れている。 **2200 m**

自分から学ぼう編 力をつけよう

(2) 図書館から駅までは東に 3 km=3000 m だから,

$y=200x$ に $y=3000$ を代入すると,

$3000=200x$

$x=15$

よって，かりんさんが駅に着くのは出発してから 15 分後。

けいたさんの式を $y=ax$ とすると，$x=8$ のとき $y=-600$ だから,

$-600=a\times 8$　　$a=-75$

けいたさんの式は $y=-75x$ と表されるから，これに $x=15$ を代入すると,

$y=-75\times 15=-1125$

図書館から公園までは西に 2 km=2000 m で，けいたさんは図書館から西に 1125 m のところにいるから，公園までは,

$2000-1125=875$ (m)　**875 m**

7

ガイド (1) 点Aは曲線上の点だから，$y=\frac{a}{x}$ に点Aの座標の x，y の値を代入して，a の値を求めます。

(2) 三角形 OQR の底辺 RQ の長さは点Qの x 座標の値，高さ RO の長さは点Qの y 座標の値です。三角形 OQR の面積は，$\frac{1}{2}\times RQ\times RO$ で求められます。

解答 (1) 点 A(3, 4) は関数 $y=\frac{a}{x}$ のグラフ上の点だから，この式に $x=3$，$y=4$ を代入すると,

$4=\frac{a}{3}$

$a=12$　**$a=12$**

(2) 三角形 OQR の底辺を RQ，高さを RO とみると，三角形 OQR の面積は，$\frac{1}{2}\times RQ\times RO$ で求められる。

RQの長さは点Qの x 座標の値，RO の長さは点Qの y 座標の値で，点Qは関数 $y=\frac{12}{x}$ のグラフ上の点だから，$xy=12$

よって，三角形 OQR の面積はいつも,

$\frac{1}{2}\times RQ\times RO=\frac{1}{2}\times 12=6$

となり，一定である。　**(オ)**

5章　平面図形

1

ガイド ∠ABC＝90° の作図は，点Bを通る辺 BC の垂線をひきます。∠ACB＝30° の作図は，まず，∠DCB＝60° となる半直線 CD を作図し，∠DCB の二等分線をひきます。

解答 (作図)

① 辺 BC を，B の方向に延長して，点Bを通る辺 BC の垂線をひく。

② 点 B，C をそれぞれ中心として，半径 BC の円をかき，その交点 (D) と点Cを通る半直線 CD をひく。

③ ∠DCB の二等分線をひき，①との交点をAとする。

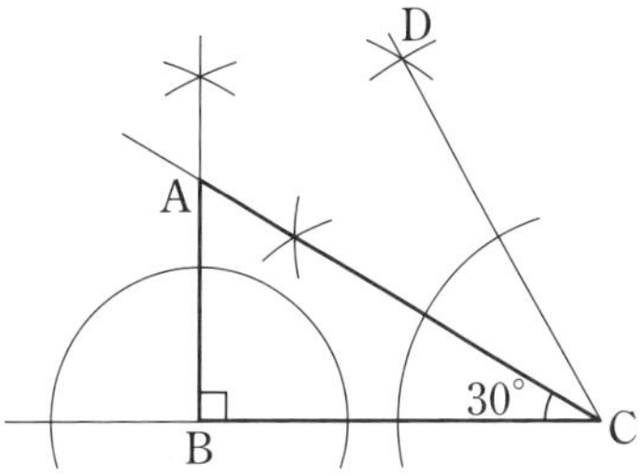

2

ガイド 周の長さは，弧の部分と直線の部分に分けて考えます。
面積は，大きいおうぎ形から小さいおうぎ形をひいて求めます。

解答 周の長さ…$2\pi\times12\times\frac{120}{360}+2\pi\times6\times\frac{120}{360}+(12-6)\times2=12\pi+12$ (cm)

周の長さ…$12\pi+12$ (cm)

面積…$\pi\times12^2\times\frac{120}{360}-\pi\times6^2\times\frac{120}{360}=36\pi$ (cm^2)　　**面積…36π cm^2**

3

ガイド 半径の等しい円とおうぎ形では，
(おうぎ形の弧の長さ)：(円の周の長さ)＝(中心角の大きさ)：360
の関係があります。

解答 おうぎ形の弧の長さ＝半径 3 cm の円の周の長さ より，

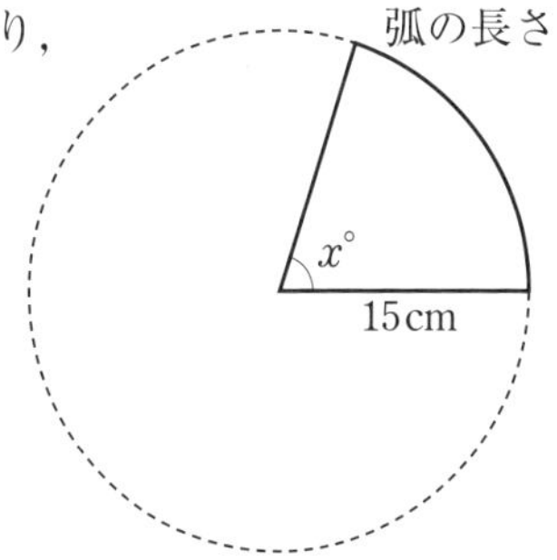

弧の長さは，$2\pi\times3=6\pi$ (cm)
半径 15 cm の円の周の長さは 30π cm だから，
中心角を x° とすると，

$$6\pi : 30\pi = x : 360$$

これを解くと，

$$30\pi\times x=6\pi\times360$$
$$x=6\times12$$
$$x=72$$

72°

(別解) おうぎ形の中心角を x° とすると，

$6\pi=2\pi\times15\times\frac{x}{360}$　　これを解いて，$x=72$

4

ガイド 図形 BAA′ は，線分 AB を B を中心として時計まわりに 45° 回転移動した図形だから，半径 12 cm で中心角が 45° のおうぎ形になります。
右の図で，半円 A′CB の面積は半円 O の面積に等しいので，色のついた部分の面積は
(半円 A′CB の面積)＋(おうぎ形 BAA′ の面積)
－(半円 O の面積)
＝(おうぎ形 BAA′ の面積)

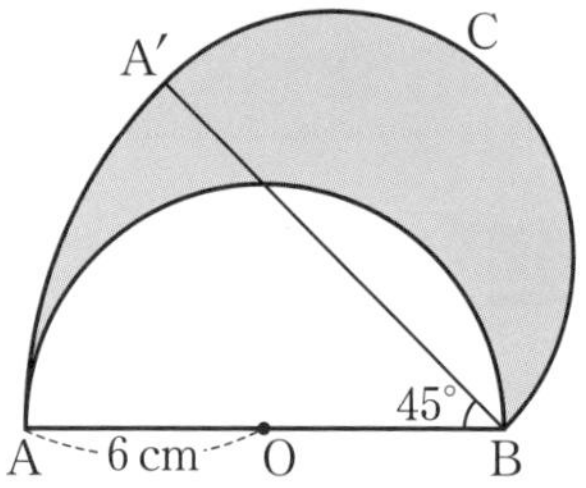

解答 色のついた部分の面積は，おうぎ形 BAA′ の面積に等しいので，

$$\pi \times 12^2 \times \frac{45}{360} = \pi \times 144 \times \frac{1}{8}$$
$$= 18\pi\ (\text{cm}^2)$$

18π cm²

5

ガイド 対応する点は，回転の中心からの距離が等しいので，点 O は線分 AA′ の垂直二等分線上，線分 BB′ の垂直二等分線上にあります。

解答 (作図)
線分 AA′ の垂直二等分線と線分 BB′ の垂直二等分線をひき，その交点を O とする。
(CC′ や DD′ の垂直二等分線でもよい。)

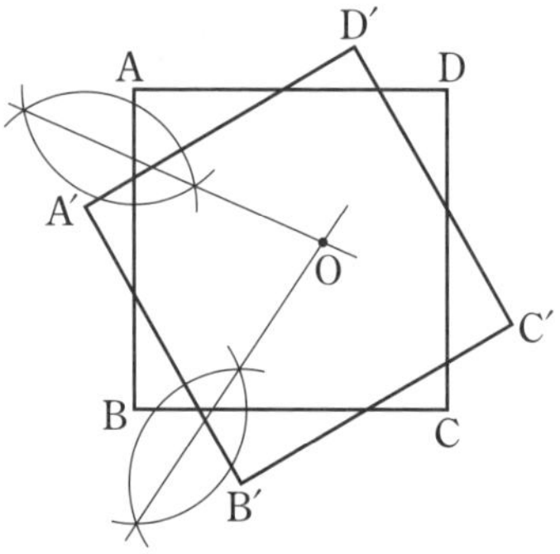

6

ガイド 円 A を対称移動して円 B に重ねるには，線分 AB の垂直二等分線を対称の軸として対称移動します。

解答 (作図)
線分 AB の垂直二等分線を作図すると，
これが対称の軸 ℓ となる。

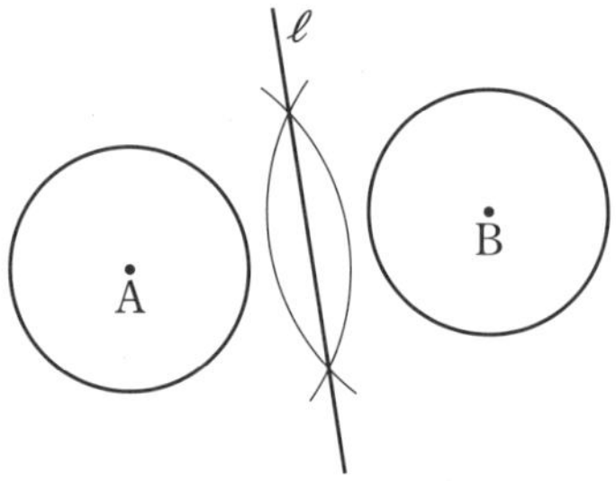

7

ガイド 図 1 の色のついた部分を移動してみると，正方形の半分の面積になることがわかります。㋐～㋓の図でも，色のついた部分を移動させて考えて，正方形の半分の面積になるものをみつけます。

解答 図1で，色のついた部分を直線EGを対称の軸として対称移動させると，正方形の半分の面積の長方形AEGDになる。

図1
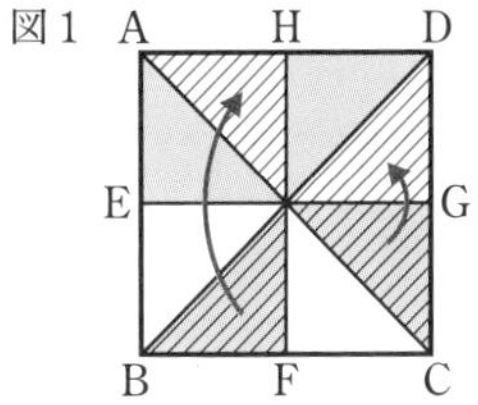

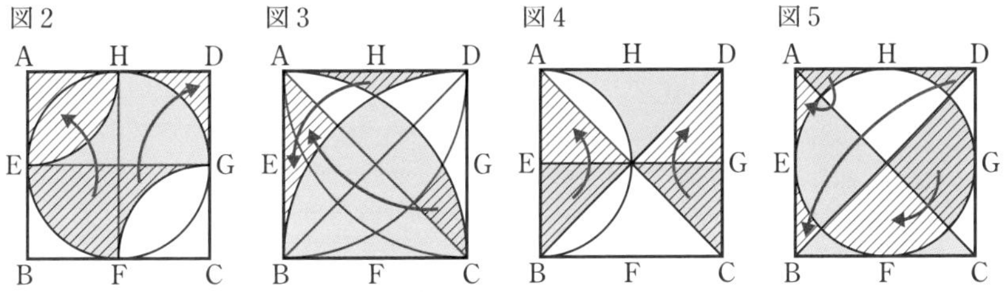

(ア) 図2のように，それぞれ点E，点Gを中心として90°回転移動させると，長方形AEGDになる。

(イ) 図3のように移動させると，正方形の半分の面積の三角形ABCより大きいことがわかる。

(ウ) 図4のように移動させると，長方形AEGDより小さいことがわかる。

(エ) 図5のように直線ACを対称の軸として対称移動させると，正方形の半分の面積の三角形ABCになる。

(ア)，(エ)

8

ガイド **点Aが接点となるようにひいた円Oの接線を対称の軸として，点Oを対称移動した点O′をとります。**
OP＝O′P だから，OP＋PB＝O′P＋PB
O′P＋PBが最小となる点Pはどのように決めればよいか考えます。

解答 (作図)

① 半径OAを延長した直線OAをひき，点Aを通るOAの垂線ℓをひく。

② 直線OA上に，OA＝O′A となる点O′をとる。

③ O′，P，Bが一直線上にあるとき，O′P＋PBは最小になるから，直線O′Bと直線ℓとの交点をPとする。
(OP＝O′P だから，OP＋PB＝O′P＋PB)
このとき，OPとPBの長さの和が最小になる。

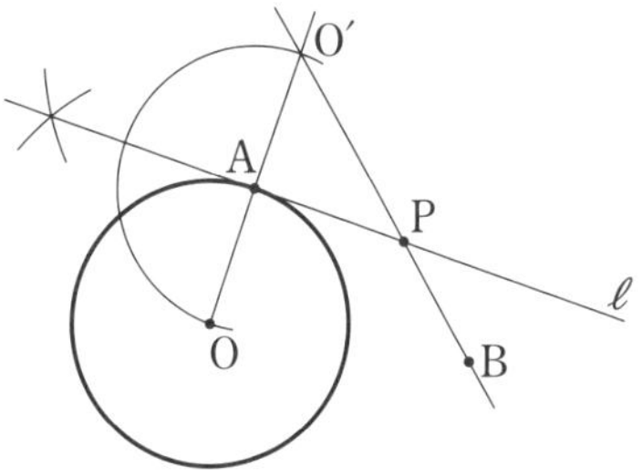

自分から学ぼう編
力をつけよう

6章　空間図形

自分から学ぼう編 p.23~24

1

ガイド 立体を真正面から見た図を立面図，真上から見た図を平面図といいます。
また，立面図と平面図をあわせて，投影図（とうえいず）といいます。
立面図と平面図から見取図をかいてみると，わかりやすくなります。

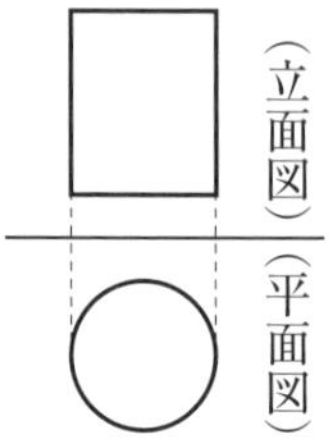

解答 右の図のような立体であるから，(イ)

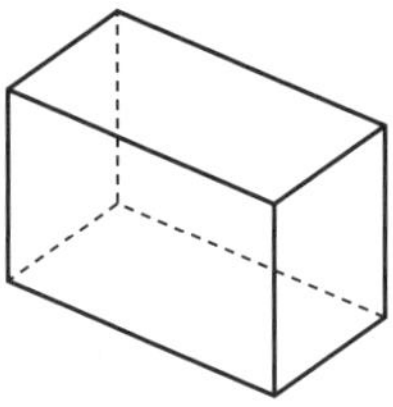

2

ガイド 見取図は，辺や面のつながりや立体の形をとらえるのに便利ですが，辺の長さや角の大きさ，面の形や面積などは実際の立体とは異なることがあるので，注意します。

解答 立方体の面はすべて正方形だから，面 ABCD も面 BFGC も正方形である。
よって，∠ABC と ∠FGC はどちらも 90° だから，∠ABC と ∠FGC の大きさは等しい。

(ウ)

3

ガイド 三角錐のそれぞれの頂点に集まっている面の数は，すべて 3 つであることから考えます。

解答 ㋐，㋑につけると，右の図の点Aに 4 つの面が集まり，三角錐にならない。
㋒，㋓，㋔につけると，どの頂点にも 3 つの面が集まるから，組み立てると三角錐ができる。

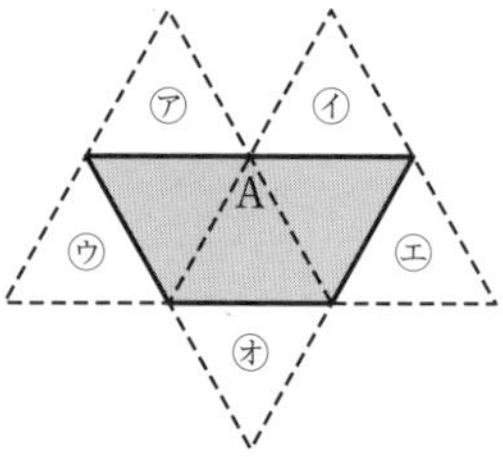

㋒，㋓，㋔

参考 すべての面が合同な正三角形で，面の数は 4 つだから，できる立体は正四面体です。

4

ガイド 半径 r の球の体積を V とすると，$V=\frac{4}{3}\pi r^3$

円柱の，底面の円の半径を r，高さを h，体積を V とすると，$V=\pi r^2 h$

円錐の，底面の円の半径を r，高さを h，体積を V とすると，$V=\frac{1}{3}\pi r^2 h$

立体 B，C の体積を h，k を使って表します。

解答 立体Aの体積…$\frac{1}{2}\times\frac{4}{3}\pi\times6^3=144\pi\,(\mathrm{cm}^3)$

立体Bの体積…$\pi\times6^2\times h=36\pi h\,(\mathrm{cm}^3)$

立体Cの体積…$\frac{1}{3}\pi\times6^2\times k=12\pi k\,(\mathrm{cm}^3)$

立体AとBの体積が等しいことから，

$36\pi h=144\pi \qquad h=4$

立体AとCの体積が等しいことから，

$12\pi k=144\pi \qquad k=12$

<u>$h=4,\ k=12$</u>

5

ガイド 辺 BD を回転の軸(じく)として，1 回転させてできる立体は，円錐(えんすい)と半球（球の半分）をくっつけた立体になります。
立体の体積＝(円錐の体積)＋(半球の体積)
立体の表面積＝(円錐の側面積)＋(球の表面積の半分)

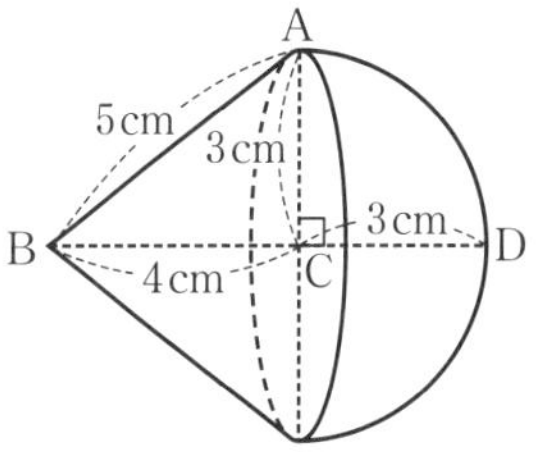

解答 〈立体の体積〉

円錐の体積…$\frac{1}{3}\times\pi\times3^2\times4=12\pi\,(\mathrm{cm}^3)$

半球の体積…$\frac{1}{2}\times\frac{4}{3}\pi\times3^3=18\pi\,(\mathrm{cm}^3)$

よって，立体の体積…$12\pi+18\pi=30\pi\,(\mathrm{cm}^3)$ <u>$30\pi\ \mathrm{cm}^3$</u>

〈立体の表面積〉

円錐の側面積を求めるとき，右の図のように，側面の展開図のおうぎ形から，その中心角を求める。中心角を x° とすると，

$(2\pi\times3):(2\pi\times5)=x:360$

これを解くと，$x=216$

したがって，側面積は，

$\pi\times5^2\times\frac{216}{360}=15\pi\,(\mathrm{cm}^2)$

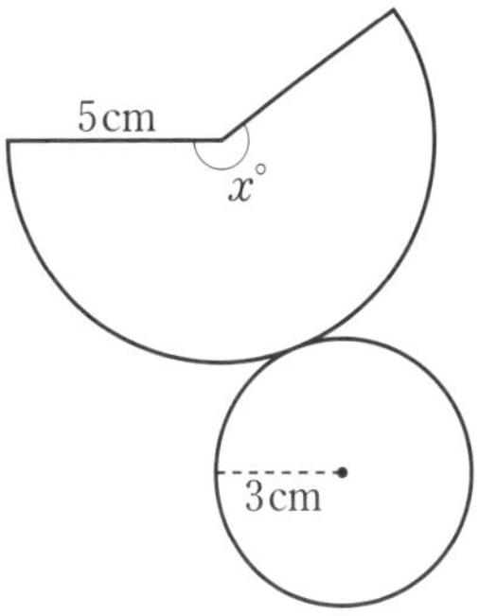

球の表面積の半分は，$\frac{1}{2}\times4\pi\times3^2=18\pi\,(\mathrm{cm}^2)$

よって，立体の表面積…$15\pi+18\pi=33\pi\,(\mathrm{cm}^2)$ <u>$33\pi\ \mathrm{cm}^2$</u>

6

ガイド (1) 出発してから 1 秒後，点 P は A から 1 cm，点 Q は B から 3 cm，点 R は E から 2 cm のところにあります。

(2) 3×3.5＝10.5 (cm) だから，点 Q は C を通過して，辺 CD 上にあります。
2×3.5＝7 (cm) だから，点 R は F を通過して，辺 BF 上にあります。

解答 (1) 右の図のような三角錐になる。

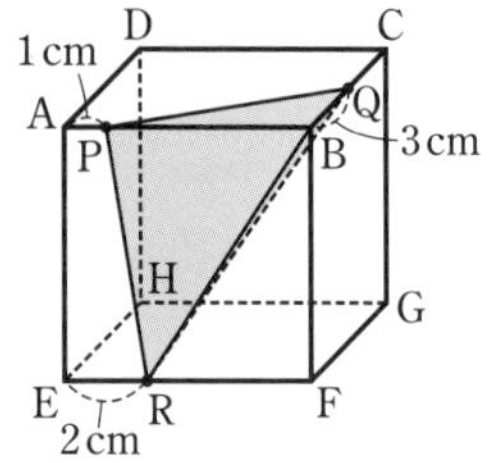

三角錐 BPQR は，底面を三角形 BPQ，高さを BF とみると，体積は，

$\frac{1}{3}\times\frac{1}{2}\times5\times3\times6=15\ (\mathrm{cm}^3)$

15 cm³

(2) 点 P は，点 A から 3.5 cm，

点 Q は，$3\times3.5=10.5$　$10.5-6=4.5$ より，点 C から 4.5 cm，

点 R は，$2\times3.5=7$　$7-6=1$ より，点 F から 1 cm のところにある。

よって，右の図のような三角錐になる。

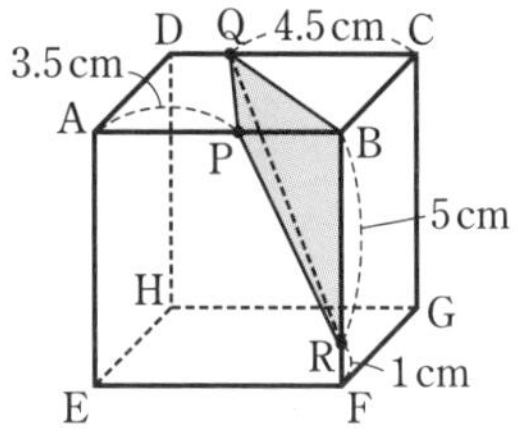

三角錐 BPQR は，底面を三角形 BPQ，高さを BR とみると，体積は，

$\frac{1}{3}\times\frac{1}{2}\times2.5\times6\times5=12.5\ (\mathrm{cm}^3)$

12.5 cm³

参考 (2) 底面を三角形 BPR，高さを BC とみると，体積は，

$\frac{1}{3}\times\frac{1}{2}\times2.5\times5\times6=12.5\ (\mathrm{cm}^3)$

7

ガイド (1) ア，イが図 2 のどの頂点にあたるか考えます。

(2) すべての辺の長さの和は，(3+2+1)×4 (cm) です。

つながっている辺の長さをひいた残りが，切った辺の長さの和になります。展開図の周の長さではないことに注意しましょう。

(3) 展開図の周の長さがもっとも長くなるのは，できるだけ短い辺をつなげるように切り開いた場合です。

また，もっとも短くなるのは，できるだけ長い辺をつなげるように切り開いた場合です。

解答 (1) 展開図に図 2 の頂点を書き込むと，右のようになる。

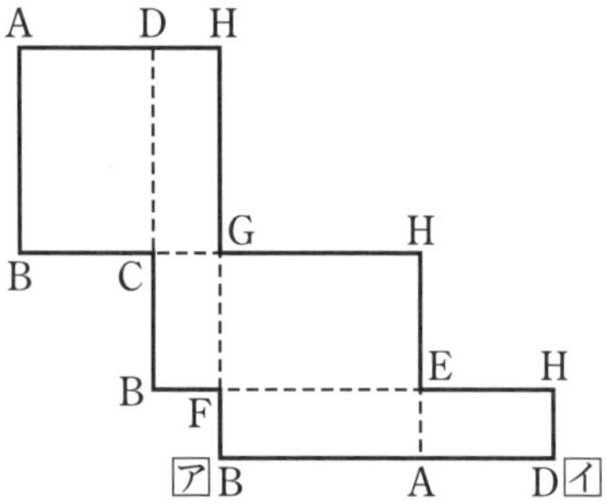

よって，ア…**B**，イ…**D**

(2) すべての辺の長さの和は，

$(3+2+1)\times4=24\ (\mathrm{cm})$

展開図でつながっている辺は，3 cm の辺が 2 つ，2 cm の辺が 1 つ，1 cm の辺が 2 つだから，切った辺の長さの和は，

$24-(3\times2+2\times1+1\times2)=14\ (\mathrm{cm})$

14 cm

(3)　周の長さがもっとも長くなるのは，下の図①のような展開図のとき。
また，もっとも短くなるのは，図②のような展開図のとき。

図①

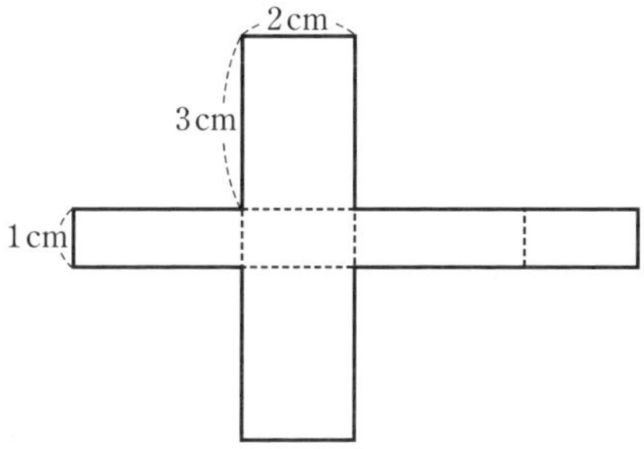

図②

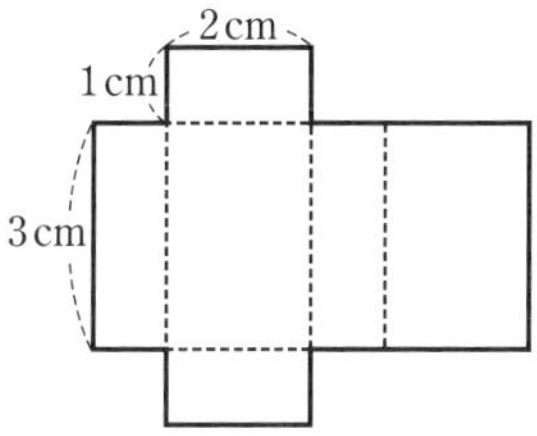

- もっとも長くなるとき
  周の長さは，3×8＋2×4＋1×2＝34 (cm)　**34 cm**
- もっとも短くなるとき
  周の長さは，3×2＋2×4＋1×8＝22 (cm)　**22 cm**

参考　(2)　1つの辺を切り開くと，展開図では，その辺の長さの線分が2本できることから考えてもよい。
展開図の周の長さは，3×4＋2×6＋1×4＝28 (cm) だから，
切った辺の長さの和は，28÷2＝14 (cm)

7章　データの活用

自分から学ぼう編
p. 25〜26

〈データの活用の用語〉
階級，度数，度数分布表，ヒストグラム (柱状グラフ)，度数分布多角形
範囲(はんい)＝最大値－最小値
累積(るいせき)度数…最初の階級から，ある階級までの度数の合計
代表値…平均値，中央値，最頻値(さいひんち)
階級値…度数分布表で，それぞれの階級のまん中の値
　度数分布表では，度数のもっとも多い階級の階級値を最頻値として用いる。
相対度数…それぞれの階級の度数の，全体に対する割合

$$相対度数=\frac{階級の度数}{度数の合計}$$

累積相対度数…最初の階級から，ある階級までの相対度数の合計

確率…あることがらの起こりやすさの程度を表す数
　多数回の実験では，相対度数を確率と考える。

1

ガイド
(1) 中央値…データを，値の小さい（または大きい）方から順に並べて考えます。
(2) 範囲＝最大値－最小値

解答 (1)
・平均値
$(23+20+27+21+19+21+22+23+25+23+20+25+22+23+22)\div 15$
$=22.4$　　**22.4 m**

・中央値
データを値の小さい方から順に並べると，
19，20，20，21，21，22，22，㉒，
23，23，23，23，25，25，27
8 番目のデータは 22 m だから，中央値は 22 m　　**22 m**

・最頻値
もっとも多い値は 4 個ある 23 だから，最頻値は 23 m　　**23 m**

(2) 最大値は 27 m で，最小値は 19 m
よって，範囲は，27－19＝8　　**8 m**

2

ガイド
(1) ㋐…階級 **760 kcal** 以上 **800 kcal** 未満の階級値は，階級のまん中の値だから，
$\dfrac{760+800}{2}$ (kcal) として求められます。
㋒…(度数の合計)－(各階級の度数の和) で求めます。
(2) 平均値＝$\dfrac{(階級値\times度数)の合計}{度数の合計}$ で求めます。
(4) データの個数が奇数だから，$\dfrac{21+1}{2}=11$　11 番目がはいっている階級を求めます。

解答 (1)
㋐ **780**　　㋑ **860**
㋒ $21-(1+4+3+5+2+1)=$**5**
㋓ $780\times 3=$**2340**
㋔ $820\times 5=$**4100**
㋕ $700+2960+2340+4100+4300+1800+940=$**17140**

(2) $\dfrac{17140}{21}=816.1\overset{2}{\not 9}\cdots$ (kcal)　　**816.2 kcal**

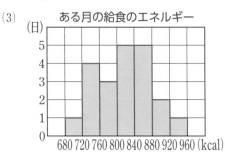

(3)
ある月の給食のエネルギー

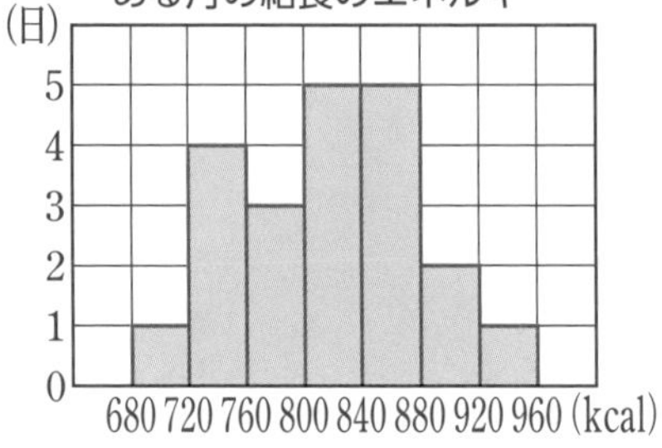

(4) 度数の欄(らん)を上(下)から調べると，11 番目のデータがはいっている階級は，
800 kcal 以上 840 kcal 未満の階級

3

ガイド 画びょうAとBで，どちらが上向きの出た相対度数が大きいかで判断します。

解答 画びょうAの上向きの出た相対度数は，$\frac{1694}{3000}=0.5646\cdots$

画びょうBの上向きの出た相対度数は，$\frac{1752}{3300}=0.5309\cdots$

で，投げた回数もかなり多い。

だから，**Aの方が上向きが出やすい**といえる。

4

ガイド 2つの中学校の生徒の人数が異なるので，度数分布表や度数分布多角形に表して，分布のようすを調べます。

解答 A中学校とB中学校のデータを度数分布表に表すと，左下のようになる。
これをもとに，度数分布多角形に表すと，右下のようになり，A中学校の方が山の頂点が右にあるから，**A中学校の方が記録がよいといえる**。

階級(cm)	A中学校		B中学校	
	度数(人)	相対度数	度数(人)	相対度数
27 以上 ～ 30 未満	2	0.04	6	0.05
30 ～ 33	2	0.04	10	0.08
33 ～ 36	6	0.12	29	0.24
36 ～ 39	12	0.24	22	0.18
39 ～ 42	14	0.28	19	0.16
42 ～ 45	8	0.16	16	0.13
45 ～ 48	4	0.08	11	0.09
48 ～ 51	2	0.04	3	0.03
51 ～ 54	0	0.00	0	0.00
54 ～ 57	0	0.00	0	0.00
57 ～ 60	0	0.00	2	0.02
60 ～ 63	0	0.00	2	0.02
計	50	1.00	120	1.00

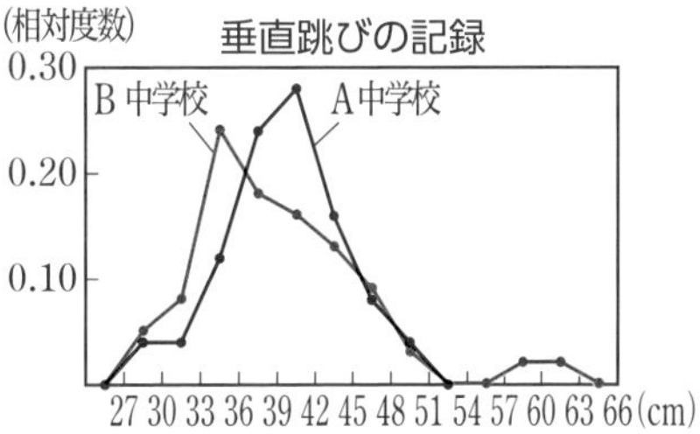

5

ガイド 相対度数$=\frac{\text{階級の度数}}{\text{度数の合計}}$

機械 A，機械 B，それぞれの 54 g 以上 56 g 未満の階級の相対度数を求めます。
相対度数が大きい方が合格品をつくる割合が大きいといえます。

解答 54 g 以上 56 g 未満の階級の相対度数を求めると，

機械A…$\frac{133}{140}=0.95$

機械B…$\frac{141}{150}=0.94$

機械Aの相対度数の方が大きいから，**機械Aの方が合格品をつくる割合が大きい**。

学びをいかそう

自分から学ぼう編 p.27〜56

■利用のしかた

解答は「自分から学ぼう編」の p.63〜68 にのっています。理解しにくい問題には，ガイド に考え方をのせてあります。「自分から学ぼう編」の解答を見てもわからないときに利用しましょう。

何時に電話しようかな？

1章 正の数・負の数

自分から学ぼう編 p.27〜28

学習のねらい 正の数・負の数で学習したことを使って，時差について考えます。

1 次の時差を，正の符号や負の符号を使って表しましょう。

(1) 日本を基準にしたときの，ロンドンの時差

(2) ニューヨークを基準にしたときの，ロンドンの時差

ガイド くらべる時刻から基準にする時刻をひくと，時差が求められます。

解答 (1) 10−19＝−9 **−9 時間** (2) 10−5＝5 **+5 時間**

2 けいたさん，エミリーさん，ボブさんの3人が寝ている時間や早朝にならないように，電話をする時刻は，それぞれの場所の時刻で，6時から22時の間とします。日本の時刻で，何時から何時の間に電話をすればよいでしょうか。

ガイド 日本，ロンドン，ニューヨークのそれぞれの時刻を表に整理して考えます。

解答 日本，ロンドン，ニューヨークの時刻は，下の表のように対応している。

日本	0	1	2	3	4	5	6	7	8	9	10	11	12	13	14	15	16	17	18	19	20	21	22	23
ロンドン	15	16	17	18	19	20	21	22	23	0	1	2	3	4	5	6	7	8	9	10	11	12	13	14
ニューヨーク	10	11	12	13	14	15	16	17	18	19	20	21	22	23	0	1	2	3	4	5	6	7	8	9

電話できるのは，赤字の部分になる。**日本の時刻で，6時から7時，20時から22時の間**

3 下の表（省略）は，日本を基準にして，それぞれの都市の時差を表したものです。

(1) 日本が15日20時のとき，プラハは何日の何時でしょうか。

(2) ロサンゼルスを基準にすると，リオデジャネイロの時差はどのように表されますか。

(3) ロサンゼルスが15日3時のとき，リオデジャネイロは何日の何時でしょうか。

(4) プラハが15日20時のとき，シドニーは何日の何時でしょうか。

ガイド 基準とする時刻に時差をたすと，くらべる時刻が求められます。

解答

(1) 日本の時刻は20時で，時差は −8時間だから，20+(−8)＝12 **15日12時**

(2) (−12)−(−17)＝5 **+5 時間**

(3) ロサンゼルスの時刻は3時で，時差は +5時間だから，3+(+5)＝8 **15日8時**

(4) プラハを基準にしたときのシドニーの時差は，(+1)−(−8)＝9 より，+9時間。
シドニーの時刻は，20+(+9)＝29　29−24＝5 より，次の日の5時。 **16日5時**

最大公約数と最小公倍数

学習のねらい 素因数分解を利用して最大公約数と最小公倍数を求める方法を学習します。

1 240 と 252 の最大公約数と最小公倍数を求めましょう。

ガイド 素因数分解を利用します。

解答

2)	240	252
2)	120	126
3)	60	63
	20	21

最大公約数 $2\times2\times3=12$
最小公倍数 $2\times2\times3\times20\times21=5040$

最大公約数 12，最小公倍数 5040

2 ある 2 数の積は，その 2 数の最大公約数と最小公倍数の積に等しいという関係があります。ある 2 数を 240 と 252 として，この関係が成り立つことを確かめましょう。

ガイド 240 と 252 の積や，その最大公約数と最小公倍数の積を求めてくらべます。

解答 240 と 252 の積は，$240\times252=60480$

1 より，240 と 252 の最大公約数は 12，最小公倍数は 5040 だから，その積は，

$12\times5040=60480$

よって，**240 と 252 の積は，最大公約数と最小公倍数の積に等しい。**

3 あめが 60 個，ラムネが 30 個，チョコレートが 45 個あります。いくつかの袋(ふくろ)に，あめ，ラムネ，チョコレートが，それぞれ同じ数ずつはいり，余りがないようにこれらを分けます。できるだけたくさんの袋をつくろうとすると，袋の数はいくつになるでしょうか。

ガイド 60，30，45 の最大公約数が，求める袋の数になります。それぞれの数を素因数分解して，共通してふくまれている数から最大公約数を考えます。

解答 袋の数は，60，30，45 の最大公約数となる。

$60=2\times2\times3\times5$
$30=2\times3\times5$
$45=3\times3\times5$
最大公約数 $3\times5=15$

少なくとも 2 つに共通な約数でわる。

3)	60	45	30
5)	20	15	10
2)	4	3	2
	2	3	1

最大公約数 $3\times5=15$
最小公倍数 $3\times5\times2\times2\times3=180$

15 袋

お手玉をつくろう

2章 文字の式　自分から学ぼう編 p.31～32

学習のねらい　日常生活の場面を文字式に表して問題を解決し，文字式のよさについても実感します。

1 留学生の数を x 人として，次の数量を表す式を書きましょう。

(1) たわら型のお手玉の数

(2) ざぶとん型のお手玉の数

(3) たわら型のお手玉とざぶとん型のお手玉の数の合計

ガイド (1) たわら型のお手玉の数は，留学生用に $2x$ 個，見本用に2個です。

(2) ざぶとん型のお手玉の数は，留学生用に x 個，見本用に4個です。

解答 (1) 留学生1人につき2個，見本用に2個なので，

$2\times x+2=2x+2$ (個)　　**$2x+2$ (個)**

(2) 留学生1人につき1個，見本用に4個なので，$x+4$ (個)　　**$x+4$ (個)**

(3) (1)と(2)の式をたします。

$(2x+2)+(x+4)=2x+2+x+4=3x+6$ (個)　　**$3x+6$ (個)**

2 留学生の数を x 人とすると，あずきは何g必要でしょうか。

ガイド 必要なあずきの量は，60×(お手玉の数) (g) です。

解答 **1** より，お手玉の数の合計は，$3x+6$ (個)

お手玉を1個つくるのにあずきは60g必要だから，求めるあずきの量は，

$60(3x+6)=180x+360$ (g)

$180x+360$ (g)

3 留学生の数を x 人として，次の数量を表す式を書きましょう。

(1) たわら型のお手玉をつくるのに必要な布の面積の合計

(2) ざぶとん型のお手玉をつくるのに必要な布の面積の合計

(3) たわら型のお手玉とざぶとん型のお手玉をつくるのに必要な布の面積の合計

ガイド (1)(2) 必要な布の面積は，(お手玉1個分の布の面積)×(お手玉の数) で求めます。

解答 (1) たわら型のお手玉1個をつくるのに必要な布の面積は，

$10\times16=160$ (cm^2)

よって，合計は，

$160(2x+2)=320x+320$ (cm^2)　　**$320x+320$ (cm^2)**

(2) ざぶとん型のお手玉1個をつくるのに必要な布の面積は,

$10 \times 5 \times 4 = 200\ (\mathrm{cm}^2)$

よって,合計は,

$200(x+4) = 200x + 800\ (\mathrm{cm}^2)$

<u>**$200x + 800\ (\mathrm{cm}^2)$**</u>

(3) 両方のお手玉をつくるのに必要な布の面積の合計は,

$(320x+320)+(200x+800)$

$=320x+320+200x+800$

$=520x+1120\ (\mathrm{cm}^2)$ <u>**$520x+1120\ (\mathrm{cm}^2)$**</u>

4

(留学生は15人来ることがわかった。)

お手玉をつくるのに必要な材料について,次の問いに答えなさい。

(1) あずきは何g必要でしょうか。

(2) 布は何cm^2必要でしょうか。

ガイド

(1) **2** で求めた必要なあずきの量を表す式のxに,わかった留学生の人数を代入すれば求められます。

(2) **3** で求めた必要な布の面積を表す式のxに,わかった留学生の人数を代入すれば求められます。

解答

(1) **2** で求めた式 $180x+360$ の x に15を代入すると,

$180 \times 15 + 360 = 3060\ (\mathrm{g})$ <u>**3060 g**</u>

(2) **3** で求めた式 $520x+1120$ の x に15を代入すると,

$520 \times 15 + 1120 = 8920\ (\mathrm{cm}^2)$ <u>**8920 cm^2**</u>

5

(留学生の人数が,15人から13人に変更になった。)

お手玉をつくるのに必要な材料について,次の問いに答えなさい。

(1) あずきは何g必要でしょうか。

(2) 布は何cm^2必要でしょうか。

ガイド

4 と同じようにして求められます。xに13を代入します。

解答

(1) $180x+360$ の x に13を代入すると,

$180 \times 13 + 360 = 2700\ (\mathrm{g})$

<u>**2700 g**</u>

(2) $520x+1120$ の x に13を代入すると,

$520 \times 13 + 1120 = 7880\ (\mathrm{cm}^2)$

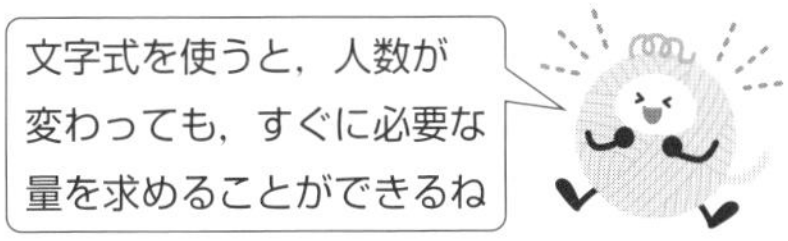

文字式を使うと,人数が
変わっても,すぐに必要な
量を求めることができるね

<u>**7880 cm^2**</u>

おにぎりを売ろう

3章 方程式　自分から学ぼう編 p.33〜34

学習のねらい　身のまわりの問題を，方程式を使って解決します。

1 1日目に売ったおにぎりは何個でしょうか。

ガイド 150×(売ったおにぎりの数)＝(売り上げ) です。
売ったおにぎりを x 個として，方程式に表して考えます。

解答 売ったおにぎりを x 個とすると，1日目の売り上げは21000円だったから，

$$150x=21000$$
$$x=140$$

この解は問題にあっている。　**140個**

2 2日目に売れ残ったおにぎりは何個でしょうか。

ガイド 売れ残ったおにぎりを x 個とすると，売れたおにぎりは $200-x$ (個)，売り上げは，21000円より4500円多い金額です。

解答 売れ残ったおにぎりを x 個とすると，

$$150(200-x)=21000+4500$$

両辺を150でわって，

$$200-x=140+30$$
$$-x=-30$$
$$x=30$$

この解は問題にあっている。　**30個**

3 3日目の残り50個のおにぎりは，もとの値段よりも何円値下げして売ったでしょうか。

ガイド もとの値段より x 円値下げしたとすると，150円で売ったおにぎりは $200-50=150$ (個)，$150-x$ (円) で売ったおにぎりは50個です。

解答 残り50個のおにぎりを，もとの値段より x 円値下げして売ったとすると，

$$150\times150+50(150-x)=21000+7500$$

両辺を50でわって，

$$3\times150+(150-x)=420+150$$
$$450+150-x=570$$
$$-x=-30$$
$$x=30$$

この解は問題にあっている。　**30円**

4

4日目は，3個セットを何セット用意したでしょうか。

ガイド **3個セットをxセット用意したとすると，3個セットの値段は 150×3−20=430 (円)，全部のおにぎりは 230 個だから，1個ずつ売ったおにぎりは 230−3x (個) です。**

解答 3個セットの値段は，150×3−20=430 (円)

3個セットをxセット用意したとすると，

$$430x+150(230-3x)=34000$$

両辺を 10 でわって，

$$43x+15(230-3x)=3400$$
$$43x+3450-45x=3400$$
$$-2x=-50$$
$$x=25$$

この解は問題にあっている。　**25 セット**

参考 3個セットを 25 セット用意したとすると，

1個ずつ売ったおにぎりは，230−3×25=155 (個) だから，

売り上げは，430×25+150×155=34000 (円) になります。

したがって，これは問題にあっています。

5

5日目は，2個セットと3個セットを，それぞれ何セット用意したでしょうか。

ガイド **2個セットと3個セットをそれぞれxセット用意したとすると，2個セット，3個セット，1個ずつのおにぎりの売れた数は，それぞれxセット，x−5 (セット)，50 個です。**

解答 2個セットと3個セットを，それぞれxセット用意したとすると，

$$290x+430(x-5)+150\times 50=34150$$

両辺を 10 でわって，

$$29x+43(x-5)+15\times 50=3415$$
$$29x+43x-215+750=3415$$
$$72x=2880$$
$$x=40$$

この解は問題にあっている。　**40 セット**

参考 2個セットと3個セットを 40 セットずつ用意したとすると，

2個セット，3個セットの売れた数は，それぞれ 40 セットと 35 セットだから，

売り上げは，290×40+430×35+150×50=34150 (円) になります。

したがって，これは問題にあっています。

発展 数学Ⅰ

不等式

3章 方程式

自分から学ぼう編 p.33~34

学習のねらい

不等式の性質について学習し，その性質を使ったり移項したりして等式と同じように不等式を解くことで，方程式についての理解を深めます。

教科書のまとめ

□不等式の性質

❶ $A<B$ ならば，$A+C<B+C$

❷ $A<B$ ならば，$A-C<B-C$

❸ $A<B$，$C>0$ ならば，$A\times C<B\times C$，$A\div C<B\div C$

❹ $A<B$，$C<0$ ならば，$A\times C>B\times C$，$A\div C>B\div C$

1

次の不等式を，上の性質を使って解きましょう。

(1) $2x+3<9$　　(2) $-3x+4>13$

ガイド (2) 不等式の性質で，❹は不等号の向きが変わることに注意します。

解答

(1)

$2x+3<9$

$2x+3-3<9-3$ ❷

$2x<6$

$2x\div2<6\div2$ ❸

$\boldsymbol{x<3}$

(2)

$-3x+4>13$

$-3x+4-4>13-4$ ❷

$-3x>9$

$-3x\div(-3)<9\div(-3)$ ❹

$\boldsymbol{x<-3}$

2

次の不等式を，移項して解きましょう。

(1) $5x-1<3x+7$　　(2) $1-4x>4x-3$

ガイド 等式のときと同じように，移項して左辺を文字の項だけにします。

解答

(1)

$5x-1<3x+7$

$5x-3x<7+1$ 移項する。

$2x<8$

$\boldsymbol{x<4}$ ❸

(2)

$1-4x>4x-3$

$-4x-4x>-3-1$ 移項する。

$-8x>-4$

$\boldsymbol{x<\frac{1}{2}}$ ❹

参考

❓ ①の x に，いろいろな値を代入して，不等式が成り立つかどうかを調べてみよう。

$x+2<10$ ……①

(解答例) $x=-8$ のとき，$-8+2<10$ …… 成り立つ。

$x=8$ のとき，$8+2<10$ …… 成り立たない。

いろいろな値を代入すると，$x<8$ のときに成り立つことがわかる。

❓ 等式の性質とくらべて，違(ちが)うところはどこかな。

(解答例) 不等式の性質の❹で，両辺に負の数をかけたり，負の数でわったりすると，不等号の向きが変わるところが違う。

緊急地震速報

学習のねらい

地震の初期微動（P波）と主要動（S波）の進む時間と距離について比例の式に表し，その式を使って実際の到達時間などを求めることを学習します。

1

地震が発生してからx秒間に，P波やS波の進む距離をy kmとします。
P波とS波のそれぞれについて，xとyの関係を式に表しましょう。

ガイド 道のり＝速さ×時間 を使います。P波の速さは約7 km/s，S波の速さは約4 km/sです。

解答 P波…$\boldsymbol{y=7x}$，S波…$\boldsymbol{y=4x}$

2

地震の発生時刻は，何時何分何秒ごろと推測できるでしょうか。P波が気仙沼に到達するまでにかかる時間をもとに考えましょう。

ガイド 気仙沼の震源からの距離は153 kmです。これをP波の式に代入して，かかる時間を求めます。

解答 P波が気仙沼に到達するまでにかかる時間は，$y=7x$ に $y=153$ を代入すると，

$153=7x$　　$x=21.8\cdots$　　より，約22秒である。

よって，地震の発生時刻は，P波が気仙沼に到達した午後2時46分42秒の約22秒前である。

午後2時46分20秒ごろ

3

S波が一関舞川に到達するまでにかかる時間は約何秒でしょうか。

ガイド 一関舞川の震源からの距離は173 kmです。これを，S波の式に代入します。

解答 S波の式 $y=4x$ に $y=173$ を代入すると，

$173=4x$　　$x=43.25$

約43秒

4

S波が一関舞川に到達するのは，何時何分何秒ごろと推測できるでしょうか。

解答 地震発生時刻の午後2時46分20秒ごろの約43秒後に，S波が一関舞川に到達する。

午後2時47分3秒ごろ

5

ほかの地点では，S波が到達したのは，何時何分何秒ごろと推測できるでしょうか。
下の地図（省略）から読みとり，考えてみましょう。（一部省略）

ガイド まず，**3** と同じように考えて，それぞれの到達するまでにかかる時間を求めます。

解答

宮城丸森　$185=4x$　　$x=46.25$ より，約46秒後。　**午後2時47分6秒ごろ**

川渡　$199=4x$　　$x=49.75$ より，約50秒後。　**午後2時47分10秒ごろ**

岩手大迫　$206=4x$　　$x=51.5$ より，約52秒後。　**午後2時47分12秒ごろ**

ランドルト環

4章 変化と対応　自分から学ぼう編 p.39〜40

学習のねらい　視力検査に使うランドルト環（かん）について，距離（きょり）と視力や，環の大きさと視力に比例や反比例の関係があることを知り，問題を解決します。

距離と視力の関係

1　図1のランドルト環から何m離（はな）れたところからすき間が判別できれば，1.5の視力があるといえるでしょうか。また，0.1の視力の場合はどうですか。

図1

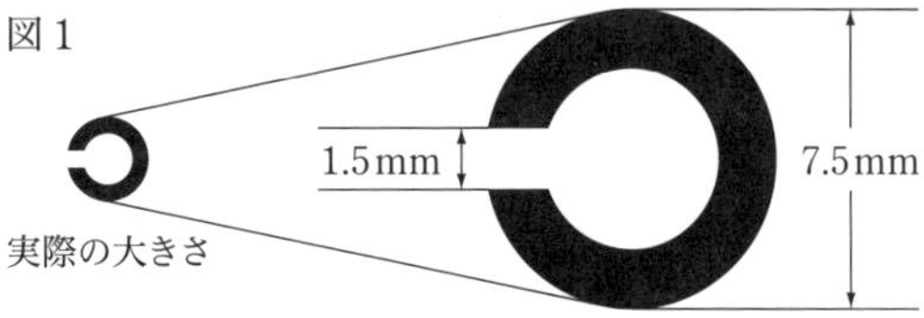

ガイド　距離 x m と視力 y の関係を表す式 $y=\frac{1}{5}x$ に $y=1.5$ や $y=0.1$ を代入して，対応する x の値を求めます。

解答
- 視力1.5の場合

$y=\frac{1}{5}x$ に $y=1.5$ を代入すると，

$1.5=\frac{1}{5}x$　　$x=7.5$　　**7.5 m 離れたところ**

- 視力0.1の場合

$y=\frac{1}{5}x$ に $y=0.1$ を代入すると，

$0.1=\frac{1}{5}x$　　$x=0.5$　　**0.5 m 離れたところ**

2　2.0の視力の人が，このランドルト環から離れてすき間を判別できる距離は，1.0の視力の人の何倍でしょうか。

ガイド　視力は，1.0 $\xrightarrow{2倍}$ 2.0
視力が2倍になると，ランドルト環までの距離は何倍になるかを考えます。

解答　視力 y は距離 x m に比例するから，視力が2倍になると，距離も2倍になる。

2倍

環の大きさと視力の関係

3　x と y の関係を式に表しましょう。

ガイド　xy が一定だから，x と y は反比例の関係です。$y=\frac{a}{x}$ として，a の値を求めます。

解答 比例定数を a とすると，$y=\dfrac{a}{x}$

$x=15$ のとき $y=0.1$ だから，

$0.1=\dfrac{a}{15}$　　$a=1.5$　　　　**$y=\dfrac{1.5}{x}$**

---

4 何 mm のランドルト環のすき間が判別できるとき，1.5 の視力があるといえるでしょうか。

❓ ほかの視力の場合はどうなるかな。

ガイド すき間 x mm と視力 y の関係を表す式 $y=\dfrac{1.5}{x}$ に $y=1.5$ を代入して，x の値を求めます。

解答 $y=\dfrac{1.5}{x}$ に $y=1.5$ を代入すると，

$1.5=\dfrac{1.5}{x}$

$x=1.5\div1.5=1$　　　　**1 mm のすき間が判別できるとき**

❓（例）• 視力 2.0 の場合

$y=\dfrac{1.5}{x}$ に $y=2.0$ を代入すると，$2.0=\dfrac{1.5}{x}$　　$x=1.5\div2.0=0.75$

0.75 mm のすき間が判別できるとき

• 視力 1.0 の場合

$y=\dfrac{1.5}{x}$ に $y=1.0$ を代入すると，$1.0=\dfrac{1.5}{x}$　　$x=1.5\div1.0=1.5$

1.5 mm のすき間が判別できるとき

---

5 2.0 の視力の人が判別できるすき間の幅（はば）は，1.0 の視力の人の何倍ですか。

ガイド 視力が 2 倍になると，すき間の幅は何倍になるかを考えます。

解答 視力 y はすき間の幅 x mm に反比例するから，視力が 2 倍になると，すき間の幅は

$\dfrac{1}{2}$ 倍になる。　　　　**$\dfrac{1}{2}$ 倍**

参考 ❓ これらの関係のほかに，ランドルト環と視力にはどのような関係があるかな。

外側の円の直径などに着目して考えよう。

（解答例）外側の円の直径を x mm，視力を y としたとき，下の表のように反比例の関係になる。

x	75	37.5	25	18.75	15	12.5
y	0.1	0.2	0.3	0.4	0.5	0.6

移動を使って面積を求める

5章 平面図形　自分から学ぼう編 p.41〜42

学習のねらい　5章で学んだ平行移動，回転移動，対称移動を使って，複雑な形の面積を，求めやすい形に変えて求めることを学習します。

1　下の図の色のついた部分の面積を求めましょう。

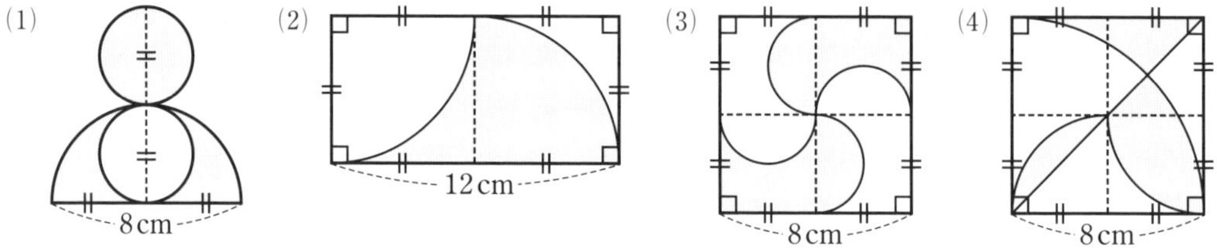

❓ どのように移動して，考えたのかな。

ガイド　平行移動，回転移動，対称移動を使って，面積を求めやすい形に変形します。

解答　(1)　右のように変形すると，半径 4 cm の半円になる。

$\frac{1}{2}\times\pi\times4^2=8\pi$

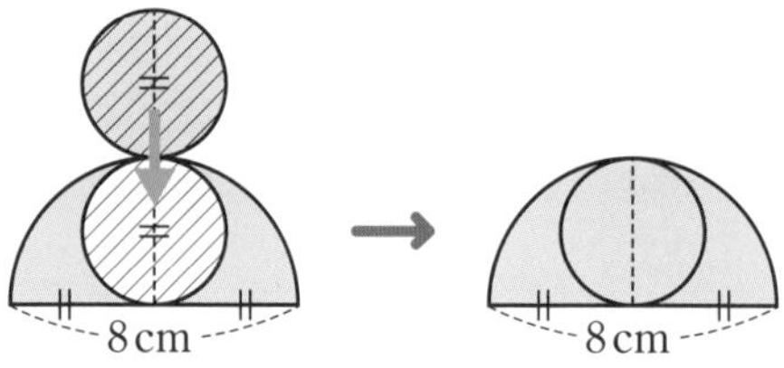

8π cm²

❓ 平行移動した。

(2)　右のように変形すると，1辺 6 cm の正方形になる。

$6\times6=36$

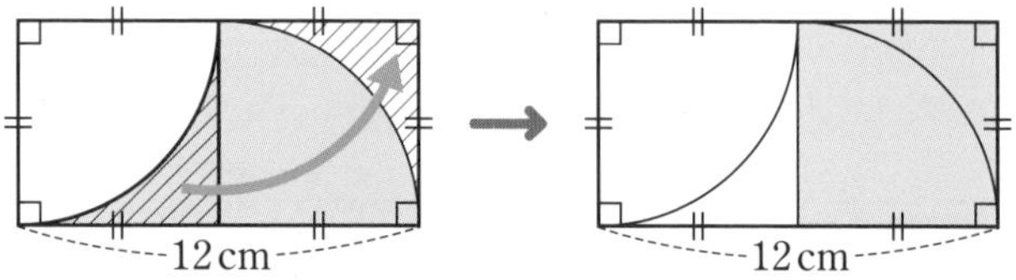

36 cm²

❓ 回転移動した。

(3)　右のように変形すると，縦 8 cm 横 4 cm の長方形になる。

$8\times4=32$

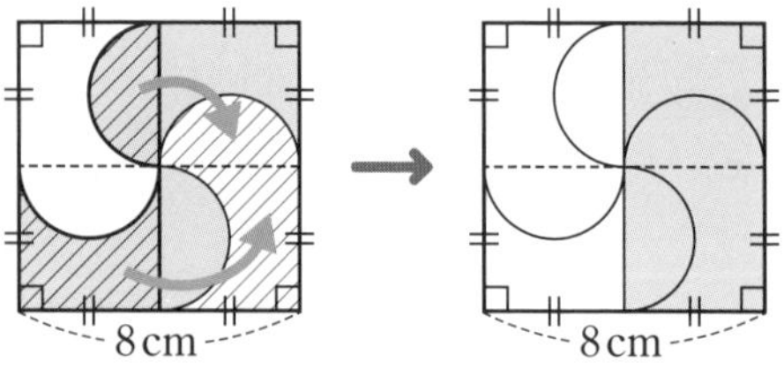

32 cm²

❓ 回転移動した。

(4)　右のように変形すると，半径 4 cm の半円になる。

$\frac{1}{2}\times\pi\times4^2=8\pi$

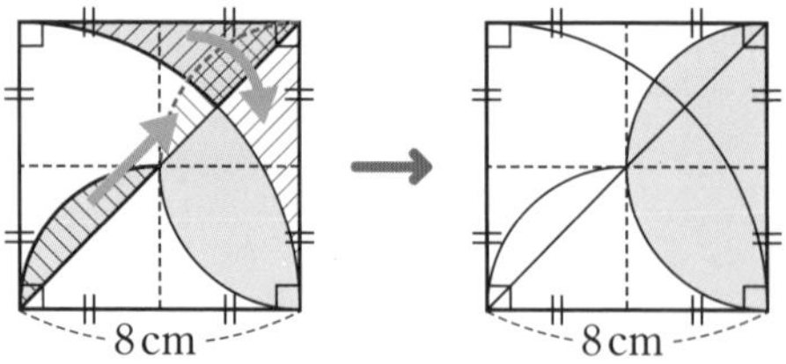

8π cm²

❓ 平行移動，対称移動した。

おうぎ形の面積

学習のねらい

教科書 173 ページでは，おうぎ形の面積を中心角を求めて計算しましたが，ここでは，半径と弧(こ)の長さだけからおうぎ形の面積を求める公式を学習します。

教科書のまとめ

□おうぎ形の面積

▶半径 r，弧の長さ ℓ のおうぎ形の面積を S とすると，

$$S=\frac{1}{2}\ell r$$

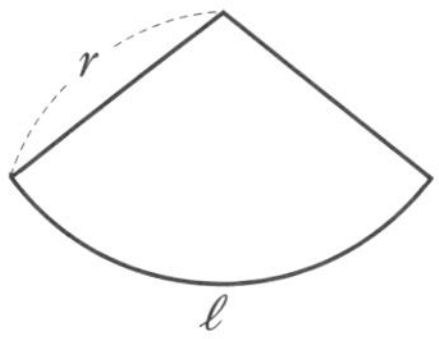

三角形の面積

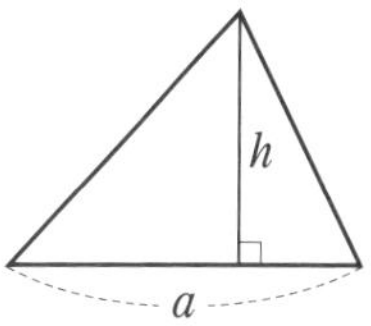

$$S=\frac{1}{2}ah$$

1

次のようなおうぎ形の面積と弧の長さを求めましょう。

(1) 半径 10 cm，弧の長さ 4π cm のおうぎ形の面積

(2) 半径 3 cm，面積 $6\pi\text{cm}^2$ のおうぎ形の弧の長さ

ガイド $S=\frac{1}{2}\ell r$ を利用します。

解答

(1) $S=\frac{1}{2}\times4\pi\times10=20\pi$　　**20π cm²**

(2) 弧の長さを ℓ cm とすると，

$$6\pi=\frac{1}{2}\times\ell\times3$$

これを解くと，$\ell=4\pi$　　**4π cm**

参考 教科書 173 ページの方法で求めると，次のようになります。

(1) 半径 10 cm の円の周の長さは 20π cm だから，このおうぎ形の中心角を $x°$ とすると，(おうぎ形の弧の長さ)：(円の周の長さ)＝(中心角の大きさ)：360 より，

$4\pi:20\pi=x:360$

$20\pi x=4\pi\times360$　　$x=72$

よって，このおうぎ形の面積は，$\pi\times10^2\times\frac{72}{360}=20\pi\ (\text{cm}^2)$

(2) 半径 3 cm の円の面積は $9\pi\ \text{cm}^2$ だから，このおうぎ形の中心角を $x°$ とすると，(おうぎ形の面積)：(円の面積)＝(中心角の大きさ)：360 より，

$6\pi:9\pi=x:360$

$9\pi x=6\pi\times360$　　$x=240$

よって，このおうぎ形の弧の長さは，$2\pi\times3\times\frac{240}{360}=4\pi\ (\text{cm})$

「ヒンメリ」をつくろう

6章 空間図形　自分から学ぼう編 p.43～44

学習のねらい

正多面体が5種類しかないことは教科書181ページで紹介していますが，ここでは，その面の形や，頂点，辺，面の数を調べ，さらに見方をひろげます。

教科書のまとめ

□正多面体

▶多面体のうち，すべての面が合同な正多角形で，どの頂点に集まる面の数も等しく，へこみのないものを正多面体といいます。

1つの面が正三角形 … 正四面体，正八面体，正二十面体

1つの面が正方形　 … 正六面体（立方体）

1つの面が正五角形 … 正十二面体

1

正四面体の1つの頂点のまわりには，正三角形がいくつ集まっているでしょうか。

また，正八面体，正二十面体ではどうでしょうか。

❓ 1つの頂点のまわりに，正三角形が6個集まる正多面体がないのは，なぜかな。

ガイド 見取図や展開図を見て，1つの頂点のまわりに正三角形がいくつあるか調べます。

解答 正四面体… **3個**，正八面体… **4個**，正二十面体… **5個**

❓ 1つの頂点に正三角形が6個集まると，角の和は，$60°\times6=360°$ だから，平面になり，正多面体の頂点とならない。したがって，1つの頂点のまわりに，正三角形が6個集まる正多面体はない。

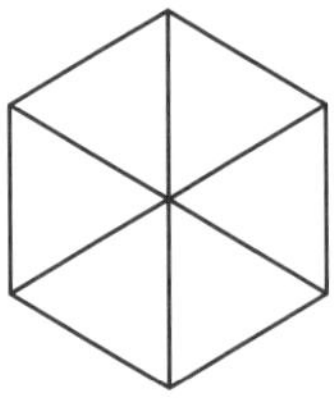

2

正十二面体の辺の数と頂点の数を，けいたさんとかりんさんは次のようにして求めました。

それぞれ，どのように考えたのか説明しましょう。

（けいた）

> 辺の数は
> 　$5\times12\div2=30$（本）
> になります。

（かりん）

> 頂点の数は
> 　$5\times12\div3=20$（個）
> になります。

ガイド 1つの面の辺の数，頂点の数をもとに説明します。

解答例

- けいた（辺の数）　正十二面体の1つの面は正五角形だから，辺の数は5本。面が12個あるのだから，すべての辺の数は，$5\times12=60$（本）　1つの辺は2つの面で共有していて，これは2重に数えていることになるから，正十二面体の辺の数は，$60\div2=30$（本）
- かりん（頂点の数）　正十二面体の1つの面は正五角形だから，頂点の数は5個。面が12個あるのだから，すべての頂点の数は，$5\times12=60$（個）　1つの頂点は3つの面で共有していて，これは3重に数えていることになるから，正十二面体の頂点の数は，$60\div3=20$（個）

3

5つの正多面体について，面の形と，頂点，辺，面のそれぞれの数を調べて，下の表にまとめましょう。(表は省略)

❓ 5つの正多面体について，それぞれ，頂点の数－辺の数＋面の数 を求めると，どんなことがわかるかな。

ガイド 辺の数，頂点の数は，それぞれ，けいたさん，かりんさんが考えた方法で求めてみましょう。辺の数はどれも ÷2 で求められますが，頂点の数は，÷（1つの頂点に集まる面の数）になります。
ただし，正四面体，正六面体は，見取図や，これまでに学んだことからわかります。

解答 正八面体　頂点の数…3×8÷4　辺の数…3×8÷2
正二十面体　頂点の数…3×20÷5　辺の数…3×20÷2

	面の形	頂点の数	辺の数	面の数
正四面体	正三角形	4	6	4
正六面体	**正方形**	**8**	**12**	6
正八面体	**正三角形**	**6**	**12**	8
正十二面体	**正五角形**	**20**	**30**	12
正二十面体	**正三角形**	**12**	**30**	20

❓ 頂点の数－辺の数＋面の数
正四面体… 4－6＋4＝2
正六面体… 8－12＋6＝2
正八面体… 6－12＋8＝2
正十二面体… 20－30＋12＝2
正二十面体… 12－30＋20＝2
いずれも，頂点の数－辺の数＋面の数＝2 となる。

4

上の図1(省略)のヒンメリは，次のような構成になっています。

- 1段目…1辺が5cmの正二十面体を1個
- 2段目…1辺が3.5cmの正八面体を5個
- 3段目…1辺が4cmの正四面体を5個

3種類の長さのストローは，それぞれ，何本必要でしょうか。

ガイド 3 の表を見て，それぞれの正多面体の辺の数から考えます。

解答 ストローは，それぞれの正多面体の辺の数だけ必要となる。
3 より，正二十面体，正八面体，正四面体の辺の数はそれぞれ30，12，6本。
正二十面体は1個だから，必要な5cmのストローは，30×1＝**30**(本)
正八面体は5個だから，必要な3.5cmのストローは，12×5＝**60**(本)
正四面体は5個だから，必要な4cmのストローは，6×5＝**30**(本)

ヒストグラムを観察しよう

7章 データの活用　自分から学ぼう編 p.45〜46

学習のねらい

ヒストグラムの山の形に着目して，山の頂点が複数ある場合について考えます。性質が異なるグループがふくまれていると考えて，条件で分類すると，分布のようすが見えてくることを学習し，ヒストグラムについての理解を深めます。

教科書のまとめ

□分布の形と代表値

▶図1のように，ヒストグラムがほぼ左右対称な山の形になっている場合には，平均値，中央値，最頻値（さいひんち）はすべて近い値になります。

図1

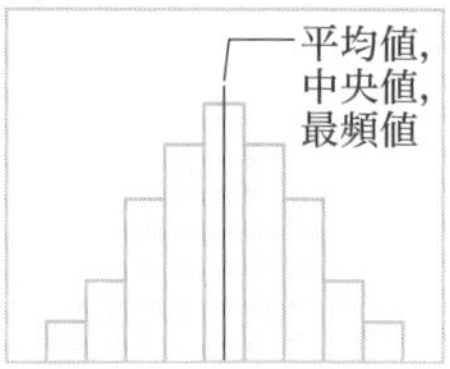

▶図2のように左に長くすそをひく形になっている場合や，図3のように右に長くすそをひく形になっている場合，平均値，中央値，最頻値は違（ちが）った値になります。

図2

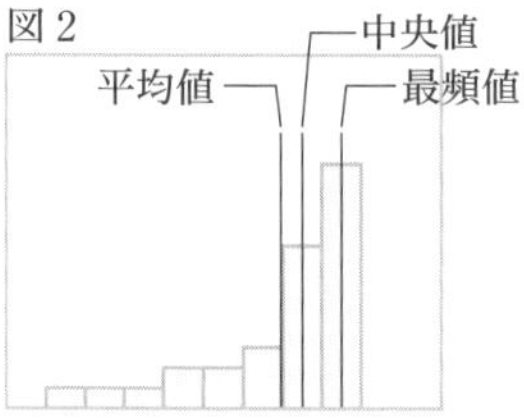

図3

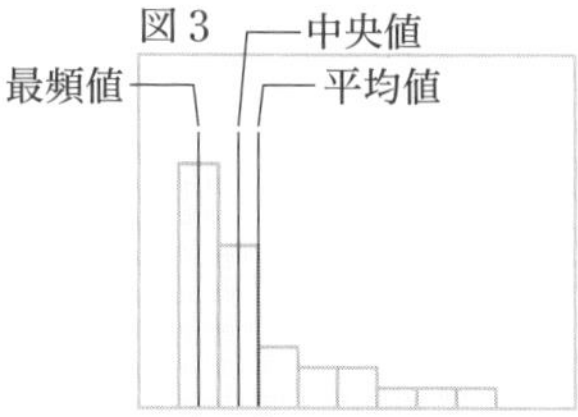

▶このようなことから，代表値を使ってデータの傾向（けいこう）を読みとったり，判断したりする場合には，どの代表値を使えばよいのかを考えることがたいせつです。

1 このヒストグラムや平均値，中央値，最頻値から，どのようなことを読みとることができるでしょうか。

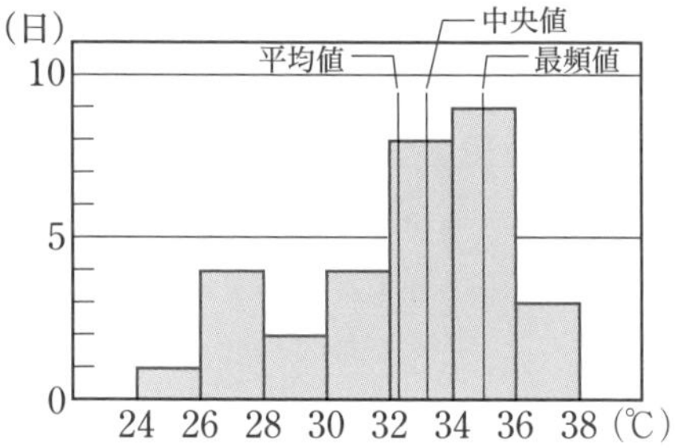

ガイド ヒストグラムの山の形を見たり，平均値，中央値，最頻値の大きさをくらべたりします。

解答例

- 山の頂点が2つある。
- 最頻値よりも，平均値や中央値が小さくなっている。
- 1か月のデータのわりに，範囲が大きい。(10度以上ある。)

2 けいたさんがかいたそれぞれのヒストグラムや平均値，中央値，最頻値から，どのようなことを読みとることができるでしょうか。

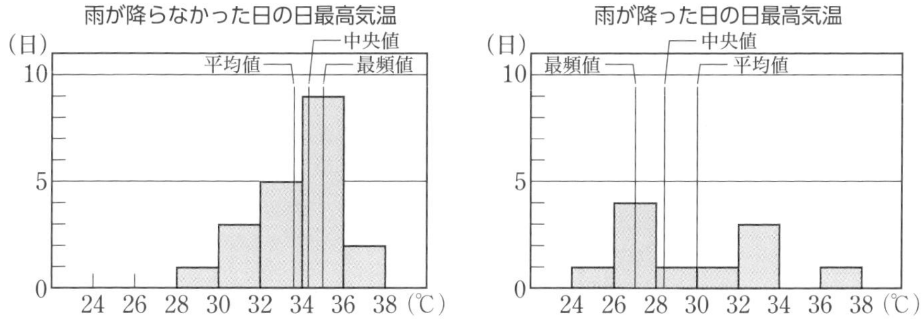

ガイド 場合分けをしてかいたそれぞれのヒストグラムの山の形や，平均値，中央値，最頻値の位置に着目して考えます。

解答例
- 雨が降らなかった日の日最高気温の分布は，右にかたよっていて，34°C 以上 36°C 未満の日がもっとも多い。
- 雨が降らなかった日は，平均値，中央値，最頻値が近くに集まっている。
- 雨が降った日の日最高気温は，雨が降らなかった日の日最高気温よりも散らばっている。
- 雨が降った日は，平均値，中央値，最頻値も散らばった値になっている。

3 かりんさんがかいたそれぞれのヒストグラムや平均値，中央値，最頻値から，どのようなことを読みとることができるでしょうか。

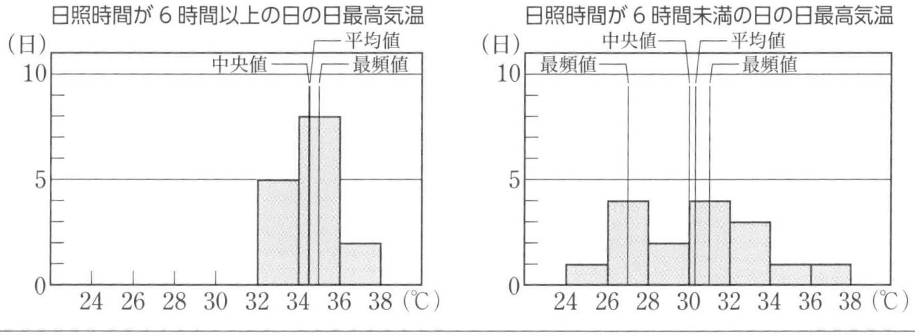

ガイド 場合分けをしてかいたそれぞれのヒストグラムの山の形や平均値，中央値，最頻値の位置は，まったく異なっています。

解答例
- 日照時間が 6 時間以上の日の日最高気温は，平均値に近い値に集まっていて，34°C 以上 36°C 未満の日がもっとも多い。
- 日照時間が 6 時間未満の日の日最高気温は，日照時間が 6 時間以上の日の日最高気温よりも散らばっている。
- 日照時間が 6 時間未満の日の平均値と中央値は近い値になっているが，最頻値は中央値の左右に 1 つずつある。

自分から学ぼう編
学びをいかそう

少子高齢化している国は？

7章　データの活用　自分から学ぼう編 p. 47〜50

学習のねらい

調べたいことを決めてデータを集め，相対度数や累積相対度数を求めたり，それをグラフに表したりして，データの傾向や特徴を調べます。それにより，データの活用についての理解をいっそう深めます。

教科書のまとめ

□累積相対度数を表すグラフ

▶累積相対度数をグラフに表すと，ある階級までのデータの割合を読みとるのに便利です。

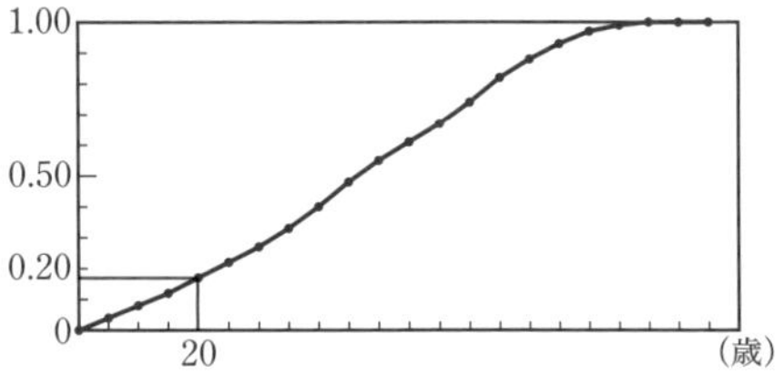

1

整理した表やグラフから，どのようなことを読みとることができるでしょうか。
(表，図１は省略)

図２　累積相対度数

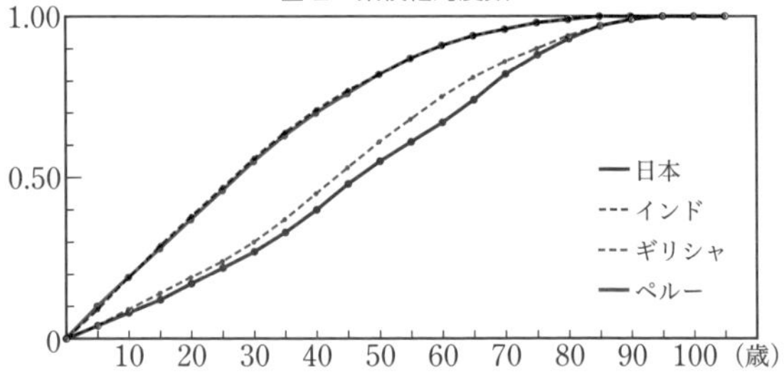

ガイド 累積相対度数を表すグラフで，20 歳未満の人口の割合に着目して，4 つの国の違いを考えます。

解答例 累積相対度数のグラフで，全体の人口に対する 20 歳未満の人口の割合を読みとると，日本とギリシャは約 20％，インドとペルーは約 40％である。
このことから，ギリシャでは，日本と同じように少子化が進んでいると考えられる。

2

読みとったことについて疑問を持ったことや，さらに調べてみたいことがあれば，続けて考えましょう。

ガイド 表やグラフを見て，わからないことや，疑問に思ったことなどについて，けいたさんのように調べてみましょう。調べた結果は，表やグラフを使って，レポートにまとめます。

解答 省略

参考 さまざまな国の人口について考える場合に，小学校で学習した「人口ピラミッド」がよく用いられます。人口ピラミッドは，男女別，年齢別（5 歳きざみが多い）の人口の人数，または割合をヒストグラムに表したものです。
主な形として，「富士山型」「ピラミッド型」「釣り鐘型」「つぼ型」等があり，少子高齢化している国では，「釣り鐘型」から「つぼ型」になっていくと考えられます。

レポート例

少子高齢化している国について

○年○月○日
○年○組　○○○○○

1. 調べたいこと

「学びをいかそう」のけいたさんの調査を見て，少子高齢化している国について，さらにくわしく知りたいと思いました。そこで，同じように少子高齢化している国について，何か違いがあるかを調べてみることにしました。

2. データの収集

総務省のホームページから，次のようなデータを見つけて，これをもとに，相対度数や累積相対度数を表すグラフにまとめました。

国	人口(千人)									
	0歳以上～5歳未満	5～10	10～15	15～20	20～25	25～30	30～35	35～40	40～45	45～50
日本	4838	5185	5392	5907	6330	6223	6937	7694	9093	9667
イタリア	2324	2671	2857	2876	2943	3161	3366	3633	4189	4833
ドイツ	4058	3822	3811	4119	4553	4824	5442	5430	5060	5184

国	50～55	55～60	60～65	65～70	70～75	75～80	80～85	85～90	90～95	95～100	100～
日本	8360	7651	7592	9368	8234	6932	5347	3514	1675	440	69
イタリア	4908	4659	3954	3532	3392	2637	2302	1397	640	172	16
ドイツ	6681	6807	5821	4823	3834	3638	3259	1635	759	205	20

(総務省統計局　世界の統計 2020)

少子高齢化している国の中では，各階級の相対度数にあまり大きな違いがなかったので，グラフに表したときにわかりやすくなるように，相対度数を小数第３位まで求めました。

3. データの整理

図１　相対度数

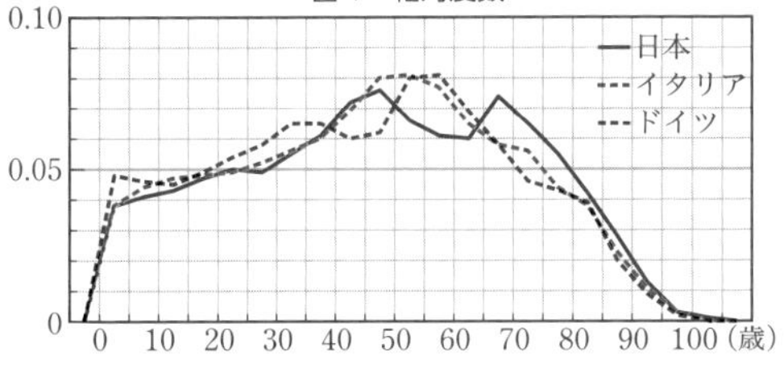

図２　累積相対度数

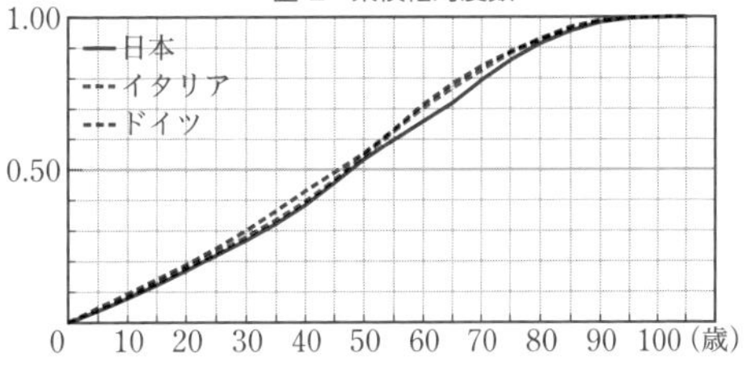

4. 結論

図１を見ると，日本のグラフは山が２つあり，イタリアとドイツより少し右寄りになっています。また，図２から，65 歳未満の人口の割合が，日本は約 72％ですが，イタリアとドイツは 80％に近いので，日本は他の２つの国よりさらに高齢者が多い，つまり高齢化が進んでいるといえます。

日本より高齢化が進んでいる国があるのか，今後，調べてみたいと思いました。

プログラミングで模様をつくろう

自分から学ぼう編 p. 51〜52

学習のねらい

命令を組み合わせたプログラムを使って，模様をつくることを学習します。

教科書のまとめ

□プログラム

▶命令を組み合わせたものを，プログラムといいます。例えば，下のような4つの命令を組み合わせて，空欄(くうらん)に入れる数を変えることで，点Oから2 cm 上の位置においたつむぎを使って，模様1 や 模様3 をつくることができます。

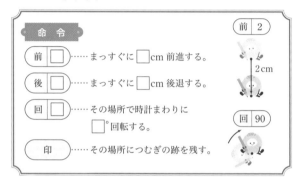

命令

- 前 □ ……まっすぐに□cm 前進する。
- 後 □ ……まっすぐに□cm 後退する。
- 回 □ ……その場所で時計まわりに□°回転する。
- 印 ……その場所につむぎの跡を残す。

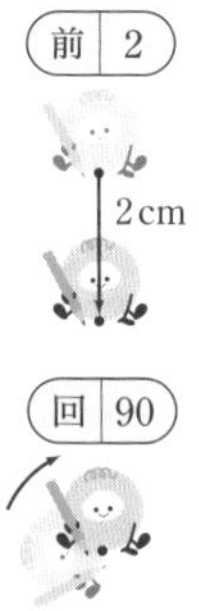

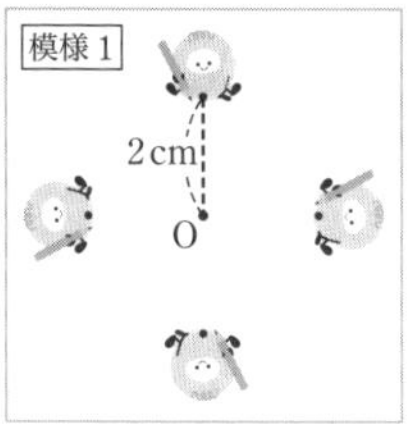

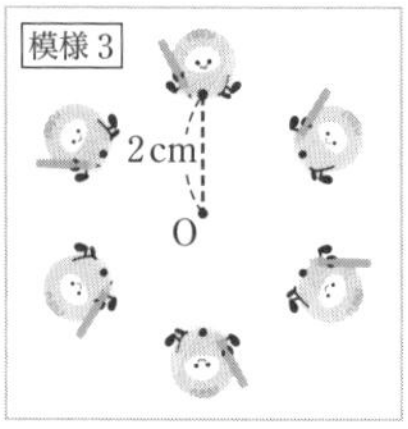

1 かりんさんは，右のようなプログラムを考えて実行しましたが，模様2 のようになってしまいました。模様1 をつくるためには，右のプログラムのどこをなおせばよいでしょうか。(プログラム，模様2は省略)

ガイド 図1のつむぎの跡(あと)を残すにはどうすればよいかを考えます。

解答 例えば，次の **P1** または **P2** のようにプログラムをなおせばよい。

P1 はじめに 印 を命令してから，かりんさんが考えたプログラムを実行する。

P2 かりんさんが考えたプログラムの最後に，

→ 前 2 → 回 90 → 後 2 → 印 を実行する。

2 けいたさんは，かりんさんが考えたプログラムを見ていると，同じ命令がくり返されていることに気づき，次のように，模様1 をつくるプログラムをまとめました。
次の空欄にあてはまる数を求めましょう。(プログラムは省略)

ガイド **1** の **P2** のように考えると，同じ命令をくり返すことで 模様1 をつくることができます。

解答 前 2 → 回 90 → 後 2 → 印 → を 4 回くり返す。

3

2 と同じように考えて，下の 模様3 をつくるプログラムを考えます。次の空欄にあてはまる数を求めましょう。(プログラム，模様3は省略)

ガイド 点Oを中心として6個のつむぎの跡を残すには，何度ずつ回転すればよいか考えます。

解答 360°÷6＝60° より，60度ずつ6回，回転すればよい。

(前 2) → (回 60) → (後 2) → (印) → を 6 回くり返す。

4

次の(1)，(2)のプログラムを実行すると，それぞれ，下の㋐～㋒のどの模様ができるでしょうか。㋐～㋒にある □ は，点Oから2cm上の位置を表しています。(プログラム，模様は省略)

❓ 選ばれなかった模様は，どんなプログラムでつくることができるかな。

解答 (1) 最初の (印) で，図Ⅰの Ⓐ の位置，2番目の (印) で Ⓑ の位置につむぎの跡を残す。これを4回くり返すと，㋒の模様になる。

㋒

図Ⅰ

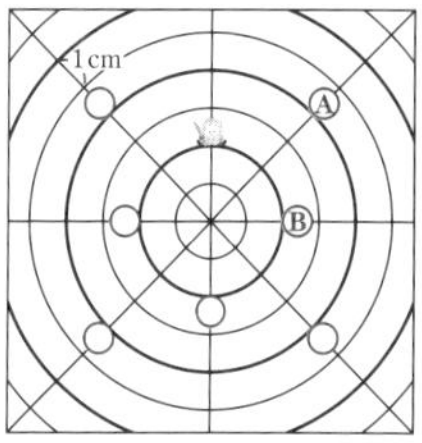

(2) 最初の (印) で，図Ⅱの Ⓒ の位置，2番目の (印) で Ⓓ の位置，2回目の最初の (印) で Ⓔ の位置につむぎの跡を残す。これをくり返すので，㋐の模様になる。

㋐

図Ⅱ

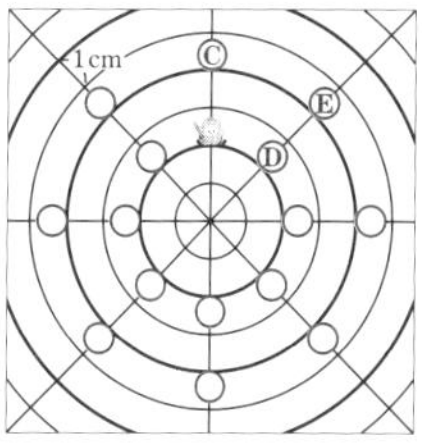

❓ (例) ㋑の模様は，次のようなプログラムでつくることができる。

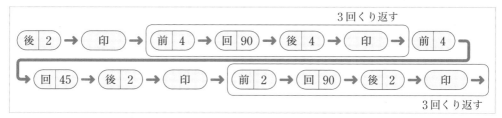

(後 2) → (印) → [(前 4) → (回 90) → (後 4) → (印) → 3回くり返す] (前 4) → (回 45) → (後 2) → (印) → [(前 2) → (回 90) → (後 2) → (印) → 3回くり返す]

5

(前 □)，(後 □)，(回 □)，(印) を組み合わせたり，くり返したりして，いろいろな模様をつくるプログラムを考えましょう。

解答例 下のようなプログラムで右の模様をつくることができる。

(前 2) → (回 120) → (後 2) → (印) → を 3 回くり返す。

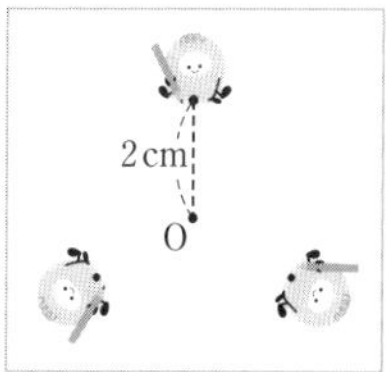

自分から学ぼう編 学びをいかそう

社会見学にいこう－回転焼きができるまで－ 3, 4, 5章

自分から学ぼう編 p.53～56

回転焼きクイズ!

1 2700kg のあずきを収穫(しゅうかく)したいとき，種は何 kg まけばよいでしょうか。

❶27kg ❷270kg ❸2700kg

2 あんこをたく釜(かま)の体積は，どのくらいでしょうか。

❶約 0.3m^3 ❷約 0.4m^3 ❸約 0.5m^3

3 回転焼きの皮の生地(きじ)をつくるとき，小麦粉を4kg 使うとしたら，水あめを何 g 混ぜればよいでしょうか。

❶5g
❷500g
❸5000g

4 回転焼きを真上から見たとき，直径は何 cm になるでしょうか。55 ページの図1に作図して求めましょう。

❶7cm ❷7.5cm ❸8cm ➡ 参考 円の中心を求める

5 回転焼き 100 個を，3 個入りの箱と 7 個入りの箱に分けました。3 個入りの箱と 7 個入りの箱はあわせて 16 箱あります。3 個入りの箱は，何箱あるでしょうか。

❶3 箱 ❷10 箱 ❸12 箱

1

ガイド 「あんこの正体」を見て，何 kg の種から何 kg のあずきが収穫できるか調べます。

解答 x kg の種から y kg のあずきが収穫できるとすると，y は x に比例すると考えて，x と y の関係は，$y=ax$ と表すことができる。$x=3$ のとき $y=300$ だから，

$300=3a$　　$a=100$

したがって，$y=100x$

この式に $y=2700$ を代入すると，

$2700=100x$　　$x=27$

27 kg だから，①　　　①

2

ガイド 「けいたさんメモ」の図から，釜の体積を求めます。π に 3.14 を代入して，およその体積を数値で求めましょう。

解答 釜は，円柱と半球を組み合わせた形になっている。

円柱部分の体積は，$\pi\times45^2\times50=101250\pi\ (\text{cm}^3)$

半球部分の体積は，$\frac{4}{3}\pi\times45^3\div2=60750\pi\ (\text{cm}^3)$

よって，釜の体積は，$101250\pi+60750\pi=162000\pi\ (\text{cm}^3)$

π を 3.14 とすると，

$$\begin{aligned}162000\pi&=162000\times3.14\ (\text{cm}^3)\\&=508680\ (\text{cm}^3)\\&=0.508680\ (\text{m}^3)\end{aligned}$$

約 $0.5\ \text{m}^3$ だから，③　　　③

3

ガイド 「かりんさんメモ」から，小麦粉と水あめを 8：1 の割合で混ぜることがわかります。

解答 水あめを x g 混ぜるとすると，4 kg＝4000 g だから，

$8:1=4000:x$　　$8x=4000$　　$x=500$

500 g だから，②　　　②

4

ガイド 56 ページの 参考「円の中心を求める」をもとに，弦の垂直二等分線を作図します。

解答 55 ページの図1で，回転焼きのふちの曲線部分にある異なる点を結んで2つの弦をとり，それぞれの垂直二等分線を作図する。その交点が円の中心Oとなるから，半径はOからふちの点までの長さである。
作図した円の半径は4 cmだから，直径は8 cm
よって，③　　③

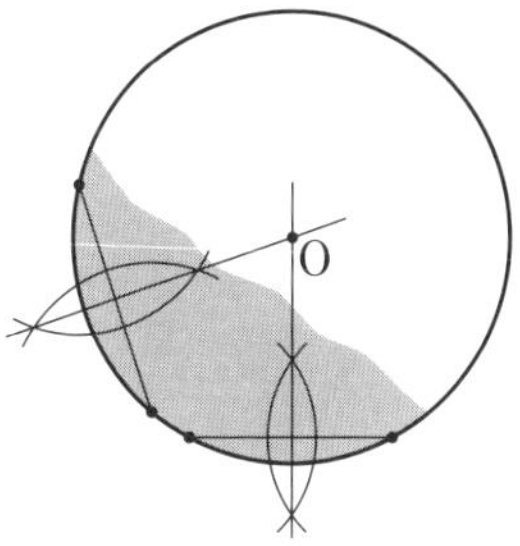

5

ガイド 3個入りの箱が x 箱あるとすると，7個入りの箱は $16-x$（箱）となります。

解答 3個入りの箱が x 箱あるとすると，

$3x+7(16-x)=100$　　$3x+112-7x=100$　　$-4x=-12$　　$x=3$

この解は問題にあっている。
よって，3個入りは，3箱だから，①　　①

参考 円の中心を求める

1 左の図の線分ABは，円Oの弦です。弦の垂直二等分線を作図してみましょう。どんなことがわかるでしょうか。（図は省略）

ガイド 「円は線対称な図形で，対称の軸は直径である」こと，また，「円の中心は，円周上のどの点からも距離が等しい」ことから考えます。

解答 （作図）　**右の図**
弦ABの垂直二等分線は，円の中心Oを通る。

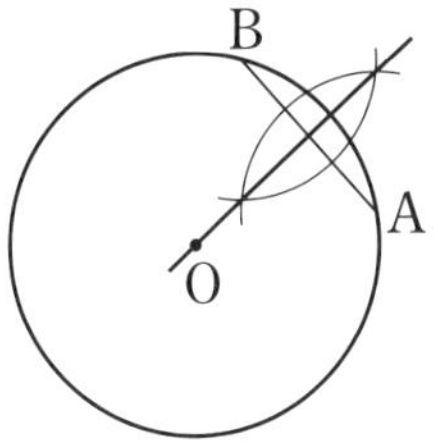

2 下の図は，ある円の弧の一部で，線分AB，CDは，その円の弦です。（図は省略）
この円の中心Oを，作図して求めましょう。

ガイド 2つの弦の垂直二等分線の交点が，円の中心Oになります。

解答 （作図）　**右の図**

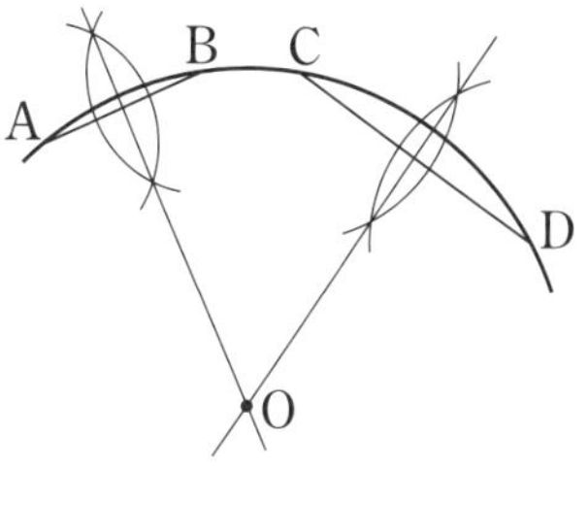

3 下の3点A，B，Cを通る円Oを作図しなさい。（図は省略）

ガイド 円の中心や円Oがどのようになるかをイメージしてから，**2** と同じようにして，円の中心を見つけましょう。

解答 （作図）　**右の図**
線分AB，BCの垂直二等分線の交点をOとして，点Oを中心に，半径OAの円をかく。

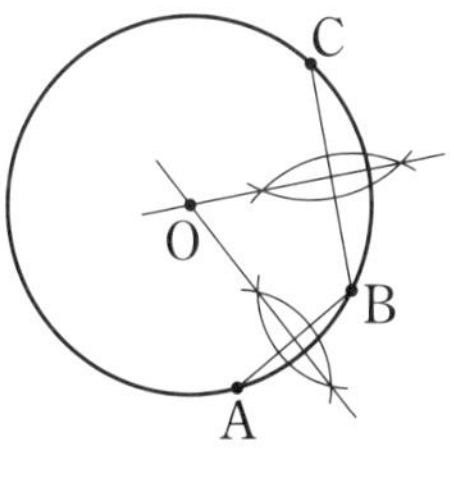

ズバリよくでる 直前
チェックBOOK

漢字の読み書き・
文法重要事項に完全対応!

国語

東京書籍版

3年

赤シートで何度でも!

新しく習った漢字

二つのアザミ　教 p.14～16

- 部屋の片隅。（かたすみ）
- 木が揺れる。（ゆ）
- 花が咲く。（さ）
- 魅力のある物。（みりょく）
- 夕日に映える。（は）

俳句の読み方、味わい方　教 p.18～22

- 注意を払う。（はら）
- 静かな雰囲気。（ふんいき）
- 擬人法を使う。（ぎじん）
- 稲の穂が実る。（ほ）
- 余韻を味わう。（よいん）
- 僅かしかない。（わず）

他教科で学ぶ漢字(1)　教 p.28

- 屯田兵になる。（とんでんへい）
- 荒地の開拓。（かいたく）
- 勅語を読む。（ちょくご）
- 津軽へ旅する。（つがる）
- 海峡を渡る。（かいきょう）
- 酪農家になる。（らくのうか）
- 重曹を溶かす。（じゅうそう）
- 缶詰を開ける。（かんづめ）
- 金を捻出する。（ねんしゅつ）
- 挫折をする。（ざせつ）

形　教 p.30～35

- 五畿内に住む。（ごきない）
- 華やかな人だ。（はな）
- 激浪が襲う。（げきろう）
- 嵐に遭う。（あらし）
- 盗賊の頭。（かしら）
- 南蛮の品物。（なんばん）
- 恨みを抱く。（うら）
- 虎を追う。（とら）

百科事典少女　教 p.37～51

- 彼は紳士だ。（しんし）
- 休憩を取る。（きゅうけい）
- 椅子に座る。（いす）
- 唯一の条件。（ゆいいつ）
- 大胆な行動。（だいたん）
- 頓着しない人。（とんちゃく）
- 髪を結わえる。（ゆ）
- 鍵をかける。（かぎ）
- 廃材を集める。（はいざい）
- のどが渇く。（かわ）
- 小さな手提げ。（てさ）
- 了解を得る。（りょうかい）
- 月賦で買う。（げっぷ）
- 街を占拠する。（せんきょ）
- 窒素を含む。（ちっそ）
- 美しい花園。（はなぞの）
- 道路の舗装。（ほそう）
- 項目を並べる。（こうもく）

ズバッ テストでまちがえやすい漢字

皮膚がかゆい。（ひふ）
昔の街道。（かいどう）
鉄壁の要塞。（ようさい）
釣り針を作る。（つ）
一杯飲もう。（いっぱい）
遠慮深い人。（えんりょ）
探索を続ける。（たんさく）
目を凝らす。（こ）
遺言を残す。（ゆいごん）
秀逸な話だ。（しゅういつ）
変哲のない話。（へんてつ）
彼は平凡だ。（へいぼん）
中庸の精神。（ちゅうよう）
完璧にこなす。（かんぺき）
凄絶な状況だ。（せいぜつ）
恣意的な政策。（しい）
斬新な考え。（ざんしん）
緻密な論理。（ちみつ）

熟語の構成・熟字訓　教 p.58〜60

土地の凹凸。（おうとつ）
俊英な人。（しゅんえい）
粛々と進む。（しゅくしゅく）
鬱々とする。（うつうつ）
傷が癒える。（い）
珠玉の名作。（しゅぎょく）
娯楽を楽しむ。（ごらく）
土地の開墾。（かいこん）
枢軸をになう。（すうじく）
本を貸与する。（たいよ）
今昔の感。（こんじゃく）
出納帳を作る。（すいとう）
教職に就く。（つ）
双葉が出る。（ふたば）
追悼式を行う。（ついとう）
彼は喫煙者だ。（きつえん）
匿名で送る。（とくめい）
累積した問題。（るいせき）
山麓の村々。（さんろく）
飢えに苦しむ。（う）
近所の餓鬼（き）。（が）
発表の要旨。（ようし）
金額の多寡。（たか）
喫茶店を営む。（きっさ）
声高に叫ぶ。（こわだか）
懇親を深める。（こんしん）
潤滑油を差す。（じゅんかつ）
杉並木が続く。（すぎなみき）
彼は無国籍だ。（むこくせき）
技を披露する。（ひろう）
首都圏に住む。（しゅとけん）
叔母と出歩く。（しゅくぼ・おば）
伯父と話す。（はくふ・おじ）

絶滅の意味　教 p.63〜73

昆虫を捕る。（こんちゅう）
絶滅の危惧。（きぐ）

恐竜の骨。（きょうりゅう）
西暦で書く。（せいれき）
火山の噴火。（ふんか）
壁が光を遮る。（さえぎ）
狩りを学ぶ。（か）
木を伐採する。（ばっさい）
毒蛇が出る。（どくへび）
土壌の汚染。（どじょう）
犬に餌をやる。（えさ）
空気の循環。（じゅんかん）
浄化した水。（じょうか）
馬を制御する。（せいぎょ）
朝貢使が来る。（ちょうこう）
酒を献上する。（けんじょう）
連鎖が起きる。（れんさ）
海藻を食べる。（かいそう）
均衡を保つ。（きんこう）
潤沢な資金。（じゅんたく）
全て網羅する。（もうら）

妥当な選択だ。（だとう）
抑制を試みる。（よくせい）
事態の紛糾。（ふんきゅう）

連語・慣用句 教 p.82~83

格闘技を学ぶ。（かくとうぎ）
傘を忘れる。（かさ）
優れた采配。（さいはい）

四字熟語 教 p.84~85

祖母の葬儀。（そうぎ）
試合の参謀。（さんぼう）
胎児が動く。（たいじ）
奔放な性格だ。（ほんぽう）
女人禁制の山。（にょにん）
若輩者と侮（あなど）る。（じゃくはい）
呉の国の人。（ご）
薪水を与える。（しんすい）
憂鬱な気分。（ゆううつ）

帆船を操（あやつ）る。（はんせん）
高尚な趣味だ。（こうしょう）
閑古鳥が鳴く。（かんこどり）
酒の酌をする。（しゃく）
騎馬戦で勝つ。（きばせん）
一夕歓談する。（いっせき）

恩返しの井戸を掘る 教 p.86~91

宿所に泊まる。（と）
診療所の設立。（しんりょう）
下痢に悩む。（げり）
蚊に刺される。（か）
病を併発する。（へいはつ）
鍋で煮込む。（なべ）
山岳部に入る。（さんがくぶ）
維持費が安い。（いじひ）
社員を雇う。（やと）
長く滞在する。（たいざい）
幼稚園に通う。（ようちえん）

幸福について 教p.96〜105

小高い丘。（おか）
日陰に隠れる。（ひかげ）
子猫を拾う。（こねこ）
議論の焦点。（しょうてん）
人数を絞る。（しぼ）
充実した毎日。（じゅうじつ）
ズバッ 過剰な自信。（かじょう）
ズバッ 一抹の不安。（いちまつ）

送り仮名 教p.122〜123

風薫る五月。（かお）
予算を賄う。（まかな）
なすの漬け物。（つ）
ズバッ 水が漏れる。（も）
成長が著しい。（いちじる）
健やかに育つ。（すこ）
朗らかに笑う。（ほが）
貴い身分の人。（とうと・たっと）

厳かな表情。（おごそ）
岬にある灯台。（みさき）
堀を掃除する。（ほり）
又聞きした話。（また）
但し書きする。（ただ）
ズバッ 手を煩わす。（わずら）
岩をも砕く。（くだ）
ズバッ 甚だ心外だ。（はなは）
器に漆を塗る。（うるし）
幸の多い人。（さち）
災いを招く。（わざわ）
八百屋を商う。（あきな）
来る六月八日。（きた）
専ら練習する。（もっぱ）
時間を費やす。（つい）

万葉・古今・新古今 教p.128〜134

想いを託す。（たく）
心を鬼にする。（おに）

ズバッ 穏やかな毎日。（おだ）
暑さが和らぐ。（やわ）
滴が垂れる。（しずく）

おくのほそ道 教p.135〜143

小説を著す。（あらわ）
旅客機に乗る。（りょかくき）
ズバッ 扉を開ける。（とびら）
朽ち果てた家。（く）
経堂を訪れる。（きょうどう）

論語 教p.144〜149

孔子の教え。（こうし）
ズバッ 秩序を保つ。（ちつじょ）
諸侯の領土。（しょこう）
儒教が広まる。（じゅきょう）
規範を守る。（きはん）
迷路に挑む。（めいろ）
治療を施す。（ほどこ）

己を律する。（おのれ）

言葉の移り変わり　教 p.150〜151

語彙を増やす。（ごい）
彼は修行僧だ。（しゅぎょう）

他教科で学ぶ漢字(2)　教 p.152

巨大な帝国。（ていこく）
財閥の解体。（ざいばつ）
蚕が繭を作る。（まゆ）
訴訟を起こす。（そしょう）
賠償金を払う。（ばいしょう）
名誉毀損の罪。（きそん）
倫理を学ぶ。（りんり）
年齢を尋ねる。（ねんれい）
詐欺に遭う。（さぎ）
肩を脱臼する。（だっきゅう）
脳梗塞の症状。（こうそく）
類似例を示す。（るいじ）

故郷　教 p.154〜170

隙間風が寒い。（すきまかぜ）
親戚の集まり。（しんせき）
紺碧の海。（こん）
脳裏に浮かぶ。（のうり）
股下をくぐる。（また）
吟味された品。（ぎんみ）
髪に艶がある。（つや）
娘を溺愛する。（できあい）
貝殻を拾う。（かいがら）
塀が高い家。（へい）
贈り物を選ぶ。（おく）
唇に紅をさす。（くちびる）
ペンキを塗る。（ぬ）
蔑みの笑い。（さげず）
相手を嘲る。（あざけ）
貧乏な生活。（びんぼう）
財布を忘れる。（さいふ）
顔が腫れる。（は）

テストでまちがえやすい漢字

境遇を嘆く。（きょうぐう）
今年は凶作だ。（きょうさく）
中国の香炉。（こうろ）
忙しい毎日。（いそが）
薄墨色の絵。（うすずみ）
鶏小屋が建つ。（にわとり）
防護柵を作る。（ぼうごさく）
幼い頃の面影。（おもかげ）
遠すぎる距離。（きょり）
麻酔を打つ。（ますい）
木製の偶像。（ぐうぞう）
神を崇拝する。（すうはい）
茶を所望する。（しょもう）
詮ない思い。（せん）
刹那的な行動。（せつなてき）
人格の陶冶。（とうや）
不遜な態度。（ふそん）

紛らわしい漢字 教 p.171

謄本の写し。（とうほん）
水が沸騰する。（ふっとう）
ズバッ 遍在する民話。（へんざい）
長官の更迭。（こうてつ）
ズバッ 暫定的な決定。（ざんてい）
ズバッ 漸次変更する。（ぜんじ）
壮観な風景。（そうかん）
荘厳（ごん）な音楽。（そう）
搭乗口に行く。（とうじょう）
発言の撤回。（てっかい）
弊害が多い。（へいがい）
貨幣を造る。（かへい）
契約を結ぶ。（けいやく）
弾劾の決議。（だんがい）
該当する人。（がいとう）
自叙伝を記す。（じじょでん）
酒を醸成する。（じょうせい）
名家の令嬢。（れいじょう）
飛行機の墜落。（ついらく）
褐色の髪。（かっしょく）
天皇への謁見。（えっけん）
弟を一喝する。（いっかつ）
硝酸の実験。（しょうさん）

何のために「働く」のか 教 p.172〜177

DNAの一致。（いっち）
ズバッ 他人を羨む。（うらや）
ズバッ 過去を顧みる。（かえり）
恋人ができる。（こいびと）
報酬をもらう。（ほうしゅう）
福祉の仕事。（ふくし）
物を販売する。（はんばい）
過酷な労働。（かこく）
消耗が激しい。（しょうもう）
寒さに耐える。（た）

いつものように新聞が届いた ―メディアと東日本大震災 教 p.184〜195

成功を危ぶむ。（あや）
分析に基づく。（ぶんせき）
ズバッ 注意の喚起。（かんき）

文法のまとめ 教 p.208

瑠璃色のつぼ。（るり）
肖像権を守る。（しょうぞう）
池の錦鯉（ごい）。（にしき）

間違えやすい言葉 教 p.209

ズバッ 汎用性がある。（はんよう）
訃報を伝える。（ふほう）
綱渡りをする。（つな）
琴線に触れる。（きんせん）
便宜を図る。（べんぎ）
ズバッ 惰眠を貪る。（だみん）
ズバッ 堕落した生活。（だらく）

テストでまちがえやすい漢字

- 県の淫行条例。（いんこう）
- 畑の畝を作る。（うね）
- 好奇心旺盛だ。（おうせい）
- 村の老翁の話。（ろうおう）
- 感染の虞。（おそれ）
- 怨念を感じる。（おんねん）
- 苛酷な労働。（かこく）
- 幼児の誘拐。（ゆうかい）
- 目で威嚇する。（いかく）
- 文科省の管轄。（かんかつ）
- 赤い瓦の家。（かわら）
- 釣りの勘定。（かんじょう）
- 出棺の時刻。（しゅっかん）
- 約款で定める。（やっかん）
- 猫を愛玩する。（あいがん）
- 大輪の菊の花。（きく）
- 恭順の意。（きょうじゅん）
- 洞窟に入る。（どうくつ）
- 勲章の授与。（くんしょう）

最後の一句　教 p.214～230

- 裕福な家庭だ。（ゆうふく）
- 和睦を試みる。（わぼく）
- 辛い生い立ち。（お）
- 両脇に抱える。（りょうわき）
- 金の懐中時計。（かいちゅう）
- 友人宅に伺う。（うかが）
- 拷問を受ける。（ごうもん）
- 意見の陳述。（ちんじゅつ）
- 犯罪を教唆する。（きょうさ）
- 罪を赦免する。（しゃめん）

本文で学ばなかった漢字　教 p.321～323

- 藍色のハンカチ。（あいいろ）
- 寺の尼さん。（あま）
- 畏敬の念。（いけい）
- 壱万円の札。（いちまん）
- 咽喉科の医師。（いんこう）
- 婚姻届を出す。（こんいん）
- 統括の責任者。（とうかつ）
- 矢が弧を描く。（こ）
- 心に銘記する。（めいき）
- 姉の表彰式。（ひょうしょう）
- 資料の頒布。（はんぷ）
- 佳境に向かう。（かきょう）
- 窮地に陥る。（きゅうち）
- 果敢に戦う。（かかん）
- 鍛錬を積む。（たんれん）
- 夏至の風習。（げし）
- 極彩色の家。（ごくさい）
- 仮病を使う。（けびょう）
- 手綱を握る。（たづな）
- 寿命が長い。（じゅみょう）
- 境内に集まる。（けいだい）
- 小児科の医師。（しょうにか）
- 生地を縫う。（きじ）

船の左舷側。（さげん）
禁錮五年の刑。（きんこ）
古い炭坑。（たんこう）
天国と地獄。（じごく）
小さな桟橋。（さんばし）
王の嗣子。（しし）
天皇の御璽。（ぎょじ）
若い男爵夫人。（だんしゃく）
小さな羞恥心。（しゅうちしん）
紳士と淑女。（しゅくじょ）
主君に殉死する。（じゅんし）
規則の遵守。（じゅんしゅ）
一升の酒。（いっしょう）
天皇の詔書。（しょうしょ）
骨髄の移植。（こつずい）
覚醒の時。（かくせい）
窃盗犯の一味。（せっとう）
実践的な学習。（じっせん）
未曽有の災害。（みぞう）

大きな浴槽。（よくそう）
失踪した男。（しっそう）
滝のような汗。（たき）
ご愛顧を賜る。（たまわ）
計画の破綻。（はたん）
方向音痴な人。（おんち）
旧家の嫡男。（ちゃくなん）
焼酎を飲む。（ちゅう）
鋳型にはめる。（いがた）
朕は国家なり。（ちん）
首相の官邸。（かんてい）
貞淑な妻。（ていしゅく）
生産率の逓減。（ていげん）
弾を装塡する。（そうてん）
空の北斗七星。（ほくとしちせい）
外科の病棟。（びょうとう）
種痘の発明。（しゅとう）
弐千円の札。（にせんえん）
尿意を覚える。（にょうい）

老婆心の忠告。（ろうばしん）
陪審員制度（ばいしんいん）
湖畔のホテル。（こはん）
他国の王妃。（おうひ）
大臣の罷免。（ひめん）
結婚式の主賓。（しゅひん）
扶養の義務。（ふよう）
甲乙丙丁（へいてい）
不正の隠蔽。（いんぺい）
事件の模倣。（もほう）
高い山の峰。（みね）
紡績の工場。（ぼうせき）
整った容貌。（ようぼう）
紛争の勃発。（ぼっぱつ）
盆と正月。（ぼん）
冥土の土産。（めいど）
茂った草木。（しげ）
盲導犬の訓練。（もうどう）
僅かな猶予。（ゆうよ）

テストでまちがえやすい漢字

拾万円を贈る。（じゅうまん）
熟れた柿の実。（う）
書き初めの字。（ぞ）
女神のようだ。（めがみ）
助太刀をする。（すけ）
意見を承る。（うけたまわ）
ごみの焼却場。（しょうきゃく）
議題に上す。（のぼ）
縄文時代の器。（じょうもん）
仁王立ちする。（におう）
明けの明星。（みょうじょう）
自らを省みる。（かえり）
静脈の注射。（じょうみゃく）
当時の石高。（こくだか）
毒舌の批評家。（どくぜつ）
理解の深浅。（しんせん）
小銭を拾う。（こぜに）
陰で操る。（あやつ）
日本酒の蔵元。（くらもと）

学問を貴ぶ。（たっと・とうと）
機織りをする。（はた）
妹が号泣する。（ごうきゅう）
胸騒ぎがする。（むなさわ）
参加を強いる。（し）
近郷の村々。（きんごう）
父兄の説明会。（ふけい）
墓穴を掘る。（ぼけつ）
故のない行動。（ゆえ）
公の場に行く。（おおやけ）
鋼の精神力。（はがね）
静かな峡谷。（きょうこく）
仲良しの姉妹。（しまい）
示唆に富む話。（しさ）
字がつく住所。（あざ）
滋養をとる。（じよう）
会社を辞める。（や）
宗家の長男。（そうけ）
事態の収拾。（しゅうしゅう）

胃の腫瘍。（しゅよう）
童謡を歌う。（どうよう）
肥沃な土地。（ひよく）
客を拉致する。（らち）
辣腕を振るう。（らつわん）
捕虜の解放。（ほりょ）
丘陵地帯の村。（きゅうりょう）
学生寮に入る。（りょう）
三割三分五厘。（ごりん）
賄賂を受ける。（わいろ）
風が翻弄する。（ほんろう）

本文で学ばなかった音訓 教 p.324～326

才媛の誉れ。（さいえん）
石灰質の土壌。（せっかい）
説明の割愛。（かつあい）
干物を食べる。（ひもの）
寝ぼけ眼の人。（まなこ）
人生の岐路。（きろ）

けんかの仲裁。（ちゅうさい）
師弟の関係。（してい）
度重なる失敗。（たびかさ）
童歌を聴く。（わらべうた）
ズバッ 起こり得る事。（う）
麦酒を飲む。（ばくしゅ）
美しい反物。（たんもの）
胸に秘める。（ひ）
気に病む。（や）
歩合制の給料。（ぶあい）
忘我の境地。（ぼうが）
牧に馬を放つ。（まき）
面目をつぶす。（めんぼく）
資金が要る。（い）
空気が和む。（なご）

▶文法─1、2年生の復習①

品詞

【品詞分類表】

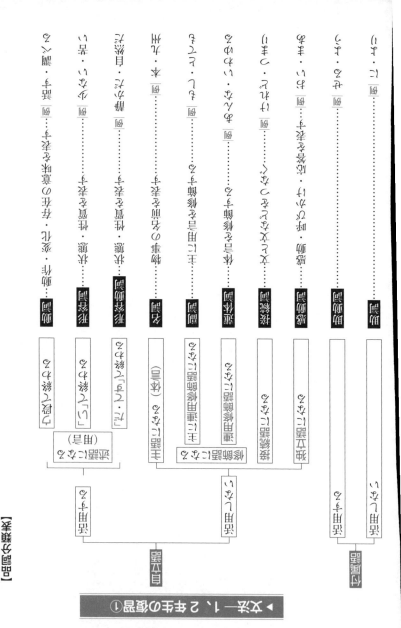

分類			品詞	意味	例
自立語	活用する	述語になる（用言）ウ段で終わる	動詞	動作・変化・存在の意味を表す	話す・調べる
自立語	活用する	述語になる（用言）「い」で終わる	形容詞	状態・性質を表す	少ない・苦い
自立語	活用する	述語になる（用言）「だ・です」で終わる	形容動詞	状態・性質を表す	静かだ・自然だ
自立語	活用しない	主語になる（体言）	名詞	物事の名前を表す	本・九州
自立語	活用しない	修飾語になる　主に連用修飾語になる	副詞	主に用言を修飾する	もし・とても
自立語	活用しない	修飾語になる　連用修飾語になる	蓮体詞	体言を修飾する	あんな・いわゆる
自立語	活用しない	接続語になる	接続詞	文と文などをつなぐ	けれど・つまり
自立語	活用しない	独立語になる	感動詞	感動・呼びかけ・応答を表す	おい・まあ
付属語	活用する		助動詞		せる・よう
付属語	活用しない		助詞		に・より

▶文法―1、2年生の復習②

助動詞の種類

助動詞	意味	例文
れる られる	受け身 可能 尊敬 自発	友達が先生にほめられる。 遠くまで球を投げられる。 お客様が家に来られる。 故郷が思い出される。
せる させる	使役	妹を先に家に帰らせる。
たい たがる	希望	私もそこに行きたい。 弟がゲームをやりたがる。
ない ぬ	打ち消し	決して折れない強い決意。 そ知らぬ顔をする。
う よう	推量 意志 勧誘	もう残りは少なかろう。 明日は早く起きよう。 一緒に駅まで行こう。
ます	丁寧	私も放課後に残ります。

助動詞	意味	例文
た	過去 完了 存続	昨日は雨が降った。 駅に着いたら電話をして。 壁にかかった絵を見る。
らしい	推定	どうもけがをしたらしい。
ようだ	推定 比喩	もうすぐ雨が降るようだ。 星が宝石のようだ。
そうだ	様態 伝聞	今にも雨が降りそうだ。 明日は雨が降るそうだ。
まい	打ち消しの意思 打ち消しの推量	二度と失敗はするまい。 今日は、誰も来るまい。
だ です	断定 丁寧な断定	弟はまだ小学生だ。 私は中学生です。

▶文法—1、2年生の復習③

助詞の種類

終助詞	接続助詞	副助詞	格助詞
文や文節の終わりに付いて、話し手や書き手の気持ち・態度を表す。	主に活用する語句に付いて、前後をつなぐ。	いろいろな語句に付き、意味を付け加える。	主に体言に付いて、体言とその下の語句との関係を表す。
例 僕も一緒に行くよ。明日はどこに行きますか。	例 寒いが、ぼくは元気だ。難しくても、やってみよう。	例 五ずつ分ける。今は、三時半くらいです。	例 私も行く。手で持つ。

▶文法—品詞の識別

語	見分け方	品詞
に	上に形容動詞の語幹	形容動詞の活用語尾
に	上に名詞	格助詞
に	上と切り離せない	形容動詞の活用語尾
に	上がそれだけで副詞になる	副詞の一部
だ	上に形容動詞の語幹	形容動詞の活用語尾
だ	上に名詞／助詞「の」	断定の助動詞
だ	上に動詞の連用形の音便	過去・完了・存続の助動詞「た」
そうだ	上に動詞の連用形／形容詞・形容動詞の語幹	様態の助動詞
そうだ	上に用言の終止形	伝聞の助動詞
らしい	「いかにも～だ」の意味	形容詞の一部
らしい	「どうやら～だ」の意味	推定の助動詞
ない	それだけで一文節になる	形容詞（補助形容詞）
ない	一文節にならない・上に動詞の未然形	打ち消しの助動詞
ない	一文節にならない・上に形容詞の一部	形容詞の一部

▶古文―歴史的仮名遣いの読み方

品詞の識別

①語頭以外の「は・ひ・ふ・へ・ほ」は、「わ・い・う・え・お」になる。

例 おはしけれ→おわしけれ　言ひける　→いいける

②「ゐ・ゑ・を」は、「い・え・お」になる。

例 をとこ→おとこ　こゑ　→こえ

③「ぢ・づ」は、「じ・ず」になる。

例 なんぢ　→なんじ　よろづ→よろず

④「くわ・ぐわ」は、「か・が」になる。

例 くわし（菓子）→かし　ぐわん（願）→がん

⑤「au」は「ô」、「iu」は「yû」、「eu」は「yô」になる。

例 やうやう　→ようよう　うつくしう→うつくしゅう

※①～⑤のきまりを組み合わせる場合もある。

例 てふてふ→てうてう→ちょうちょう

▶古文―和歌集

	成立	撰者	特徴
万葉集	奈良時代	大伴家持（おおとものやかもち）	二十巻、約四千五百首。幅広い階層の人々の素朴な感動が力強く歌われる。
古今和歌集	平安時代初期	紀貫之（きのつらゆき） 凡河内躬恒（おおしこうちのみつね） 紀友則（とものり） 壬生忠岑（みぶのただみね）	二十巻、約千百首。醍醐（だいご）天皇の勅命で作られた、最初の勅撰（ちょくせん）和歌集。春・夏・秋・冬・恋などに分類される。技巧を凝らし、繊細で優美な歌が多い。
新古今和歌集	鎌倉時代初期	藤原有家（ふじわらのありいえ） 藤原定家（さだいえ） 藤原家隆（いえたか） 藤原雅経（まさつね） 源　通具（みなもとのみちとも） 寂蓮法師（じゃくれんほうし）	二十巻、約千九百首。後鳥羽（ごとば）上皇の命で作られた、八番目の勅撰和歌集。自然美や繊細な感情を、象徴的に表現した歌が多い。

▶漢　文

訓読の方法

白文…漢字だけで書かれた中国の文章

学而不思則罔思而不学則殆

訓読…白文を日本語で読めるようにする。

送り仮名…漢字の送り仮名、助詞、助動詞を歴史的仮名遣いで右下に書く。

返り点……読む順序を表す記号。漢字の左下に書く。

句読点……「、」や「。」

学ビテ而不ざレバ思ハ則チ罔くらシ。

思ヒテ而不レバ学バ則チ殆あやふシ。

書き下し文…日本語で読めるようにした漢字仮名交じり文。

学びて思わざれば則ち罔し。

思ひて学ばざれば則ち殆し。

返り点

① レ点…すぐ上の字に一字返って読む。

例 2(レ) 1 4(レ) 3

② 一・二点…二字以上を隔てて、返って読む。

例 1 4(二) 2 3(一)

③ 上・下点…一・二点を挟み、さらに返って読む。

例 6(下) 3(二) 1 2(一) 4 5(上)

④ 一レ点…一点とレ点を組みあわせたもの。

例 5(二) 1 2 4(一レ) 3

置き字

上の「而」は、書き下し文にするときは読まない。このような字を「置き字」という。